무지개를 풀며

UNWEAVING THE RAINBOW by Richard Dawkins
Copyright ⓒ 1998 by Richard Dawkins
All right reserved.
Korean Translation copyright ⓒ 2008 by Bada Publishing Co.
This Korean edition was published by arrangement
with Brockman, Inc., New York.

이 책의 한국어판 저작권은 Brockman, Inc. 사와 직접 계약한
바다출판사에 있습니다. 저작권법에 의해 한국 내에서 보호를 받는
저작물이므로 무단 전재와 복제를 금합니다.

리처드 도킨스가 선사하는 세상 모든 과학의 경이로움

무지개를 풀며

RICHARD DAWKINS

리처드 도킨스 지음 | 최재천·김산하 옮김

바다출판사

차 례

서문 7

1 익숙함이라는 마취제 17
너무나 익숙해서 제대로 느끼지 못하는 것들이 있다. 바로 수백억 년이 넘는 시간, 수백억 광년이 넘는 우주 공간 속에서 무한한 경우의 수를 헤치고 바로 지금 여기에 우리가 살고 있다는 사실이다.

2 귀족들의 응접실 39
어느 시인은 과학자들과 함께 있으면 귀족들이 모여 있는 응접실에 있는 것처럼 어색함이 느껴진다고 했다. 정말로 과학과 시가 그렇게 이질적인 것일까? 과학은 진정 세상의 아름다움을 앗아가는 것일까?

3 별빛의 바코드 75
뉴턴의 분광학은 오늘날 우주론과 천문학의 발전에 막대한 영향을 끼쳤다. 이제 우리는 눈으로 보지 못한 우주의 많은 것들에 대해 알게 되었고, 더욱 신비한 우주의 매력에 빠져들게 되었다.

4 공중의 바코드 115
오케스트라 콘서트홀. 수십 가지 악기 소리와 주변의 잡음이 뒤섞인다. 단 두 개뿐인 우리의 귀는 이 모든 소리를 능숙하게 구별한다. 모든 소리에는 바코드, 특유의 진동수가 있기 때문이다.

5 법정의 바코드 139
DNA는 생명의 비밀뿐 아니라 살인 사건의 비밀도 알려주었다. 현장에 남은 용의자의 타액과 피부조각 하나로 우리는 이제 범인을 검거할 수 있다. DNA 지문분석 기술의 향상 덕분이다.

6 환상에 현혹된 요정 183
경이로움을 향한 인간의 욕망, 불확실한 세상에 대한 나약함, 어린아이와도 같은 순진함은 예언가, 점성술사, 초능력자에게는 최고의 수입원이다.

7 불가사의 풀어헤치기 227

누군가가 나와 생일이 같거나 이름이 같은 경우, 우리는 우연의 일치에 열광하고, 이것들에 불가사의라는 꼬리표를 붙인다. 과연 그럴까? 혹시 통계학적으로 간단히 해결할 수 있는 확률의 문제는 아닐까?

8 고매한 낭만의 거대하고 흐릿한 상징들 273

나쁜 시적 과학은 오히려 잘못된 길로 상상력을 인도할 수 있다. 과도한 도약, 무의미한 은유, 부적절한 해석은 과학을 나쁜 길로 인도한다.

9 이기적인 협조자 315

유전자는 이기적이다. 하지만 유전자가 아무리 이기적이라 하더라도 살아남기 위해서는 반드시 협조적이어야 한다. 유전자는 살아남고자 하고, 그러기 위해 서로 협력하여야 한다.

10 죽은 자의 유전학 책 349

지금까지 우리에게 전해 온 유전자는 수많은 유전자 간의 싸움을 헤치고 살아남은 우성 유전자들이며, 이 유전자들에 숨겨진 암호를 해독함으로써 우리는 개체의 기원과 변화 양태를 알 수 있다.

11 세상을 다시 엮다 379

우리 뇌 속의 얼굴을 인식하는 부분은 실제로 얼굴이 없는 곳에서도 얼굴을 찾으려 노력한다. 그래서 식빵과 코트, 화성 사진에서도 얼굴을 찾아낸다. 가상현실 컴퓨터인 뇌는 눈앞의 세상을 다시 엮어 낸다.

12 마음의 풍선 417

많은 생명체 중 어째서 유독 우리 인간만이 뇌를 풍선처럼 부풀리며 진화하게 되었을까? 큰 뇌와 그 뇌를 채우고 있는 사고 능력. 하드웨어와 소프트웨어의 공진화를 추동한 원인은 무엇이었을까?

옮긴이의 글 455
참고문헌 466
찾아보기 475

서문

외국의 어느 출판인은 내 첫 책(《이기적 유전자》. 초판은 1976년에 출간되었다―옮긴이)을 읽고서 받은 그 냉혹하고 암울한 메시지 때문에 심란해서 사흘 동안 밤잠을 설쳤다고 털어놨다. 어떻게 그러고도 아침을 맞이할 수 있냐고 물어오는 이도 있었다. 먼 나라에서 편지를 보낸 어떤 선생님은 학생 한 명이 눈물을 흘리며 찾아와 그 책이 인생을 공허하고 무의미하게 만들었다며 울먹였다고 한다. 선생님은 이 허무적인 비관주의가 다른 친구들에게까지 오염되지 않도록 절대 책을 보여 주지 말라고 당부했다. 쓸쓸한 황량함이나 기쁨을 앗아가는 건조한 메시지만을 가져다준다는 종류의 비난이 심심찮게 과학 전반에 던져지고 있다. 과학자들이 여기에 응수하는 것은 어렵지 않다. 나의 동료인 피터 앳킨스는 그의 저서 《두 번째 법칙》(1984)에서 다음과 같이 말문을 연다.

우리는 카오스의 자식이며 우리가 겪는 변화의 가장 심오한 구조는 붕괴이다. 근원에는 오직 부패, 거스를 수 없는 카오스의 파도만이 몰아친다. 모든 목적은 사라지고 방향만 남는다. 우주의 심장부를 깊고 냉정하게 들여다볼수록 받아들여야 하는 것은 바로 이 냉엄함이다.

그러나 달콤한 가짜 목적론을 제거하고 감상적 우주관을 폭로하는 이 학자적 양심을 개인적 차원에서의 희망의 상실과 혼동해서는 안 된다. 정말로 우주의 궁극적 숙명에는 아무런 목적이 없는지 모르지만, 도대체 누가 우주의 숙명과 인생의 희망을 연결한단 말인가? 당연히 아무도 없다. 정상인이라면 말이다. 우리의 삶은 더 가깝고 따뜻한 온갖 인간적인 야망과 비전에 좌우된다. 삶의 가치를 부여하는 그 따뜻함을 앗아간다며 과학에 누명을 씌우는 것은 나와 대부분 과학자들의 공감대와는 완전히 반대되는 것으로, 나는 나에게 쏟아지는 이 빗나간 비난 때문에 절망에 빠지곤 한다. 하지만 이 책에서 나는 과학이 가져다주는 경이로움에 호소함으로써 더 긍정적인 해명을 하려고 한다. 불평하고 부인하는 자들이 사실상 놓치고 있는 것이 무엇인지를 생각하면 정말 슬프기 때문이다. 이런 일이야말로 작고한 칼 세이건이 가장 잘하던 일이기에 우리는 그가 더욱 그립다. 과학이 가져다줄 수 있는 경이로움의 감정은 인간 정신이 닿을 수 있는 최상의 경험 중 하나이다. 그 깊은 예술적 감동은 최상의 음악과 시가 가져다주는 것과 비견된다. 그것은 진정 인생을 살 가치가 있는 것으로 만들며, 특히 삶이 유한하다는 것을 우리에게 일깨워 줌으로써 더욱 효력을 발휘한다.

이 책의 제목은 뉴턴이 무지개를 프리즘의 색으로 환원시킴으로써 모든 시정詩情을 말살했다고 생각한 영국의 낭만주의 시인 존 키츠의 시에서 따온 것이다. 키츠의 생각은 완전히 잘못됐으며, 나의 목적은 이와 비슷한 관점에 유혹당하는 모든 이들을 정반대의 결론으로 인도하는 것이다. 과학은 위대한 시적 영감의 원천이다. 하지만 과학으로 직접 보여 줌으로써 목적하는 바를 이룰 능력이 없는 나로서는 그 대신 설득의 기술에 의존하기로 했다. 이 책의 몇몇 장의 제목도 키츠로부터 빌려 왔으며, 독자들은 가끔 등장하는 인용구나 암시로부터 그의 존재를 느낄 수 있을 것이다. 이 글들은 그(그리고 다른 사람들을 포함하여)의 탁월한 감수성에 대한 찬사의 의미로서 삽입되었다. 키츠는 뉴턴보다 훨씬 호감이 가는 인물이었으며, 내가 이 글을 쓰는 동안 옆에 서서 지켜봐 준 상상의 조언자 중 한 명이었다.

뉴턴이 무지개를 풀어헤치면서 분광학이 탄생했고, 분광학은 우리가 우주에 대해서 아는 거의 모든 것의 핵심이 되었다. 만약 키츠가 '낭만적'이라는 수식어가 어울리는 시인이라면 분명 그는 아인슈타인, 허블 그리고 호킹의 우주를 보며 가슴이 뛰었을 것이다. 우리는 스펙트럼상에서 프라운호퍼의 선―별빛의 바코드―으로 우주의 본질을 이해한다. 이 바코드라는 키워드는, 다소 다르지만 마찬가지로 흥미진진한 소리의 세계('공중의 바코드')와 과학의 사회적 역할이라는 다른 측면을 보여 주는 DNA 지문분석('법정의 바코드')의 세계로도 우리를 안내할 것이다.

이 책에서 내가 망상에 대한 장이라고 부르는 제6장 '환상에 현혹된 요정'과 제7장 '불가사의 풀어헤치기'에서는 무지개를 방어하는 격정적인 시인들과는 달리, 미스터리에 빠져들고 그걸 설명해 주면 배신감을 느끼며 미신을 좇는 보통 사람들에게 눈길을 돌린다. 재미있는 귀신 이야기를 좋아하고, 약간이라도 이상한 일이 생기면 바로 요정과 기적으로 마음이 쏠리는 바로 그들 말이다. 기회가 생길 때마다 아래 햄릿의 대사를 인용하기를 놓치지 않는 사람들이다.

호레이쇼.
당신의 철학이 상상한 것보다
천상과 지상에는 훨씬 많은 것들이 있도다.

과학자의 답변('예, 아직 연구 중입니다')은 그들에게 통하지 않는다. 몇몇 낭만주의 시인들이 무지개에 대한 뉴턴의 설명에 가졌던 견해처럼 사람들에게 좋은 미스터리를 설명한다는 건 실망스러운 일이다.

《스켑틱Skeptic》이라는 잡지의 편집장인 마이클 셔머는 언젠가 텔레비전에 단골로 출연하는 어느 유명한 초능력자를 공개적으로 폭로한 경험담을 털어놓았다. 그 초능력자는 초보적인 마술 기법을 이용해서 사람들로 하여금 자신이 죽은 영혼과 교감한다고 믿게끔 쇼를 하고 있었다. 그런데 관객들은 정체가 드러난 이 협잡꾼을 헐뜯는 게 아니라 폭로한 사람에게 화살을 돌리며, 사람들의 환상을 깨뜨린 이 '부적절한' 행동을 비난한 어느 여성의 편에 섰다. 이들의 눈을 덮고 있던 덮개를 벗겨 주면 고마워 할 것 같지만 그들은 그 덮개를 오히려 더 단단히 눌러 쓰고 싶어 한다. 나는 인간의 선입견과 관계없이 답에 이르는 길이 아무리 멀고멀어도, 시시하고 가벼운 속임수로 연출된 우주보다 모든 것에 대한 설명이 존재하는 질서 정연한 우주가 훨씬 아름답다고 생각한다.

신비주의Paranormalism는 진정한 과학이 합당히 선사해야 할 시적 경이로움에 대한 남용이라고 할 수 있다. 또 '나쁜 시정'이라고 할 수 있는 것으로부터의 위협도 도사리고 있다. 제8장 '고매한 낭만의 거대하고 흐릿한 상징들'에서는 잘못된 길로 인도하는 화려한 수사와 나쁜 시적 과학에 대해서 경고한다. 그 예로서 내가 활동하고 있는 분야의 어느 특정 인물을 집중적으로 다룰 것이다. 상상력 넘치는 그의 글은 불행하게도 진화에 대한 미국인의 이해에 비정상적으로 커다란 영향력을 끼쳤다. 그러나 이 책의 주된 맥락은 좋은 시적 과학에 관한 것이며, 좋은 시적 과학이란 운문으로 쓰인 과학이 아니라 경이로운 시적 감성으로부터 탄생한 과학을 말한다.

마지막 네 장은 서로 연관된 네 가지 주제를 갖고 나보다 더 뛰어난 과학자들이 시적인 영감을 얻었을 때 할 수 있는 일에 대해 살핀다. 유전자가 아무리 '이기적'이라 하더라도―애덤 스미스적인 의미에서('이기적인 협조자'는 다른 주제에 대한 글이 긴 하지만, 똑같이 경이로움을 다룬 애덤 스미스를 인용하면서 문을 연다)―동시에 '협조적' 이어야 한다. 한 종의 유전자는 그 종의 조상이 살았던 고대 세계에 대한 설명, 즉 '죽은 자의 유전학 책'이라고 볼 수 있다. 비슷한 방식으로 뇌는 끊임없이 머리를 업데이트하는 일종의 '가상현실'을 통해 '세상을 다시 엮는다.' 제12장 '마음의 풍선'에선 우리 인간이라는 종의 가장 고유한 개성의 기원을 살피고, 마지막으로 시적 충동 그 자체의 경이로움과 진화 과정에서의 역할에 도달한다.

컴퓨터 소프트웨어는 신르네상스 혁명을 추동하고 있으며, 이를 가능케 한 몇몇 창조적인 천재들은 인류의 은인이자 르네상스적인 사람들이다. 1995년에 마이크로소프트 사의 찰스 시모니는 옥스퍼드 대학교에 '과학의 대중적 이해' 석좌교수라는 새로운 직책을 신설하였고, 이 자리에 내가 첫 번째로 선임되었다. 자신과 전혀 관계도 없던 대학을 위한 그의 선견지명과 관대함은 물론, 과학에 대한 상상력 넘치는 비전과 소통에 대한 신념을 가진 시모니 박사에게 깊은 감사를 드린다. 이러한 그의 정신은 옥스퍼드 대학교에 보냈던 그의 편지(그는 법률 용어에 대한 거부감에도 불구하고 '영속 기부'를 약속했다)와 그 후 친구가 된 우리 둘의 대화를 통해서도 잘 드러난다. 《무지개를 풀며》는 그 대화에 내가 기여하고자 하는 바인 동시에 시모니 교수에게 드리는 취임의 글이기도 하다. 석좌교수가 된 지 2년이 지난 시점에서 '취임'이라는 말을 쓰는 게 다소 어색하다면 키츠를 다시 한번 인용하기로 하겠다.

> 그리하여 친구 찰스여, 이젠 알 수 있을 것이네
> 왜 자네에게 단 한 줄도 쓰지 않았는지를
> 나의 생각은 한 번도 자유롭고 맑질 못해
> 듣는 귀에 잘 맞지 않았기 때문일세.

어쨌든 이 책을 집필하는 일은 특성상 신문 기고문이나 강의보다 시간이 오래 걸리는 작업이었다. 탈고하는 동안에도 방송을 포함한 몇몇 형태로 조금씩 선을 보이기도 했다. 예전의 글을 독자가 여기저기서 발견하기 전에 미리 말해 두는 것이 좋을 듯하다. 책의 제목인 《무지개를 풀며》와 뉴턴에 대해 불경스러웠던 키츠라는 테마는 찰스 퍼시 스노의 모교인 케임브리지 대학교 크라이스트 칼리지의 초청으로 1997년에 한 C. P. 스노 강연에서 처음 공개적으로 사용하였다. 그의 '두 문화the Two Culture'라는 테마를 공개적으로 사용하지는 않았지만, 그것과 많은 연관성이 있음은 분명하다. 더욱 도움이 됐던 책은 존 브록먼의《제3의 문화》인데 그는 나의 에이전트로서도 도움을 준 사람이다. 부제인 '과학, 망상 그리고 경이로움을 향한 갈망' (미국판 원서의 부제는 Science, Delusion and the Appetite for Wonder이다—옮긴이)은 1996년에 한 리처드 딤블비 강연의 제목이었다. 책의 초고에서 몇 개의 단락은 BBC 텔레비전 강연으로 사용되었다. 1996년에는 채널 4에서《과학, 장벽을 깨뜨리다》라는 한 시간짜리 텔레비전 다큐멘터리를 만들었다. 이 프로그램은 문화 속의 과학이라는 테마를 다루었는데, 이 책에 영향을 준 몇 가지 발상들은 제작자인 존 가우, 연출자인 사이먼 레이크스와 나눈 대화 속에서 생겨났다. 1998년에는 책의 일부분이 런던의 퀸 엘리자베스 홀에서《세기를 알리며》라는 제목으로 방송된 BBC 라디오 3채널 강연에 삽입됐다(당시의 강연 제목이었던 '과학과 감수성'을 생각해 낸 아내에게 고마움을 전한다. 하필 다른 곳도 아닌 슈퍼마켓 잡지에서 이를 표절한 사태에 대해서 어찌할 바를 모르고 있다는 점을 알린다).《인디펜던트》,《선데이 타임스》,《옵서버》등에 실린 기고문에도 책의 몇몇 부분이 사용되었다. 1997년에 국제 코스모스 상을 수상하는 영광을 안았을 때 도쿄와 오사카에서 있었던 수상 강연의 제목으로 '이기적인 협조자'를 사용하였고, 강연의 일부를 수정·확장하여 제9장으로 구성하였다. 제1장 '익숙함이라는 마취제'의 일부는 로열 인스티튜션의 크리스마스 강연에서 소개되었다.

이 책은 마이클 로저스, 존 카탈라노 그리고 버켓 경의 건설적인 비판에 힘입은 바가 크다. 마이클 버켓은 나의 이상적인 지적 일반 독자이다. 그의 비판적 지적에서 풍기는 학자적 위트는 그 자체만으로도 읽는 즐거움을 준다. 마이클 로저스는 내 첫 세 책의 편집자였는데 나의 요청과 그의 관대함 덕택에 마지막 세 권에서도 그의 역할은 지대했다. 훌륭한 지적을 해 준 존 카탈라노와 그의 뛰어난 홈페이지(나와는 무관하지만 이 홈페이지의 가치는 방문하면 바로 알 수 있다)인 http://www.spacelab.net/~catalj/home.html에 감사드린다. 펭귄과 후튼 미플린의 편집장인 스테판 맥그래스와 존 라지위츠는 소중한 문학적 조언과 지속적인 격려를 해 주었다. 샐리 홀로웨이는 마지막 퇴고 작업 동안 즐겁고 열심히 일해 주었다. 덧붙여 잉그리드 토머스, 브리짓 머스킷, 제임스 랜디, 니콜라스 데이비즈, 대니얼 데넷, 마크 리들리, 앨런 그라펜, 줄리엣 도킨스, 앤서니 너톨 그리고 존 배철러에게도 감사의 말을 전한다.

　내 아내 랄라 워드는 모든 장을 수십 번씩 읽어 주었고, 그때마다 언어와 운율에 대한 그녀가 가진 배우 특유의 예민한 음감의 은혜를 입었다. 내가 의구심이 들 때에도 그녀는 믿음을 잃지 않았다. 그녀의 신념이 모든 것을 지탱해 주었으며, 그녀의 도움과 격려가 없었다면 끝내 완성하지 못했을 것이다. 이 책을 그녀에게 바친다.

1

익숙함이라는 마취제

"살아 있다는 것만도 충분히 기적이다."
머빈 피크 《유리 부는 사람》(1950)

THE ANAESTHETIC OF FAMILIARITY

우리는 모두 언젠가 죽을 것이고, 그렇기 때문에 행운아들이다. 대부분의 사람들은 태어날 수도 없기 때문에 죽을 수도 없다. 나 대신 존재할 수 있었던 잠재적인 사람의 수는 아라비아 사막의 모래알보다 많다. 그중에는 키츠보다 위대한 시인, 뉴턴보다 훌륭한 과학자도 포함된다. DNA 조합으로 가능한 사람들의 수가 실제 존재하는 사람들보다 훨씬 많다. 이러한 엄청난 확률의 틈 속에서 여러분과 내가 이렇게 여기에 존재하고 있는 것이다.

윤리학자와 신학자들은 수정의 순간에 매우 큰 의미를 부여하며 이때부터 비로소 영혼이 존재한다고 여긴다. 나처럼 이런 말이 잘 와 닿지 않는 사람이라도 태어나기 9개월 전의 순간은 인생에서 가장 중요한 사건으로 여길 만하다. 이 순간은 바로 일초전보다 당신의 의식이 갑자기 수억 배 더 분명해진 순간이다. 물론 당신이라는 사람에 이르기까지 배아가 넘어야 할 관문은 아직 많다. 대부분의 임신은 산모가 미처 알기도 전에 조기 유산되며, 이를 모면한 것만으로도 우리는 재수가 좋은 편이다. 또한 일란성 쌍둥이(수정 후 갈라지는 쌍둥이)에서 볼 수 있듯이 우리 각자의 정체성에는 유전자 말고도 관여하는 것이 많다. 어쨌든 한 개의 정자가 한 개의 난자를 뚫고 들어가는 순간은 개인적인 차원에서 그야말로 특별한 순간이다. 이때부터 사람이 될 가능성은 천문학적 수준에서 드디어 단순한 숫자의 수준으로 분명해진다. 데스먼드 모리스는 특유의 강한 어조로 그의 자서전 《동물 시대》(1979)(국내에는 《나의 유쾌한 동물 이야기》라는 제목으로 출간되었다―옮긴이)를 다음과 같이 시작한다.

다 나폴레옹 때문이다. 그가 아니었다면 난 여기서 이 글을 쓰고 있지 않을지도 모른다. 왜냐하면 반도전쟁 때 그가 쏜 대포알 중 하나가 나의 고조할아버지인 제임스 모리스의 한쪽 팔을 날려 버렸고, 그것이 내 가족사의 행로를 통째로 바꾸어 놓았기 때문이다.

모리스는 조상의 인생 행로가 어떤 다양한 효과들을 축적하여 결국 자연에 대한 자신의 호기심을 탄생시켰는지를 설명한다. 하지만 사실 그럴 필요도 없다. '일지도 모른다'가 아니다. 너무나 당연히 그는 나폴레옹 덕분에 존재하는 것이다. 나와 당신도 마찬가지이다. 어린 데스먼드와 당신 그리고 내 운명이 결정되기 위해 나폴레옹이 제임스 모리스의 팔을 날려 버리는 사건 하나만 필요했던 것은 아니다. 가장 평범한 중세의 농부도 재채기 한 번에 당신의 조상을 다른 누군가의 조상으로 만드는 긴 인과의 사슬에 결정적인 영향을 미칠 수 있다. 나는 '카오스 이론'이나 마찬가지로 유행인 '복잡계 이론'이 아닌, 그저 일반적인 인과관계의 통계학에 대해서 얘기하고 있다. 우리를 존재하게 해 준 일련의 역사적 사건들의 긴 실타래는 어처구니없이 가냘프다.

> 임금님, 우리가 모르는 시간의 역사와 비교했을 때 인간의 삶은 어느 겨울 목사들이 앉아 있는 회당 안으로 날아든 참새 한 마리의 비행과도 같습니다. 한쪽으로 들어와서 다른 쪽으로 나가는 동안은 겨울의 눈보라로부터 안전하지만, 이 짧은 고요함은 다시금 겨울로, 시야 밖으로 사라지며 끝이 납니다. 인간의 삶도 유사합니다. 그 이전에 무엇이 있었고, 그 후에 무엇이 벌어질지 우리는 아무것도 모릅니다.
>
> **가경자 비드**《영국 교회와 사람들의 역사》(731)

이것이 우리가 행운아인 또 다른 이유이다. 1억 세기 전보다 지구는 노쇠했다. 얼마 안 있으면 태양이 거대한 붉은 덩어리가 되어 지구를 집어삼킬 것이다. 이전의 수억 세대와 앞의 모든 시간들은 '현세'로 불릴 것이다. 흥미롭게도 어떤 물리학자들은 '움직이는 현재moving present'라는 개념이란 도저히 공식 안에 넣을 수 없는 주관적 현상이라며 썩 내켜 하지 않는다. 하지만 내가 하려는 주장이 바로 주관적인 얘기이다. 내가, 그리고 아마 여러분이 느끼는 현재는 시간의 거대한 잣대 위에서 과거로부터 미래로 조금씩 전진하는 작은 불빛이다. 불빛 전에는 죽은 과거의 어둠이 존재한다. 불빛 앞에는 미지의 미래가 어둠에 잠겨 있다. 당신이 사는 시대가 그 불빛 안 어딘가에 있을 확률은 동전 하나를 던져 뉴욕에서 샌프란시스코로 가는 길 어딘가에 있는 개미 위로 떨어질 확률과 같다. 달리 말하면 죽어 있을 확률이 매우 높다는 뜻이다.

이러한 엄청난 확률에도 불구하고 당신은 엄연히 살아 있다는 사실을 이미 알고 있다. 아직 불빛이 미치지 않은 사람들이나 이미 지나간 사람들은 이 책을 읽을 위치에 있지 않다. 당신이 이 글을 읽을 때쯤엔 어떨지 모르지만, 나 역시 운 좋게도 이 책을 쓸 수 있는 위치에 있다. 사실 나는 당신이 이 책을 읽을 때쯤이면 내가 이미 죽었기를 바란다. 오해 없길 바란다. 나는 삶을 즐기고 아직 더 오래 살기를 희망하지만, 모든 작가는 최대한 많은 사람들이 자신의 저작을 읽길 원한다. 미래의 총 인구가 현재를 월등히 웃돌 것이 분명하기 때문에 당신이 이 글을 읽을 시점에 난 이미 죽어 있기를 희망한다는 뜻이다. 사실 이 책이 너무 빨리 절판되지 않기를 바라는 것도 단순한 희망사항에 불과하다. 적어도 이 글을 쓰는 동안에 알 수 있는 것은 당신과 내가 살아 있다는 것이 행운이라는 사실이다.

우리는 우리 삶의 방식에 아주 적합한 행성에서 살고 있다. 너무 덥지도 춥지도 않은 따스한 곳에서 햇빛을 받으며 촉촉이 젖은 채로 우리는 살아간다. 이곳은 천천히 회전하는, 푸른색과 황금빛의 수확물이 풍부한 행성이다. 그런가 하면 사막과 슬럼도 있다. 기근과 처절한 빈곤도 존재한다. 하지만 확률을 한번 생각해 보라. 대부분의 행성과 비교했을 때 여기는 낙원이며, 지구상의 어떤 곳에 무슨 잣대를 들이대도 충분히 낙원이라 할 만하다. 임의로 선택한 행성이 이처럼 적합한 특성을 가질 확률이 얼마일까? 아무리 낙관적으로 계산해도 100만 분의 1 이상은 줄 수 없을 것이다.

장거리 여행에 대비하기 위해 냉동수면 비행에 돌입한 탐험가들로 가득 찬 어느 외계의 우주선을 상상해 보라. 이 우주선은 공룡들을 멸종시킨 것과 같은 운석이 자신들의 별과 충돌하기 전에 민족을 구해야 하는 임무를 띠고 있다. 생명에 적합한 환경을 지닌 행성에 도달할 가능성이 지극히 낮다는 사실을 겸허히 받아들인 그들은 냉동 상태로 비행에 임한다. 100만 개의 행성 중 하나 정도가 적합하고, 그곳까지 가는 데 수 세기가 걸린다고 할 때, 이 우주선의 잠든 승객들이 보금자리를 틀 안전한 곳에 도달할 가능성은 정말 비참할 정도로 작다.

그런데 이 우주선의 자동 항해 장치에 기가 막힌 행운이 찾아왔다고 하자. 수백만 년이 흐른 뒤 우주선은 실제로 생명이 살 수 있는 별에 도착한다. 일정한 기온과 따뜻한 별빛, 산소와 물로 청량한 별. 탑승객들은 립 밴 윙클Rip van Winkle*처럼 눈을 껌뻑거리며 비틀비틀 우주선에서 내린다. 100만 년의 잠이 끝난 후 도달한 곳은 아주 새롭고 비옥한 행성이다. 따스한 초원이 펼쳐진 싱싱한 대지, 반짝이는 냇가와 폭포들, 각종 생물들이 이 새로운 녹색 은총 속을 뛰어다닌다. 우리의 여행객들은 어안이 벙벙한 채 눈을 휘둥그렇게 뜨고 그들의 낯선 감각과 믿기지 않는 행운을 생각하며 걸을 것이다.

이미 언급한대로 이 이야기가 가능하려면 너무나 많은 행운이 따라야 한다. 그래서 아마 절대로 일어나지 않을 것이다. 하지만 우리 모두에게 일어난 일이 바로 이것이다. 수백만 년 동안의 긴 잠에서 우리는 그야말로 천문학적 확률을 극복하고 깨어난 것이다. 물론 우리는 우주선을 타고 온 것이 아니라 이곳에서 태어났으며, 단번에 의식이 있는 상태로 세상에 도래하는 대신 유아기를 거치면서 점차적으로 지각력을 키워 왔다. 갑자기 세상을 발견한 것이 아니라 천천히 이해하게 되었다는 사실도 이 기적을 퇴색시키지는 않을 것이다.

* 미국의 작가 워싱턴 어빙(1783~1859)이 쓴 동명의 단편 소설의 주인공으로 어느 날 사냥을 나섰다가 어떤 사람들의 술을 훔쳐 마시고 취하여 잠들어 버렸는데, 정신이 들었을 때는 아는 사람은 하나도 없고, 단골 술집의 간판에는 영국 국기가 아닌 성조기가 걸려 있는 데다 영국 왕이 아닌 조지 워싱턴의 얼굴이 그려져 있었다. 그저 술을 마시고 한 잠 잤을 뿐인데 세상은 이미 20년이 흘러 버린 것이다. 마치 우리나라의 "신선 바둑과 썩은 도끼자루" 설화를 떠올리게 하는 이 립 밴 윙클의 이야기를 따서 소립자 물리학에서는 입자 간의 속도 차이에 의한 시간지연 현상을 "립 밴 윙클 효과"라고 한다.—옮긴이

물론 나는 수레를 말 앞으로 끌어다놓는 식으로 지금 행운이라는 개념을 갖고 장난을 치고 있다. 우리와 같은 생명체가 적합한 온도, 강우량, 기타 등등의 조건들이 맞는 행성에 존재하게 된 경위는 그저 우연이 아니다. 이 행성이 다른 형태의 생물체에 적합했다면 바로 그 생명체가 여기서 진화했을 것이다. 그러나 우리는 모두 엄청나게 축복받은 개체들이다. 우리는 지구를 즐기는 특권만을 받은 것이 아니다. 우리는 우리의 눈이 영원히 감기기 전까지의 짧은 시간 동안 왜 우리가 눈을 뜨고 있으며 어떻게 사물을 볼 수 있는지에 대해 알아낼 기회까지 부여받았다.

옹졸한 구두쇠 영감 같은 이들이 항상 따져 묻는 과학의 효용성에 대한 가장 좋은 해답이 바로 여기 있다. 누가 썼는지 확실하지 않은 어떤 글에 따르면, 마이클 패러데이에게 누군가가 과학의 용도에 관해서 물었다고 한다. 패러데이가 대답했다. "선생님, 갓 태어난 아기의 용도는 무엇입니까?" 패러데이에게 (아니면 벤저민 프랭클린인지 확실하지 않다) 분명한 것은 아기가 당장에는 아무 쓸모가 없어도 미래의 엄청난 잠재력을 가진다는 점이었다. 덧붙여 다음과 같은 점도 의미했을 것이라고 생각한다. 만약 아기가 살면서 하는 일이 고작 계속 살려고 하는 것뿐이라면, 무엇 때문에 아기를 키워야 하는가? 모든 것을 '이용가치'의 잣대로 평가한다면—그러니까 살아 있을 만한 이용가치—우리는 순환논증에 빠지게 된다. 무언가 다른 가치를 찾아야 한다. 적어도 삶의 일부분은 그 삶을 사는 데 쓰여야 하며, 삶이 끝나는 것을 막기 위해서만 사용되어서는 안 된다. 이러한 방식으로 우리는 납세자들이 낸 돈을 예술에 사용하는 행위를 정당화한다. 그것은 멸종 위기의 종이나 아름다운 건축물을 보존하는 데 제시되는 올바른 정당성 중 하나이다. 야생 코끼리나 역사적 건축물들이 '제 앞가림을 하는' 경우에만 보존해야 한다고 말하는 야만인들에게 대답하는 논리이다. 그리고 과학도 마찬가지다. 물론 과학은 제 앞가림을 하고 이용 가치도 있다. 하지만 그게 전부는 아니다.

수백만 세기 동안의 잠에서 깨어나 마침내 우리는 생명으로 넘쳐나고 색으로 반짝이는 화려한 행성 위에서 눈을 떴다. 수십 년 안에 우리는 다시 눈을 감아야 한다. 우주를 이해하고 어떻게 우리가 여기에 존재하게 되었는지를 알기 위해 노력하는 삶이 태양 아래에서 잠시면 끝날 삶을 사는 경건한 생활방식이 아닌가? 이것이 내가 왜 아침마다 일어나느냐는 질문을 받을 때마다—놀랍게도 종종—대답하는 방식이다. 다른 말로 하면 왜 태어났는지도 모르는 채 무덤으로 가기는 슬프지 않은가? 이런 생각이 들면 그 누가 당장 침대에서 일어나 세상을 발견하고자 하지 않겠으며, 그 세상의 일부임을 즐기지 않겠는가?

케임브리지 대학교에서 생물학을 전공하며 자연과학을 공부했던 시인 캐슬린 레인은 사랑의 실패로 인한 상처를 회복하려는 젊은 여성으로서 위와 유사한 마음의 위안을 찾았다.

그러더니 가까이에 있는 사랑보다 친숙한 마음처럼
하늘은 분명한 언어로 나에게 일렀다.
하늘은 내 영혼에 말했다, '넌 이미 원하는 걸 가지고 있다.'

구름, 바람, 그리고 별, 그리고 항상 움직이는 바다
그리고 숲 속의 생명들
이들과 함께 태어남을 넌 알고 있다. 이것이 너의 본성이다.

두려움 없이 가슴을 펴라
무덤에서 잠들지 않으려거든 살아 있는 공기를 마셔라
이 세상을 네가 꽃과 호랑이와 공유하고 있다.

〈열정〉(1943)

감각을 무디게 하고 존재의 신비를 감추는 익숙함의 마취제, 평범함의 진정제라는 게 있다. 우리 중 시인이 될 수 없는 이들에겐 적어도 가끔 마취제를 떨쳐버리려는 노력이 중요하다. 아기 때부터 천천히 길러져 축적된 이 습관에 가장 잘 맞서는 방법은 무엇일까? 다른 별로 그냥 날아가 버릴 수도 없는 일이다. 대신 세상을 새로운 방식으로 봄으로써 새로운 세계를 접했을 때의 감각을 되찾을 수 있다. 장미나 나비와 같은 쉬운 예를 들 수도 있지만 이왕 시작한 김에 계속 외계인 얘기를 해 보자. 몇 해 전 문어와 그의 사촌인 오징어, 갑오징어를 연구하는 생물학자의 강의를 들은 적이 있다. 강사는 이 동물들에 대해 느끼는 신비함을 설명하면서 강의를 시작하였다. "보십시오, 이들은 사실 화성인들입니다." 오징어가 몸의 색을 바꾸는 것을 본 적이 있는가?

텔레비전 이미지가 거대한 발광다이오드Light Emitting Diode (LED) 전광판에 영사되는 경우가 있다. 전자 광선이 끝에서 끝으로 스캐닝하는 형광 스크린과는 달리, LED 화면은 각각 따로 조정할 수 있는 수많은 작은 전구로 이루어져 있다. 각각의 전구들은 독립적으로 밝기를 높였다 낮췄다 하면서 장면을 구성하여 멀리서 봤을 때 스크린을 움직임으로 가득 채우게 할 수 있다. 오징어의 피부는 LED 화면처럼 작동한다. 오징어의 피부는 전구 대신 잉크로 채워진 작은 주머니 수천 개로 구성되어 있다. 오징어의 신경계는 각 근육에 딸린 하나하나의 끈을 조정하여 모든 잉크 주머니의 형태를 결정하고, 따라서 선명도도 조절할 수 있다.

이론적으로는 각각의 잉크 픽셀에 연결된 신경계를 전기 회로에 연결하여 컴퓨터로 자극을 주면 오징어의 피부 위에 찰리 채플린의 영화를 재생할 수 있다. 오징어가 영화를 상영하지는 않지만 오징어의 뇌는 정확하고 신속하게 회로망을 제어하며, 그렇게 해서 나타나는 피부 영상물들은 실로 굉장하다. 고속으로 돌린 화면의 구름처럼 색의 파장들이 가로지르고 물결과 소용돌이가 살아 있는 화면 위로 퍼져나간다. 오징어는 감정의 변화를 빠른 속도로 나타낸다. 한순간의 짙은 갈색이 다음 순간에는 새하얀 색으로, 점과 선들로 얽힌 문양들이 빠르게 변조된다. 색을 바꾸는 능력으로 말하자면 카멜레온은 아마추어에 불과하다.

미국의 신경생물학자 윌리엄 캘빈은 생각이란 도대체 무엇인지를 열심히 생각하며 사는 사람 중 한 명이다. 그는 생각이란, 뇌의 특정 부위에 있는 것이 아니라 표면 위를 옮겨 다니는 활성 패턴으로, 이웃하는 다른 단위들을 끌어들여 군집을 형성하여 다른 생각을 하는 대항 군집과 다원식으로 경쟁하는 단위라고 강조한다. 변화하는 패턴을 볼 수는 없지만, 뉴런이 활성화될 때 빛이 난다면 보일 수도 있다. 그렇다면 뇌의 수질이 오징어의 피부 표면처럼 보이지 않을까 생각해 보자. 오징어는 피부로 생각을 하는 것일까? 오징어가 갑자기 색을 바꾸는 것은 다른 오징어에게 감정 변화를 나타내는 신호의 전달이라고 생각할 수 있다. 이를 테면, 오징어는 호전적인 기분에서 두려움으로 기분이 전환되었음을 자신의 색 변화로 나타내는 것이다. 기분의 변화로 뇌에서 내적 사고의 가시적 표현 형태인 색이 변하고, 그것이 의사소통을 위해 외부로 발현된다고 충분히 가정할 수 있다. 여기에 추가로 오징어의 생각이 다른 곳도 아닌 바로 피부에서 이루어진다는 상상을 해 보자는 것이다. 만약 오징어들이 피부로 생각을 한다면 나의 동료가 생각한 것 이상으로 그들은 '화성인' 다운 생물이다. 너무 엉뚱한 생각이라 할지라도(물론 그렇다) 물결처럼 변화하는 색의 변화 하나로도 충분히 익숙함의 마취제로부터 정신이 번쩍 들 만하다.

오징어만이 우리 주변의 '화성인'은 아니다. 심해 물고기들의 괴상한 얼굴, 먼지 진드기 ― 그렇게 작지만 않았어도 훨씬 무섭게 느껴질 ― 그리고 정말로 무서운 상어들을 생각해 보라. 새총처럼 튕겨져 나가는 혀, 빙그르 도는 불룩한 눈, 그리고 차가우면서도 느린 걸음걸이의 카멜레온을 생각해 보라. 또는 우리의 몸을 구성하는 세포로 눈을 돌려 그 '낯설고 다른 세계'의 느낌을 감지해 볼 수도 있다. 세포는 그저 액으로 채워진 주머니가 아니다. 그 안은 견고한 구조물과 정교하게 접힌 막들로 가득하다. 인체에는 약 10조 개의 세포가 있으며, 그 안에 있는 막질 구조물의 전체 표면적은 80만 세제곱미터가 넘는다. 꽤 넓은 농장인 셈이다.

이 막의 기능은 무엇인가? 세포 안을 솜처럼 채우고 있지만 그게 전부는 아니다. 대부분의 접힌 면에서는 수많은 화학적 생산라인의 컨베이어 벨트가 정교하게 조율된 순서에 따라 수백 단계의 공정을 진행하며, 빠르게 회전하는 화학적 톱니바퀴들에 의해 전체 시스템이 굴러간다. 가용 에너지를 생산하는 아홉 니 톱니바퀴인 크렙스 회로는 초당 100바퀴로 모든 세포에서 수천 번 반복된다. 이 특별한 화학적 톱니바퀴는 우리의 세포 안에 박테리아처럼 독립적으로 번식하는 작은 소기관인 미토콘드리아에 설치되어 있다. 미토콘드리아는 우리 세포 내의 몇

몇 구조물과 마찬가지로 박테리아와 닮았을 뿐 아니라, 실제로 이것이 수억 년 전 자유를 포기한 조상 박테리아의 후예라는 주장은 이제 널리 받아들여지고 있다. 우리 모두는 세포의 도시이고, 각 세포는 박테리아의 마을이다. 당신은 거대한 박테리아의 메트로폴리스다. 이 정도면 마취제의 장막을 걷어 올릴 만하지 않은가?

현미경으로 세포막의 신기한 영역을 탐구하고 망원경으로 머나먼 은하계를 여행하듯이, 마취제로부터 벗어나는 또 다른 방법은 상상력을 동원하여 지질학적 시간을 거슬러 올라가는 것이다. 인간 존재 이전의 화석 시대에 우리는 압도당한다. 책에서 삼엽충을 찾아 보면 5억 년 전의 생물이라고 쓰여 있다. 우리는 이러한 시간을 이해할 수는 없지만 이해해 보려는 시도 속에서 묘한 쾌감을 느낀다. 우리의 뇌는 우리의 삶에 맞는 시간 규모를 이해하도록 진화해 왔다. 초, 분, 시, 일 그리고 년이 우리의 시간이다. 세기 정도도 괜찮다. 1,000년에 해당하는 밀레니엄에 이르러서는 좀 불편해지기 시작한다. 호메로스의 서사 신화, 그리스 신 제우스, 아폴로, 아르테미스의 행적들, 아브라함, 모세, 다윗과 같은 유대 영웅들과 그들의 무서운 신 여호와, 고대 이집트인들과 태양의 신 라Ra. 이런 것들로부터 시인들은 영감을 얻고 우리는 장고한 세월의 감동을 경험한다. 우리는 짙은 안개를 헤치며 태고의 메아리가 울리는 미지의 세계를 응시한다. 그러나 삼엽충의 수준에서 보면 이 정도는 기껏해야 어제에 불과하다.

이미 제시된 사례에 한 가지 더 추가해 보자. 1년에 해당하는 역사를 종이 한 장에 쓴다고 하자. 아마 아주 구체적으로 쓰기는 힘들 것이다. 신문이 12월 31일에 만드는 '올해의 뉴스' 쯤 될 것이다. 한 장에 1년씩 그때그때 일어났던 사건들을 시간을 거스르면서 요약하는 것이다. 이들을 다 모아서 책으로 엮은 뒤 번호를 매긴다. 에드워드 기번이 쓴 《로마 제국 쇠망사》는 13세기 동안의 역사를 각각 500페이지 정도의 책 6권으로 담아냈는데, 이 정도면 우리가 생각하는 속도와 유사하게 써내려 간 작업이 된다.

"또 하나의 빌어먹을, 두껍고, 네모난 책. 쓰고, 쓰고 또 쓰고! 에잇, 기번 씨!"

윌리엄 헨리 《글러스터의 공작》(1829)

이 구절을 따온 훌륭한 책인 《옥스퍼드 인용구 사전》(1992) 이야말로 빌어먹을, 두껍고, 네모난 책으로 엘리자베스 1세 여왕 시절을 떠올리기에 적당하다. 이제 우리에겐 대충의 시간을 잴 만한 자가 생긴 셈이다. 1,000년의 역사를 기록하려면 10센티미터 두께의 책이 필요하다. 이제 자가 있으니 저 머나먼 미지의 과거 세계로 거슬러 올라가 보자. 가장 최근의 역사가 쓰인 책을 바닥에 깔고 하나씩 그 이전의 세기들을 차곡차곡 쌓아

올리는 것이다. 그러고는 하나의 살아 있는 자가 되어 그 옆에서 보자. 예수에 대해서 찾아보려면 아마 지상으로부터 20센티미터 위나 발목 바로 위에서 골라야 할 것이다.

어느 유명한 고고학자는 어떤 청동기 전사와 그가 쓰고 있던 잘 보존된 아름다운 가면을 발굴한 뒤에 "아가멤논의 얼굴을 보고야 말았다"라고 감탄했다. 그것은 이 신화적 고대성을 목격하면서 그가 느낀 시적 감동이었다. 우리의 책 더미에서 아가멤논을 찾으려면 정강이 중간 정도로 몸을 구부려야 할 것이다. 그 근처 어딘가에 페트라('장밋빛 붉은 도시, 시간의 절반 정도로 오래된'), 왕중왕 오시만디아스("저의 업적을 보소서 신이여, 그리고 절망하소서"), 그리고 고대 바빌로니아 공중 정원의 수수께끼를 만날 수 있다. 칼데아의 도시 우르, 전설적 영웅 길가메시의 도시 우루크는 조금 이전 시대의 것으로 이 도시들의 건설에 대한 이야기는 다리의 윗부분쯤에 있다. 그리고 바로 이 근처에 가장 오래된 날짜 즉, 17세기의 대주교인 제임스 어셔가 계산한 아담과 이브의 탄생일인 기원전 4004년이 있다.

우리의 역사에서 불을 다스리게 된 사건은 가장 중요한 전환점이라 할 수 있다. 여기서 모든 기술이 발생했기 때문이다. 이 사건이 기록된 책은 우리의 책 더미 어느 높이에 있는 것일까? 기록된 역사 전체를 편안하게 깔고 앉을 수 있다는 사실을 감안하면 아마 이 질문에 대한 답이 다소 놀라울 것이다. 고고학적 흔적에 의하면 우리의 호모 에렉투스 조상들이 불을 발견

1 익숙함이라는 마취제

했지만, 스스로 불을 피웠는지, 혹은 가지고 다니며 사용만 했는지는 확실치 않다. 50만 년 전쯤에는 불을 가지고 있었으니 여기에 해당하는 책을 찾으려면 자유의 여신상보다 좀 더 높이 올라가야 한다. 불을 가져다준 전설의 프로메테우스가 처음 언급되는 곳이 무릎 언저리라는 것을 감안하면 정신이 어지러워지는 높이다. 루시와 아프리카의 오스트랄로피테쿠스 조상에 대해 읽으려면 시카고의 어느 빌딩보다도 높이 올라가야 한다. 우리 인간이 침팬지와 공유하는 공동 조상의 일대기는 이 높이의 두 배쯤 위에 있는 책 속 한 문장일 것이다.

그런데 삼엽충까지 도달하려는 우리의 여행은 이제 겨우 시작일 뿐이다. 얕은 캄브리아기 바다에 살던 이 삼엽충의 삶과 죽음이 간단하게 기록된 페이지를 담으려면 책의 탑이 어느 정도로 높아야 하는 것일까? 답은 약 56킬로미터이다. 우리는 이런 높이에 대한 감이 없다. 에베레스트 산 꼭대기도 해수면 기준으로 9킬로미터가 안 된다. 삼엽충의 나이에 대한 감을 잡으려면 이 책 더미를 넘어뜨리면 된다. 맨해튼 섬의 세 배에 해당하는 길이의 책꽂이에 기번의 《로마 제국 쇠망사》 크기의 책이 가득 차 있다고 상상해 보자. 한 페이지에 1년씩 할애된 역사 전집에서 삼엽충까지 읽어 내려 가는 일은 국회도서관에 소장된 1400만 권의 장서를 단어 하나하나까지 읽는 일보다 힘들다. 그러나 생명 그 자체의 나이에 비하면 삼엽충도 어리다. 삼엽충, 박테리아 그리고 우리들의 공동 조상인 최초의 생물은 우리의 신화 제1권에 그 태고의 화학적 삶이 기술되어 있다. 제1권은 우리의 거대한 책꽂이의 가장 끝에 있다. 책꽂이 전체는 런던에서 스코틀랜드 경계까지 뻗을 것이다. 또는 아드리아 해부터 그리스를 거쳐 에게 해까지 닿을 것이다.

어쩌면 이런 거리조차도 비현실적으로 느껴질지 모른다. 엄청난 숫자를 이해하기 위한 비유라도 사람들이 이해할 수 있는 수준을 벗어나선 안 된다. 그렇지 않다면 비유는 안 하느니만 못하다. 로마에서 베네치아에 이르는 서가에 꽂힌 역사서를 전부 읽는 일은 40억 년이라는 시간만큼이나 납득하기 어렵다.

이미 다른 곳에 소개된 바 있는 비유를 들어 보겠다. 양팔을 벌려 왼쪽 손끝에서 생명이 시작되고 오른쪽 손가락 끝이 현재라고 하자. 명치를 지나 오른쪽 어깨 훨씬 너머까지 존재하는 생명체라곤 오직 박테리아뿐이다. 다세포의 무척추 생물은 오른쪽 팔꿈치 언저리에서 꽃피운다. 공룡들은 오른손 손바닥에서 생겨나서 마지막 손가락 마디에서 멸종한다. 호모 사피엔스와 바로 위 조상인 호모 에렉투스의 모든 이야기는 손톱 너비 안에 다 들어간다. 기록되어 있는 역사로 말할 것 같으면 수메르인, 바빌로니아인, 유태인 가부장들, 파라오 왕조, 로마의 군단, 기독교 성인들, 메데스의 법률과 변하지 않는 페르시아인, 트로이와 그리스, 헬레나와 아킬레스와 죽은 아가멤논, 나폴레옹과 히틀러, 비틀즈와 빌 클린턴, 그리고 이들을 아는 모든 사람은 손톱에 줄칼을 갖다 대는 순간 먼지가 되어 사라진다.

가난한 자는 빨리 잊혀진다

그들은 살아 있는 자보다 훨씬 많다

그런데 그들의 뼈는 어디에 있는가?

살아 있는 자 한 명당 100만 명의 죽은 자가 있는데,

그들의 먼지는 보이지 않는 흙 속으로 사라졌는가?

두껍게 차곡차곡 쌓였다면

숨 쉴 공기도, 바람이 불 공간도,

내릴 비도 없으리라.

지구는 먼지의 구름, 해골의 토양,

우리의 유골이 묻힐 곳도 없으리라.

서세버럴 시트웰 〈아가멤논의 무덤〉(1933)

특별히 대단한 건 아니지만 시트웰의 넷째 구절은 부정확하다. 그는 여태껏 살았던 모든 인간 중에서 현대인이 차지하는 비율이 상당하다고 추산한다. 하지만 이는 기하급수적 성장의 힘을 반영하는 것뿐이다. 개체의 수 대신 세대를 세고, 인간 이전 생명의 기원까지 거슬러 올라가 보면 서세버럴 시트웰의 말은 새로운 힘을 얻는다. 5억 년 전 최초의 다세포 생물이 출현했을때부터 우리 모계의 모든 개체가 같은 곳에 누워 죽어 화석이 된다고 치자. 땅속에 묻힌 도시 트로이의 겹겹의 지층처럼 압력과 무게가 눌렀을 테니 모든 화석이 1센티미터의 팬케이크처럼 납작해졌다고 하자. 연속적인 화석 기록이 남기에 충분한

두께의 바위는 어느 정도일까? 답은 바위의 두께가 약 1,000킬로미터는 되어야 한다는 것이다. 이는 실제 지각 두께의 열 배에 해당된다.

그랜드캐니언의 바위들은 가장 깊은 곳에서부터 가장 윗부분까지 우리가 다루는 시기의 대부분을 담고 있는데, 두께는 겨우 1.6킬로미터에 불과하다. 이 지층이 암반 없이 화석만으로 가득 차더라도 과거 세대 전부의 600분의 1만을 기록할 수 있을 것이다. 이러한 계산은 진화라는 사실을 받아들이기 전에 점진적으로 변하는 화석의 '연속적인' 발견을 요구하는 근본주의자들의 주장을 바로잡는 데 도움이 된다. 지구상의 바위들은 그 정도를 감당할 여유가 없다. 적어도 몇 배는 부족하다. 어떻게 보든 상당히 적은 수의 생물만이 화석이 되는 행운을 누린다. 이미 언급한 것처럼 나라면 영광스러운 일일 것이다.

> 죽은 자의 수는 앞으로 살 자의 수를 월등히 능가한다. 시간의 밤은 낮을 뛰어넘는데, 분점分點이 어디였는지 그 누가 알겠는가? 불과 한순간도 존재하지 못하는 현재라는 계산에 매 시간 시간이 더해진다. 알려진 시간 동안 기억되는 훌륭한 사람들보다 잊혀진 인재들이 더 많은지 그 누가 안단 말인가?
>
> **토머스 브라운 경** 《호장론Urne Burial》(1658)

2

귀족들의 응접실

그들의 영혼을 맷돌로 갈고,
가슴과 이마를 포박할 수도 있다.
그래도 시인은 무지개를 찾고,
그의 형제는 쟁기를 좇는다.
존 보일 오라일리(1844~1890), 〈무지개의 보물〉

DRAWING ROOM OF DUKES

우리를 익숙함의 마취제로부터 깨우는 것이야말로 시인들이 가장 잘하는 일이다. 그게 그들의 전문 분야다. 그러나 그동안 너무 많은 시인들이 과학에서 제안하는 영감의 금광으로 너무나 오랫동안 눈을 돌리지 않았다. 한 세대를 선도했던 시인 W. H. 오든은 과학자들에게 상당히 호의적이었지만, 그런 그조차도 과학자들을 정치인과 비교하면서 과학의 실용적인 측면을 따로 떼어내어 생각했고, 그 시적 가능성을 간과했다.

우리 시대에 진정으로 행동하는 사람들, 세상을 변화시키는 사람들은 정치가나 관료가 아니라 과학자들이다. 불행히도 그들의 대상은 사람이 아닌 사물이라 말이 없으며, 따라서 시로써 축복할 수 없다. 과학자들 틈에 끼여 있으면 나는 귀족들이 모인 응접실에 잘못 걸어 들어온 누추한 목사가 된 듯한 기분이 든다.

〈시인과 도시〉, 《염색공의 손》(1963)

역설적이게도 나와 여러 과학자들이 시인들 틈에 있을 때 느끼는 감정이 바로 이런 것이다. 다시 이 점으로 돌아오겠지만 우리의 문화는 과학자와 시인의 상대적 위치를 위와 같은 식으로 자리매김하고 있고, 아마 이런 이유로 오든은 일부러 반어적인 태도를 취했던 것 같다. 그런데 왜 그는 시가 과학자와 그들의 업적을 축복할 수 없다고 확신했을까? 과학자는 정치인이나 관료보다 더 효과적으로 세상을 변화시키지만 그것이 그들이 하고 있는 전부도 아니고 그들이 할 수 있는 전부는 더욱 아니다. 과학자들은 저 광활한 우주에 대한 우리의 사고방식을 바꾼다. 그들은 뜨거운 시간의 탄생으로 우리의 상상을 거슬러 올라가게 해 주기도 하고, 영원한 우주의 추위를 응시하게 도와주기도 한다. 또는 키츠의 표현대로 "은하계를 향해 도약하게" 해 준다. 말이 없는 이 우주, 연구해 볼 만한 주제가 아닌가? 무엇 때문에 시인은 사람만을 축복하며 꾸준히 사람을 창조한 자연의 힘은 무시하는가? 다윈은 무던히 노력해 보았지만 그의 재능은 시에 있지 않았다.

강둑을 뒤덮고 있는 복잡하게 엉킨 다양한 식물들과 덤불 속의 노래하는 새들, 자유롭게 날아다니는 곤충들, 그리고 축축한 대지 속을 기어다니는 지렁이를 바라보면서 이토록 정교하게 만들어진 형체들, 서로 너무나도 다른 이들이 이처럼 복잡한 의존 관계에 있으며, 모두 우리 주위에서 작용하는 힘들에 의해서 만들어졌음을 생각하는 일은 참으로 흥미롭다. 그러므로 우리가 지각할 수 있는 가장 고귀한 대상, 즉 고등동물의 생성은 자연의 전쟁, 기근, 죽음 속에서 이루어진다. 생명을 조망하는 이 시각 안에 위대함이 있다. 태초에 생명은 그 여러 힘과 함께 하나 또는 몇 개의 형태로 탄생하여 중력법칙에 따라 회전하는 동안, 그토록 단순한 시작으로부터 이토록 아름답고 놀라운 끝없는 형상들이 진화했고, 또 지금도 진화하고 있다.

《종의 기원》(1859)

윌리엄 블레이크의 관심은 종교적이고 신비주의적이었지만 다음과 같은 그의 사행시는 단어 하나하나를 내가 지었으면 하는 생각이 들 정도이다. 만약 그럴 수 있었다면 내가 갖는 영감과 의미는 매우 달랐을 것이다.

하나의 모래알 속에서 세상을 보고
들꽃에서 천국을 본다.
손바닥에 무한을 품고
한 시간에 영원을 담는다.

〈결백의 전조〉(1803경)

모든 과학—움직이는 스포트라이트 속의 멈춤, 공간과 시간의 조작, 아주 작은 양자 알갱이로부터 만들어진 거대구조,

2 귀족들의 응접실 **43**

진화의 축소판인 꽃 한 송이—에 이 시구를 대비하여 음미해 볼 수 있다. 경이로워하고 존경하며 놀라워하는 인간의 본성은 블레이크를 신비주의로 이끌었지만, 다른 이들을 과학으로 이 끈다. 해석은 다르지만 우리는 같은 것에 흥분한다. 신비주의자 는 그 경이로운 신비에 빠져 부유하며 흡족해한다. 과학자는 같 은 경이로움을 느끼지만 잠을 이루지도, 만족하지도 못한다. 신 비로움을 심오하다고 인정한 뒤 그는 "아직 연구 중입니다"라 고 덧붙인다. 블레이크는 과학을 사랑하기는커녕 심지어는 두 려워하고 멸시했다.

> 음침한 철갑에 싸인 베이컨과 뉴턴, 그들의 공포가
> 옛 영국 위를 가르는 쇠 채찍처럼 걸려 있다.
> 거대한 뱀과 같은 이성이 나의 사지를 휘감는다······.
> 〈베이컨, 뉴턴 그리고 로크〉,《예루살렘》

이 얼마나 아까운 시적 재능인가. 젠체하는 비평가들의 말 처럼 만약 어떤 정치적 모티브가 그의 시 기저에 깔려 있다 하 더라도 여전히 그저 안타까울 뿐이다. 왜냐하면 정치와 정치적 관심사는 너무 일시적이며 상대적으로 너무 사소하다. 시인은 과학에서 제공하는 영감을 더 잘 사용할 수 있으며, 마찬가지로 과학자는 더 많은 '시인'들을 향해 손을 뻗어야 한다는 것이 나 의 주장이다.

물론 과학이 반드시 유창하게 낭독되어야 한다는 뜻은 아니다. 다윈의 할아버지인 에라스무스 다윈의 운율적인 글은 당대에는 높이 평가되었지만 과학에 기여하지는 못했다. 또한 칼 세이건, 피터 앳킨스 또는 로렌 아이즐리만큼 재능을 가지고 있지 않은 과학자들이 일부러 문장 구사력을 키울 필요도 없다. 단순하고 침착한 명확함으로 사실과 개념들이 스스로 의미를 전달하도록 하면 된다. 과학 안에 시가 있다.

시인은 모호할 수 있다. 경우에 따라서는 시구를 설명해야 하는 의무로부터 해방을 선언하기도 한다. "엘리엇 씨, 말해 주세요. 정확히 어떻게 삶을 커피 스푼으로 잴 수 있나요?"라는 말은 적어도 대화를 시작하기에 적합한 말은 아니지만 과학자는 위와 같은 질문을 받을 것을 예상하며 산다. "어떤 의미에서 유전자가 이기적일 수 있나요?" "에덴에서 흘러나오는 강에는 무엇이 흐르나요?" 아직도 나는 누군가가 오를 수 없는 산의 의미를 물어올 때마다 그것이 얼마나 천천히, 그리고 점진적으로 오른다는 의미인지 설명한다. 우리의 언어는 계몽하고 설명하도록 사용되어야 하며, 한 가지 방식으로 의미가 전달되지 않는다면 다른 길을 찾아야 한다. 동시에 명석함을 잃지 않으면서, 아니 더 명석해짐으로써 블레이크와 같은 신비주의자를 감동시킨 경이로움에서 진정한 과학을 되찾아야 한다. 《스타 트렉》이나 《닥터 후》 같은 프로그램의 팬을 매료시키는 저급한 수준으로 사용되거나 점성가, 천리안 그리고 텔레비전 심리학자들에 의해서 더 저급한 수준으로 남용된 이 흥미진진함의 정당한 권리는 진정한 과학에 있다.

우리가 느끼는 이 소중한 경이로움에 위협적인 존재는 가짜 과학자들에 의한 탈취만이 아니다. 또 하나는 대중적 하향평준화인데 여기에 대해서는 나중에 다시 언급하기로 하겠다. 세 번째 위협은 여러 종류의 유행에 민감한 분야에 종사하는 학자들이다. 유행 편승주의자들은 과학이 단지 여러 문화적 믿음 중 하나로 어떤 문화적 미신보다 더도 덜도 유효하지 않다고 여긴다. 미국에서는 인디언 원주민들에 대한 처우의 역사적 죄책감도 여기에 한몫하고 있다. 하지만 그 결과는 케너윅 인의 경우처럼 우스꽝스러울 수 있다.

케너윅 인은 1996년 워싱턴 주에서 발견된 인골로 탄소동위원소 분석 결과 9,000년 전의 유골로 밝혀졌다. 해부학적으로 봤을 때 전형적인 아메리카 원주민과 연관이 없을지도 모른다는 점에 관심을 가진 인류학자들은 이 해골이 지금의 베링 해협 또는 심지어 아이슬란드에서 건너온 다른 이주자일지도 모른다고 생각했다. 이를 검증하기 위해 여러 중요한 DNA 시험을 막 시행하려고 할 때 당국은 연구가 불가능하도록 만들려는 인디언 부족 대표들에게 해골을 넘겨주었다. 과학과 고고학계는 강하게 반발했다. 설사 케너윅 인이 일종의 아메리카 인디언이라 할지라도 9,000년 전 이곳에서 살았던 이들이 지금의 원주민들과 연관성이 있을 가능성은 거의 없다.

아메리카 원주민들이 갖고 있는 상당한 법적 영향력으로 인해 '고대인'은 부족들에게 되돌아갈 뻔했지만 일은 희한하게 꼬였다. 노르만의 신들인 토르와 오딘을 숭배하는 아사트루 민속협회가 케너윅 인이 사실 바이킹이라고 주장하는 소송을 제기했다.《룬스톤》지 1997년 여름호에서 볼 수 있듯이 이 노르만 종파는 유골 위에서 종교 행사를 할 수 있도록 허가를 받았다. 이 사건은 야카마 인디언 부족의 반대를 불러일으켰는데, 부족의 대변인은 바이킹 족의 행사가 "케너윅 인의 영혼이 자신의 몸을 찾아가는 데" 방해가 될 것이라고 우려했다. 인디언과 노르만 인의 이러한 갈등은 DNA 비교에 의해서 해결될 수 있었고, 노르만 인들은 실험을 원하고 있다. 유골에 대한 과학적 연구는 인간이 아메리카 대륙에 도달한 과정을 밝히는 데 여러 단서를 제공했을 것이다. 그러나 인디언 지도자들은 그들의 조상이 창조의 순간부터 줄곧 존재해 왔다고 믿었기 때문에 이 질문에 대한 답을 찾는 시도 자체를 싫어했다. 우마틸라 부족의 종교 지도자인 아르만드 민토른이 말한 것처럼 "말로 전해 오는 우리의 역사를 통해 우리 민족이 태초의 순간부터 이 땅의 일부였다는 것을 알 수 있다. 우리는 과학자들이 생각하는 것처럼 우리의 민족이 다른 대륙에서 이주해 왔다고 믿지 않는다."

최선의 방법은 고고학자들도 아예 DNA 지문분석을 신성한 토템으로 삼아 그들도 하나의 종교임을 선언하는 것일지도 모른다. 우습기는 하지만 20세기말 미국의 분위기를 감안하면 이

것이 유일한 방법일지도 모른다. 만약 'X가 사실이라는 수많은 증거가 탄소연령분석, 미토콘드리아 DNA, 그리고 토기의 고고학적 분석으로부터 나왔다'고 한다면 아무 소용없을 것이다. 하지만 'X가 사실이라는 것이 우리가 속한 문화의 근본적이고도 확고한 믿음이다'라고 하면 바로 재판관의 주의를 끌 수 있다.

동시에 20세기말 포스트모던 과학 비평이라고도 불리는 새로운 형태의 반反 과학적 화법을 개발한 학계의 수많은 인사들의 관심도 불러일으킬 것이다. 이중에서 가장 혀를 내두를 만한 것은 폴 그로스와 노먼 레빗의 훌륭한 저서 《고상한 미신: 좌파 학계와 과학 간의 논쟁》(1994)이다. 미국의 인류학자 매트 카트밀이 잘 요약해 주고 있다.

> 무언가에 대해서 객관적인 지식을 알고 있다고 하는 이는 우리 모두를 조정하고 지배하려는 자이다. 객관적인 사실이란 없다. 소위 '사실'이라고 가정되는 것은 이론으로 오염되어 있으며, 모든 이론은 윤리적·정치적 독트린에 감염되어 있다……그러므로 실험복을 입은 누군가가 이러이러한 것이 객관적인 사실이라고 할 때에는……어딘가 분명히 정치적 냄새가 풍길 것이다.
>
> 〈진화에 억압당하다〉, 《디스커버》(1998)

과학자들 중에서도 동일한 시각을 갖는 삼류 칼럼 기고가들이 같은 방식으로 우리의 아까운 시간을 낭비한다.

카트밀의 주장은 아무것도 알 수 없다는 근본주의적 종교의 우파와 학계의 세련된 좌파 간의 모종의 사악한 동맹이 있다는 것이다. 이 동맹은 진화 이론에 대한 반대라는 기이한 형태로 그 모습을 드러낸다. 근본주의자들의 반대는 자명하다. 좌파의 주장은 과학 일반에 대한 반발심, 부족 창조신화에 대한 존경, 각종 정치 아젠다 등으로 이루어진 혼합물이다. 이 희한한 동지들은 '인간의 존엄성'에 공통된 관심을 가지며 인간을 '동물'로 취급하는 것에 불쾌해한다. 바버라 에렌라이크와 재닛 매킨토시는 1997년 《네이션》에 발표한 〈새로운 창조론〉에서 그들의 이른바 '세속적 창조주의자'가 무엇인지에 대해 유사한 입장을 밝히고 있다.

　문화적 상대주의와 '고귀한 미신'을 유포하는 사람들도 진리의 탐구에 경멸을 퍼붓는다. 그 부분적인 원인으로는 문화마다 진리가 다르다는 믿음(케너윅 인의 예에서 보듯이)과 아직 진리에 관한 합의에 도달하지 못한 과학철학자들의 무능력함에 있다. 물론 근본적인 철학적 난제들이 존재한다. 진리란 그저 반증되지 않은 가설에 불과한가? 이상하고 불확실한 양자이론의 세계에서 진리는 어떤 위상을 갖는가? 그런가 하면 그 어떤 철학자도 부당하게 범죄자로 몰리거나 아내의 간통을 의심할 때에는 진리라는 단어를 쓰는 데에 어떠한 어려움도 느끼지 않는다. "그게 사실이야?"라는 질문은 합당한 질문으로 들리며, 일상생활에서 여기에 대한 답변으로 '논리 장난' 하는 말을 들고 만족하는 이는 드물다. 양자를 연구하는 사람들에게는 슈뢰딩거의 고양이가 죽었다는 말이 어떤 의미에서 '참'인지 알기 어려울지 모른다. 그러나 내가 어렸을 때 키우던 고양이 제인이 죽었다는 문장이 참이라고 했을 때에는 누구나 그게 어떤 의미인지 안다. 많은 과학적 사실들은 이러한 일상적인 의미에서 진실이다. 인간과 침팬지가 공동 조상을 지닌다고 하면 이 발언이 거짓이라는 것을 증명할 자료를 찾으려고 (헛되이) 노력하는 이가 있을지 모른다. 그러나 우리 모두는 그 말이 진실이라면 어떤 의미인지, 또 거짓이라면 어떤 의미인지를 알고 있다. 그것은 "사건이 일어난 날 밤 옥스퍼드에 있었던 것이 사실입니까?"와 같은 항목에 있으며, "양자가 위치를 갖는다는 것이 진실입니까?" 같은 수준의 어려운 항목에 속하지 않는다는 것이다. 물론 진실에 대한 철학적 숙제가 있지만, 그걸 걱정하기 전에 할 수 있는 일들이 매우 많다. 철학적 난제를 일찍부터 들이대는 행동은 종종 가면을 쓴 해악에 불과하다.

'하향평준화'는 과학적 감수성에 대한 전혀 다른 종류의 위협이다. '과학 대중화' 운동은—미국에서는 우주 경쟁에 적극적으로 뛰어들었던 구소련에 의해 촉발되었고, 영국에서는 대학교의 과학 관련 일자리 지원자 감소가 사회적 우려로 추동된—통속화되어 가고 있다. '과학 주간' 같은 것들은 사랑을 구걸하는 과학자들의 심리를 드러낸다. 우스꽝스러운 모자를 쓰고 장난스러운 목소리로 과학은 재미, 재미, 재미가 있다고 외친다. '괴짜' 과학자들이 폭발과 조잡한 트릭 따위를 연출한다. 나는 최근에 어느 쇼핑몰에서 과학으로 사람들을 끌어들이기 위해 과학자들에게 이벤트를 벌이도록 독려하는 짧은 설명회에 참석한 적이 있다. 사회자는 우리더러 썰렁하게 만들 만한 것은 절대 하지 말라고 충고했다. 항상 과학이 보통 사람들의 생활, 부엌이나 화장실에서 일어나는 일 따위와 '관련' 되게 하라. 가능하면 끝나고 청중이 먹을 수 있는 실험 재료를 사용하라. 당시 가장 관심을 끈 과학 현상은 사회자가 직접 기획한 마지막 이벤트로서 볼일을 보고 물러서면 자동으로 물이 내려가는 소변기였다. '보통 사람들'이 부담스러워 하기 때문에 과학이라는 단어의 사용을 최대한 삼가야 했다.

 '이벤트'의 참석자 수를 늘리는 것이 우리의 목표라면 이러한 하향평준화는 분명 효과적일 것이다. 그런데 팔린다고 과학인 건 아니라고 하면 나는 '엘리트주의'라는 비난과 함께 일단 사람들을 어떻게든 끌어들이는 것이 급선무라는 말을 들을 것이 분명하다. 꼭 이 단어를 사용해야 한다면 (난 아니지만) 엘리트주의라는 것이 그렇게 나쁘지만은 않을 수도 있다. 배타적인 건방짐과 사람들로 하여금 실력을 향상시켜 엘리트가 되도록 독려하는 친절한 엘리트주의 사이에는 커다란 차이가 있다. 계산된 하향평준화가 최악이다. 그것은 배려하는 척하며 멸시하는 것이다. 최근에 한 미국 강연에서 이러한 시각을 얘기했더니 끝날 때 쯤 정치적으로 옳은 말만 한다고 자부하는 어떤 백인 남성이 무례하기 짝이 없게도 '소수자와 여성'을 끌어들이기 위해 과학은 하향평준화되어야 할지 모른다고 발언했다.

내가 걱정하는 바는 과학을 전부 재미있고, 장난스럽고, 쉽게 선전하는 바람에 훗날 발생할 수 있는 문제점들이다. 진정한 과학은 어려울 수는 있으나(도전할 만하다는 것이 더 나은 표현이다) 고전문학 또는 바이올린 연주처럼 그만큼의 보람이 있는 일이다. 만약 어린이들이 과학이나 다른 여타의 직업이 쉽고 재미있을 거라는 약속을 믿고 입문한 뒤 실체를 알게 되면 그때는 어떻게 대응한단 말인가. 군사동원 공고는 소풍을 약속하지 않는다. 군대는 모든 것을 견딜 만한 젊은이를 찾는 것이다. '재미'는 잘못된 신호를 송신하며, 잘못된 이유로 사람들을 과학으로 끌어들일지도 모른다. 인문학 교육도 마찬가지 위협에 직면해 있다. 연속극, 선정적인 신문에 등장하는 여자 연예인들, 《텔레토비》를 분석하는 데 시간을 보내게 될 것을 약속받은 게으른 학생들이 품격 떨어지는 '문화 연구'로 유인되고 있다. 과학은 제대로 된 인문학 공부처럼 어렵고 힘들 수도 있지만 역시 인문학만큼 훌륭하다. 과학은 충분히 이익을 창출할 수 있지만 위대한 예술과 마찬가지로 그럴 필요가 없다. 우리는 생명 존재 자체의 이유를 탐구하기 위해서 '괴짜'나 재미있는 폭발 같은 장치를 필요로 하지 않는다.

이런 비판이 너무 부정적인 것은 아닌지 우려되기도 하지만 추가 한쪽으로 너무 기울어져 있을 경우에는 반대 방향으로 세게 밀어 주어야만 평형을 되찾을 수 있다. 물론 과학은 지루함과는 정반대의 의미에서 재미있다. 과학은 건강한 정신을 평생 동안 심취하게 만들 수 있다. 실제 재현은 개념이 머릿속에서 오랫동안 생생하게 남는 데 도움이 된다. 마이클 패러데이의 왕립연구소 성탄절 강연에서부터 리처드 그레고리의 브리스톨 설명회에 이르기까지, 아이들은 진정한 과학을 피부로 느끼는 경험에 열광해 왔다. 나 자신도 텔레비전을 통해 성탄절 강연을 하는 영광을 누렸으며, 역시 많은 실험적 재현에 의존했다. 패러데이는 하향평준화하지 않았다. 난 그저 과학의 위대함을 깎아내리는 종류의 인기 영합자들을 공격하는 것뿐이다.

매년 런던에서는 그해에 가장 인기 있었던 과학책에 상을 수여하는 커다란 저녁 만찬이 열린다. 그중 아동 과학서에 상을 수여하는 분야가 있는데, 최근의 수상작은 곤충을 비롯한 '끔찍하고 징그러운 벌레'들에 관한 것이었다. 그런 종류의 언어는 시적 경외의 감수성을 한껏 불러일으키지는 않지만, 일단 이 정도는 아이들의 관심을 끄는 또 다른 방법쯤으로 인정할 수 있다. 더 양보하기 어려운 것은 텔레비전을 통해 잘 알려진 심사위원장의 행동이었다. 쇼프로그램의 전형적인 경박함으로 조잘대던 그녀는 그 끔찍하고 '징그러운 벌레'들을 쳐다보며 청중(성인들)들에게 얼마나 소름끼치는지를 반복적으로 합창하도록 부추겼다. "우웨에엑! 으으악! 에에에이!" 이런 종류의 천박한 재미는 과학의 신비함을 손상시키며, 과학을 이해하고 다른 사람들을 고쳐시킬 만한 가장 적합한 사람들—진정한 시인과 진정한 인문학자—로 하여금 흥미를 잃게 만든다.

물론 여기서 시인은 모든 예술가를 가리킨다. 미켈란젤로와 바흐는 당대의 신성한 주제들을 표현하도록 의뢰받았고, 그 결과물들은 영원히 인간 감성의 숭고함을 자극할 것이다. 그러나 이 천재들이 만약 다른 영감에 반응했더라면 어떠한 결과가 나왔을지는 알 수 없다. 미켈란젤로의 정신이 '물 위를 걷는 소금쟁이'처럼 침묵 속에서 집중할 때, 그 소금쟁이의 신경세포의 내용물에 대해 알았더라면 그는 어떤 그림을 그렸을까? 6500만 년 전 산처럼 커다란 운석이 우주 한가운데로부터 시속 1만 마일의 속력으로 뛰쳐나와 유카탄 반도에 충돌해 세상이 어두워졌을 때, 바로 그때 공룡들의 운명에 몰입한 베르디가 짜냈을 진혼곡을 생각해 보라. 베토벤의《진화 교향곡》, 하이든의 오라토리오《확장하는 우주》, 또는 밀턴의 서사시《은하수》를 상상해 보라. 셰익스피어는 또 어떤가……

하지만 거기까지 가지 않아도 된다. 조금 덜 유명한 시인으로도 충분하다.

난 상상한다, 어느 다른 세계에서
태초로 끝없이 거슬러 가면
숨소리도 잘 들리지 않는 그 숨막히는 정적,
그 안을 벌새들이 질주해 갔다.

어느 영혼도 깃들기 전,

생명이 아직 물질 덩어리이고 절반은 무생물이었을 때,

이 작은 조각은 강렬한 빛을 내며 떨어져나가

느리고 거대하고 촉촉한 줄기 사이를 가르며 날아갔다.

아마 그땐 꽃들도 없었으리라,

창조 이전 벌새가 날던 세계에서는.

기다란 부리로 느린 식물 혈관을 관통했으리라.

아마 그는 컸으리라.

이끼와 작은 도마뱀들처럼, 한때는 컸다고 한다.

어쩌면 무지막지한 괴물이었을지도.

우리는 시간의 망원경 반대쪽에서 그를 바라본다,

운 좋게도.

〈운율이 맞지 않는 시〉(1928)

D. H. 로렌스의 벌새에 관한 시는 매우 부정확하며, 그래서 피상적이고 비과학적이다. 하지만 그럼에도 불구하고 시인이 지질학적 시간으로부터 어떻게 영감을 얻을 수 있는지에 대한 하나의 예를 보여 준다. 로렌스가 진화와 분류학 강좌 몇 개만 들었더라면 작품은 사실의 범주 안으로 들어왔을 것이며, 그랬

더라도 결코 원작보다 덜 인상적이거나 영감이 줄어들지 않았을 것이다. 강좌 하나를 더 들었다면 광부의 아들 로렌스는 지구의 어두운 지하창고에 300만 년 동안 봉인된 채 데워지던 석탄기 양치식물이 마침내 세상의 빛을 봐 세상을 밝혀 주는 자신의 석탄화로로 그 맑은 눈을 돌렸을 것이다. 그러나 로렌스에게 더 큰 장애물은 과학과 과학자들이 반시적反詩的 태도를 가진다는 근거 없는 적대감이었는데, 다음에서 보듯이 그의 불만에서 이를 엿볼 수 있다.

> 앎은 태양을 죽여, 점박이 가스 덩어리로 만들어 버렸다…… 이성과 과학의 세상……이 건조한 불모의 세계에 추상적인 정신들이 거주한다.

사뭇 주저한 끝에 나는 내가 가장 좋아하는 시인이 아일랜드 출신의 그 혼란스러운 신비주의자 윌리엄 버틀러 예이츠임을 밝히고자 한다. 노년의 예이츠는 어떤 주제를 좇고 좇아 실패한 나머지 절망감을 안고 젊었을 시절에 추구하던 주제로 되돌아갔다. 예이츠 탑에서 자동차로 한 시간 거리에 당시 아일랜드 최대의 천체 망원경이 있었다는 사실은 이교도적인 희망 위로 허물어진 그의 젊은 아일랜드 정신과 요정과 마력 속에 좌초된 그의 꿈을 더욱 슬프게 만든다. 이것은 예이츠가 태어나기 전 버 성Birr Castle 안에 로스의 세 번째 백작인 윌리엄 파슨스가 만든 183센티미터 반사경이다. 이 망원경으로 한번만 은하수를 봤더라면 젊은 시절 다음과 같은 잊을 수 없는 글을 남긴 이 고뇌하는 시인의 〈파슨스타운의 리바이어선〉이 어떻게 변했을지 상상해 보라!

> 침착하라, 침착하라, 떨리는 가슴이여,
> 그 옛날의 지혜를 기억하라:
> 불꽃과 홍수 앞에서 두려워하는 자여,
> 그리고 별빛 속으로 부는 바람,
> 이들 별빛 바람과 불꽃과 홍수가
> 고독하고 성스러운 군중과 함께할 수 없는 그를
> 덮고 숨게끔 하라.
>
> 〈갈대 사이로 부는 바람〉(1899)

위 글은 과학자의 마지막 말이라고 해도 잘 어울린다. 그런데 다시 떠올려 보면 이 시인의 비문인 "삶과 죽음을 냉정한 눈으로 보라 / 기수여 지나가라!"도 마찬가지이다. 그러나 블레이크처럼 예이츠도 과학을 사랑하지 않았고 (어처구니없게도) 과학을 '교외의 아편'이라고 폄하하면서 "뉴턴의 마을로 이사 가라"고 부르짖었다. 불행하지만 이런 종류의 얘기들이 나로 하여금 책을 쓰게 만든다.

키츠도 마찬가지로 뉴턴이 무지개를 설명함으로써 무지개

의 시정을 파괴했다고 불평했다. 일반적으로 과학은 문학의 적으로 간주되며, 건조하고 차갑고, 우울하고 거만하며, 젊은 낭만주의자가 추구할 만한 것은 아무것도 없는 그런 것이다. 그 반대를 주장하고자 함이 이 책의 목표 중 하나인데, 여기서는 키츠도 예이츠처럼 과학에서 영감을 찾았다면 좀 더 나은 시인이 되지 않았을까 하는 검증 불가능한 가설을 제안하는 데 그치도록 하겠다.

자신의 동맥혈 상태를 스스로 진단했던 것처럼 키츠가 자신의 치명적인 질병인 결핵을 알아차릴 수 있었던 것은 그가 받았던 의학 교육 덕분이었다고 알려져 있다. 예이츠가 켈트 문학에 빠졌던 것처럼 과학이 반가운 전령일 수 없었던 키츠가 펜파이프와 나이아스(그리스 신화에 나오는 흐르는 물, 즉 샘이나 강, 시내에 사는 요정들—옮긴이), 님프와 드리아스(그리스 신화에 나오는 나무의 요정—옮긴이)의 고전 신화 세계에서 안식을 얻었다는 점은 별로 이상하지 않다. 개인적으로 나는 이 두 시인이 무척 훌륭하다고 생각하지만, 그리스인들이 키츠의 작품에서, 켈트족이 예이츠의 작품에서 자신들의 신화를 과연 발견했을지는 조심스럽게 의문이 생긴다. 이 위대한 시인들이 그들의 영감의 원천으로부터 제대로 은혜를 입었을까? 이성에 대한 선입견이 시상의 날개에 무게를 더하지는 않았을까?

블레이크를 기독교적인 신비주의자로, 키츠를 아르카디아 신화로, 예이츠를 페니언(아일랜드 독립을 주장한 민족주의 비밀결

사—옮긴이)과 요정으로 이끈 경이로움의 정신이 바로 위대한 과학자들을 움직이는 정신과 동일하다는 것이 나의 논지이다. 이 정신이 과학의 모습으로 시인들에게 불어넣어졌더라면 더욱 위대한 시를 창조해 내는 영감이 되었을 것이다. 그 근거로 다소 평가절하되고 있는 공상과학 장르를 제시해 보고자 한다. 쥴스 번, H. G. 웰즈, 올라프 스테이플던, 로버트 하인라인, 아이작 아시모프, 아서 C. 클라크, 레이 브레드베리를 비롯한 여러 작가들은 산문시를 이용하여 과학을 주제로 한 낭만을 고취시켰고, 어떤 경우는 고대 신화와 긴밀하게 연결시키기도 했다. 문학계의 일부가 거만한 태도로 무시하는 최고의 공상과학은 그 나름대로 중요한 문학의 한 형태라고 나는 생각한다. 상당수의 명망있는 과학자들이 어린 시절 공상과학에 심취하여 경이로움의 정신으로 인도되었다.

공상과학 소설 시장의 가장 낮은 수준에서는 똑같은 정신이 불순한 목적으로 남용되기도 하지만, 여전히 신비롭고 낭만적인 시정과의 접점이 드러난다. 최소한 한 개의 과학 종교(사이언톨로지Scientology)가 공상과학 소설가인 존 허버드(옥스퍼드 인용사전에 "백만장자가 되는 가장 빠른 방법은 종교를 만드는 것이다"라는 말로 기록된 인물)에 의해 창설되었다. 지금은 사라진 '천국의 대문'과 같은 컬트의 추종자들은 셰익스피어와 키츠도 같은 말을 각각 두 번씩 했다는 사실은 몰라도, 《스타트렉》에 대해서는 모든 것을 꿰고 있을 만큼 심취해 있다. 그들의 홈페이지에 적힌 말은 몰이해를 바탕으로 쓴 과학에 대한 터무니없는 묘사로, 온통 질 낮은 낭만적 시구로 장식되어 있다.

《X-파일》에 대한 숭배는 프로그램의 이야기가 결국 '진짜 얘기'가 아니라는 이유로 그 해악이 옹호되어 왔다. 표면적으로는 그럴듯한 변호다. 그러나 정기적으로 방영되는 이야기들 —연속극, 수사물 등—이 계속해서 세계를 단편적으로 그려낼 경우 비판을 받는 것은 정당하다. 《X-파일》은 매주 방송되는 텔레비전 시리즈물로 두 명의 미국 연방수사국(FBI) 요원이 어떤 불가사의한 사건을 다루는 내용이다. 두 명 중 스컬리는 이성적이고 과학적 설명을 선호하는 반면 다른 하나인 멀더는 초자연적인 설명을 좇거나 적어도 설명할 수 없음을 찬양한다. 《X-파일》의 문제는 언제나 반복적으로 초자연적 설명법 또는 적어도 '멀더 식의 사고방식'이 결국엔 해답이라는 점이다. 내가 듣기로 최근의 몇 편에서는 그 냉철한 스컬리조차도 조금씩 흔들리고 있다고 하는데, 사실 그리 놀라운 일도 아니다.

하지만 그저 지어낸 이야기에 불과하지 않은가? 그렇지 않다. 가령 매주 두 명의 경찰관이 범죄를 해결하는 텔레비전 프로그램이 있다고 하자. 두 명의 수사관 중 하나는 항상 흑인 용의자를 지목하고 다른 하나는 백인을 의심한다. 그런데 매주 범인은 흑인임이 밝혀진다. 뭐가 잘못되었는가? 결국 허구에 불과하지 않은가? 충격적이지만 유비 관계는 충분히 정당하다. 물론 초자연주의적 프로파간다가 인종차별적 선전과 마찬가지로 위험하고 불쾌하다는 뜻은 아니다. 그러나 《X-파일》은 체계적으로 세상에 대한 반이성적 시각을 공급하며, 그 반복적인 일관성은 음흉하기까지 하다.

또 다른 조악한 공상과학의 형태는 톨킨 식의 꾸며 낸 신화로 수렴한다. 과학자들은 주술사와 작당을 하고, 다른 혹성의 외계인들이 공주를 유니콘에 태워 호송하며, 익수룡이 중세시대 성곽을 맴돌 듯 수천 개의 탑승장을 지닌 우주기지 주변을 까마귀들이 배회한다. 사실이든 치밀하게 계산되었든, 가장 손쉬운 해결책으로서 과학이 마법으로 대체되고 있다.

좋은 공상과학은 요정들의 마법 주문과 관련이 없는 정상적인 세계를 터전으로 삼는다. 미스터리는 존재하지만 우주는 경솔하거나 가볍게 변화하지 않는다. 탁자 위에 벽돌을 올려놓으면 행여 그 사실을 잊어버렸더라도 무언가가 그걸 움직이기 전까지는 놓인 장소에 그대로 있다. 폴터가이스트Poltergeist나 스프라이트Sprite가 장난을 치거나 변덕을 부려 이리저리 움직이진 않는다. 조심스럽고 선택적으로 자연의 법칙을 하나씩 건드려 보되 법칙성 자체를 몰아내지 않는 공상과학은 좋은 공상과학으로 남는다. 공상과학에 등장하는 슈퍼컴퓨터는 의식이 있으며, 가끔 악의적이기까지 하다. 또는 더글러스 애덤스의 과학 코미디 대작들에서처럼 편집증적 증세를 보이면서 모종의 미래 기술을 이용하여 우주선이 머나먼 은하계로 초광속 비행을 하기도 하지만, 과학의 체면은 기본적으로 유지된다. 과학은 마법이나 상상 밖의 터무니없는 기이함이 아닌 미스터리를 허용하며, 주문이나 마법, 싸구려 기적 등은 용인하지 않는다. 나쁜 공상과학은 정당한 법칙성을 상실한 채 '모든 것이 가능한' 마술의 황당무계함에 사로잡힌다. 최악의 공상과학은 진정한 과학에 동기를 부여해야 할 경이로운 감정 대신 그 사생아인 초현실성과 손을 잡는 종류이다. 이런 종류의 의사pseudo 과학이 누리는 인기는 매우 심각한 문제이지만 적어도 사람들에게 경이로움의 감정이 와 닿는다는 것을 말해 준다. 요술 속임수가 자연법칙에 우월하게 반복적으로 표현되는 《X-파일》의 엄청난 성공과 기타 인기 텔레비전 프로그램들과 더불어, 이 시대의 '초현실성'을 향한 열광 속에서 이 점만이 내가 찾을 수 있는 유일한 마음의 위안이다.

　오든이 했던 흥미로운 말로 되돌아가 보자. 왜 과학자는 스스로 교양 있는 공작들의 모임에 잘못 걸어 들어간 누추한 목사처럼 느끼며, 왜 우리 사회 대부분의 사람들도 그렇게 보는 것일까? 우리 대학에서 과학을 전공하는 학부생들 중 자신들의 학문이 멋있어 보이지 않는 것 같다고 말하는 학생들이 있다. (친구들 사이에서 잘 보이려는 그들의 태도는 자못 심각했다.) 나는 최근 BBC의 토론 프로그램에 출연하면서 만난 어느 당차고 젊은 기자로부터 같은 얘기를 들었다. 예전에 옥스퍼드에서 공부하는 동안 과학자라곤 전혀 몰랐기 때문에 그녀는 과학자를 만난다는 사실 자체가 신기한 모양이었다. 그녀 주변 사람들은 과학자를 '회색인간'이라 부르며 거리를 두었고, 특히 점심시간이 되어서야 잠자리에서 일어나는 그들을 불쌍히 여기곤 했다. 심지어는 아침 9시 강의를 듣고 오전 내내 실험실에 처박혀 일을 해야 하는 그런 인간들이란! 위대한 휴머니스트이자 인도주의적 정치가였던 자와할랄 네루는 한눈팔 겨를이 없는 처지에 놓인 조국의 초대 국무총리답게 과학에 대한 좀 더 현실적인 시각을 갖고 있었다.

> 과학만이 배고픔과 가난, 비위생과 무지, 미신과 낡은 인습·전통, 대량의 자원 낭비, 부유한 나라의 굶는 백성과 같은 문제를 해결할 수 있다. 누가 오늘날 과학을 무시할 수 있겠는가? 매 단계 단계마다 과학의 힘을 빌려야 한다. 미래는 과학과 과학을 벗 삼는 자들의 것이다.* (1962)

그렇다 하더라도 과학자들이 그들의 지식과 과학의 유용성을 말할 때 드러나는 자신감은 자칫 오만으로 흐르기 쉽다. 저명한 발생생물학자 루이스 월퍼트는 과학은 가끔 오만하며, 사실 어느 정도 오만할 만하다고 조심스럽게 밝혔다. 피터 메더워, 칼 세이건, 그리고 피터 앳킨스도 모두 비슷한 말을 한 적이

---

* 인도가 세계 여론에도 불구하고 일방적으로 핵실험을 감행한 사건은 충격적인 과학의 오용이며, 네루와 마하트마 간디에 대한 모독이라는 사실을 슬프게 돌아보지 않을 수 없다.

글을 실었고, 그 위에는 미켈란젤로의 아담 대신 내가 신과 손가락을 맞대고 있는 삽화가 실렸다. 어떤 과학자라도 이런 조소에 강력히 항변하겠지만 뭘 모르는지를 아는 것이 바로 과학의 본질이다. 이러한 이유 때문에 알고자 하는 것이다. 1994년 7월 29일자 칼럼에서 버나드 레빈은 쿼크를 갖고 우스갯소리를 했다("쿼크가 오고 있다! 쿼크가 오고 있다! 모두 대피하라……"). '고매한 과학'이 인류에게 가져다 준 휴대전화기, 접는 우산, 줄무늬 치약 등에 관해서 비꼰 뒤 그는 조롱하는 어조로 대뜸 이렇게 물었다.

쿼크를 먹을 수 있나요? 추운 계절이 오면 침대 위에다 펴 놓을 수 있나요?

이런 질문엔 대답할 가치가 없지만, 케임브리지 대학교의 금속학자인 앨런 코트렐 경은 며칠 후 편집자에게 두 문장으로 된 편지를 보냈다.

버나드 레빈 씨께서 "쿼크를 먹을 수 있나요?"라고 물었습니다. 제가 추산하기로는 그는 하루에 500,000,000,000,000,000,000,000,001개의 쿼크를 먹습니다. 그럼 이만……

모르는 것을 인정하는 행위는 덕이지만, 위와 같은 수준으로 무식함을 자랑하는 태도는 어느 편집자도 용인하지 않을 것이다. 아직도 무교양의 과학적 무지가 위트와 재치로 여겨지는 곳이 있다. 최근 런던《데일리 텔레그래프》의 어느 편집자가 실은 다음과 같은 농담을 어찌 달리 설명할 수 있을까? 이 신문은 아직도 영국 인구의 3분의 1이 태양이 지구 주위를 돈다고 믿는다는 충격적인 사실을 보도했다. 여기에다 편집자는 괄호 안에 한마디 덧붙였다. "(그렇지 않나요?-편집자 주)" 만약 조사 결과 영국 국민의 3분의 1이 셰익스피어가《일리아스》를 쓴 것으로 안다면 어떤 편집자도 호메로스를 모르는 척하지는 않았을 것이다. 그러나 사람들은 과학에 대한 무지를 떳떳하게 내세우며 수학적 무능력함을 당당히 자랑한다. 이 주제에 대해 자주 언급하는 필자 대신 영국에서 가장 존경받는 예술 비평가인 멜빈 브래그가 쓴 과학자에 관한 저서《거인의 어깨 위에서》(1998)의 일부를 인용한다.

아직도 마치 자신들을 우월하게 만들기라도 하듯 과학에 대해서 아무것도 모른다고 하는 사람들이 있다. 하지만 그렇게 함으로써 실은 자신을 아주 멍청하게 보이도록 만들고 있으며, 그것은 모든 지식, 특히 과학을 하나의 '상술'로 보는 영국의 오랜 지리 멸렬한 지적 오만함의 끝에 자기 자신을 놓을 뿐이다.

앞서 인용한 거만한 노벨 수상자 피터 메더워 경은 실용적인 것들을 달가워하지 않는 영국인들을 생생히 풍자하며 '상술'에 관해 비슷한 말을 했다.

고대 중국의 청나라인들은 손톱 한 개 또는 여러 개를 매우 길게 길러 어떤 수작업도 불가능하게끔 해서 스스로가 그런 유의 노동을 하기에는 너무 고상하고 고매하다는 점을 모두에게 분명히 보여 주려 했다고 한다. 이는 오만함에 있어 둘째가라면 서러워 할 영국인들에게도 잘 와 닿을 얘기다. 응용과학과 상행위에 대한 우리의 결벽증에 가까운 거부감은 세계 속에 영국의 위치를 자리매김하는 데 커다란 역할을 했다.

《과학의 한계》(1984)

과학에 대한 반감은 상당히 유치해질 수 있다. 역시 《데일리 텔레그래프》 1991년 12월 2일자에 소설가이자 페미니스트인 페이 웰든이 쓴 '과학자들'에 대한 증오의 찬가를 들어 보자. (같은 신문을 연이어 두 번 인용한 데 무슨 특별한 의미가 있는 게 아니라는 점을 분명히 하는 바이다. 이 신문은 사실 역량 있는 과학 편집자가 과학 주제를 잘 다루는 매체이다.)

당신을 좋아하리라고 기대하지 마세요. 약속은 많이 했지만 지키지도 못했잖아요. 우리가 여섯 살 때 했던 질문들에 답해 보려는 시도도 하지 않았어요. 머드 이모는 죽어서 어디로 갔나요?

태어나기 전에는 어디에 있었나요?

이 비난은 버나드 레빈이 했던 말(과학자들은 뭘 모르는지를 모른다는 말)과 정반대 선상에 있음에 유의해야 한다. 만약 필자가 두 개의 '머드 이모 질문'에 간단하면서도 최대한 근접한 답안을 하려 한다면 전혀 알 수 없는 것, 과학의 한계를 뛰어 넘으려는 거만하고 주제 넘는 사람이라는 소리를 들을 것이다. 웰든 씨는 여기서 그치지 않는다.

당신은 이런 질문이 단순하고 창피스럽다고 생각하지만, 우리는 바로 이런 것들이 궁금하답니다. 사실 누가 빅뱅 1초 후 혹은 1초 전에 무슨 일이 벌어졌는지 궁금해 하나요? 곡물의 순환 주기에 관심이나 있나요? 과학자들은 변화무쌍한 우주를 인정하지 못해요. 우린 인정해요.

저자는 이토록 포괄적이고 반과학적인 무리인 '우리'가 누구인지 정확히 밝히지 않고 있는데, 아마 지금쯤이면 글의 논조를 후회하고 있을 것이다. 하지만 이런 종류의 적나라한 호전성이 대체 어디에서 연유하는지는 고민해 볼 필요가 있다.

반과학의 다른 예로는 아마도 웃기려는 의도로 쓰인 런던 《선데이 타임스》의 칼럼니스트 A. A. 길의 글을 들 수 있다 (1996년 9월 8일자). 그는 과학이 야금야금 느리게 한 발짝씩 내

딛는 경험주의와 실험에 의해 제약을 받는다고 논평했다. 불빛 화려한 마술과 무대장치, 음악과 박수갈채가 이어지는 연극과 예술에 빗대며 이렇게 썼다.

> 별들이 있고 또 다른 별들이 있단다. 어떤 것들은 재미없고 반복적인 낙서들이고, 또 어떤 것들은 멋지고, 재치 넘치고, 생각하게끔 하고, 인기도 좋단다……

"재미없고 반복적인 낙서"는 1967년 케임브리지의 벨과 휴이시가 발견한 펄사pulsar를 가리킨다. 길은 천문학자 조슬린 벨 버넬이 출연한 텔레비전 프로그램을 시청했었다. 그녀는 앤서니 휴이시의 라디오 망원경에서 출력된 자료를 본 순간 여태껏 아무도 알지 못했던 것을 보는 심장 떨리는 순간을 겪었다고 회고했다. 한창 나이의 젊은 여성 과학자에게 이 "재미없고 반복적인 낙서"는 혁명적이었을 것이다. 태양 아래 새로운 것이 아니라 전혀 새로운 태양인 펄사였던 것이다. 지구가 한 바퀴 도는 데 24시간이 걸리는 반면 펄사는 1초도 걸리지 않을 정도로 엄청나게 빠르다. 가공할 속도로 등대처럼 회전하고 석영 결정 시계보다 정확한 펄사의 에너지 광선은 그러나 우리에게 도달하는 데 수백만 년이 걸린다. 여기에 '야금야금'이라든지 '경험주의'라는 말이 어울리겠는가. 연극이야 아무 때나 즐길 수 있지만.

이러한 짜증 섞인 얄팍한 반감이 수소폭탄과 같은 과학의 정치적 오용 때문에, 또는 과학 자체를 문책하려는 일반적인 경향 때문이라고는 생각하지 않는다. 오히려 필자가 언급한 적대감은 과학을 이해하기 너무 어려운 것으로 보는 좀 더 개인적인 차원의 분개, 거의 위협적으로까지 느껴지는 괴로움 또는 창피 당하는 것에 대한 두려움에 가깝다. 하지만 나는 옥스퍼드 대학교의 영문학 교수인 존 캐리가 그의 훌륭한 저서 《지식의 원전 Faber Book of Science》(1995)의 서문에서 보여 준 비판의 강도로 얘기하고 싶지는 않다.

매년 영국의 대학에서 문예분야의 강좌를 듣기 위해 몰려드는 엄청난 수의 수강신청자에 비해 미미한 숫자의 과학계 강의 수강신청자들을 보면서 젊은이들 사이에서 과학을 포기하는 경향이 있음을 알 수 있다. 대부분의 학자들이 이러한 점은 고쳐져야 한다고 말하고 있지만, 문예분야가 쉽기 때문에 더 인기가 있으며 문예계열의 학생들은 과학계 강좌에서 요구하는 지적 수준을 충족시킬 필요가 없다는 생각이 더 일반적이다.

좀 더 수학적인 과학 분야들은 어려울지 몰라도 혈액 순환과 심장의 역할을 이해하는 데는 아무도 큰 어려움을 겪지 않는다. 캐리는 일류 대학의 영어 강독 마지막 시간에 30명의 학부생에게 던Donne의 글을 인용했던 때를 떠올린다. "그대는 아는 있다.

　오만하든 오만하지 않든 적어도 우리는 과학이 기존 가설의 반증을 통해서 발전한다는 입에 발린 말을 할 수 있다. 동물행동학의 아버지인 콘라트 로렌츠는 매일 아침식사 전에 작은 가설 하나를 반증해 보길 기대한다며 특유의 과장을 섞어서 말했다. 하지만 예를 들어 변호사나 의사, 정치가에 비해 과학자는 공개적으로 자신의 실수를 인정함으로써 동료들의 존경을 얻는 것이 사실이다. 옥스퍼드 대학교 학부생 시절 나는 매우 중요한 경험 하나를 겪었다. 미국에서 온 어떤 연사가 강연을 하다가 우리 동물학과에서 매우 존경받는 원로 교수가 제창하고 우리 모두가 근간으로 삼았던 어떤 특수 이론을 부정하는 결정적인 증거를 제시했을 때였는데, 강의가 끝나자 그 원로 교수는 강단으로 걸어가 그 미국인과 따뜻한 악수를 나누면서 심금을 울리는 어조로 말했다. "정말 고맙네. 15년 동안이나 잘못 알고 있었지 뭔가." 우리는 손바닥이 빨개지도록 박수를 쳤다. 그 어느 직업이 실수에 대해서 이토록 관대한가?

　과학은 실수를 고치면서 발전하며, 아직 모르는 것을 숨기려 하지 않는다. 하지만 세간의 인식은 오히려 그 반대이다. 런던《더 타임스》의 칼럼니스트인 버나드 레빈은 이따금씩 과학에 맹공을 퍼붓곤 하는데, 1996년 10월 11일에〈신, 나 그리고 도킨스 박사〉라는 제목에 "과학자들도 모르고 나도 마찬가지다—하지만 적어도 난 내가 모른다는 걸 안다"라는 부제를 붙인가, 피가 어찌 심장으로 흐르는지, 어찌 하나의 심실에서 다른 하나로 가는지?" 캐리는 학생들에게 피가 어떻게 흐르는지를 물었다. 30명 중 누구도 대답을 하지 못했으며, 그중 한 명은 '삼투압' 때문이 아닐까라는 추측을 조심스럽게 내놓았다. 이건 그냥 틀린 수준이 아니다. 매우 심각하게 우울하다. 심장이 심실에서 심실로 혈액을 펌프질 하는 모세혈관망의 총 길이가 80킬로미터를 넘는다는 사실에 비추어 본다면 더욱 우울하다. 이 놀라운 사실이 지적 경이로움으로 느껴지지 않는 진정한 학자는 없을 것이다. 그리고 예컨대 양자역학이나 상대성이론과는 달리 그 의미를 새기긴 어려워도 이해하기는 어렵지 않다. 그래서 난 캐리 교수보다는 너그러운 시각으로 과학자들 자신과 과학자들의 비효율적인 접근 방식이 젊은이들을 실망시킨 것은 아닐까 생각한다. 어쩌면 실험에 치중한 학교 교육이 일부 학생들의 적성에는 맞을지 몰라도, 능력은 같아도 다른 방식으로 뛰어난 아이들에게는 공연한 역효과를 가져올지도 모른다.

최근에 나는 '우리 문화 속의 과학'이라는 주제의 텔레비전 프로그램에 출연했다(사실 길 씨가 다룬 프로그램이 바로 이것이다). 많은 감사 편지 중 하나는 인상적이게도 다음과 같이 시작되었다. "저는 클라리넷 교사인데 학창 시절에 배운 과학에 대한 유일한 기억은 분젠 버너bunsen burner 앞에서 많은 시간을 보낸 것입니다." 이 편지를 읽고 나서 클라리넷을 연주할 줄 몰라도 모차르트 협주곡을 얼마든지 즐길 수 있다는 사실을 깨달았다. 사실 악기를 전혀 다룰 줄 몰라도 음악 전문가가 될 수 있다. 물론 세상 누구도 연주할 줄 모른다면 음악은 끝날 것이다. 하지만 모두가 음악을 연주와 동일어로 인식했다면, 우리의 삶이 상대적으로 얼마나 비참해졌을지 상상해 보라.

같은 방식으로 과학을 볼 순 없을까? 물론 우리 중 매우 뛰어난, 혹은 가장 뛰어난 누군가는 과학을 진짜 일로서 배우는 것이 중요하다. 하지만 연주를 위해 다섯 손가락 모두가 곤욕을 치루는 것보다 음악을 그냥 감상하는 것처럼 과학도 읽고 즐길 수 있는 과목으로 가르칠 수는 없을까? 해부실에서 몰래 빠져 나온 키츠에게 누가 뭐라 하겠는가? 다윈도 마찬가지였다. 만약 키츠가 조금 덜 기술적인 방법으로 교육받았다면, 과학자 뉴턴에게 조금 더 너그러웠을지도 모른다.

이 시점에서 나는 영국에서 가장 잘 알려진 과학비평 언론가이자 《더 타임스》의 전 편집장 사이먼 젠킨스Simon Jenkins와 화해를 시도하고자 한다. 젠킨스는 앞서 언급한 다른 이들에 비해 더 만만치 않은 상대인데, 그 이유는 자신이 무슨 말을 하는지 잘 알기 때문이다. 그는 과학책들이 얼마든지 흥미로울 수 있다고 인정하지만 현대 의무교육 체제에서 과학이 갖는 높은 위상에는 반대한다. 1996년에 나와 인터뷰한 녹취록에서 그는 다음과 같이 말했다.

내가 읽었던 과학책 중 실용적이었던 책은 극히 적다. 대부분은 매우 흥미로웠다. 그 책들은 내가 지금까지 알았던 것보다 세계가 훨씬 풍부하고, 훨씬 신비롭고, 훨씬 굉장한 곳이라는 느낌을 갖게 해 주었다. 그것이 나에겐 과학의 신비였다. 그래서 공상과학은 계속해서 사람들에게 강력한 매력을 선사한다. 과학이 할 수 있는 얘기는 엄청나다. 하지만 실용적이진 않다. 경영이나 법학 강좌처럼 유용하지 않으며, 심지어는 정치나 경제보다도 유용하지 않다.

과학이 실용적이지 않다는 젠킨스의 시각은 워낙 독특해서 일단 접어두기로 하겠다. 가장 엄격한 비평가조차도 과학이 재미있다는 젠킨스의 얘기에는 공감하지 못해도 과학이 유용하고, 때로는 매우 유용하다는 점은 인정한다. 그들에게 과학의 유용성은 우리의 인간성을 저해하거나 시상의 원천이 되는 신비감을 파괴하는 것이다. 또 다른 생각 깊은 영국의 언론인인 브라이언 애플야드는 1992년에 쓴 글에서 과학은 '치명적인 영적 손상'을 가져온다고 하였다. 과학이 우리의 진정한 모습을 버리게 만든다는 것이다. 그렇다면 나는 다시 키츠와 그의 무지개로 되돌아가서 다음 장을 열기로 하겠다.

3

별빛의 바코드

BARCODES IN THE STARS

1817년 12월, 영국의 화가이자 비평가인 벤저민 해이던은 런던에 있는 자신의 스튜디오에서 마련한 저녁식사에 초대한 윌리엄 워즈워스와 찰스 램 그리고 다른 여러 영국 문예인들에게 존 키츠를 소개했다. 그날의 주제는 해이던의 새 작품인 《예수의 예루살렘 입성》이었는데 뉴턴은 신자로, 그리고 볼테르는 회의론자로 그려져 있었다. 술에 취한 램은 뉴턴을 '삼각형의 세 변만큼 분명하지 않은 건 아무것도 믿지 않는 사람'으로 그렸다면서 해이던을 책망했다. 키츠도 램에 동조하며 뉴턴이 무지개를 색의 프리즘으로 풀어 냄으로써 모든 시정을 파괴했다고 말했다. 해이던은 다음과 같이 전한다. "동의하지 않을 수가 없었습니다. 그러고서 우리는 뉴턴의 건강과 수학의 혼돈을 위해서 건배했습니다." 여러 해가 지난 뒤 해이던은 함께 살아남은 워즈워스에게 쓴 편지에서 다시금 이 '영원한 만찬'을 회고했다.

그리고 키츠가 "뉴턴에 대한 기억에 혼돈을!" 하며 건배를 제의해서 자네가 마시기 전에 설명을 요구하자 그가 "무지개를 프리즘으로 환원시키는 바람에 시상이 파괴되었소"라고 말했던 것을 기억하나? 아, 친구여. 그런 날은 다시 오지 않으리!'

해이던《자서전과 기록들》

해이던과의 만찬을 가지고 3년이 지난 뒤 키츠는 장편시 〈라미아〉(1820)에서 다음과 같이 썼다.

차가운 철학이 손을 스치기만 해도
모든 매력이 달아나지 않는가
한때 천국에 있던 못난 무지개가 있다;
우린 그녀의 소질과 재질을 안다.
사물의 지루한 목록 속에 그녀가 있다.
철학은 천사의 날개를 끊고,
모든 신비를 법칙과 선으로 점령한다.
음침한 공기와, 동굴 속 도깨비를 몰아내라.
무지개를 풀어헤쳐라……

워즈워스는 과학과 뉴턴에 대해 좀 더 호의적이었다. 그는 《서정 민요집》(1802)의 서문에서 "화학자, 식물학자 또는 광물학자들의 발걸음"이 어느 것 못지않게 시인의 예술적 소재가 될 날을 예견하였다. 그의 동료인 새뮤얼 테일러 콜리지는 어느 글에서 "아이작 뉴턴 경의 영혼 50개가 한 명의 셰익스피어나 밀턴을 만든다"라고 하였다. 이를 과학 일반을 향한 어느 낭만주의자의 적나라한 적개심이라고 볼 수도 있겠지만, 콜리지의 경우는 사정이 좀 더 복잡하다. 그는 상당량의 과학서를 섭렵하고 스스로를 과학사상가라 여기며 특히 빛과 색의 분야에 있어선 괴테를 앞질렀다고 주장했다. 그런데 과학에 대한 콜리지의 생각들은 일부분 표절임이 밝혀졌고, 표절 대상의 선택에 있어서도 그다지 훌륭했던 것 같지 않다. 콜리지가 저주한 자는 다른 과학자가 아니라 바로 뉴턴이었다. 그는 험프리 데이비 경을 상당히 존경했는데, 종종 왕립연구소에서 그의 강의를 들으며 "유비를 비축"했다고 한다. 그는 데이비의 발견들이 뉴턴에 비해 훨씬 "지적이고, 인간의 본성을 고취시키며, 힘을 실어준다"고 생각했다. "고취시키거나 힘을 실어준다"는 표현을 보면 뉴턴에 대한 존경심은 없어도 콜리지의 마음이 과학을 외면하고 있었던 것 같지는 않다. 그러나 자신의 생각을 "설명하고 정리하여 분명하고 명확하게 전달할 수 있는 개념"으로 만들려는 본인의 이상에는 이르지 못했다. 스펙트럼 및 무지개 풀기와 관련된 주제에 대해 1817년에 쓴 이 편지는 이미 거의 제정신이 아닌 상태로 혼란스러워 보인다.

고백하건대, 나에겐 다음에 관한 뉴턴의 견해, 즉 첫째, 물리적

'상합의 단일자synodical Individuum'로서의 빛의 광선. 둘째, 이 복잡하되 분할 가능한 광선에 일곱 개의 개별체가 공존한다는 점. 셋째, 프리즘은 이 광선을 단지 기계적으로 분리해 낸다는 것. 그리고 마지막으로 공동 결과물이 빛이라는 말은 곧 다름 아닌 = 혼돈.

1817년에 쓴 또 다른 편지에서 콜리지는 자신이 말하려는 주제에 더욱 가까워졌다.

그래서 색은 빛의 힘 아래의 중력이고, 노란색은 양극, 파란색은 음극, 그리고 붉은색은 정점 혹은 적도이다. 그렇다면 소리는 중력의 지배 아래 있는 빛이다.

콜리지는 포스트모더니스트로서는 너무 일찍 태어났는지도 모른다.

'중력의 무지개'에 현저히 나타나는 물체/배경의 구분은 비록 좀 더 자조적이긴 하지만 바인랜드Vineland에서 더 분명하게 나타난다. 그래서 데리다는 시인으로서의 독자의 역할을 지칭하기 위해서 '아亞 기호학적 문화 이론'이라는 용어를 쓴다. 즉 주제는 포스트 문화적 자본주의 이론의 맥락 속에 놓이고, 여기에는 언어도 역설에 포함된다.

위의 글은 http://www.cs.monash.edu.au/links/postmodern.html에서 발췌한 글로서 그곳에서는 이와 유사한 종류의 무의미한 말들을 끝도 없이 발견할 수 있다. 유행 따라 프랑스어를 입에 올리기를 좋아하는 엉터리 학자들의 무의미한 말장난은 앨런 소칼과 장 브리크몽의 《지적 사기》(1998)에 적나라하게 폭로된 것처럼 만만한 사람들 앞에서 잘난 척하려는 의도 말고 다른 기능은 없어 보인다. 그들은 자신이 이해되길 원하지 않는다. 나의 동료 하나가 포스트모더니즘에 심취한 어느 미국인에게 그가 쓴 책을 이해하기가 매우 힘들었다고 고백했다. 그는 이 칭찬을 듣고 눈에 띄게 좋아하는 웃음을 지으며 "아, 정말 감사합니다"라고 말했다고 한다. 콜리지의 과학 넋두리에는 일관성은 없어도 그나마 주변 세계를 이해하려고 하는 독창적인 의지라도 엿보인다. 그는 일단 개별 사례로 제쳐 놓고 얘기를 이어나가기로 하자.

왜 키츠의 〈라미아〉에서 법칙과 선의 철학은 '차갑고' 모든 매력이 달아나 버리는 것일까? 이성이 도대체 왜 그렇게 위협적인가? 미스터리가 풀렸다고 해서 문학성을 상실하지는 않는다. 반대로 많은 경우에 해답이 수수께끼보다 더 아름답고, 한 수수께끼의 해결은 언제나 다음 수수께끼를 드러내 주기 때문에 더 위대한 시정을 불러일으킬 수 있다. 저명한 이론 물리학자인 리처드 파인먼은 친구로부터 과학자들이 꽃을 연구함으로써 아름다움을 놓친다는 비판을 듣게 되었다. 파인먼은 다음과 같이 말했다.

> 자네가 보는 아름다움은 나에게도 보이네. 하지만 나는 누구나 쉽게 느낄 수 없는 더 깊은 아름다움도 본다네. 꽃에서 벌어지는 복잡한 상호 작용을 본다는 말일세. 꽃의 색은 붉은색이네. 식물이 색을 갖는다는 사실이 곤충을 끌어들이기 위해서 진화했음을 의미할까? 그러면 또 다른 질문이 생긴다네. 곤충은 색을 볼 수 있을까? 미적 감각이 있을까? 이렇게 계속되는 것일세. 꽃에 대한 연구가 어떻게 아름다움을 감쇠시키는 것인지 나는 모르겠네. 언제나 더 할 뿐이지.
>
> 〈리처드 파인먼을 기억하며〉, 《스켑티컬 인콰이어러》(1988)

뉴턴이 무지개를 서로 다른 파장의 빛으로 분리함으로써 맥스웰의 전자기력, 그리고 아인슈타인의 특수 상대성이론이 탄생했다. 무지개에 문학적 신비가 있다면, 상대성이론은 꼭 짚고 넘어가야 한다. 아인슈타인 자신도 과학에 대한 미학적 판단을 공개적으로 했고, 어쩌면 지나치게 했을지도 모를 사람이었다. 그는 "우리가 경험할 수 있는 가장 아름다운 것은 신비로움이다. 그것은 모든 진정한 예술과 과학의 원천이다"라고 말했다. 과학 저술에서 문학성이 뛰어나기로 유명한 아서 에딩턴 경은 1919년 일식을 이용하여 일반 상대성이론을 실험했다. 실험을 한 프린시페 섬에서 돌아온 후 그는 바네시 호프먼의 말을 빌려

아직까지 단 한번도
녹아내리는 무지개의 봄빛 색채가
과학이 손을 뻗어 가르쳐준
그때만큼 좋았던 적은 없다
서쪽에서부터 반짝이는 태양빛이
내리쬐는 구름의 어두운 베일은
흘러내리는 동쪽의 비를 아우른다
모이는 방울 수정체 하나하나마다
빛은 오목한 면을 뚫고 통과하고
볼록한 면을 뒤로 마침내 모이면
비행의 궤적과 정반대 방향으로
공중을 향해 항로를 돌린다
그러면 다시 광선은
여행이 시작된 곳을 향해 떠나고
바라보는 자의 투명한 눈에
저마다의 선으로 도달할 때
제각기 다른 광채를 지니니
화려한 장미의 색채로부터
가여운 제비꽃의 낙담까지
색상의 변화를 품는다

마크 에이컨사이드 《상상의 기쁨》(1744)

독일은 우리 시대의 가장 위대한 과학자를 지원해 준 국가라고 말했다. 이것만으로도 나에겐 충분히 감동적이지만 아인슈타인 자신은 이 승리를 딛고 한 걸음 더 나아갔다. "다른 결과가 나왔다면 신에게 죄송했을 것입니다. 하지만 이론은 정확합니다."

아이작 뉴턴은 어두운 방 안에 자기만의 무지개를 하나 만들었다. 셔터의 작은 구멍을 통해 태양빛이 들어왔다. 광선이 지나가는 곳에 그 유명한 프리즘을 놓아 태양이 유리를 통과하는 순간 특정한 각도로 굴절되게끔 한 다음 반대편을 지나는 순간 다시 굴절되도록 했다. 빛이 뉴턴의 방 벽에 부딪히자 스펙트럼의 색들이 선명하게 펼쳐졌다. 뉴턴은 프리즘으로 인공 무지개를 만든 최초의 사람은 아니지만, 프리즘을 이용해서 빛이 여러 색의 혼합물임을 보여 준 최초의 사람이었다. 프리즘은 다양한 색을 다른 각도로 꺾음으로써 빛을 분해한다. 푸른색은 붉은색보다 더 가파른 각도로, 그리고 초록색, 노란색, 주황색은 중간 정도의 각도로 꺾인다. 기존의 생각은 프리즘이 혼합물의 색을 분리해 내는 것이 아니라 빛을 새롭게 채색한다는 것이었다. 뉴턴은 빛이 두 번째 프리즘을 통과하게끔 고안한 두 개의 실험에서 이 문제를 해결했다. 그의 "핵심 실험 *experimentum crucis*"에서 그는 첫 번째 프리즘 뒤로 스펙트럼의 일부분만(예를 들어 붉은 빛만)이 통과할 수 있도록 홈이 난 판을 설치했다. 이 붉은 빛은 두 번째 프리즘에 의해 굴절되고 난 후에도 붉은 빛만 나타냈다. 즉 빛은 프리즘에 의해 질적으로 변하는 것이 아니라 혼합되어 있던 요소들이 분리되어 나올 뿐이라는 사실이 밝혀진 것이다. 또 다른 역사적인 실험에서 뉴턴은 두 번째 프리즘을 거꾸로 세워 놓았다. 첫 번째 프리즘에 의해 풀어진 색들은 두 번째 프리즘에 의해 다시 융합되었다. 결과는 재구성된 흰색의 빛이었다.

　스펙트럼을 이해하는 가장 쉬운 방법은 빛의 파장이론을 통해 이해하는 방법이다. 파장의 특징은 출발점에서 목표까지 사실 아무것도 이동하지 않는다는 점이다. 운동은 국지적으로 작은 규모로만 일어난다. 국지적 운동은 인접지역의 운동을 불러 일으키며 파도타기 응원처럼 계속 퍼져 나간다. 빛의 파장이론은 빛을 개별 입자의 흐름으로 보는 양자이론에 의해 대체되었다. 내가 만난 물리학자들은 태양으로부터 출발한 빛 입자들이 축구경기장 관중들이 자리를 이동하지 않고 파도타기 응원을 하듯 모든 거리를 이동하는 것이 아니라고 했다. 그런데 금세기의 가장 기발한 실험들은 양자이론 안에서도 입자가 파장의 성격을 동시에 띤다는 것을 증명하고 있다. 너무 복잡하게 느껴지면 일단 양자이론을 잊고, 돌을 던지면 연못에 물결이 일어나듯이 광원으로부터 퍼져 나가는 파장이 빛이라고 생각해도 좋을 것이다. 그러나 빛의 파장은 속도가 훨씬 빠르며 3차원의 공간으로 전파된다. 무지개를 풀어헤친다는 것은 구성 요소들을 각기 다른 파장으로 분리한다는 것이다. 흰색의 빛은 여러 파장의 복잡한 혼합물이자 시각적 불협화음이다. 흰색 물체는 모든 크기의 파장을 반사시키지만 거울과는 달리 아무렇게나 산란시킨다. 그렇기 때문에 벽을 보면 자신의 얼굴 대신 반사된 흰색 빛을 보는 것이다. 검은 물체는 모든 크기의 파장을 흡수한다. 색이 있는 물체들은 색소나 표면의 원자구조에 따라 특정 파장의 빛은 흡수하고 다른 파장은 반사시킨다. 투명 유리는 빛의 모든 종류의 파장을 그대로 통과시킨다. 색유리는 어떤 파장의 빛은 통과시키되 다른 파장의 빛은 흡수한다.

그런데 대체 유리 프리즘의 굴절 작용이 그래서 어떻다는 것이고, 빗방울 하나가 특정 조건 아래서 흰색 빛을 여러 색으로 쪼개는 현상이 어떻다는 말인가? 애초에 빛은 왜 유리나 물에 의해서 굴절되는가? 굴절 현상은 빛이 공기에서 유리(혹은 물)로 옮겨 가면서 속도가 느려지기 때문이다. 유리를 떠나면서 속도는 다시 회복된다. 어떻게 그럴 수 있을까? 그 위대한 물리학 상수인 빛의 속도보다 빠른 건 없다고 아인슈타인은 단언하지 않았던가? 해답은 c로 표현되는 전설적인 빛의 최고 속도가 진공 상태에서만 가능하다는 데에 있다. 빛이 유리나 물과 같은 특정 매질을 통과할 때에는 그 매질의 '굴절 지수refractive index'에 따라 속도가 감소한다. 공기에 의해서도 느려지지만 그 정도가 미미하다.

그런데 빛의 감속이 왜 각의 변화로 나타나는가? 광선이 유리 큐브를 똑바로 향한다면 속도만 느려진 채 같은 각으로 전진

3 별빛의 바코드 **85**

할 것이다. 기울어진 각으로 표면을 통과하면 더 완만한 각으로 변환된 채 속도가 느려진다. 왜일까? 물리자들은 '최소작용의 원리'라는 말을 만들어 냈는데, 이는 궁극적으로 아주 만족스럽지는 않아도 그럴듯한 설명이다. 피터 앳킨스의 《다시 찾은 창조》(1992)에 이 문제가 잘 설명되어 있다. 하나의 물리적 실체(이 경우에서는 광선)는 마치 무엇인가를 최소화하려는 것처럼 경제성을 추구하는 경향을 나타낸다. 당신이 해변의 구조대원이 되어 물에 빠진 아이를 구하려고 달리고 있다고 상상해 보자. 일 초가 시급한 상황에서 아이가 있는 곳에 도달하는 데 최소한의 시간을 보내야 한다. 수영하는 속도보다 달리는 속도가 더 빠르다. 아이에게로 가는 코스는 일단 육지에서 빠르게 가고, 그다음 물속에서는 느리게 가는 코스이다. 아이가 당신이 서 있는 곳으로부터 수직 방향에 있지 않다고 가정할 때 어떻게 이동 시간을 최소화할 것인가? 거리를 최소화하기 위해 일직선 코스를 택할 수도 있지만 그러면 물에서 많은 거리를 가야 하므로 시간을 최소화할 수 없다. 아이가 빠진 곳에 수직 방향에 있는 해변까지 달려가 수영을 해도 된다. 이러면 수영을 최소화하는 대신 달리기를 최대화하게 되지만, 총 이동거리가 증가하기 때문에 이 역시 가장 빠른 코스는 아니다. 가장 빠른 코스는 해변을 향해 특정한 각도로 달려간 다음 즉시 다른 각도로 바꾸어 나머지 구간을 수영하는 방법임을 쉽게 알 수 있고, 이때 각도는 당신의 달리기 속도와 수영 속도의 비율에 달려 있다. 비유적으로 볼 때 수영 속도와 달리기 속도는 물과 공기 각각의 굴절지수에 해당한다. 물론 광선이 '의도적으로' 이동 시간을 줄이려고 하지는 않으나, 무의식적으로 하는 것임을 인정하면 이해할 수 있는 행동이다. 이 비유는 양자이론의 수학적인 언어로 표현될 수 있지만, 그것은 지금의 주제를 벗어나므로 대신 앳킨스의 책을 추천하기로 하겠다.

스펙트럼은 빛을 구성하는 색마다 각기 다른 정도로 느려짐에 따라서 만들어진다. 유리나 물과 같은 매질의 굴절지수는 붉은색보다 푸른색에서 더 크다. 푸른빛은 파장이 짧아서 유리나 물의 원자구조에 막혀 붉은빛보다 더 느리게 수영한다고 보면 된다. 모든 색깔의 빛이 공기 중에 분포하는 원자와 충돌하면서 느려지지만 그래도 푸른색은 붉은색보다 느리다. 아무런 매질이 없는 진공에서는 모든 색깔의 빛이 같은 속도를 지닌다. 이것이 바로 유명한 일반 최대상수 c다.

빗방울은 뉴턴의 프리즘보다 조금 더 복잡하다. 모양이 대략 구형이기 때문에 안쪽 면은 오목렌즈처럼 작용한다. 빗방울은 태양빛을 굴절시킨 다음 반사시키기 때문에 무지개는 비 사이로 본 태양이 있는 쪽의 하늘이 아니라 태양 반대편 하늘에서 보인다. 태양을 등지고 있는 상태에서 흐린 하늘에 내리는 비를 보고 있다고 가정해 보자. 태양이 수평선에서 42도보다 높이 있으면 무지개를 볼 수 없다. 태양이 낮을수록 무지개는 높다. 아침에 태양이 뜰 때 무지개(보이는 무지개가 있을 경우)는 진다.

저녁에 해가 지면 무지개는 뜬다. 때는 아침 일찍 혹은 오후 늦은 시간이라고 생각해 보자. 빗방울은 구형이라고 가정하자. 당신 뒤, 당신보다 약간 높은 위치에 뜬 태양의 빛은 빗방울을 통과한다. 공기와 물의 경계면에서 빛은 뉴턴의 프리즘에서처럼 굴절되고 태양빛을 구성하는 파장들은 각기 다른 각도로 기울어진다. 분리된 색들은 빗방울 내부를 이동하다가 뒤쪽의 오목 렌즈 벽에 도달하여 뒤로, 밑으로 반사된다. 그 빛은 다시 빗방울을 떠나 일부는 당신의 눈에 도달한다. 물에서 다시 공기로 나가면서 빛은 두 번째로 굴절되고, 서로 다른 색들은 각기 다른 각도로 꺾인다.

그래서 하나의 완전한 스펙트럼—빨강, 주황, 노랑, 초록, 파랑, 보라—이 하나의 빗방울로부터 나오고, 옆의 빗방울에서도 나온다. 그러나 한 빗방울의 빛에서 나온 스펙트럼 중 극히 일부만이 당신의 눈에 도달한다. 어느 빗방울에서 초록빛이 눈에 도달하면 같은 물방울에서 나온 푸른빛은 당신의 눈 위로 지나가고 붉은빛은 밑으로 지나간 것이다. 그렇다면 왜 무지개 전체를 보게 되는가? 그건 빗방울이 많기 때문이다. 수천 개의 빗방울 집단이 초록빛을 제공한다(동시에 당신보다 위에 있는 사람에겐 푸른빛을, 아래에 있는 사람에겐 붉은빛을 제공한다). 또 다른 수천 개의 빗방울 집단은 붉은빛을 제공하고(동시에 다른 사람에게는 푸른빛을······), 또 다른 수천 개의 빗방울들은 푸른빛을 제공한다. 이렇게 전달된 붉은빛은 모두 당신으로부터 일정하게 떨어진 거리에 고정되어 붉은색 곡선이 만들어진다(당신이 원의 중심이다). 초록빛을 전달하는 빗방울들도 일정한 거리에 고정되지만 더 가깝다. 이 빛이 만드는 원의 반지름이 더 작기 때문에 초록 곡선은 붉은 곡선 안에 위치한다. 그다음에 푸른 곡선이 그 안에 들어가고 무지개 전체가 당신을 중심으로 삼아 곡선을 더하면서 만들어진다. 다른 관찰자들은 그들 자신을 중심으로 하는 다른 무지개를 볼 것이다.

그러니까 요정들이 금덩어리를 쌓아 놓은 어떤 '특별한 곳'에 무지개가 있는 게 아니라 폭풍을 쳐다보고 있는 눈의 수만큼 많은 무지개가 존재하는 것이다. 같은 비를 다른 곳에서 쳐다보는 다른 관찰자들은 다른 빗방울 집단에서 모은 빛으로 그들만의 무지개를 조합한다. 엄격히 말해서, 당신의 두 눈 각각이 보는 무지개도 다르다. 그리고 운전하면서 본 '하나'의 무지개는 사실 빠르게 연속적으로 지나가는 무지개의 시리즈다. 워즈워스가 이를 알았다면 '하늘의 무지개를 보면 나의 가슴은 뛴다'라는 시구를 보완했을 것이다. (그러나 그 밑의 행들을 보완하기는 어려울 것 같다.)

상황을 더 복잡하게 만드는 것은 빗방울들이 가만히 있는 게 아니라 떨어지고 이리저리 바람에 휩쓸린다는 것이다. 즉 당신에게 붉은빛을 전달하는 위치에 있는 빗방울이 다음 순간 노란빛을 제공하는 지역으로 이동할 수 있다. 그래도 아무 변화도 없는 것처럼 계속 붉은빛이 보이는 이유는 떠난 빗방울의 자리를 새 빗방울이 메우기 때문이다. 무지개와 관련하여 내가 인용한 상당 부분의 출처인 멋진 책 《무지개에 관한 책》(1997)에서 리처드 웰런은 레오나르도 다 빈치를 인용한다.

> 각각의 빗방울이 하늘로부터 떨어지며 무지개의 모든 색을 담아낼 때, 무지개의 구성 속에서 태양광선, 즉 내리는 빗줄기가 만들어 내는 색들을 관찰하라.
>
> 《회화에 관한 논의》(1490년대)

비록 무지개를 만들어 내는 빗방울은 떨어지고 바람에 날리지만, 무지개 자체의 환영은 굳건하다. 콜리지는 다음과 같이 썼다.

> 빠르게 서두르며 움직이는 비바람 속에서도 꿈쩍 않는 무지개. 급변하는 폭풍우 속에서도 확고한 영구성, 그리고 영성과 감정의 결정체, 폭풍의 딸과 같은 고요함이여.
>
> 《아니마 포에테》(1895년 출판)

그의 친구 워즈워스도 비의 요동치는 움직임 속 무지개의 부동성에 심취했었다.

한편, 어떤 연유인지 알 수 없는

> 바람과 구름의 어떤 조합 속에서
> 커다랗고 완전한 무지개가
> 천국에 세워지다.

《서곡》(1815)

무지개가 갖는 낭만의 또 다른 특징은 수평선 저 멀리에 있는 이 커다란 곡선이 다가갈수록 뒷걸음질을 친다는 점이다. 그러나 키츠의 '짠 모래 파도의 무지개'는 가까이에 있었다. 그리고 산기슭의 왼편을 돌며 운전하다 보면 반지름이 고작 1미터도 안 되는 완전한 원형 무지개를 볼 수 있다(무지개가 반원으로 보이는 이유는 원의 아랫부분이 지평선에 가려지기 때문이다). 무지개가 크게 느껴지는 이유는 거리에 대한 착각 때문이다. 우리 뇌는 하늘을 배경으로 상을 맺을 때 훨씬 크게 만든다. 밝은 전등에 시선을 집중해서 망막에 잔상을 남긴 다음, 하늘로 눈을 돌려 먼 곳에 '투사'해 보면 같은 효과를 얻을 수 있다. 원래보다 훨씬 크게 보일 것이다.

이것 말고도 복잡함을 더하는 재미있는 요소들이 있다. 이미 물방울의 태양쪽 윗면을 통해 햇빛이 들어오고 밑면을 통해 나간다는 사실은 언급했다. 하지만 물론 밑면을 통해 들어오는 햇빛을 막을 순 없다. 조건만 갖춰지면 구 안에서 두 번 반사되고 밑면으로 나와 관찰자의 눈에 들어간 다음 또 굴절되어 처음 것보다 8도 더 높은 곳에 색의 순서가 뒤집힌 두 번째 무지개가 만들어질 수 있다. 물론 다른 물방울 집단에 의해서 관찰자마다 두 개의 무지개가 만들어진다. 쌍무지개를 보는 일은 흔치 않으나, 워즈워스가 그것을 보았다면 그의 가슴은 더 세차게 뛰었을 것이다. 이 외에도 옅은 무지개들이 동심원을 그리는 현상이 이론적으로는 존재할 수 있지만 거의 보이지 않는다. 이 수천 개의 하강하며 반짝이고 반사하며 굴절하는 물방울 집단 속에서 벌어지는 일을 위와 같이 설명해서 진정 감흥이 사라졌다고 할 사람이 있을까? 러스킨은 《근대 화가론 III》(1856)에서 다음과 같이 말했다.

> 대부분의 사람들에게 알고 난 즐거움보다는 모르는 즐거움이 더 크다. 그들에겐 하늘이 어두운 빈공간이 아니라 파란 돔이고, 구름이 떠다니는 안개가 아니라 황금 옥좌로 보는 게 낫다. 그러나 광학에 관한 지식을 갖고 있는 사람에게, 그가 아무리 종교적인 사람이라고 하더라도 무지한 농부가 무지개를 봤을 때 느끼는 기쁨과 경외감에 비견할 정도로 느끼는지 묻고 싶다. 우리는 꽃 한 송이의 신비를 전부 헤아릴 수 없고, 그럴 수 있도록 만들어져 있지도 않다. 그러나 과학은 지속적으로 아름다움에 대한 사랑과 함께해야 하고, 앎의 정확성은 감성의 부드러움과 같이 가야 한다.

이런 글은 어쩐지 러스킨이 여자들도 음모를 가지고 있다는 충격적인 사실을 발견해 첫날밤을 망쳤다는 소문을 뒷받침하는 듯하다.

하이든의 '영원한 만찬'이 열린 지 15년 후인 1802년 영국의 물리학자 윌리엄 월러스턴은 뉴턴의 것과 유사하지만 태양빛이 프리즘에 도달하기 전에 좁은 틈을 지나도록 고안된 실험을 했다. 프리즘에서 생긴 스펙트럼은 각기 다른 파장에 의해 구분되는 얇은 띠의 모음을 보여 주었다. 그는 띠들이 서로 번지면서 만들어 낸 스펙트럼의 여기저기에 검고 어두운 선들이 분포한다는 것을 발견했다. 이 선은 훗날 독일 물리학자인 요제프 폰 프라운호퍼에 의해 측량되고 체계적으로 분류되어 지금도 그의 이름을 따서 불리고 있다. 프라운호퍼 선은 광선이 통과하는 매질의 화학적 성질에 따라 지문 또는 더 적합한 비유를 들면 바코드와 같은 고유한 배열을 나타낸다. 예를 들어 수소는 선과 그 사이 공간으로 나타나는 특정한 바코드 패턴을 보이고 소듐은 또 다른 패턴을 나타낸다. 월러스턴은 일곱 개의 선만 볼 수 있었지만 프라운호퍼의 향상된 실험 장비로는 576개, 현대의 스펙트로스코프로는 약 1만 개 정도를 볼 수 있다.

원소 각각의 바코드 지문은 선들의 간격은 물론 무지개를 배경으로 한 그들의 위치에도 존재한다. 수소와 기타 원소의 바코드는 세세한 데까지 양자이론으로 정확하게 설명되고 있는데, 여기에서 나는 한 가지 양해를 구할 수밖에 없다. 내가 양자이론의 시정에 대한 감을 잡고 있다고 느낄 때도 있지만, 아직은 다른 사람에게 설명할 수 있을 만큼 깊이 이해하고 있지 못하다. 어쩌면 우리의 뇌는 양자의 작용이 묻혀 버리는 크고 느린 물체들의 세계 속에서 살도록 자연선택되어 아무도 양자이론을 진실로 이해하지 못할지도 모른다. 이 점은 리처드 파인먼이 잘 얘기해 주고 있다. "양자이론을 이해한다고 생각한다면······그건 양자이론을 이해하지 못한다는 거다!" 나는 출판된 파인먼의 강의록과 데이비드 도이치의 충격적이고 놀라운 저서인《실체의 구성》(1997)의 도움을 받아 나름대로 근사하게 이해하게 되었다. (이 책은 어디서부터가 물리학계에서 일반적으로 받아들여진 얘기이고, 어디서부터가 저자 자신의 시각인지를 알기 어려워 불편한 책이기도 하다.) 양자이론의 의미에 관한 물리학자의 개인적인 고민이 무엇이든 실험 결과를 정확하게 예측하는 이 이론의 획기적인 성공만큼은 누구도 부정하지 못한다. 여기서는 프라운호퍼의 시대부터 알게 된 바와 같이 모든 화학원소는 스펙트럼에 가느다란 선으로 구성된 고유한 바코드를 가진다는 사실만으로 충분하다.

프라운호퍼의 선을 보는 방법에는 두 가지가 있다. 지금까지는 무지개를 배경으로 나타나는 어두운 선에 대해서 얘기했다. 이러한 현상은 빛의 경로상에 위치한 어떤 원소가 특정 파장만을 선택적으로 무지개에서 흡수하기 때문이다. 그러나 별이 생성될 때처럼 원소를 발광하게끔 해 주면 어두운 배경 위로 밝은 색의 선형 패턴이 연출된다.

프랑스의 철학자 오귀스트 콩트가 성급하게 아래와 같이 쓰기 전에도 빛에 대한 뉴턴의 분석을 프라운호퍼가 발전시켰다는 사실은 이미 알려져 있었다.

우리는 어떤 방법으로도 그들의 화학적 조성이나 광물학적 구조를 연구할 수 없을 것이다. 별에 관한 우리의 지식은 필연적으로 별들의 기하학적·기계적 현상학에 국한된다.

《실증철학 강의》(1835)

별빛 바코드에 대한 프라운호퍼의 치밀한 연구 덕분에 별을 방문하기가 콩트의 시대보다 나아지진 않았더라도 오늘날 우리는 별이 무엇으로 만들어져 있는지 상당히 자세히 알고 있다. 몇 년 전 나의 친구인 찰스 시모니는 미국 연방 준비은행의 전 위원장과 이야기를 나눈 적이 있었다고 한다. 이 분은 미국 항공우주국(NASA)이 달의 구성 물질을 발견하여 과학자들이 놀라던 때를 기억하고 있었다. 그는 별보다 달이 훨씬 가깝기 때문에 별에 대한 우리의 예측이 훨씬 더 빗나갔으리라고 예상했다. 물론 그럴듯한 생각이었지만 시모니 박사는 결과가 정반대였다는 것을 얘기해 주었다. 아무리 별이 멀리 있어도 별은 스스로 빛을 낸다는 점에서 완전히 달랐던 것이다. 달빛은 모두 반사된 태양빛(시적 감수성을 모독한다는 이유로 D. H. 로렌스는 이 사실을 받아들이길 거부했다)이므로 여기서 나오는 스펙트럼은 달의 화학적 성질을 조사하는 데 도움을 주지 못한다.

오늘날의 장비는 뉴턴의 프리즘보다 월등히 강력하지만 현대 분광학은 여전히 뉴턴의 무지개 풀기 기술의 직계자손이다. 별이 낸 빛의 스펙트럼, 특히 프라운호퍼의 선은 별에 어떤 화학 성분이 존재하는지를 매우 구체적으로 알려준다. 또한 별의 온도, 압력, 크기도 말해 준다. 그것은 우리의 태양을 거대한 별들의 목록에서 제 위치—G2V 분광집단의 황색왜성—에 되돌려 놓는다. 인기있는 천문학 잡지인《하늘과 망원경》1996년 판에는 아래와 같은 글이 실려 있다.

> 스펙트럼의 코드는 그 의미를 읽어 낼 수 있는 자에게 별이 어떠한 물체인지—색, 크기, 밝기, 과거와 미래, 특징, 그리고 태양을 비롯한 다른 종류의 별과 비교하면 어떻게 다른지 등—를 한눈에 알려준다.

별빛을 분광기로 풀어헤침으로써 우리는 별이 질량의 대부분을 차지하는 수소로부터 헬륨을 만들고 뿜어 내는 핵 용광로이며, 이어지는 순차적 반응을 거치면서 헬륨을 융합시켜 우리의 몸을 구성하는 중간 크기의 원자를 주조한다는 사실을 알게 되었다.

뉴턴은 우리가 보는 무지개가 실제로는 전자기파 전체 스펙트럼의 얇은 조각에 불과하다는 19세기의 발견으로 우리를 인도해 주었다. 가시광선의 범위는 0.000004미터(보라색)에서 0.00007미터(붉은색)에 이른다. 뱀이나 유도탄이 목표물을 포착할 때 이용하며 우리가 보이지 않는 복사열로 인식하는 것이 바로 붉은빛보다 조금 긴 적외선이다. 보라색보다 조금 짧은 것이 자외선인데 피부를 태우거나 암을 유발한다. 라디오 전파는 붉은빛보다 훨씬 길다. 이 전파의 파장은 센티미터나 미터, 심지어는 킬로미터의 단위로 측정한다. 이것과 적외선 사이에 레이더나 요리용(전자렌지용) 초단파가 있다. 자외선보다 짧은 엑스선으로는 살을 투시하여 뼈를 볼 수 있다. 가장 짧은 건 감마선으로 1미터를 조로 나눈 단위로 측정되는 파장을 갖고 있다. 우리가 빛이라 부르는 좁은 파장의 띠는 눈에 보인다는 사실 외에는 특별할 게 없다. 곤충이 보는 빛은 스펙트럼상에 통째로 이동되어 있다. 그들에게는 자외선(별자주색bee purple)이 보이고 붉은빛(황외선)은 보이지 않는다. 모든 파장의 영역 중 어디든 무지개처럼 빛의 띠를 분리해 낼 수 있으며, 단지 그때그때 사용되는 기구―예를 들어 프리즘 대신 라디오―가 스펙트럼의 위치에 따라 달라질 뿐이다.

　우리가 실제로 경험하는 색, 즉 '붉음'이나 '푸름' 같은 주관적 감흥은 우리의 뇌가 어떤 파장의 빛에 멋대로 붙여 놓은 이름표다. 붉음에 본질적으로 '긴' 속성은 없다. 붉은색과 파란색이 어떻게 보이는지를 아는 것은 어느 파장이 더 긴지를 기억하는 데 도움이 되지 않는다. 이를 기억하기 위해서는 책을 다시 펼쳐 봐야 하지만, 나는 소프라노가 베이스보다 파장이 짧다는 것은 절대로 잊지 않는다. 뇌는 무지개의 각 물리적 부분에 해당하는 편리한 내부 이름표를 필요로 한다. 붉음에 대한 나의 감흥이 당신과 같은지는 알 수 없지만, 내가 붉은색이라고 부르는 빛이 당신이 마찬가지로 부르는 빛임을 쉽게 동의할 수 있으며, 물리학자가 이 빛을 측정한다면 긴 파장이 발견될 것이다. 보라색이 푸른색보다 스펙트럼상에서 붉은색으로부터 더 멀리 있지만, 나에게는 주관적으로 붉은색에 더 가까워 보인다. 아마 당신도 동의할 것이다. 보라색 속의 붉은 기미는 우리의 신경생물학적 현상이지, 스펙트럼 물리학의 현상이 아니다.

휴 로프팅이 창조해 낸 불멸의 '두리틀 박사'는 달나라에 가서 붉은색과 푸른색의 차이 정도로 전혀 다르고 새로운 휘황찬란한 색을 보고 놀랐다. 소설 속에서도 우리는 이러한 일이 일어날 수 없다는 걸 안다. 생명체가 다른 세계를 여행하며 보는 색조는 그 생명체의 고향별로부터 가져간 뇌 구조 속 함수관계에 국한된다.*

---

* 색은 흔히 과학적 지식이 부족한 바탕에서 철학적 사색의 풍부한 원천이 된다. 이를 바로잡고자 했던 훌륭한 시도가 1988년 C. L. 하딘이 펴낸 《철학자를 위한 색: 무지개 풀기》이다. 내 책이 출판사에 넘어간 다음에 이 멋진 부제를 가진 책을 발견했음을 부끄럽게 시인하는 바이다. 지나치게 엄격한 도서관 사서들 때문에 이제 '두리틀 박사'를 접하기 어려워졌다. 그들은 《두리틀 박사 이야기》 속의 인종차별주의를 걱정하지만 이는 1920년대에는 일반적인 것이었다. 설사 그렇다 치더라도 《두리틀 박사의 우체국》에서 두리틀이 노예 거래에 맞서 싸운 이야기나 지금의 인종주의와 유사했던 당대의 종 차별주의speciesism 악덕에 대항한 두리틀 박사는 앞의 단점을 상쇄하고도 남을 만한 인물이다.

이제 우리는 눈이 어떻게 빛의 파장에 대한 정보를 전달하는지 상당히 자세한 수준까지 알게 되었다. 인간의 망막은 네 가지의 광 민감성 세포로 이루어져 있다. 즉 세 가지의 '원뿔(원추세포)'과 한 가지의 '막대기(간상세포)'로 구성되어 있다. 네 가지 모두 서로 매우 유사하며 공동 조상으로부터 분화되었음이 확실하다. 세포에 대해서 잊기 쉬운 점 한 가지는 하나의 세포 안에도 미세하게 접힌 막들의 복잡성이 상당하다는 점이다. 각각의 원뿔이나 막대기는 높게 쌓아 올린 책들처럼 겹겹이 쌓인 막구조를 갖고 있다. 쌓인 책들을 뚫고 지나가는 길고 얇은 물질이 있는데, 이를 로돕신 단백질이라고 한다. 다른 여러 단백질처럼 로돕신은 특정 물질끼리 맞물리게끔 해 주는 틀을 제공하여 특정 화학반응의 진행을 촉발하는 효소 역할을 한다.

효소의 촉매성을 가능하게 하는 것은 삼차원적 구조로서, 두 물질이 우연한 충돌에 의해서 만나는 것이 아니라 서로 꼭 들어맞을 수 있도록 유연하지만 정교한 형태를 지닌다. (이러한 이유로 인하여 효소가 화학반응의 진행 속도를 높일 수 있는 것이다.) 이러한 시스템의 정교함은 생명 현상을 가능하게 하는 것 중 하나지만 여기에도 문제가 없는 것은 아니다. 효소 분자는 얼마든지 다양한 모양으로 만들어질 수 있지만 보통 필요한 효소는 한 가지뿐이다. 수백만 년 동안 자연선택은 다른 형태로 변화하려는 경향보다 한 가지 형태를 '선호'하는 '우직'하고 '결단력' 있는 효소를 만들어 냈다. 두 가지로 변화할 수 있는 화합물은 치명적으로 위험할 수 있다. 광우병, 양 스크래피와 그와 유사한 인간 쿠루병과 크로이츠펠트-야콥병은 두 가지 형태를 취할 수 있는 프리온이라는 단백질에 의해 야기된다. 프리온은 보통 두 가지 중 하나의 형태를 취하며 이로운 작용을 수행한다. 그런데 어쩌다가 다른 형태를 취하게 되는 경우가 있다. 바로 이때 좋지 않은 일이 일어난다. 다른 형태를 지닌 하나의 단백질은 다른 단백질도 같이 탈선하도록 유도한다. 쓰러지는 도미노처럼 기형 단백질 전염병이 몸 전체에 확산된다. 단 한 개의 기형 단백질이 몸 전체를 감염시키고 도미노 행렬을 촉발할 수 있다. 이 다른 형태의 단백질은 원래의 기능을 제대로 수행하지 못하기 때문에 뇌에 스펀지와 같은 구멍이 뚫려 사망하기에 이른다.

프리온은 단백질인데, 단백질은 자기 복제를 하지 못한다. 그런데 프리온은 자기 복제를 하는 바이러스처럼 전파되기 때문에 학자들 사이에서 큰 혼란을 일으켰었다. 생물학 교과서에 자기 복제는 폴리뉴클레오티드(DNA나 RNA)의 전유물이라고 나와 있다. 프리온에 있어서 자기 복제라는 의미는 하나의 기형 화합물이 이미 존재하는 주변 단백질을 같은 형태가 되도록 '유도'한다는 것이다.

또 다른 효소는 두 가지 형태를 취할 수 있는 자신의 변환 능력을 좋은 효과에 이용한다. 변환 능력이란 컴퓨터의 논리연산—만약, 아니면, 그리고, 또한 등—을 가능하게 하는 트랜지스터, 다이오드 등의 고속전자 개폐 장치의 핵심적 속성이다. 프리온처럼 주변의 감염성을 '유도'하는 것이 아니라, '만약' 특정 생물학적 조건들이 충족되고 '그리고' 다른 특정 조건들이 존재하는 것이 '아니'라면 한 형태에서 다른 형태로 트랜지스터와 같이 뒤바뀌는 '이형' 단백질이 있다. 로돕신은 바로 두 가지 다른 형태를 취하게 하는 변환 능력을 좁은 용도로 사용하는 '트랜지스터' 단백질 중 하나이다. 로돕신은 광전지photocell처럼 빛을 받으면 한 형태에서 다른 형태로 바뀐다. 또 짧은 회복기가 지나면 곧바로 원래의 모습으로 복귀한다. 두 가지 형태 중 하나를 취할 때는 강력한 촉매이지만, 다른 형태에서는 그렇지 않다. 그리하여 빛으로 인해 활성 형태가 되면 특별한 연쇄 반응을 일으켜 빠른 물질 반응이 진행된다. 빛이 고압 수도꼭지를 여는 것과 유사하다.

이화학적 반응의 최종 산물은 신경자극의 흐름으로서 길고 얇은 관 속에 놓인 신경세포들의 연결을 통해 뇌로 전달된다. 신경자극도 촉매에 의한 빠른 화학적 변화이다. 이들은 마치 탄약 가루 띠 위를 불꽃이 훑고 지나가듯 길고 얇은 관 속을 이동한다. 각각의 불꽃은 독립적인 불꽃이며, 반대쪽 끝에 도달하는 것은 일종의 짧고 신속한, 연속적인 보고서인 신경자극정보이다. 신경자극정보가 전달되는 속도―초당 수백 개에 이르는 수준―는 막대기나 원뿔 세포에 도달하는 빛의 강도를 암호화한 것이다. 하나의 신경세포가 받아들이는 강한 자극과 약한 자극의 차이는 다름 아닌 연발 기관총과 단발 엽총의 차이이다.

지금까지 얘기한 내용은 막대기와 세 가지 원뿔 세포에 해당하는 내용이다. 그들의 차이는 다음과 같다. 원뿔은 밝은 빛에만 반응한다. 막대기는 희미한 빛에 민감하여 야간 시력에 매우 중요하다. 막대기는 망막 전체에 고루 퍼져 있고 모여 있지 않으므로 세세한 차이를 구별해 내기에는 적합하지 않다. 이 세포만 갖고는 독서를 할 수 없다. 독서는 망막의 특정 부분인 와窩(fovea)에 밀집된 원뿔 덕분에 가능하다. 더 밀집되어 있을수록 더 자세한 것까지 볼 수 있다.

막대기는 모두 같은 파장에 민감하기 때문에 색을 보는 데는 관여하지 않는다. 이들은 가시광선 내에서 중간에 있는 노란빛에 가장 민감하며 양쪽 끝의 빛에는 덜 민감하다. 그렇다고 이 막대기들이 모든 빛을 노란색이라고 보고하지는 않는다. 그러면 아무런 의미가 없다. 모든 신경세포는 단지 뇌에게 신경자극신호를 전달할 뿐이다. 막대기 세포가 빠르게 신호를 보내면 붉은빛 또는 푸른빛이 많다는 의미이거나 노란빛이 적다는 의미일 수도 있다. 이 모호함을 해결하는 유일한 방법은 뇌가 각기 다른 색에 민감한 여러 종류의 세포로부터 동시에 보고서를 접수하여 수합하는 길 뿐이다.

바로 여기서 세 가지의 원뿔 세포가 역할을 한다. 세 가지 원뿔은 세 가지 다른 입맛을 지닌다. 세 가지 다 모든 파장의 빛에 반응한다. 그러나 그중 한 가지는 푸른빛에, 또 한 가지는 초록빛에, 그리고 마지막 한 가지는 붉은빛에 특히 더 민감하다. 세 종류의 원뿔이 활성화되는 빈도를 비교함으로써—즉 서로를 서로에서 제하면—신경계는 망막의 특정 부위에 도달하는 빛의 파장을 재구성해 낼 수 있다. 막대기 세포로만 볼 때와는 달리 뇌는 한 색깔의 흐린 빛과 다른 색깔의 밝은 빛을 혼동하지 않는다. 뇌는 한 가지 이상의 원뿔로부터 보고를 받기 때문에 빛의 진정한 색을 계산해 낼 수 있다.

앞서 달나라에 간 두리틀 박사를 떠올리면서 얘기한 바와 같이 우리가 본다고 생각하는 색은 뇌가 편의상 붙여 놓은 이름표이다. 나는 지구의 위성사진이나 컴퓨터로 재구성된 우주 이미지에서 표시된 색이 '가짜'임을 깨닫고 실망했었다. 아프리카 위성사진의 색깔은 그곳 식생에 따라 누군가에 의해 지정되듯이 이미지 밑에는 색이 임의로 선정되었다는 것을 알리는 캡션이 있었다. 나는 이런 가짜 채색이 잘못되었다고 생각했다. 나는 그 풍경의 '진짜' 모습을 알고 싶었다. 그러나 이제 나는 창문으로 보이는 저 정원의 색처럼 내게 보인다고 생각하는 모든 것이 동일한 의미에서 가짜라는 사실을 깨달았다. 그것은 나의 뇌가 빛의 파장에 편의상 붙인 이름표로서 하나의 임의적 약속에 불과하다. 제11장 '세상을 다시 엮다'에서는 우리의 모든 지각이 사실은 뇌가 만들어 낸 일종의 '가상현실'임을 주장할 것이다. (참고로 고백하건대 나는 아직도 가짜 색으로 된 이미지를 보면 실망한다.)

특정 파장과 연결된 주관적 감흥이 사람마다 같은지 다른지 우리는 영원히 알 수 없다. 우리는 어떤 색이 다른 색들의 혼합물인지 아닌지에 대해서는 의견을 교환할 수 있다. 대부분의 사람들은 주황색이 붉은색과 노란색의 혼합이라는 사실에 수긍한다. '청록색'이라는 합성어는 '터키옥색'보다 지칭하는 색의 느낌을 더 잘 전달한다. 스펙트럼을 나누는 방식이 언어마다 같은지에 대해서는 논란의 여지가 다분하다. 어떤 언어학자들은 웨일즈 어가 스펙트럼상에서 녹색과 푸른색 영역을 영어와 다르게 나눈다고 주장한다. 웨일즈 어에는 녹색의 일부를 지칭하는 단어와 녹색과 푸른색이 합쳐진 영역을 지칭하는 단어가 따로 존재한다고 한다. 어떤 언어학자와 인류학자들은 이것이 미신에 불과하며, 이누이트(에스키모) 족이 눈(雪)을 묘사하는 데 50개의 단어를 사용한다는 주장과 다를 바 없다고 한다. 이들의 주장은 여러 언어권의 사람들에게 색상표를 보여 주며 얻은 실험적 증거에 기반을 둔 것인데, 그 결과는 스펙트럼을 나누는 방법에 강한 보편성이 나타난다는 것이다. 이러한 실험적인 방법만이 문제에 대한 답을 가져다 줄 수 있다. 사실 나처럼 영어권 사람에게 웨일즈 인들이 푸른색과 녹색을 구분하는 방식에 관한 애기는 그것이 어떻든 별 상관이 없다. 물리학의 영역에서는 그것을 부정할 수도, 긍정할 수도 없기 때문이다. 진실이 있다면 심리학적 영역에 있을 것이다.

색을 선명하게 보는 조류와 달리 많은 포유류가 색을 잘 보지 못한다. 부분색맹인 사람을 포함하는 몇몇 동물들은 두 가지 원뿔에 기초한 이색二色 시스템을 사용한다. 삼색 시스템을 이용하는 고화질 색시각은 녹색 숲에서 과일을 찾는 데 유용하도록 우리의 영장류 조상에서 진화한 것으로 보인다. 케임브리지 대학교의 심리학자 존 몰론은 삼색 시스템이 '특정 과실수들이 증식하기 위해서 고안해 낸 장치'라고 한다. 이는 나무들이 자신들의 과일을 포유류들에게 먹여 씨를 전파한다는 사실을 강조한 재치 있는 표현이다. 어떤 신대륙 원숭이는 같은 종 안에서도 개체마다 다른 조합의 이색 시스템을 갖고 있어서 서로 다른 것을 보도록 특화되어 있다. 그것이 원숭이들에게 이로운지, 해로운지는 아무도 모르지만, 제2차 세계대전 당시 폭격부대원에 적어도 한 명의 색맹 조종사를 두어서 특정 종류의 보호색을 간파할 수 있도록 한 사실은 시사하는 바가 크다.

더 넓은 무지개를 풀어헤쳐 보자. 전자기적 스펙트럼상에서 우리는 여러 개의 라디오 채널을 구분하고 이동통신 네트워크 속의 수많은 통화를 개별화한다. 전자기적 무지개를 세밀하게 풀어헤치지 못하면 우리는 모두가 하는 얘기를 동시에 듣고 모든 주파수의 방송을 동시에 청취하게 될 것이다. 또 하나의 무지개 풀어헤치기는 오늘날 의사들이 체내 기관의 삼차원 구조를 파악하는 데 쓰는 놀라운 기술인 자기공명영상법(MRI)의 기초가 된다.

파장의 진원지가 파장의 수용체에 따라 움직일 때 특별한 현상이 일어난다. 이 경우 파장의 '도플러 효과'가 나타난다. 음파는 느리기 때문에 쉽게 감지될 수 있다. 자동차의 엔진소리는 멀어질 때보다 가까워질 때 더 높은 음을 낸다. 차가 빠르게 지나갈 때 들리는 두 음의 쌔앵 소리는 바로 이러한 이유 때문이다. 네덜란드 과학자인 바이 발로트가 1845년에 관현악단으로 하여금 지붕 없는 기차 위에서 청중 앞을 지나가며 연주를 하게 함으로써 최초로 도플러의 예측을 증명했다. 빛의 파장은 너무 빨라서 우리가 광원에 매우 빠르게 접근하거나(이 경우에는 빛이 스펙트럼의 푸른색 쪽으로 치우친다) 매우 빠르게 멀어질 때(이 경우에는 붉은색 쪽으로 치우친다)에만 도플러 효과를 경험할 수 있다. 여기에는 먼 은하도 해당된다. 다른 은하가 지구로부터 빠르게 멀어지고 있다는 사실은 빛의 도플러 효과 덕분에 최초로 밝혀졌다. 그것의 색깔은 파장이 긴 스펙트럼의 붉은 쪽으로 계속 이동하기 때문에 원래보다 더 붉어진다.

먼 은하에서 온 빛이 붉게 변했는지 어떻게 알 수 있을까? 원래부터 붉었던 건 아닌지 어떻게 알 수 있을까? 프라운호퍼의 선을 사용하면 알 수 있다. 모든 원소는 자신만의 고유한 선의 분포 패턴인 바코드를 가지고 있다. 선들 사이의 간격과 무지개에서의 위치는 마치 지문처럼 그 원소의 고유한 특성이다. 먼 은하로부터 온 빛도 유사한 분포 패턴을 보인다. 이러한 유사성은 다른 은하가 우리와 유사한 종류의 물질로 만들어져 있음을 말해 준다. 그러나 다른 점은 패턴 전체가 스펙트럼의 긴 파장 쪽으로 일정 거리만큼 이동했다는 것이다. 즉 더 붉어졌다는 것이다. 1920년대의 미국인 천문학자 에드윈 허블(허블 우주 망원경이라는 이름을 그에게서 따왔다)은 먼 은하가 붉은 쪽으로 이동한 스펙트럼을 나타낸다는 것을 발견했다. 붉은 쪽으로 가장 많이 옮긴 은하가—빛의 희미한 정도를 측정함으로써 알게 된다—가장 먼 은하다. 허블의 유명한 결론(비록 이전에 다른 이들도 비슷한 얘기를 한 적이 있었지만)은 우주가 팽창하고 있다는 것이었으며, 어느 관찰 지점에서도 은하는 계속 증가하는 속도로 멀어진다는 것이었다.

먼 은하를 바라볼 때 우리는 우리에게 도달하기까지 수십억 년이 걸린 빛의 과거와 시선을 맞추게 되는 것이다. 희미해진 정도를 갖고 얼마나 엄청난 거리를 이동해서 도착했는지를 알 수 있다. 우리의 은하가 다른 은하로부터 멀어짐으로써 스펙트럼을 붉은 쪽으로 이동시키는 효과가 나타났다. 거리와 멀어지는 속도의 관계는 허블의 법칙을 따른다. 이러한 정량적 관계를 역으로 계산함으로써 우주가 언제 팽창하기 시작했는지 측정할 수 있다. 이미 널리 알려진 대폭발 이론의 설명에 따르면, 우주는 100억에서 200억 년 전 거대한 폭발과 함께 시작됐다. 이 모든 것은 무지개 풀어헤치기의 지혜로부터 얻은 것들이다. 이 이론을 발전시킨 후속 연구가 제시하는 증거에 따르면 시간 자체도 이 대사건과 함께 탄생했다고 말할 수 있다. 우리 모두 시간이 어떤 특정 순간에 시작됐다는 말이 무슨 뜻인지 알지 못한다. 그러나 다시 한번 그것은 모든 사건에 선행 사건이 존재하는 아프리카의 사바나처럼 느리고 커다란 물체에 맞도록 디자인 된 우리 정신의 한계이다. 선행하는 것이 없는 그 무엇은 우리의 불쌍한 이성을 공포에 휩싸이게 한다. 어쩌면 오직 시를 통해서만 느낄 수 있을지도 모른다. 키츠, 당신은 지금 살아 있어야 하오.

그리고 저 머나먼 은하에서 우리를 바라보는 눈이 과연 있을까? 만약 있다면 그들은 우리의 과거만을 볼 수 있다. 1억 광년 떨어진 별의 생물이 지구에서 일어나는 일을 볼 수 있다면, 지금쯤 장밋빛 식물 사이를 어슬렁거리는 붉은색 공룡들을 목격할 것이다. 슬프게도 우주에 다른 생명체가 실제로 있고 눈을 가지고 있다 하더라도, 물론 그 생물체가 아무리 뛰어난 망원경을 가졌어도 지구를 볼 성능을 갖췄을 가능성은 거의 없다. 우리도 우리의 은하 밖에 있는 행성을 본 적이 없다. 우리는 우리가 속한 은하계의 모든 행성도 최근 몇 세기에 와서야 알게 된 정도이다. 해왕성과 명왕성은 눈으로 보기엔 너무 흐릿했다. 망원경을 어느 방향에 맞춰야 하는지를 알게 된 유일한 이유는 가까운 행성의 궤도에서 일어나는 미세한 동요가 계산되었기 때문이다. 1846년 영국의 J. C. 애덤스와 프랑스의 U. J. J. 레베리에라는 두 명의 수학 천문학자가 개별적으로 천왕성의 실제 위치와 이론적 위치의 차이를 놓고 의아해 하고 있었다. 둘은 이 차이가 특정한 장소에 특정한 질량의 보이지 않는 행성의 인력 때문일 거라고 계산했다. 독일의 천문학자 J. G. 갈레가 이 방위에 맞게 망원경을 맞춰 천왕성을 발견하였다. 명왕성도 같은 식으로 발견되었는데, 해왕성의 궤도에 영향을 미치는 인력에 착안한 미국인 천문학자 C. W. 탐보에 의해 1930년이 되어서야 발견되었다. 존 키츠라면 이들 천문학자들이 느꼈을 흥분을 이해했을 것이다.

> 새로운 행성이 시계 안으로 헤엄쳐 들어올 때
> 난 창공의 관찰자처럼 느끼고,
> 또는 부하들이 당황하며 서로를 쳐다볼 때
> 다리엔 꼭대기에서 조용히 태평양을 응시하던
> 독수리 눈의 다부진 코르테스 장군처럼 느낀다.
>
> 〈채프먼의 호머를 처음 접하며〉(1816)

이 글은 나의 《눈먼 시계공》을 읽은 어떤 출판 관계자가 인용하여 특별히 애착이 간다.

그런데 다른(태양 외의) 별 주위를 도는 행성이 있을까? 이 중요한 질문의 답은 우주 속 생명의 편재偏在에 대한 우리의 추측에 영향을 미칠 것이다. 행성을 가진 별이 우주에서 단 하나라면, 그건 바로 우리의 태양이 될 것이고, 그러면 우리는 매우 고독해진다. 다른 한쪽 극단으로 가서, 만약 모든 별이 각각의 '태양계'의 중심이라면, 잠재적으로 생명이 있을 수 있는 별의 수는 셀 수 없을 정도로 많아진다. 다른 행성에 생물이 존재할 확률이 어떻든 간에 태양은 물론 별 주위를 도는 행성들만 발견해도 우리는 고독을 다소 덜 수 있을 것이다.

대부분의 행성들은 그들의 태양과 너무 가까이 있어서 그 밝기에 묻혀 망원경으로 관찰하기 어렵다. 1990년대에 이르러 다른 별에도 행성이 있음을 발견하게 된 경위 역시 궤도 변동을 통해서인데, 이번에도 도플러 효과 덕분이었다. 얘기는 다음과 같다. 우리는 태양을 행성이 회전하는 중심으로 생각한다. 그러나 뉴턴은 두 개의 물체가 서로 주위를 공전한다고 설명한다. 두 개의 별의 질량이 비슷하면 아령처럼 서로 주위를 돈다. 질량의 차이가 클수록 가벼운 것이 거의 움직이지 않는 무거운 것 주위를 도는 것처럼 보인다. 태양과 목성에서처럼 하나가 다른 것보다 훨씬 큰 경우, 주인 주위를 빙글빙글 도는 산책 나온 강아지처럼, 무거운 물체는 약하게 진동하고 가벼운 물체는 무거운 물체 주위를 공전한다.

별들의 이러한 떨림이 보이지 않는 행성의 존재를 알려준다. 그러나 이 떨림조차도 직접 보기에는 너무 미세하다. 우리의 망원경은 이 작은 위치 변화를 감지하는 것은 고사하고 별 자체를 보기에도 힘든 수준이다. 여기서 또다시 무지개 풀어헤치기가 해결책으로 등장한다. 공전하는 행성의 영향으로 별이 앞뒤로 흔들릴 때 그곳으로부터 오는 빛은 별이 멀어질수록 붉어지고 가까워질수록 파래진다. 별에서 오는 빛 속의 미세하지만 측정 가능한 이 붉거나 푸른 진동은 행성의 존재를 알려준다. 같은 방식으로 먼 행성에 사는 생물체는 태양의 주기적인 색변화로 목성의 존재를 알아차릴 수 있다. 이런 식으로 감지될 만한 태양계의 행성은 아마 목성뿐일 것이다. 우리가 살고 있는 이 왜소한 행성은 외계인들이 눈치 챌 만한 만유인력의 물결을 일으키기엔 너무 작다.

그러나 지난 수십 년간 우리가 뿜어 낸 라디오와 텔레비전 신호라는 무지개를 풀어서 우리의 존재를 알 수 있을지도 모른다. 비록 우주 전체로 봤을 때는 미미하지만, 부풀어 오른 진동의 풍선은 이제 100광년을 넘었으므로 제법 많은 별에 도달했을 것이다. 칼 세이건은 그의 소설 《콘택트》에서 우주 전체에 지구를 선전하는 이미지의 선봉에는 1936년 베를린 올림픽의 개막을 알리는 연설이 있었다고 쓴다. 외부 세계로부터 온 어떠한 종류의 메시지도, 응답도 아직은 포착된 것이 없다.

우리에게 이웃이 있어야만 하는 결정적인 이유는 없다. 생물로 넘쳐나는 우주와 우리만 홀로 존재하는 우주, 둘 다 다른 방식으로 굉장히 흥미로운 생각들이다. 어느 쪽이든 우주에 대해서 더 알고자 하는 의지는 필연적이며, 진정한 시적 감수성을 가진 이라면 여기에 동의하지 않을 수 없을 것이다. 우리의 이 모든 발견들이 '무지개 풀어헤치기'로부터 힘입은 바가 얼마나 큰지를 되돌아보면서 나는 역설적인 흐뭇함을 느낀다. 그리고 이 풀어헤치기가 밝혀낸 시적 아름다움—별들의 본질에서부터 우주의 팽창까지—은 키츠의 상상력을 사로잡고, 콜리지를 흥분된 경외감에 몰아넣고, 워즈워스의 심장을 전례 없이 뛰게 할 것이다.

인도의 위대한 천체물리학자 수브라마니안 챤드라세카르는 1975년에 한 강의에서 다음과 같이 말했다.

> 아름다움 앞에서 느끼는 소름 돋는 떨림, 수학의 아름다움에 대한 탐구로 얻어 낸 발견이 자연에서 완전한 동일성을 만난다는 그 엄청난 사실을 보면, 나는 아름다움이야말로 가장 깊고 심오한 인간 정신의 반응이라고 생각한다.

이보다 더 잘 알려졌지만 피상적으로는 유사한 감정을 표현한 키츠의 다음 글에 비해 얼마나 더 진중하게 들리는가!

> 아름다움은 진실, 진실은 아름다움—이게 전부이다.
> 이걸 안다면, 모든 걸 아는 것이다.
> 〈그리스 항아리를 위한 송시〉(1820)

키츠와 램은 시, 수학 그리고 수학의 시를 위해 건배했어야 한다. 워즈워스에게는 이런 격려도 필요 없었을 것이다. 스코틀랜드의 시인 제임스 톰슨에게서 영감을 받은 그(그리고 콜리지)는 톰슨의 시 〈아이작 뉴턴 경의 기억에 부치며〉를 떠올렸을지 모른다.

    모든 것을 밝히는 빛 그조차도
낮의 빛나는 옷을 펴기 전까지는
아무도 모르는 채 빛을 발했다.
그리고 백색의 평범한 광휘에서
모든 광선을 자신에게로 모아
눈앞에 찬란한 색채의 연속을
매료되도록 이끌어 내었다.
먼저 불타는 빨강이 선명하게 뛰어오르고,
이어 황갈색의 주황빛,
다음엔 맛깔스러운 노랑과
신선한 초록의 친절한 빛들.
그러고는 가을 하늘을 채우는
순수한 파랑이 하늘에서 연주된 다음
슬픈 색조의 깊은 남색이 모습을 드러내는
무거운 저녁이 서리 내려 수그릴 때
굴절된 빛의 마지막 미광이
희미해진 보라 속으로 사라진다.
구름이 장밋빛 단비를 거를 때
빛은 아래로 젖은 호를 만들고
우리 머리 위 맺혀진 영상이

기쁘게 저 들판 아래로 녹아내린다.
헤아릴 수 없이 섞이는 염료들
아름다움의 무한한 원천은
언제나 새롭게
언제나 생기 있게 넘친다.
소란스러운 냇가, 속삭이는 숲에서 꿈꾸는 시인이
이토록 고운 그림을 상상해 낸 적이 있는가?
또는 천국을 불러온 열광적인 예언자가 있는가?
지금도 지는 태양과 흐르는 구름은
그리니치의 멋진 높이에서 보이는
굴절법칙의 아름다움을 선언한다.

4

공중의 바코드

무지개의 결정체를 찾는 건
반드시 이루어지겠지만
연인의 마음속 호는
모든 헤아림을 따돌린다.
에밀리 디킨슨(1894)

BARCODES ON THE AIR

영어 'on the air'라는 표현은 현재 라디오 방송중임을 의미한다. 그러나 라디오 전파는 공기와 관계가 거의 없고, 차라리 긴 파장을 가진 보이지 않은 빛의 파동이라고 하는 편이 사실에 가깝다. 공기의 파동이 의미하는 것은 단 한 가지, 바로 소리이다. 이 장에서는 소리와 그 밖의 느린 파동에 대해 살펴보고 어떻게 이들을 무지개처럼 한 올 한 올 풀 수 있는지에 대해 다룬다. 음파는 빛보다 1만 배 정도 느리며, 보잉 747보다는 조금 빠르지만 콩코드보다는 느리다. 진공에서 가장 잘 이동하는 빛이나 전자기파와는 달리 음파는 물이나 공기 같은 물질 매질을 통해서만 이동한다. 음파는 매질의 압축과 팽창으로 일어나는, 즉 매질이 두툼해지거나 얇아지면서 생기는 파동이다. 공기 중에서 국지적으로 대기압의 증가와 감소가 일어난다는 뜻이다. 우리의 귀는 빠르고 주기적인 압력 변화를 추적할 수 있는 작은 기압계이다. 곤충의 귀는 전혀 다른 식으로 작동한다. 이 차이를 이해하기 위해 압력이 과연 무엇인지에 대해 잠시 살펴보도록 하자.

손을 자전거 펌프의 입구에 갖다 대면 피부에 용수철이 미는 듯한 힘을 느낄 수 있다. 실제로 압력은 제각기 다른 방향으로 돌진하는 수천 개 공기 분자들의 폭격을 종합한 것이다. (반대로 바람은 분자들이 한 방향으로 흐르는 경우다.) 손바닥을 높이 들면 압력에 대응되는 분자들의 폭격을 느낄 수 있다. 잘 채워진 자전거 타이어의 내부와 같이 밀폐된 공간 속의 분자들은 그 안에 있는 분자의 수와 온도에 비례하는 힘으로 타이어 안쪽 면을 밖으로 밀어낸다. 섭씨 영하 273도(분자운동이 멈추는 가장 낮은 온도)보다 높은 온도에서는 분자들이 무작위로 운동하며 당구공처럼 서로 충돌한다. 분자는 서로 충돌하기만 하는 것이 아니라 타이어의 안쪽 면에도 부딪히기 때문에 타이어는 이 압력을 '느낀다.' 여기에 추가적으로 공기 온도가 높을수록 분자 운동이 활발해지기 때문에(이것이 바로 온도의 의미이다) 같은 부피의 공기라도 데우면 압력이 높아진다. 같은 이유로 공기를 압축하면 부피가 감소되어 온도가 올라간다.

음파는 국지적인 기압 변화의 파동이다. 밀폐된 방 안의 총 기압은 방 안에 있는 분자의 수와 온도에 의해 결정되며, 이 수치는 대체로 일정하다. 방 안의 모든 1세제곱센티미터 공간에는 평균적으로 같은 수의 분자가 들어 있고, 따라서 기압도 같다. 그러나 여전히 국지적인 압력의 차이는 존재한다. 입방 A

는 다른 입방 B로부터 건네받은 분자들로 인해 순간적으로 기압이 증가될 수 있다. 높아진 기압은 A로 하여금 B로 분자를 되돌려 보내 균형을 회복한다. 거대한 지리학적 스케일에서 바람이란 바로 이런 것, 즉 고기압 지역으로부터 저기압 지역으로 가는 공기의 흐름이다. 이보다 더 작은 스케일에서 소리를 같은 방식으로 이해할 수 있지만, 앞뒤로 빠르게 진동한다는 점에서 바람과 다르다.

방 한가운데에서 소리굽쇠를 치면 진동이 발생해 공기 분자에 닿아 인접한 분자끼리 충돌하게 만든다. 소리굽쇠의 진동은 특정 진동수를 기준으로 커졌다 작아졌다 하면서 모든 방향으로 공기를 흐트러뜨리는 파동을 내보낸다. 파면波面의 앞쪽은 압력이 높고 뒤로 갈수록 압력이 낮은 영역이 뒤따른다. 조금 후에 소리굽쇠의 진동 간격에 따라 다음 파면이 온다. 작고 민감한 기압계를 방 안에 설치하면 각 파면이 지날 때마다 바늘이 위 아래로 움직이는 것을 볼 수 있다. 기압계 바늘이 움직이는 속도가 바로 소리의 진동수이다. 이 민감한 기압계는 바로 척추동물의 귀다. 고막을 때리는 압력의 변화에 따라 고막은 안팎으로 움직인다. 고막은 와우각蝸牛殼이라고 하는 거꾸로 세운 작은 하프처럼 생긴 기관과 (파충류의 하악골 연결 부위로부터 진화한 망치, 모루, 등자 모양의 세 가지 작은 뼈에 의해) 연결되어 있다. 달팽이관의 '줄'은 하프처럼 얇은 틀에 붙어 있다. 하프의 좁은 쪽에 연결된 줄은 고음에 떨리고 넓은 쪽의 줄은 저음에 떨린다.

와우각으로부터 뻗어 나가는 신경세포는 뇌에 연결되어 고막을 진동시키는 소리가 저음 혹은 고음인지 알 수 있게 해 준다.

이와는 달리 곤충의 귀는 기압계라기보다는 작은 풍향계에 가깝다. 그들은 바람(조금 불다가 방향을 바꾸는 희한한 바람이긴 하지만)의 분자 흐름을 측정한다. 우리가 느끼는 기압의 변화는 파면의 확장인 동시에 분자 움직임의 파장이다. 기압이 높아지면 주변 지역으로 이동했다가 기압이 낮아지면 다시 원위치로 되돌아오는 그런 움직임이다. 우리의 기압계 귀가 제한된 공간 위로 막을 펼쳐 놓은 형태라면, 곤충의 풍향계 귀는 털 하나만 있거나 구멍을 막으로 덮은 형태이다. 이 두 경우 모두 분자들의 주기적인 움직임에 의해 앞뒤로 흔들린다.

따라서 곤충에게 소리의 방향을 감지하는 능력은 자연스럽게 따라오는 것이다. 풍향계를 가진 이라면 누구나 북풍과 동풍을 구별할 수 있는데, 곤충의 귀는 북-남 진동과 동-서 진동도 쉽게 구분할 수 있다. 방향성은 애초부터 곤충의 소리 측정 장치에 장착되어 있다. 기압계는 그렇지 못하다. 기압의 증가는 기압의 증가일 뿐 많아진 분자들이 어디서 왔는지는 측정되지 않는다. 우리 척추동물의 기압계 귀는, 눈이 여러 원추 세포에서 들어온 보고를 비교해 색을 계산하는 것처럼, 두 귀에서 온 보고를 비교하여 방향을 계산해야 한다. 뇌는 양쪽 귀에서 들리는 소리의 크기를 비교하고 별도로 소리의 도달 시점도 비교한다(특히 스타카토 음). 어떤 종류의 소리는 비교하기가 쉽지 않다. 귀뚜라미의 울음소리는 척추동물이 듣지 못하도록 교묘하게 음조와 타이밍이 조정되어 있지만 풍향계 귀를 가진 암컷들에게 그 소리의 발원지를 찾기란 하나도 어렵지 않다. 적어도 내가 가진 척추동물의 귀에 들리는 어떤 귀뚜라미 소리는 실제로 귀뚜라미는 가만히 있는데도 마치 뛰어다니는 것처럼 들린다.

음파는 무지개와 유사한 파장의 스펙트럼을 형성한다. 소리 무지개도 역시 풀어헤칠 수 있는데 바로 그렇기 때문에 우리는 소리라는 개념을 가질 수 있다. 어떤 색이 주는 특정한 느낌이 뇌가 그 특정 빛의 파장에 붙인 이름표인 것처럼 소리에 붙이는 이름표는 우리가 느끼는 음의 높이다. 그런데 소리에는 단순히 음높이만으로는 설명할 수 없는 복잡함이 많다. 바로 여기서 우리의 '풀어헤치기'가 또 한번 빛을 발한다.

소리굽쇠나 유리하모니카(각각 다른 양의 물이 담긴 유리 잔 위에 물에 적신 손가락을 문질러 소리를 내는 기구로, 모차르트가 즐겨 사용했다)는 매우 맑고 청아한 소리를 낸다. 물리학자는 이 소리를 사인파sine wave라 부른다. 사인파는 가장 단순한 형태의 파동, 이상적인 이론상의 파동이다. 밧줄의 한쪽 끝을 잡고 흔들 때 보이는 뱀처럼 구불거리는 부드러운 커브가 대략적인 사인파이다(물론 소리의 진동수는 이보다 훨씬 높다). 뒤에서 설명하겠지만 보통의 소리는 단순한 사인파와는 달리 매우 들쭉날쭉하고 복잡하다. 우선 소리굽쇠나 유리하모니카처럼 부드러운 곡선형 파동이 발원지로부터 구 형태로 퍼지는 경우를 생각해 보자. 파동의 영향권 안에 위치한 기압계 귀는 곡선에 꼬임이나 뒤틀림이 없는 매끄러운 기압의 증가와 뒤이은 매끄러운 감소를 느낄 것이다. 진동수가 두 배가 되면(혹은 파장이 반으로 짧아지면) 우리는 한 옥타브 높은 소리를 듣게 된다. 매우 낮은 진동수를 가지는 깊은 오르간 소리는 몸을 울리며 통과하지만 귀에는 거의 잡히지 않는다. 매우 높은 진동수는 인간에게 들리지 않지만 박쥐는 이 소리를 메아리의 형태로 감지해서 길을 찾는 데 이용한다. 이는 자연의 역사 전체에서 가장 멋진 이야기 중 하나지만 《눈먼 시계공》에서 이미 충분히 설명한 만큼 더 떠들고 싶은 유혹을 뿌리치기로 하겠다.

소리굽쇠와 유리하모니카를 제외한 순수한 사인파란 사실 수학적 추상에 불과하다. 실제 소리는 훨씬 복잡한 혼합물로서, 풀어헤치기에 아주 적당하다. 우리의 뇌는 이런 소리를 놀라울 정도로 효과적이고 쉽게 풀어헤친다. 어릴 때부터 우리의 뇌가 손쉽게 풀어헤친 것을 우리는 많은 노력 끝에 겨우 불완전하고 서툰 방식으로 수학적 이해에 근접했을 뿐이다.

1초에 440주기가 반복되도록, 혹은 440헤르츠가 되도록 진동수를 맞추어 소리굽쇠를 쳤다고 하자. 우리는 A음(계이름상의 '라' 음)과 C음(계이름상의 '도' 음) 사이의 맑은 음을 듣게 될 것이다. 바이올린, 클라리넷, 오보에 또는 플루트가 같은 A음을 내는 것과 소리굽쇠의 차이는 무엇일까? 답은 악기가 내는 파동의 혼합물에는 그 악기의 고유한 기초 진동수의 배수가 여럿 포함되기 때문이다. C음 위에 A음을 연주하는 모든 악기는 440 헤르츠의 기초 진동수에 대부분의 에너지를 담지만 소량의 880 헤르츠와 1320헤르츠 대 떨림도 중첩되어 나타난다. 이를 화성이라고 부르는데, 화성은 하나의 음으로 들리는 여러 음의 코드를 지칭하기도 하는 단어이기에 혼동의 여지가 있다. 트럼펫이 내는 음은 특정한 화성의 혼합물로서 같은 음을 연주할 때의 바이올린과는 다른 트럼펫만의 특징을 나타낸다. 트럼펫의 찢어지는 첫 음이나 바이올린의 활이 현과 닿을 때 내는 마찰음 같은 부가적인 것들에 대해서는 설명하지 않기로 하겠다.

이런 복잡한 사항을 뒤로 하고 트럼펫(혹은 바이올린이나 어떤 악기라도 좋다)이 내는 음의 중간 부분을 들으면 트럼펫만이 가지는 소리의 독특함을 느낄 수 있다. 어떤 악기가 내는 이러한 음이란 사실 우리의 뇌가 사인파를 종합하여 풀어헤친 뒤 다시 만든 재구성물이라는 것을 실험해 보일 수 있다. 실험은 다음과 같다. 트럼펫 소리가 내는 사인파를 전부 식별한 다음 거기에 알맞은 소리굽쇠들을 골라 하나씩 소리를 낸다. 처음에는 소리굽쇠의 개별적인 음이 코드처럼 들린다. 그러다가 갑자기 그 소리들이 하나로 뭉쳐 각각의 소리굽쇠는 사라지고 키츠가 '굉음의 은빛 트럼펫'이라 했던 기초 진동수 음만을 듣게 된다. 클라리넷 소리를 내기 위해서는 또 다른 진동수의 바코드 조합이 필요하고, 마찬가지로 개별 소리굽쇠의 음으로 들리던 소리가 어느덧 한 개의 '목관' 클라리넷 음으로 종합되는 현상을 경험하게 될 것이다. 바이올린도 그만의 고유한의 바코드가 있고, 다른 악기들도 마찬가지다.

바이올린이 내는 음의 파동을 보면 기초 진동수를 반복하는 복잡한 곡선과 함께 진동수는 더 높지만 더 작게 구불거리는 선이 중첩되어 나타난다. 바이올린의 음을 구성하는 여러 사인파가 합쳐져 복잡하게 구불거리는 선이 되어 버린 것이다. 컴퓨터를 이용하여 이렇게 복잡하게 반복되는 곡선을 본래의 순수한 파동 성분(복잡한 패턴을 듣기 위해 합쳐야 했던 개별 사인파들)으로 분리해 낼 수 있다. 악기 소리를 들을 때에 이러한 연산을 하고 있다고 볼 수 있다. 귀는 사인파 구성 성분을 분리해 내고, 이어서 뇌는 이를 모아 '트럼펫' 혹은 '오보에'와 같은 적절한 이름표를 붙여 준다.

그러나 무의식적으로 벌어지는 풀어헤치기와 합치기의 작업은 이것보다 훨씬 대단하다. 어떤 오케스트라 연주를 듣고 있다고 생각해 보라. 수백 개의 악기가 펼치는 소리에 음악적 식견을 담은 옆 사람의 귓속말, 누군가의 기침소리, 뒷사람이 초콜릿 포장지를 만지작거리는 소리가 중첩된다. 모든 소리는 동시에 고막을 진동시키고 이 진동은 종합되어 매우 복잡하고 구불거리는 기압의 변화인 하나의 파동이 된다. 오케스트라 전체와 그 밖의 모든 소리를 하나의 축음기 디스크 홈에 담거나 테이프의 자석성분에 그려 넣을 수 있으므로, 우리는 그것이 하나의 파동임을 안다. 모든 진동은 기압과 시간을 좌표로 하는 그래프 위에 하나의 구불거리는 선으로 종합되어 고막에 녹음된다. 마치 기적과도 같이 뇌는 들썩이는 소리와 속삼임, 기침과 문 닫는 소리, 오케스트라 각각의 악기들을 구별해 낸다. 이토록 음을 풀어헤치고 또 종합하는 일은 상상을 초월하는 것이지만, 우리는 미처 깨닫지도 못한 채 쉽게 해낸다. 박쥐의 경우는 더욱더 대단하다. 박쥐는 만물상처럼 복잡한 메아리의 공간을 분석하여, 변하는 삼차원 세계의 이미지를 정밀하면서도 신속하게 뇌에서 재구성하면서 날며, 이와 동시에 먹잇감 곤충이 날아다니는 소리와 다른 박쥐가 내는 메아리도 구별한다.

구불거리는 파동을 사인파로 분리한 다음 다시 합쳐서 원래의 곡선으로 만드는 수학적 기술을 19세기 프랑스 수학자인 조지프 푸리에의 이름을 따 푸리에 해석이라고 한다. 소리와 같은 고속 파동이나 빛과 같은 초고속 파동이 아니더라도 이 기술은 음파를 포함한 (사실 푸리에는 이 기술을 전혀 다른 목적으로 개발했다) 주기적으로 변하는 모든 것에 적용할 수 있다. 푸리에 해석은 스펙트럼을 구성하는 파장이 빛보다 느린 '무지개'를 풀어헤치는 데 용이한 수학적 테크닉이라 볼 수 있다.

아주 느린 파장의 예를 들면 최근에 남아프리카의 크루거 국립공원의 어느 길을 따라 나 있는 어떤 복잡한 반복 패턴의 구불거리는 물자국을 들 수 있다. 나를 초청한 전문 가이드는 그것이 수컷 코끼리의 오줌이라고 알려줬다. 수컷 코끼리의 이런 희한한 행동은 아마도 영역 표시가 목적인 것으로 보이고, 이럴 때에는 오줌을 지속적으로 흘려 보낸다. 만들어진 오줌 길이 양 옆으로 왕복하는 모양은 긴 진자처럼 움직이는 성기가(성기가 뉴턴의 이상적인 진자처럼 운동했다면 사인파이겠지만 물론 아니다) 육중한 네 발의 걸음걸이와 상호 작용함으로써 나온 것이다. 당시에 나는 푸리에 해석을 할 심산으로 사진을 찍었다. 유감스럽게도 아직 그 작업을 하지 못하고 있다. 그러나 이론적으로는 가능하다. 오줌길 사진을 종이 위에 그린 다음 컴퓨터 입력용 좌표를 설정한다. 컴퓨터는 푸리에 계산의 현대적 모델을 계산하여 성분 사인파를 분리해 낸다. 코끼리의 성기 길이를 더 쉽게 재는 방법(반드시 더 안전하지는 않겠지만)도 있겠으나 위의 방법은 분명히 해볼 만하며, 푸리에 남작도 자신의 수학이 이토록 예상치 못한 곳에 활용되는 것을 흐뭇해 할 것이다. 발자국이나 지렁이 똥이 화석화되듯이 오줌길이 화석화되지 말라는 법은 없으며, 만약 된다면 우리는 푸리에 해석을 이용하여 멸종된 마스토돈이나 매머드의 오줌길을 가지고 그들의 성기 길이를 잴 수 있을 것이다.

코끼리의 성기는 소리보다 훨씬 낮은 진동수로 움직인다(그러나 빛의 높은 진동수에 비교하면 둘은 거의 차이가 없는 것이나 다름없다). 자연계에는 더 진동수가 낮으면서 1년, 심지어는 몇 백만 년 단위를 주기로 하는 여러 파동이 존재한다. 동물 집단의 주기적 변화를 포함하여 몇 개의 파동에 푸리에 해석이 적용되었다. 허드슨 만 회사는 1736년부터 캐나다 사냥꾼들이 잡아서 가져온 생가죽의 수를 기록했다. 이 회사의 자문위원으로 일하고 있던 저명한 옥스퍼드 대학교의 생태학자 찰스 엘턴(1900~1991)은 이 기록이 모피 산업에 희생된 눈덧신토끼, 스라소니, 그리고 다른 포유류 집단의 변화 양상을 보여 줄 수 있다고 생각했다. 가죽의 수는 복잡한 리듬이 혼재한 가운데 증가와 감소를 반복하는데, 이는 수많은 분석의 대상이 되었다. 분석을 통하여 추출된 파장 중에 특별히 두드러진 경향은 4년 주기와 11년 주기의 패턴이었다. 4년 주기 리듬을 설명하기 위해 제시된 하나의 가설은 포식자와 피식자 간의 시간차 상호작용(피식자를 먹고 사는 포식자가 피식자 집단을 거의 말살시켜 결과적으로 포식자들이 굶어죽는 바람에 숫자가 줄어들자 다시 피식자 숫자가 늘어나는 현상)이었다. 이보다 더 긴 11년 주기 리듬을 설명하기 위한 흥미로운 가설은 11년을 주기로 변하는 태양 흑점의 활성과 연계되어 있다. 어떻게 흑점이 동물 집단에 영향을 미치는지는 아무도 모른다. 어쩌면 지구의 날씨에 영향을 미치고, 날씨가 먹이에 영향을 미칠지도 모른다.

파장이 매우 긴 주기의 경우 천문학적 원인에 의해 생겨났을 확률이 높다. 이는 우주의 천체가 자신의 축 혹은 다른 천체를 중심으로 회전을 반복하기 때문이다. 24시간을 주기로 하는 활동 패턴은 지구상 모든 생명체의 작은 특성에도 영향을 미친다. 지구의 자전이 궁극적인 원인이지만 인간을 포함한 대부분의 동물은 밤낮의 주기로부터 차단되어도 계속해서 약 24시간에 해당하는 생활 주기를 보인다. 이는 외부 신호가 없어도 주기가 내재한다는 사실을 보여 준다. 28일에 해당하는 달의 주기는 해양 생물을 비롯한 많은 생물의 신체 작용에 영향을 미치는 중요한 파장이다. 달은 대조와 소조의 반복을 통해서 주기적으로 영향력을 행사한다. 365일보다 조금 긴 시간에 회전하는 지구 공전주기의 느린 진자 운동도 푸리에 총합에 기여하며, 번식기, 이동기, 겨울 털갈이 등의 현상을 통해서 발현된다.

풀어헤치기 작업에 의해 포착된 생물학적 파장 중 가장 긴 것은 아마 2600만 년 주기의 대멸종 현상일 것이다. 화석 전문가들은 과거에 생존했던 모든 종의 99퍼센트가 멸종했다고 한다. 긴 안목에서 보면 다행히도 멸종의 속도는 기존의 종이 갈라져 생기는 새로운 종의 출현 속도와 대략 상쇄된다. 그러나 짧은 안목에서 보면 전혀 다르다. 멸종 속도와 신종의 생성 속도 모두 단기적으로는 심하게 요동한다. 종이 사라지는 불행한 시기와 번성하는 좋은 시기가 있다. 아마도 가장 나쁜 시기, 즉 최악의 아마겟돈은 약 2억 5천만 년 전 페름기에 일어난 것으로 보인다. 포유류와 닮은 육상 파충류를 포함하여 전 종의 90퍼센트가 이 무시무시한 시기에 멸종했다. 얼마 후 비어 있는 무대 위로 지구의 동물상이 복귀했지만 출연진은 매우 달랐다. 육지에선 포유류를 닮은 파충류가 사라지고 그들이 남긴 옷 속으로 공룡이 뛰어들었다. 가장 자주 언급되는 대멸종 사건은 그 후인 6500만 년 전에 일어난 백악기 멸종이다. 화석 기록이 말해 주는 것에 의하면 모든 공룡 그리고 육지와 바다의 모든 동물이 한번에 사라졌다. 비록 페름기만큼은 아니었지만 백악기 사건은 전 종의 약 50퍼센트가 사라진 무시무시한 전 지구적 비극이었다. 침몰한 지구의 동물상은 또 한번 회복했고, 우리 포유류들은 한때 포유류를 닮은 파충류의 세계에서 운 좋게 생존한 몇몇의 동물로부터 유래했다. 이제 우리는 조류와 함께 사라진 공룡의 공백을 채우고 있다. 다음 멸종의 순간이 도래할 때까지.

페름기나 백악기 때만큼 혹독하지 않더라도 암석에 의해 감지된 그 밖의 대멸종 사건들이 있다. 마치 아주 깊은 오르간 음의 흔들림을 포착하기 위해 귀를 기울이듯이 고생물 통계학자들은 여러 시대의 화석을 모아 컴퓨터에 입력한 다음 있음직한 패턴을 찾기 위해 푸리에 해석을 시행했다. 그렇게 해서 파악된 (아직 논란의 여지가 있으나) 커다란 패턴들은 약 2600만 년의 주기를 보였다. 이토록 긴 파장을 갖는 멸종 주기의 원인이 될 만한 것이 무엇일까? 천체의 움직임 외에는 없지 않을까.

산만 한 크기의 운석이나 혜성이 시속 수만 킬로미터의 속도로 멕시코 만의 유카탄 반도 부근으로 추정되는 곳에 떨어짐으로써 백악기의 대재앙이 일어났다는 증거가 계속해서 축적되고 있다. 운석은 목성의 궤도 안쪽에 띠를 이루어 태양 주위를 돈다. 운석은 매일 지구와 충돌하는 작은 것에서부터 대멸종을 일으킬 만한 거대한 것 등 종류가 다양하고 풍부하다. 혜성은 태양계의 한참 밖에서 일정하지 않은 궤도로 태양 주위를 회전하는데, 핼리 혜성처럼 76년마다, 또는 헤일보프 혜성처럼 4,000년마다 태양계 안으로 들어오기도 한다. 페름기 사건은 백악기 사건보다 더 큰 혜성의 충돌로 빚어졌는지도 모른다. 2600만 년 주기의 대멸종은 주기적인 혜성 충돌 때문일 수도 있다.

그런데 왜 하필 2600만 년마다 혜성이 우리와 충돌할 확률이 높아지는 걸까? 여기서 우리는 깊은 고민에 빠지게 된다. 태양이 자매별을 가지고 있고, 이 둘이 약 2600만 년 주기로 서로 주위를 공전한다는 의견이 제안된 적이 있다. 관측된 적은 없지만 벌써 '네메시스'라는 이름까지 붙여진 이 가상의 파트너는 매 공전마다 한 번씩 행성보다 먼 곳에서 태양 주위를 공전하는 수십조개의 혜성의 띠, 이른바 '오르트 구름'이라는 곳을 지난다. 오르트 구름을 통과하거나 스치면서 지나가는 네메시스가 있었다면 혜성들을 흐트러뜨려 그중 한 개가 지구와 충돌할 확률을 높였을 수 있다. 이 모든 것이 사실이라면—논리의 빈약함을 인정하면서도—사람들이 화석 기록에서 읽어 낸 2600만 년 주기의 원인이 될 수 있다. 동물의 멸종이라는 복잡한 문제를 수학적으로 풀어 냄으로써 미지의 별의 존재를 탐지한다는 사실이 흐뭇하다.

우리는 고高 주파의 빛과 전자기파로 시작해서 중中 주파의 소리와 진동하는 코끼리의 성기를 거쳐 저低 주파의 2600만 년 주기의 대멸종에 도달했다. 다시 소리로 돌아와 말소리를 풀어 헤치고 합치는 놀라운 능력의 인간 두뇌를 살펴보자. 성대는 기도 속에서 한 쌍의 목관악기처럼 함께 진동하는 두 개의 막이다. 자음은 입술, 치아, 혀 또는 목구멍의 뒷벽이 여닫고 접촉하는 과정에서 공기 흐름이 파열되면서 생긴다. 모음은 트럼펫과 오보에의 차이처럼 자음과 차이를 보인다. 트럼펫 연주자가 음을 여닫듯이 우리는 풍부한 사인파를 종합하여 여러 가지 모음을 발음한다. 각각의 모음은 기초 진동수 위의 특정 화성의 조합으로 이루어져 있다. 물론 여성이나 아이들보다 남성이 기초 진동수가 더 낮지만 남성이 발음하는 모음은 화성의 특성상 여성이 발음하는 모음과 비슷하게 들린다. 각 모음은 바코드처럼 고유한 진동수의 줄무늬 패턴을 가진다. 전문용어로 이런 바코드의 줄무늬를 '포먼트formant(구강내 공기공명에 대한 음성의 주파수 스펙트럼으로, 우리말로는 어간형성시語幹形成辭라고 한다—옮긴이)'라 한다.

어떤 언어 혹은 방언이든 제한된 목록의 모음이 있고, 각 모음은 서로 다른 고유한 포먼트 바코드를 가진다. 어떤 언어와 그 언어의 여러 억양이 내는 각종 모음은 트럼펫 연주자가 악기 속 마개를 조절하듯 입과 혀를 특정 모양으로 유지함으로써 나타난다. 이론적으로 모음은 스펙트럼상에서 연속적으로 존재한다. 하나의 언어는 모음의 연속선상에서 불연속적인 부분 혹은 유용한 집합을 선택한다. 서로 다른 언어는 서로 다른 모음을 골라낸다. 프랑스어 의 tu(너)와 독일어의 über(너머)에 사용되는 모음은 영어에는 없는 '우(*oo*)'와 '이(*ee*)'의 중간 음이다. 혼동이 없도록 멀리 떨어진 음이 선택된 이상, 모음이 스펙트럼상 정확히 어디에 있는지는 별로 중요하지 않다.

자음은 얘기가 좀 더 복잡하지만 마찬가지로 자음의 바코드 영역이란 것이 있고 현존 언어는 이 영역의 특정 부분만 이용한다. 남부 아프리카 언어에서 나타나는 '딸깍' 거리는 음과 같은 예에서 보듯이 언어에 따라서 일반 언어 스펙트럼에서 상당히 멀리 떨어진 음이 사용되기도 한다. 모음처럼 언어는 저마다 다른 소리의 집합을 만든다. 인도 대륙의 몇몇 언어에는 영어의 'd'와 't'의 중간에 해당되는 치음이 있다. 프랑스어의 'comme'의 'c'는 영어의 강한 'c'와 강한 'g' 사이의 발음이다(그리고 'o'는 영어의 모음 '카드cod'와 '커드cud' 사이의 발음이다). 우리의 혀와 입술과 목소리는 거의 무한한 자음과 모음을 발음하도록 변형될 수 있다. 소리의 바코드를 구성성분으로 삼아 음소, 음절, 어절 그리고 문장이 만들어지면 의사소통이 가능한 아이디어가 무한해진다.

더욱 신기한 것은 이미지, 아이디어, 감정, 사랑, 환희와 같은 것도 의사소통된다는 점이다. 키츠가 훌륭히 해내는 바로 그것이다.

가슴이 저리고, 나른한 멍멍함이 아파온다.

독약을 마시기라도 한 것처럼

흐린 아편을 들이키기라도 한 것처럼.

일 분이 지나고 망각의 강에 잠긴다.

즐거운 너희들을 부러워해서가 아니라

너의 행복 속에서 너무 행복한 나머지

가벼운 날개의 나무 요정 그대가

셀 수 없는 너도밤나무 초록 그늘

어느 선율 흐르는 곳에서

편안한 목청으로 여름을 노래했네.

〈나이팅게일을 위한 송시〉(1820)

소리 내어 읽어 보라. 그러면 한여름 날 나이팅게일의 노랫소리에 이끌려 너도밤나무 수풀로 들어서는 그림이 머릿속에 떠오를 것이다. 귀가 공기의 파동 패턴을 각각의 사인파로 풀어헤친 것을 뇌가 다시 합쳐 영상과 감정을 구성한다. 더욱 신기한 것은 이 패턴을 수학적으로 풀어 숫자의 나열로 변화시켜도 우리의 감성을 자극하는 힘은 변함이 없다는 것이다. 가령 《마태 수난곡》을 CD로 만들려면 공기 파동의 각종 뒤틀림과 꼬임, 상승과 하락을 주기적으로 발췌·녹음하여 디지털 데이터로 번역해야 한다. 이 데이터는 흑백의 단순한 0과 1의 나열로 종이 위에 인쇄될 수 있다. 그러나 공기 파동의 형태로 다시 바꿔 주기만 하면 눈물을 자아내는 힘을 유감없이 발휘한다.

키츠가 의도한 것은 아니었지만 나이팅게일의 노래가 약물처럼 작용한다는 생각에는 어떤 근거가 있다. 실제로 어떤 작용을 하는지, 그리고 자연선택은 무엇을 하도록 만들었는지 생각해 보라. 나이팅게일 수컷은 암컷뿐 아니라 다른 수컷의 행동에도 어떤 형태로든 영향을 끼쳐야 한다. 어떤 조류학자들은 나이팅게일의 노래가 다음과 같은 정보를 전달한다고 생각한다. "나는 밤울음새류 *Luscinia megarhynchos* 종의 수컷이며, 현재 영역을 갖고 있고, 몸 상태가 양호하며, 둥지 짓기와 짝짓기를 할 만반의 준비가 되어 있다." 합당한 얘기다. 이를 참이라고 판단한 암컷의 행동이 이익을 가져오는 경우에는 말이다. 하지만 나는 언제나 조금 다른 관점을 취하는 것이 더 생생하게 느껴진다. 노래는 암컷에게 정보를 주는 게 아니라 암컷을 조정하는 것이다. 암컷이 가진 정보를 변화시키는 게 아니라 뇌의 생리학적 상태를 직접 변화시키는 것이다. 바로 약물처럼 작용한다는 것이다.

비둘기와 카나리아 암컷의 호르몬 수치와 그에 따른 행동 양상을 관찰한 결과, 수컷의 노래는 며칠 동안 암컷들의 성적 상태에 직접적인 영향을 미친다는 사실이 발견되었다. 수컷 카나리아의 노래가 암컷의 귀를 통해 흘러들어 뇌를 가득 채운 효과는 피하주사로 유도할 수 있는 효과와 구별이 불가능했다. 수컷의 '약물'은 피하주사 대신 암컷의 귓구멍을 통해 들어가지만 이런 차이는 중요하지 않다.

새소리가 청각적 약물이라는 생각은 한 개체가 일생 동안 발달하는 과정을 지켜봄으로써 더욱 신빙성을 얻는다. 일반적으로 어린 수컷은 연습을 통해 노래하는 법을 배운다. 그는 여러 가지 노래를 시도하면서 뇌 속의 '주형template'—새가 속한 종이 내는 소리의 사전 프로그램—에 맞추는 작업을 한다. 미국 노래참새 같은 종에게는 이 주형이 유전자에 각인되어 있다. 유럽 방울새나 흰머리참새와 같은 종은 어릴 때 주변에서 들리는 다른 성체의 노래를 '녹음'하여 주형으로 사용한다. 주형이 어디서 오든 어린 수컷은 그에 맞는 노래를 부르도록 훈련한다.

이것은 어린 새가 노래를 습득하는 과정을 이해하는 한 가지 방법이다. 또 다른 식으로 바라보면 어떨까? 대상이 이성이든 쫓아내야 할 도전자든, 노래라는 것은 궁극적으로 동종 개체의 신경계에 강한 영향을 끼치도록 디자인되어 있다. 그러나 어린 새 자신도 그 종의 한 개체이다. 그의 뇌도 종의 전형적인 뇌 구조를 갖고 있다. 스스로를 흥분시키는 소리라면 같은 종의 암컷을 흥분시킬 가능성이 높다. 어쩌면 어린 수컷이 '주형'에 노래를 '맞추기' 위해 연습하는 것이 아니라, 어떤 노랫소리가 흥분되는지 자신의 약물을 종의 일원인 자신에게 실험해 보는 것이라고 생각할 수 있다.

원래 얘기로 돌아가서, 나이팅게일의 노래가 존 키츠의 신경계에 약물처럼 작용했다고 해도 별로 놀랍지 않다. 그는 나이팅게일이 아닌 척추동물이지만 인간에게 쓰이는 약의 대부분은 다른 척추동물에게 어느 정도 효력을 미친다. 인간이 만든 약물은 화학자들이 실험실에서 다소 무식한 시행착오를 거쳐 창조된 것들이다. 자연선택은 수천 세대라는 시간 동안 제약 기술을 정밀화하였다.

키츠는 이런 비교를 불쾌해 할까? 콜리지는 물론 키츠도 불쾌했을 것 같지는 않다. 〈나이팅게일을 위한 송시〉는 약물 비유의 의미를 수용하고 있고, 그럼으로써 훌륭하게 사실적이다. 프리즘이 무지개를 풀어헤쳤다고 해서 퇴색되는 게 아니듯이 균형 잡힌 눈에는 인간의 감정에 대한 분석과 설명이 품격을 떨어뜨리지 않는다.

나는 제3장과 제4장에서 그 모든 아름다움에도 불구하고 정확한 분석의 상징으로 바코드를 사용했다. 빛은 무지개의 색으로 분리되고 누구나 이 아름다움을 볼 수 있다. 이것이 첫째 분석이다. 좀 더 자세히 들여다보면 가느다란 선과 새로운 우아함, 이해를 가능케 해 주는 탐지의 우아함이 드러난다. 프라운호퍼 바코드는 머나먼 별들의 정확한 구성 물질을 알려준다. 정확하게 측정된 줄무늬 패턴은 수 파섹parsec(1파섹은 3.26광년이다)을 건너온 암호화된 메시지이다. 머나먼 별의 세부사항들까지 풀어헤치는 작업의 경제성 그 자체가 아름답다. 과거에는 2,000년의 수명이라는 시간이 지나야만 얻을 수 있던 정보라는 걸 생각하면 더욱 그렇다. 음악의 화성 바코드, 언어의 포먼트 줄무늬를 봐도 비슷한 그림이 나타난다. 수목 연대학의 바코드에도 우아함이 있다. 정확히 기원전 몇 년에 심어졌으며, 해마다 날씨가 어땠는지(기후 조건이 나이테의 특징적인 두께를 결정한다)를 보여 주는 오래된 세쿼이아의 나이테를 보라. 공간을 여행하는 프라운호퍼의 선처럼 나이테는 시간을 넘어 우리에게 메시지를 전달한다. 이 오묘한 경제성이란! 너무나도 적은 정보라고 생각했던 것을 정확히 분석함으로써 그리도 많은 것을 배울 수 있다는 사실, 그 힘이 바로 풀어헤치기의 아름다움이다. 더 극적인 공중의 바코드인 대화와 음악의 음파에서도 마찬가지다.

최근 또 다른 형태의 바코드에 대한 얘기가 자주 들린다. 그건 혈액 속의 바코드, 즉 DNA 지문이다. 전설적인 탐정들도 도저히 알 수 없었던 인간사의 세세한 이야기까지 DNA의 바코드가 들려주고 폭로한다. 지금까지 혈액 속의 바코드가 주로 사용된 곳은 법정이다. 그래서 다음 장에서는 법과 과학적인 자세의 유익함에 대해 얘기하고자 한다.

5

법정의 바코드

가라사대, "화 있을진저, 또 너희 율법사여! 지기 어려운 짐을 사람에게 지우고 너희는 한 손가락도 이 짐에 대지 않는도다. ……화 있을진저, 너희 율법사여! 너희가 지식의 열쇠를 가져가고 너희도 들어가지 않고 또 들어가자 하는 자도 막았느니라" 하시니라.
《누가복음》 11장.

BARCODES AT THE BAR

 법은 과학이 가져다주는 시정이나 경이와는 거리가 매우 먼 것처럼 보인다. 정의와 공정성 같은 추상적 개념에도 시적 아름다움이 있을 수 있겠으나 변호사들이 그것에 감동하는 것 같지는 않다. 어쨌든 이번 장의 주제와는 무관하다. 나는 좋은 사회를 이룩하는 데 과학적 사고방식이 중요한 부분이 될 수 있다는 견지에서 법률 안에서 과학이 하는 역할의 예를 살펴볼 것이다. 요즘 법정에서는 변호사들도 완전히 이해하지 못하는 증거를 배심원이 이해해야 하는 상황이 벌어지고 있다. DNA를 풀어헤침으로써 얻는 증거―혈액의 바코드라 부르기로 하자―가 가장 대표적인 사례로, 이번 장의 주제 중 하나다. 과학자들이 기여할 수 있는 바는 그저 DNA에 관한 사실이 아니다. 더욱 중요한 것은 확률과 통계의 기반이 되는 이론, 즉 과학적인 추론이다. DNA 증거라는 좁은 영역을 완전히 뛰어넘는 얘기다.
 믿을 만한 소식통에 의하면 미국의 일부 피고측 변호사들은 배심원을 선정하는 과정에서 과학 분야의 학력을 가졌다는 이유를 들어 반대한다고 한다. 도대체 이게 무슨 소린가? 특정 부류의 배심원이 선택되지 않도록 하는 피고측 변호사들의 권리에 대해 얘기하는 것이 아니다. 배심원은 피고인의 인종이나 계층에 편견을 가질 수 있다. 극단적인 동성애 혐오자는 동성애자 관련 강력 사건에 적합하지 않다. 바로 이러한 이유로 피고측 변호사들이 배심원 후보자를 검사하고 목록에서 제외시키도록 허락하는 국가가 있다. 미국 변호사들은 자신의 배심원 선정 기준을 거리낌 없이 밝힌다고 한다. 어떤 상해 소송 사건에 배심원 후보로 올랐던 나의 동료가 해 준 얘기다. 변호사가 다음과 같이 물었다고 한다. "여기에 계신 분들 중 제 의뢰인에게 백만 달러 단위에 해당되는 금액의 사례금을 주는 데 문제가 있는 분이 계십니까?"

변호사는 근거를 제시하지 않고도 배심원을 탈락시킬 수 있다. 정당한 이유로 탈락시키기도 하겠지만 적어도 내가 목격한 유일한 경우에서는 그렇지 못했다. 나는 12명의 배심원에 선발될 24명의 패널 중 하나로 뽑혔던 적이 있다. 이미 나는 이 패널의 멤버들과 두 번에 걸쳐 배심원을 해 보았기 때문에 각각의 특징을 모두 알고 있었다. 한 남자는 외골수로 원고 선호 성향을 보였고 거의 사건에 관계없이 강경 노선으로 일관했다. 피고측 변호사는 자연스럽게 이 남자를 건너뛰었다. 다음은 어떤 중년 여성이었는데, 정반대의 인물이었다. 보장된 순정파로 피고측에게는 절대 아군이었다. 그러나 그녀의 외모가 성향과 전혀 달라 보였기에 그녀의 의지와는 반대로 피고인 변호사는 거부권을 행사했다. 변호사가 자신의 비밀 병기 역할을 해줬을 그녀를 손동작 하나로 배심원 석에서 쫓아내자 마음의 상처를 역력하게 받던 그녀의 얼굴 표정을 난 지금도 잊을 수 없다.

다시 아까의 충격적인 사실로 돌아가 보자. 미국의 변호사들은 다음과 같은 이유로 배심원 탈락을 결정하는 것으로 알려져 있다. 배심원 후보자가 과학 교육을 충분히 받았거나 유전학 혹은 확률론에 관한 지식이 있다는 것이다. 대체 무엇이 문제인가? 일반적으로 유전학자가 특정 사회 계층에 깊은 적대감을 갖고 있는가? 수학자는 웬만하면 "목을 치고 매다는 법과 질서 외의 다른 방법이란 없다!"라고 외치는 이들인가? 물론 아니다.

이에 대한 변호사들의 반박은 근거가 빈약하다. 형사재판에 점점 자주 등장하는 새로운 종류의 증거가 있다. 바로 DNA 지문분석에 의해 제시되는 증거로, 그 위력은 실로 엄청나다. 의뢰인이 결백하다면 DNA 증거는 이를 결정적으로 증명해 줄 수 있다. 반대로 죄를 저질렀다면 다른 증거가 보여 주지 못할 경우에도 유죄를 증명해 줄 수 있다. 일반적으로 DNA 증거는 이해하기가 쉽지 않다. 여전히 논란의 여지가 있는 부분도 있어 어려움이 배가된다. 이런 상황에서 정의를 추구하는 정직한 변호사라면 논의를 알아들을 만한 배심원을 오히려 환영해야 할 것이다. 배심원실에서 동료들의 무지를 일깨워 줄 수 있는 사람이 적어도 한두 명 있다는 건 분명히 좋은 일이 아닌가? 도대체 어떤 변호사가 양측이 주장하는 바를 이해하지 못하는 배심원을 선호한단 말인가?

물론 정의를 추구하기보다 이기는 데 관심을 둔 그런 변호사가 문제다. 다른 말로 하면 일반적인 변호사란 말이다. 그리고 원고와 피고측의 변호사 모두 과학 관련 학력을 이유로 배심원을 종종 거부한다는 얘기는 사실로 보인다.

법원에서는 언제나 신원을 식별할 수 있어야 한다. 현장에서 도망간 사람이 리처드 도킨스였는가? 범행 현장에 떨어져 있던 모자가 그의 것인가? 흉기에 묻은 지문은 그의 것인가? 질문 중 어느 하나에라도 '예'라는 답이 나왔다면, 그것만으로는 유죄가 되지 않지만, 판결에 반드시 고려되어야 하는 중요한 요소임에 틀림없다. 배심원과 변호사를 포함한 우리는 대부분 목격에 의한 증거를 특별히 신뢰하는 직관을 가지고 있다. 이 점은 분명히 문제가 있지만 용인될 수 있다. 목격에 의한 증거를 가장 신뢰하는 수백만 년 진화의 역사가 우리 안에 자리 잡고 있을 것이기 때문이다. 빨간 털모자를 쓴 남자가 배수관을 타고 올라가는 것을 본 사람에게 나중에 실은 모자가 푸른색 베레모였다고 설득하기란 쉽지 않다. 우리의 직관은 목격자의 증언이 다른 모든 종류의 증거에 우선한다는 쪽으로 편향되어 있다. 하지만 수많은 연구 결과에 따르면 아무리 진실한, 확신에 찬, 선한 목격자라도 옷의 색이나 범인의 수와 같은 간단한 사실조차 잘못 기억하는 경우가 흔하다.

예를 들어 강간 피해자 여성이 범인을 지목해야 할 때처럼 피의자 식별이 중요한 경우 법원은 식별 행렬을 통해 기초적인 통계 실험을 한다. 경찰이 여러 가지 근거를 바탕으로 용의자로 지목한 남자를 다른 사람들과 함께 피해자 여성 앞에 세운다. 나머지 사람들은 임의로 발탁한 일반인 혹은 평상복 차림의 경관들이다. 여성이 이들 바람잡이들 중 한 사람을 범인으로 지목하면 그 선택은 증거로 인정되지 않는다. 그러나 경찰이 이미 용의자로 지목하고 있는 자를 고르면 그 선택은 중요한 증거로 간주된다.

그리고 마땅히 그래야 한다. 특히 식별 행렬에 서 있는 사람의 수가 많으면 많을수록 더욱 합당하다. 그 이유는 간단하다. 경찰이 용의자라고 내린 판단에는 번복의 여지가 있다. 그렇지 않다면 여성의 식별 자체가 불필요하다. 여기서 주목할 것은 여성이 내린 식별 결과와 경찰이 독립적으로 수집한 증거 간의 일치이다. 식별 행렬에 단 두 명만 있다면 임의로, 혹은 실수로 골라도 경찰이 의심하는 사람을 선택할 확률이 50퍼센트이다. 경찰도 틀릴 수 있기 때문에 이는 오류의 가능성이 매우 높다. 그러나 20명이 서 있다면 때려 맞추든 실수를 하든 경찰이 의심하는 자를 고를 확률이 고작 20분의 1에 불과하다. 피해자의 식별과 경찰이 지목한 용의자 간의 일치는 뭔가를 의미할 가능성이 높다. 사안은 동시 발생이나 어떤 일이 우연히 일어날 가능성에 대한 판단이다. 피의자 식별 행렬이 100명일 경우의 실수 가능성인 100분의 1은 20분의 1보다 현저히 작기 때문에 우연히 일치할 가능성은 더욱더 줄어든다. 행렬이 길수록 확신은 커진다.

또한 우리의 직관은 줄에 선 남자들이 용의자와 지나치게 다르지 말아야 한다는 것을 안다. 만약 피해자가 인상착의로 수염을 언급했고 경찰도 수염 난 용의자를 검거했다면 그를 깨끗이 면도한 19명 가운데 세워놓는 건 분명 불공정한 처사이다. 차라리 혼자 서는 것이 낫다. 범인의 인상착의에 대한 아무런 언급이 없어도, 경찰이 가죽점퍼를 입은 건달을 검거했다면 그를 양복차림의 회계사 대열에 합류시켜서는 안 된다. 다인종 국가에서는 이와 같은 사안이 더욱 중요하다. 흑인 용의자를 백인 일색의 줄에 세워선 안 된다는 건 누구나 공감한다.

사람을 식별하는 방법을 생각해 보면 우선 얼굴부터 떠오른다. 우리는 얼굴을 특별히 잘 구별한다. 나중에 살펴보겠지만, 우리 뇌의 일부분은 바로 이 목적에 할애하도록 진화되어 왔고, 어떤 뇌손상은 이 얼굴 인식 역량을 무력화시키면서도 나머지 시각 능력은 건드리지 않는다. 얼굴은 워낙 다양하기 때문에 식별 대상으로 적합하다. 잘 알려진 대로 일란성 쌍둥이를 제외하고 얼굴이 혼동되는 사람을 만나기란 쉽지 않다. 그러나 아주 없지는 않다. 연기자들은 누군가와 닮게 분장하는 경우가 있다. 독재자들은 자신을 대신하거나 자객을 색출하기 위해 꼭두각

시를 쓰기도 한다. 카리스마 강한 지도자들(히틀러, 스탈린, 프랑코, 사담 후세인, 오스왈드 모슬리)이 콧수염을 기르는 이유도 바로 이런 꼭두각시를 쉽게 만들기 위한 것이라는 주장이 있다. 무솔리니의 대머리도 같은 역할을 했을지 모른다.

일란성 쌍둥이가 아니더라도 가까운 친척 사이는 모르는 사람을 속일 수 있을 정도로 얼굴이 비슷한 경우가 있다. (내가 있는 대학교의 학장으로 재직하던 스푸너 박사가 어떤 학생에게 "전쟁에서 죽은 사람이 자네인지, 자네 형인지 모르겠네"라고 한 일화는 그에 관한 일화가 대부분 그렇듯이 아마 사실이 아닐 것이다.) 형제자매, 아버지와 아들, 조부모와 손자손녀가 서로 닮은 현상은 인척이 아닌 사람들로 구성된 일반 집단의 얼굴 다양성이 어느 정도일지를 새삼 깨닫게 해 준다.

그런데 얼굴은 한 가지 특징일 뿐이다. 우리는 개성이 가득한 존재들로서, 충분한 훈련만 받으면 여러 가지로 사람을 식별할 수 있다. 나의 학창 시절에는 같이 사는 80명을 순전히 발소리만으로 식별한다고 주장하는 친구가 있었다. 또한 모임에 도착한 다음 방금 전 자리를 뜬 사람이 누구인지를 냄새만으로 알 수 있다는 스위스 친구도 있었다. 사람들이 씻지 않아서가 아니라 그 친구가 유난히 예민했던 것이다. 경찰견이 일란성 쌍둥이를 제외한 모든 사람을 냄새로 식별한다는 사실은 적어도 이것이 가능하다는 것을 말해 준다. 내가 아는 한 아직 개발되지 않았지만 경찰견에게 유괴된 아이의 형제 냄새를 맡게 해서 위치를 추적하도록 훈련시키는 것이 가능할 것이다. 친자 소송을 가리기 위해서 경찰견 배심원도 사용해 봄직 하다.

목소리는 얼굴만큼 개성적이다. 이미 여러 연구진이 개인 식별을 위한 컴퓨터 목소리 인식 시스템을 연구하고 있다. 미래에는 대문 열쇠를 없애고 나만의 '열려라 참깨' 명령어를 알아듣는 음성 인식 컴퓨터의 편리함을 누릴 수도 있을 것이다. 또 글씨체는 은행 수표나 중요한 법률 문서상에서 신원을 보증할 만큼 충분히 개인적인 특성이 있다. 서명은 쉽게 위조될 수 있기 때문에 완벽히 안전하지는 않지만 글씨체를 보고 사람을 알아볼 수 있다는 사실은 여전히 고무적이다. 신원 확인의 목록에 새로이 등장한 기대주는 눈의 홍채이다. 적어도 한 은행에서는 이미 신원 확인을 위해 홍채 스캐닝 컴퓨터를 실험하고 있다. 고객은 눈을 찍는 카메라 앞에 서고 카메라는 이를 소위 '256 바이트 인간 바코드'라 부르는 이미지로 디지털화한다. 그러나 이 모든 방법은 올바르게 DNA 지문분석을 적용했을 때의 효과와 비할 바가 못 된다.

경찰견이 일란성 쌍둥이를 제외한 모든 사람을 냄새로 구별할 수 있다는 사실은 놀랍지 않다. 우리의 땀은 다양한 단백질의 칵테일이고, 모든 단백질의 미세한 특징은 암호화된 DNA의 지침으로서 유전자에 구체적으로 지정되어 있다. 글씨체나 얼굴은 서로의 차이를 연속선상에 위치시킬 수 있는 반면, 유전자는 컴퓨터에서 사용되는 것과 매우 유사한 디지털 코드를 사용한다. 역시 일란성 쌍둥이를 제외하면 우리는 타인과 분절적으로, 또 불연속적으로 다르다. 참을성만 있으면 정확히 얼마나 다른지도 계산할 수 있다. 내 몸 각각의 세포(DNA를 상실한 적혈구, 유전자의 반만 있는 생식세포를 제외한 모든 세포)에 있는 DNA는 나머지 세포들 속의 DNA와 동일하다. 나의 DNA는 이 글을 읽는 당신의 모든 세포 속 DNA와 비교했을 때 정확히 그 수십억의 DNA 글자에 새겨진 양만큼 다르다.

분자유전학의 디지털 혁명은 과장조차 불가능하다. 1953년 왓슨과 크릭의 획기적인 DNA 구조 발견 이전만 해도 1931년에 출간된 찰스 싱어의 유명한 저서 《간추린 생물학 역사》의 맺음말에 동의할 수 있었다.

반대 해석에도 불구하고 유전자 이론은 '기계적인' 이론이 아니다. 유전자는 세포, 심지어는 개체 자체 이상으로 화학적·물리적 실체로서 이해될 수 없다. 더 나아가 비록 이론은 원자론이 원자를 다루듯 유전자를 다루고 있지만 두 이론 간에는 근본적인 차이가 있음을 명심해야 한다. 원자는 독립적으로 존재하고 그 특성 또한 독립적으로 조사할 수 있다. 심지어는 둘을 따로 분리할 수도 있다. 직접 볼 수는 없지만 다양한 조건과 다양한 조합 아래서 우리는 원자를 직접 다룰 수 있다. 독립적으로 다룰 수 있다는 것이다. 유전자는 아니다. 유전자는 염색체의 부분으로서만, 그리고 염색체는 세포의 부분으로서만 존재한다. 살아 있는 팔이나 다리를 따로 떼어낼 수 없듯이 염색체는 그를 둘러싼 살아 있는 환경과 분리될 수 없다. 기능의 상대성 원칙은 신체의 다른 기관들과 마찬가지로 유전자에게 적용된다. 기관은 다른 기관과의 관계 속에서만 존재하고 기능한다. 그러므로 우리의 마지막 생물학 이론은 출발점으로 회귀한다. 그 자체로서 고유한 생명 혹은 정신 그리고 모든 특성에서 고유하게 발현되는 생명의 힘이 그것이다.

이것은 대단히, 심각하게, 엄청나게 잘못된 얘기다. 그리고 이 오류는 매우 중요하다. 왓슨과 크릭 그리고 그들이 불붙인 혁명에 따르면 유전자는 분리될 수 있다. 유전자를 정제하고, 보관하고, 결정화하고, 디지털 정보로 읽고, 지면에 인쇄하고, 컴퓨터에 입력하고, 시험관에 다시 불러오고, 생명체 속에 정확히 다시 삽입할 수 있다. 인간의 유전자 암호를 전부 해독할 인간 유전체 프로젝트가 2003년쯤 완료되면(실제로는 그보다 더 이른 2001년 2월에 프로젝트가 완료되었다—옮긴이) 전체 유전체의 정보는 분자발생학 참고서 한 권이 들어갈 공간을 남기고 CD-ROM 디스크 두 장에 들어찰 것이다. 이 두 장의 디스크를 우주로 보내고 나면 미래의 어느 시공간에서 외계 문명에 의해 인간이 다시 만들어질 수 있다는 확신을 안고 인류는 멸종해도 좋다. 한편 지구에 있는 우리에겐 DNA가 기본적으로 디지털—개인 혹은 종 간의 차이는 모호한 추정이 아닌 정확한 측정이 가능하다―이라는 이유로 인해 DNA 지문분석이 그만큼 강력한 도구가 된다.

나는 확신을 가지고 모든 인간의 DNA가 독보적이라고 주장하지만 사실 이조차도 통계적 판단에 불과하다. 유성생식이 행하는 복권 추첨은 이론적으로 정확히 같은 유전자 서열을 반복해서 만들어 낼 수 있다. 아이작 뉴턴의 '일란성 쌍둥이'가 내일 태어날 수도 있다. 그러나 이런 확률이 일어날 가능성만을 감안한 출생자의 수는 전 우주의 원자 개수를 능가한다.

우리의 얼굴, 목소리, 글씨와는 달리 대부분의 세포 속에 있는 DNA는 아기 시절부터 노인이 될 때까지 변하지 않으며, 훈련이나 성형수술에 의해서도 바뀔 수 없다. 우리의 DNA에 적힌 글자의 양은 매우 방대하다. 이 방대한 양의 글자를 분석함으로써 형제 또는 사촌 간, 먼 친척끼리, 혹은 모집단 전체에서 무작위로 선발한 두 사람이 공유하는 글자의 정도를 정확하게 측정할 수 있다. 이는 모든 개체의 독자성을 확립하여 혈액이나 정액의 흔적 등과 대조할 수 있게 해 줄 뿐 아니라 친자 여부를 비롯한 기타 유연관계도 가려 낼 수 있게 해 준다. 영국의 법률은 당사자의 부모가 영국 시민임이 증명될 경우 이민을 허용하고 있다. 인도 대륙에서 온 몇 명의 아이들이 의심 많은 이민국 직원들에 의해 검거된 적이 있다. DNA 지문분석이 도래하기 전에는 이 불행한 사람들이 자신들의 친자 여부를 증명하는 것이 불가능했다. 이제는 쉽다. 추정되는 부모의 혈액 샘플을 얻은 다음 특정 유전자를 골라 이에 상응하는 아이의 유전자와 비교하기만 하면 된다. 판결은 명확하고 확실하며 정성적定性的 판단이 요구되는 의구심이나 모호함이 없다. 오늘날 영국의 몇몇 젊은이들이 시민권을 얻은 것은 DNA 기술 덕분이다.

예카테린부르크에서 발견된 유골이 시해된 러시아 왕가의 것인지를 식별하는 데도 유사한 방법이 사용되었다. 로마노프 가家와 관계가 정확하게 알려진 에든버러의 공작 필립 왕자는 친절하게 혈액을 제공했고, 덕분에 유골이 황제의 식구였다는 것이 밝혀질 수 있었다. 다른 흥미로운 사례도 있다. '죽음의 천사'로 알려진 나치 전쟁범 요제프 멩겔레 박사로 추정되는 유골이 남아메리카에서 발굴되었다. 뼈에서 채취한 DNA를 생존하는 멩겔의 아들의 혈액과 비교한 결과 신원이 밝혀졌다. 최근 베를린에서 발견된 시체는 같은 방법에 의해 세계적으로 6,000여 건의 목격 사례를 비롯해 끊임없는 전설과 루머를 남기고 사라진 히틀러의 대리역이었던 마틴 보어만으로 확인되었다.

우리의 DNA는 디지털이기 때문에 '지문분석'이라는 이름에도 불구하고 실제 지문보다 더 개인적인 특징을 지닌다. 진짜 지문처럼 DNA 증거는 종종 범인이 현장을 떠나도 남게 되기 때문에 이 이름은 적절하다. DNA는 카펫의 핏자국, 강간범의 정액, 손수건에 굳은 비강 분비물, 땀 또는 떨어진 머리카락 등에서도 추출할 수 있다. 이어서 샘플 속의 DNA를 용의자 혈액

속 DNA와 비교할 수 있다. 그 샘플이 특정 사람의 것인지 아닌지 어떤 오차범위 안에서든 판단이 가능하다.

그렇다면 단점은 무엇인가? 왜 DNA 증거는 논란을 일으키는가? 이 중요한 증거가 대체 어떻기에 변호사들이 배심원들로 하여금 이를 오해하거나 무시하도록 유도할 수 있는 것인가? 왜 몇몇 법정에서는 이 증거를 아예 거부하는 극단으로 치닫고 있는가?

크게 세 가지의 잠재적인 문제점이 있다. 하나는 간단하고, 하나는 복잡하고, 하나는 어리석다. 어리석은 문제와 복잡한 문제는 나중에 다루기로 하고 우선 어떤 종류의 증거든 사람이 저지르는 실수라는 단순한—하지만 매우 중요한—가능성을 생각해야 한다. 실수 혹은 조작의 기회는 무수하게 많으므로 가능성이라 하는 것이 마땅하다. 실수로, 혹은 누군가에게 누명을 씌우기 위해 의도적으로 혈액 샘플을 잘못 표기할 수도 있다. 범행 현장에서 얻은 샘플이 실험실 기술자나 경찰관의 땀으로 오염될 수도 있다. 오염의 위험은 폴리머레이즈 연쇄반응Polymerase Chain Reaction(PCR)이라는 독창적인 증폭 기술을 사용하는 사건의 경우에 더 심각해진다.

왜 증폭이 필요한지는 쉽게 알 수 있다. 총 손잡이에 남은 미세한 땀자국에는 극소량의 소중한 DNA만이 있을 뿐이다. 민감한 DNA 분석을 수행하기 위해서는 최소량의 시료가 필요하다. 미국인 생화학자 캐리 멀리스가 1983년에 개발한 PCR

기술이 바로 확실한 해결책이다. PCR은 있는 극소량의 DNA를 갖고 서열이 맞는 곳이면 어디든 계속해서 수백만 번을 복제시킨다. 그러나 증폭은 언제나 목표물 외의 것도 마찬가지로 증폭시킨다. 기술자의 땀에서 흘러들어온 극소량의 DNA 조각들은 범행 현장에서 온 시료와 마찬가지로 증폭되어 불공정한 판단이 일어날 가능성을 남긴다.

그러나 인간의 실수는 DNA 증거에 국한되지 않는다. 모든 종류의 증거는 취급 소홀과 의도적인 조작의 위험에 노출되어 있기 때문에 조심스럽게 다뤄야 한다. 지문을 기록한 서류에 표기상의 오류가 발생할 수도 있다. 살인 흉기는 살인자 외의 무고한 사람이 만졌을 수도 있으므로 무죄를 증명하기 위해 그들의 지문도 채취해야 한다. 이미 법정에서는 실수를 범하지 않기 위해 가능한 한 모든 예방책을 동원하고 있지만, 그럼에도 가끔 비극적인 실수가 일어난다. DNA 증거는 인간의 부주의로부터 자유롭지 않지만 PCR은 실수를 증폭한다는 점을 제외하고는 특별히 취약하지는 않다. 모든 DNA 증거가 가끔 일어나는 실수 때문에 파기되어야 한다면 다른 모든 종류의 증거도 파기되어야 한다. 어떤 종류의 법적 증거물이든 인간의 실수에 효과적으로 대응하기 위한 작업 수칙과 철저한 예방책이 가능하다고 믿는 수밖에 없다. DNA 증거를 위협하는 더 복잡한 어려움에 대해서는 더 긴 설명이 필요하다. 이 점 역시 다른 일반적 증거물에 마찬가지로 적용됨에도 불구하고 법정에서는 이해되지 못하는 경우가 많다.

식별을 요하는 증거라면 어떤 종류든 통계학의 두 가지 오류 유형에 상응하는 두 가지의 가능성을 지닌다. 다른 곳에선 이들을 각각 오류 유형 1, 오류 유형 2라고 부르겠지만 편의상 긍정 오류, 그리고 부정 오류라 부르기로 하자. 실제로는 유죄인 용의자가 걸리지 않는 것은 부정 오류다. 무고한 사람이 운 나쁘게 의심을 사는 상황에 놓여 유죄 판결을 받는 것은 긍정 오류(사람들이 가장 위험한 오류라고 여길 만한)다. 일반적인 목격자 신원 확인의 경우에는 진짜 범죄자와 다소 비슷하게 생긴 죄 없는 주변인이 검거될 수 있다. 즉 긍정 오류를 범한다. 식별 행렬은 이러한 확률을 줄이도록 고안되었다. 불공정한 처사의 가능성은 줄에 선 사람들의 수에 반비례 한다. 또한 이 가능성은 앞서 언급한 방법(깨끗이 면도한 사람들 사이에 수염 난 용의자를 배치하는 등)들에 의해 높아질 수 있다.

DNA 증거의 경우 긍정 오류에 의해 유죄 판결이 일어날 위험은 이론적으로 매우 낮다. 용의자로부터 얻은 혈액 샘플 하나 그리고 범행 현장에서 얻은 샘플 하나가 있다. 이 두 샘플 속 유전자의 내용을 모두 적어서 비교할 수 있다면 잘못된 유죄 판결의 가능성은 이루 말할 수 없이 작다. 일란성 쌍둥이를 제외하고 어느 두 사람의 DNA가 일치할 확률은 0에 다름없다. 그러나 불행하게도 인간의 전체 유전자 서열을 갖고 일하기는 실질적으로 불가능하다. 인간 유전체 프로젝트가 완료된 후라도 매

범죄 사건마다 그런 노력을 기울인다는 것은 비현실적이다. 현실에서는 집단 내에 변이를 보이는 것으로 알려진 유전체의 작은 부분에 초점을 맞춘다. 그러니 우리의 걱정은 바로 그것이다. 전체 유전체가 사용된다면 식별 오류의 가능성을 안심하고 접어둘 수 있지만, 우리가 현실적으로 분석할 시간이 있는 DNA의 작은 부분에 한해서는 두 명이 동일한 결과를 보일 위험이 있다는 것이다.

이러한 일이 일어날 확률은 유전체의 모든 부위마다 측정될 수 있고, 그를 토대로 수용 가능한 위험인지 아닌지를 결정할 수 있다. 식별 행렬이 길수록 판결이 더 안전한 것처럼 DNA 조각이 많을수록 오류의 가능성이 적어진다. 여기서 중요한 차이점은 식별 행렬의 오류 가능성이 DNA와 동등한 정도로 낮으려면, 몇 십 명이 아니라 수천, 수백만, 심지어는 수십억 명이 있어야 한다는 것이다. 이런 양적인 차이를 제외한다면 DNA와 식별 행렬과의 비교는 적절하다. 앞서 언급한 수염 난 용의자와 면도한 사람들의 사례에 해당되는 것이 DNA에도 있다. 하지만 먼저 DNA 지문분석에 대한 기초를 좀 더 닦기로 하자.

우리는 용의자의 유전체와 시료 속의 유전체에서 동일한 부분을 채취한다. 이 특정한 유전체 부위는 집단 내에서 많은 변이를 보이기 때문에 선택된다. 다원주의자라면 변이를 보이지 않는 부분은 종종 생존에 중요한 역할을 하는 부분이라는 걸 알고 있다. 이 중요한 유전자에서 일어나는 변화의 상당량은 보유자의 죽음을 통해 집단에서 제거(다윈식 자연선택)될 가능성이 높다. 유전체의 다른 부분은 생존에 그다지 중요하지 않기 때문에 높은 변이를 보인다. 물론 유용한 유전자 중에서 많은 변이를 보이는 것도 있으므로 그리 간단하지는 않다. 변이의 원인에 대해서는 아직도 논란이 많은데, 본 주제에서 다소 벗어나는 얘기다. 하지만 때때로 벗어날 자유가 없다면 스트레스로 가득 찬 이 삶은 무엇이 되겠는가?

일본의 저명한 유전학자 모투 기무라와 관련된 '중립론자' 학파에 따르면 유용한 유전자는 여러 형태를 취함에도 동등하게 유용하다. 유용하지 않다는 뜻이 아니라 각 형태의 기능적 유용성이 동등하다는 의미이다. 유전자를 글로 적힌 요리법이라고 생각해 본다면 유전자의 여러 형태는 같은 말을 다른 서체로 쓴 셈이 된다. 의미도 같고 비법에 의해 나오는 결과물도 같을 것이다. 아무런 차이도 발생시키지 않는 이 유전적 변화, 즉 돌연변이는 자연선택의 '눈에 띄지' 않는다. 동물의 삶에 아무런 영향을 미치지 못하기에 제대로 된 돌연변이도 아니지만, 법과학자의 입장에서 보면 매우 유용하다. 결국 집단 내에서 이 좌위(유전자상의 위치)에 다양성이 존재하게 되고, 그것을 지문 분석에 이용할 수 있는 것이다.

기무라의 중립론과 반대되는 방식으로 유전자 형태의 다양성을 설명하는 또 다른 이론은 다른 형태의 유전자는 다른 결과를 야기하고 집단 내에 두 가지 모두 존재하는 데는 특별한 이유가 있다고 믿는다. 예를 들어 두 가지의 혈액 단백질인 α와 β가 있다고 하자. α 단백질은 α병에, β 단백질은 β병에 감염되는데, 둘은 서로의 병에 대해 면역성을 가진다. 일반적으로 전염성 질병은 집단 내에 최소한의 감염자 밀도를 넘어서야 퍼질 수 있다. α형이 우점 하는 집단에서는 α병이 자주 발병하고 β병은 일어나지 않는다. 그러면 자연선택은 α병에 면역이 된 β형을 선호하게 된다. 선택받은 β형은 이제 집단의 우점 형태가 된다. 그러면 이제 상황이 역전된다. β병이 발발하고 α병은 나타나지 않는 것이다. 자연선택은 이제 β병에 면역이 된 α형을 선호한다. 집단은 α 우점과 β 우점 사이를 계속 왕복하거나 일정한 비율로 섞인 '평형'을 이루게 된다. 어느 경우든 유전자 좌위에서의 다양성이 존재하게 되고, 이는 지문분석가들에게 반가운 사실이다. 이 현상을 '빈도의존적 선택'이라고 부르는데, 이는 집단 내의 높은 유전적 다양성에 대한 이론 중 하나이며, 이 밖의 다른 이론도 있다.

그러나 우리의 법학적인 목적 안에서는 유전체에 변이를 보이는 부분이 있다는 것으로 충분하다. 유용한 유전자의 다양성에 대한 논란이 어떻게 진행되든 유전체에는 한 번도 읽히지 않거나 단백질로 번역되지 않는 부분이 매우 많다. 놀랍게도 우리 유전자의 상당 부분은 아무런 역할도 하지 않는 것으로 보인다. 즉 이 부분은 얼마든지 형태가 다양해질 수 있고, 따라서 DNA 지문분석의 알맞은 대상이 된다.

DNA의 상당 부분에 아무런 기능이 없다는 것이 확인해 주듯이 생물마다 가지는 세포내 DNA의 절대량은 무척 다양하다. DNA 정보는 디지털이므로 컴퓨터상의 정보와 같은 방식으로 측정할 수 있다. 1비트의 정보는 '예/아니오'라는 판단을 담기에 충분하다. 1 또는 0, 진실 또는 거짓. 이 글을 쓰고 있는 나의 컴퓨터는 256메가비트(32메가바이트)의 핵심 메모리를 보유하고 있다. (내 첫 컴퓨터는 더 컸지만 메모리의 크기는 지금 것의 5,000분의 1이었다.) DNA의 기본적인 단위는 핵산 염기다. 네 가지 가능한 염기가 있으므로 각 염기의 정보량은 2비트와 같다. 일반 장 세균인 대장균 *Escherichia coli*은 4메가염기 또는 8메가비트로 된 유전체를 갖고 있다. 빗영원 *Triturus cristatus*이라는 도룡뇽은 4만 메가비트를 갖고 있다. 도룡뇽과 박테리아 사이에서 생기는 5,000배라는 차이는 내 첫 컴퓨터와 지금 컴퓨터의 차이와 같다. 우리 인간은 3,000메가염기 또는 6,000메가바이트를 가진다. 이 수치는 박테리아의 750배(우리의 허영을 만족시키기에 알맞다)지만, 도룡뇽이 우리를 여섯 배 차이로 따돌리는 것은 어찌해야 할 것인가? 아마 우리는 유전체의 크기와 그 기능이 엄격히 비례하는 건 아니라고 생각하고 싶을 것이다. 추측컨대 도룡뇽 DNA의 꽤 많은 부분이 아무 쓸모도 없으리라는 것이다. 그것은 사실이다. 우리 DNA에서도 사실이다. 여러 증거를 토대로 우리는 3,000메가염기의 인간 유전체 중 고작 2퍼센트만이 실제로 단백질 합성에 쓰인다는 것을 알고 있다. 나머지는 흔히 쓰레기 DNAJunk DNA라 부른다. 빗영원은 쓰레기 DNA의 양이 훨씬 많은 모양이다. 사정은 도롱뇽 종류마다 다르다.

사용하지 않는 DNA의 추가분은 여러 가지 종류로 구분된다. 일부는 진짜 유전 정보처럼 보이지만 아마 무척 오래되어 더 이상 작동하지 않는 유전자이거나 아직 사용되고 있는 철 지난 복제품이다. 이런 가짜 유전자를 읽고 단백질로 번역한다면 무언가가 나올지 모른다. 하지만 그런 일은 일어나지 않는다. 컴퓨터의 하드디스크도 비슷한 쓰레기로 차 있다. 진행 중인 작업의 복사본, 중간 작업을 위해 컴퓨터가 사용하는 임시 공간 같은 것들이다. 컴퓨터는 우리가 알 필요가 있는 디스크의 일부만을 보여 주기 때문에 사용자들은 쓰레기를 보지 못한다. 하지만 작정하고 디스크의 정보를 바이트 단위로 하나하나 뜯어 본다면 이 쓰레기를 보고 나름대로의 맥락을 파악할 수 있을 것이다. 지금도 컴퓨터는 비록 한 개의 '공식적인' 원본만을 보여 주지만(그리고 성실한 백업본도) 나의 하드디스크에는 이 장의 분절된 조각들이 여기저기 흩어져 있을 것이다.

읽을 수는 있되 읽지 않는 쓰레기 DNA와 더불어 읽지도 않고 읽더라도 아무 의미 없는 쓰레기 DNA도 많다. 하나 혹은 두 개의 염기 또는 다소 복잡한 서열이 계속해서 반복되는 다량의 엉터리 정보가 그것이다. 여타 종류의 쓰레기 DNA와는 달리 이런 '직렬반복tandem repeats'은 과거에는 유용했지만 지금은 폐기된 유전자로 볼 수밖에 없다. 이 반복적인 DNA는 아마 번역된 적도 없고, 아무런 용도도 없었을 것이다. (즉 동물의 생존에 전혀 기여하지 않는다는 것이다. 다른 저서에서 설명했듯이, 이기적 유전자의 관점에선 쓰레기 DNA라도 살아남아 자신의 복제품을 남긴다면, 그 자신에게는 '유용'하다. 이 생각은 '이기적 유전자'라는 캐치프레이즈로 알려졌는데, 사실 기능을 하는 DNA도 이기적이기 때문에 오해의 소지가 있다. 그래서 이 반복적인 DNA를 '초이기적Ultraselfish DNA'라 한다.)

이유가 무엇이든 쓰레기 DNA는 존재하고, 또 다량으로 존재한다. 그것들은 사용되지 않기 때문에 변화의 압력에 노출되어 있다. 이미 본 것처럼 유용한 유전자는 변화의 자유로부터 엄격히 구속되어 있다. 대부분의 변화(돌연변이)는 유전자의 작용을 저해하기 때문에 돌연변이 동물이 죽은 뒤 그 변화는 후대에 전해지지 않는다. 이것이 바로 다윈의 자연선택론의 핵심이다. 그러나 쓰레기 DNA의 돌연변이(주로 어느 특정한 부분의 반복 횟수의 변화)는 자연선택의 눈을 피한다. 그래서 인구 집단을 살펴보면, 지문분석에 유용한 다양성은 이 쓰레기 부위에 많음을 알 수 있다. 지금부터 살펴보겠지만, 유전자의 직렬반복은 단순한 반복 횟수의 변화를 보이고, 전반적으로 측정이 용이하기 때문에 매우 유용하다.

만일 직렬반복이 없었다면 범죄 유전학자는 샘플 부위의 염기서열을 하나하나 살펴야 할 것이다. 가능한 작업이긴 하나

DNA 서열 분석은 많은 시간을 요한다. DNA 지문분석의 아버지인 레스터 대학교의 알렉 제프리스(지금은 작위를 받아 알렉 경으로 불러야 한다)가 발견한 대로 직렬반복은 우리에게 절묘한 지름길을 제공한다. 사람들은 부위별로 다른 횟수의 직렬반복 서열을 지닌다. 내게 어떤 무의미한 서열이 147회 반복해서 나타난다면, 당신에게는 같은 부위에 84회 반복이 나타날지 모른다. 다른 부위에서는 내가 24회, 당신은 38회의 무의미한 반복을 보일 수 있다. 우리는 모두 이런 고유한 숫자로 이루어진 자신만의 DNA 지문을 갖고 있다. 숫자는 유전체의 무의미한 서열이 몇 번 반복되었는지를 의미한다.

우리의 직렬반복 서열은 부모님으로부터 온다. 우리는 모두 46개의 염색체를 갖고 있는데, 23개를 아버지로부터, 23개의 상동 혹은 상응하는 염색체를 어머니로부터 얻는다. 이 염색체들은 직렬반복을 포함한 완전한 상태로 전달된다. 당신의 아버지는 자신의 염색체 46개를 당신의 친조부모로부터 받았지만 그것을 당신에게 전부 전달하지는 않는다. 아버지의 몸 안에서는 자신의 모계 염색체와 부계 염색체가 나란히 배치되고 약간의 교환을 겪은 뒤 당신을 만든 정자 안에 넣어졌다. 모든 정자와 난자는 모계와 부계 염색체의 다른 조합이기 때문에 각각 고유하다. 조합은 염색체의 기능적인 부분뿐 아니라 직렬반복 부위에도 적용된다. 그래서 직렬반복의 횟수는 눈동자 색깔이나 머리카락의 곱슬거림 정도처럼 유전된다. 차이점이라면 눈동자 색깔이 부계와 모계 유전자가 만든 일종의 합작품이라면, 직렬반복의 횟수는 염색체 자체의 특성이므로 부계나 모계 염색체와 별도로 측정될 수 있다는 것이다. 모든 직렬반복은 부계의 반복 횟수와 모계의 반복 횟수라는 두 가지 성분으로 구성된다. 염색체의 직렬반복 횟수는 종종 돌연변이(임의적인 변화)를 일으킨다. 또는 직렬 부위가 염색체 교차로 인해 나뉠 수도 있다. 집단 내에서 직렬반복 횟수의 다양성이 존재하는 것은 바로 이러한 이유 때문이다. 직렬반복 횟수의 아름다움은 측정이 용이하다는 데 있다. 복잡한 DNA 서열 암호 속에 파묻히지 않되 마치 무게를 달아 보는 것과 유사한 작업을 하는 셈이다. 더 적확한 비유를 들자면, 프리즘을 통과시키는 색의 띠처럼 펼쳐보는 것이다. 실제로 이것이 가능한 한 가지 방식을 소개한다.

우선 준비하는 과정이 필요하다. 알아보고자 하는 무의미한 서열과 정확하게 상보적인 짧은 DNA 조각(약 20염기 정도의 길이), 즉 DNA 프로브probe를 만든다. 오늘날 이 정도는 어렵지 않은 작업이며, 여기에는 다양한 방법이 존재한다. 종이에 글자를 찍는 자판처럼 짧은 DNA 조각을 원하는 대로 만드는 기계를 구입할 수 있다. DNA를 만드는 기계에 방사성 재료 물질을 넣어 프로브가 방사성을 띠게 하는데, 이를 '레이블링labeling'이라 한다. 자연 상태의 DNA는 방사능을 띠지 않기 때문에 프로브와 쉽게 구분할 수 있다.

방사능 프로브는 이 분야에서 그야말로 기본적인 도구에 해당한다. 또 하나의 필수적인 도구는 '제한효소restriction enzyme'이다. 제한효소는 DNA를 자르는 전문적인 화학적 도구로, DNA의 특정한 부위만을 골라 자른다. 예를 들어 어떤 제한효소는 GAATTC(G, C, T, A는 DNA 알파벳을 구성하는 네 개의 글자로, 지구상 모든 종의 모든 유전자는 단지 이 네 가지 글자의 배열이 다를 뿐이다)라는 특정 서열을 만날 때까지 염색체를 탐색한다. 또 어떤 제한효소는 GCGGCCGC 서열만을 자른다. 분자생물학자의 공구함에는 여러 제한효소들이 들어 있다. 제한효소는 원래 박테리아가 방어를 목적으로 갖고 있는 것이다. 각 제한효소는 그만의 특정 탐지 부위를 갖고 있으며, 이를 정확하게 찾아가 자른다.

문제는 제한효소를 골라야 하는데 직렬반복에는 그 제한효소를 탐지하는 부위가 전혀 없다는 것이다. 제한효소의 특정 탐지 부위에서 DNA 전체는 작은 조각으로 잘린다. 모든 잘린 조각마다 우리가 찾는 직렬반복이 있을 리는 없다. 제한효소라는 가위가 자르는 그 특정 부위에 따라 다양한 길이의 DNA 조각들이 생길 뿐이다. 그중 어떤 조각에는 분명 직렬반복이 포함될 텐데, 그 조각의 길이는 대부분 바로 이 직렬반복의 양에 따라 결정될 것이다. 내 안에 147회 반복되는 무의미한 DNA 조각이 있는데 당신의 경우 그 조각이 83회만 반복된다면, 잘린 내 DNA 조각이 더 길 것이다.

분자생물학에서 그동안 자주 사용되어 온 기술을 이용하면 조각의 길이를 잴 수 있다. 뉴턴이 프리즘을 이용하여 백색의 빛을 펼쳐 보인 것과 유사한 방법이다. 표준 DNA '프리즘'은 전기영동 장치인데, 이것은 긴 통을 젤리로 채우고 전기를 통하게 한 장치이다. 잘린 DNA 조각이 든 용액을 통의 한쪽 끝에 붓는다. DNA 조각은 모두 통의 반대쪽 +전극에 끌려 젤리 속을 천천히 이동한다. 그러나 전부 같은 속도로 움직이지는 않는다. 저주파의 빛이 유리를 통과할 때처럼 작은 DNA 조각은 큰 조각보다 빨리 움직인다. 유리 안에서 스펙트럼상의 푸른빛의 속도가 붉은빛보다 느린 것처럼 시간이 지난 후 전원을 끄면 조각들이 줄지어 이동한 모습을 볼 수 있다.

하지만 이렇게 해서는 조각을 볼 수 없다. 젤리 덩어리는 어디나 똑같아 보인다. 길이에 따라 DNA조각이 이동한 곳이 어디인지, 어디에 직렬반복 부위가 있는지 알 수 없다. 이 때 방사능 프로브가 필요하다.

조각을 보이게 하기 위한 방법은 발명자인 에드워드 서던의 이름을 딴 서던 블롯Southern blot 기술이라 불린다. (이 외에도 노던과 웨스턴 기술이 있는데, 실제로 노던 씨나 웨스턴 씨가 있었던 게 아니기 때문에 다소 혼란스러운 면이 있다.) 우선 젤리 덩어리를 떼어내 압지 위에 놓는다. DNA 조각이 들어 있는 젤리 속의 액체는 압지에 스며든다. 압지는 미리 원하는 직렬반복의 서열에 맞는 방사능 프로브로 가득 채워져 있다. 압지 위에서 프로브 분자들은 일반 DNA 법칙에 따라 직렬반복 부위와 결합한다.

남는 프로브는 씻어 낸다. 압지에 남은 방사능 프로브는 모두 젤리에서 흘러나온 DNA와 상보적으로 결합한 것들이다. 압지를 엑스레이 필름 위에 놓고 방사능을 포착한다. 그 후 필름을 현상하면 검은 색 줄무늬, 즉 또 하나의 바코드를 볼 수 있다. 프라운호퍼 선이 별의 지문이 되고, 포먼트 선이 모음의 지문이 되듯이, 서던 블롯으로 읽는 바코드 무늬는 누군가의 지문이 된다. 실제로 혈액 속의 바코드는 프라운호퍼나 포먼트 선과 그 형태가 매우 유사하다.

    DNA 지문분석 기술의 자세한 사항은 매우 복잡하므로 깊게 다루지 않겠다. 예를 들어, 한 가지 방법은 여러 프로브를 동시에 DNA에 뿌리는 것이다. 그러면 여러 바코드 무늬가 섞인 결과가 나타난다. 어떤 경우에는 조각들이 전부 엉켜 유전체 전체에서 온 여러 크기의 DNA 조각들이 뭉쳐진 큰 덩어리가 나타난다. 이는 식별에 사용될 수 없다. 다른 경우에서는 단 한 개의 유전자 좌위locus를 찾기 위해 프로브를 하나만 사용한다. 이러한 '단-좌위 지문분석single-locus fingerprinting'은 프라운호퍼의 선처럼 깨끗한 줄무늬를 보여 준다. 그러나 사람 한 명 당 하나 혹은 두 개의 줄만 나타난다. 그럼에도 사람을 혼돈할 확률은 낮다. 왜냐하면 여기서 말하는 특징은 갈색 눈이나 푸른색 눈처럼 여러 사람이 공유하는 것이 아니기 때문이다. 분석하려는 특징은 직렬반복 조각의 길이임을 떠올릴 필요가 있다. 존재할 수 있는 길이는 매우 다양하기 때문에 단-좌위 지문분석 기술도 식별용으로 쓰이는 데는 무리가 없다. 그러나 만족스러울 정도로 충분하지는 않기에 보통 DNA 지문분석용으로는 약 대여섯 개의 프로브가 사용된다. 이렇게 하면 오류의 가능성이 현저히 줄어든다. 하지만 사람들의 생명과 자유가 달린 문제인 만큼 오류의 가능성이 정확히 얼마나 낮은지는 검토가 필요하다.

우선 긍정 오류와 부정 오류의 구분으로 되돌아가자. DNA 증거는 결백한 용의자의 무죄를 증명하거나 실제 범죄자를 지목하는 데 쓰일 수 있다. 강간 피해자의 질에서 정액이 채취되었다고 하자. 정황적 증거에 따라 경찰은 용의자 A를 체포한다. 용의자 A는 혈액 샘플을 제공하고, 이것은 하나의 직렬반복 좌위를 탐지하는 하나의 DNA 프로브를 이용하여 정액 샘플과 비교된다. 두 개가 다르면 용의자 A는 석방된다. 다른 좌위를 조사할 필요도 없다.

그러나 만약 용의자 A의 혈액이 이 좌위에서 정액 샘플과 일치하면 어떻게 되는가? 예를 들어 둘이 P무늬라고 부르는 바코드 무늬를 공유한다고 하자. 이 결과는 용의자가 유죄일 가능성을 제공하지만, 유죄를 증명하지는 못한다. 용의자는 진짜 강간범과 P무늬를 우연히 공유할 수도 있다. 그렇다면 다른 좌위를 조사해야 한다. 여전히 일치하는 결과가 나온다면 그것이 우연의 결과가 아닐 확률(긍정 오류의 오류)은 얼마나 되겠는가? 여기서 우리는 집단 전체를 통계적으로 생각해야 한다. 이론적으로 집단 내 몇 명의 남성으로부터 혈액 샘플을 얻느냐에 따라 특정 좌위에서 어느 두 명의 남자가 일치할 확률을 계산할 수 있다. 하지만 정확히 집단의 어디에서 샘플을 취할 것인가?

수염을 기른 한 명의 남자가 말끔히 면도한 남자 여러 명 속에 서는 구식 식별 행렬을 기억하는가? 이 상황에 해당하는 분자생물학적 상황은 다음과 같다. 전 세계에서 P무늬를 가진 사람이 100만 명 중 한 명꼴이라고 하자. 이는 용의자 A의 유죄 여부를 오판할 확률이 100만 분의 1이라는 의미인가? 아니다. 용의자 A는 조상이 다른 나라에서 이민온 소수 집단의 일원일 수 있다. 지역 집단은 종종 공동 조상을 가진다는 단순한 이유로 같은 유전적 특징을 공유한다. 250만 명의 아프리카너들, 즉 남아프리카에 살고 있는 네덜란드계 백인들의 대부분은 1652년에 네덜란드에서 출발한 한 척의 이민선에 승선했던 사람들이다. 이 유전적 병목 현상의 영향을 보여 주는 또 다른 증거는 지금까지도 약 100만 명이 초기 정착자의 성 20개를 그대로 사용하고 있다는 사실이다. 이 아프리카너들은 전 세계 인구와 비교할 때 특정 유전병의 빈도가 매우 높게 나타난다. 한 추정치에 따르면, 약 8,000명(300명 중 1명 꼴)이 세계적으로 희귀한 혈액 증상인 반문상 포르피리아 *porphyria variegata*를 보인다. 이는 함께 배에 탔던 어느 부부, 게릿 얀즈와 아리안 제이콥스로부터 유래했기 때문으로 보인다. 둘 중 누가 이 증상을 야기하는 유전자형(우성형)을 가졌는지는 알 수 없다(그녀는 정착민들의 아내가 될 목적으로 배에 오른 로테르담 고아원의 여자아이 8명 중 하나였다). 사실 이 증상은 현대 의학이 발전되기 전에는 발견되지도 않았는데, 그 이유는 현대의 일부 임상용 마취제에만 치명적인 반응을 보이는 것이 대표적인 특징이기 때문이다(남아프리카의 병원에서는 이제 마취제를 쓰기 전에 이 확인 작업을 거치도록 하고 있다). 다른 집단에서도 같은 이유로 인해 특정 유전자가 국지적으로 높은 빈도를 보인다. 다시 우리의 가상적 상황으로 돌아오자. 용의자 A와 진짜 범인 둘 다 소수 집단에 속한다면, 우연에 의해 사람을 혼동할 확률은 전체 인구 집단을 두고 산정한 확률보다 상당히 높을 수 있다. 요컨대 집단 전체에 있어서 P무늬의 빈도는 더 이상 중요하지 않다는 것이다. 먼저 용의자가 속한 집단의 P무늬 빈도를 알아야만 한다.

새로운 얘기는 아니다. 우리는 이미 일반적인 식별 행렬에도 마찬가지로 존재하는 이러한 위험성을 살펴보았다. 주된 용의자가 중국인이라면 대부분 서양인으로 구성된 줄에 세워서는 안 된다. 또한 용의자뿐 아니라 훔친 물건을 식별할 때도 집단에 관한 같은 종류의 통계적 사고가 필요하다. 나는 이미 옥스퍼드 법원에서 수행했던 배심원의 임무에 대해 이야기했다. 내가 참여했던 세 개의 사건 중 하나는 어떤 남자가 자신과 경쟁 관계에 있는 고전학자의 동전 세 개를 훔친 혐의를 받고 있는 것이었다. 피고는 분실된 동전 세 개와 같은 동전을 소유한 채 체포되었다. 원고측 변호사는 아주 달변이었다.

배심원 여러분. 분실된 세 개의 동전과 정확히 같은 종류의 동전이 그저 우연히 경쟁 관계에 있는 수집가의 집에서 발견되었다는 이야기를 믿어야 한단 말입니까? 그만한 우연의 일치는 그야말로 받아들이기 힘들다는 점을 말씀드립니다.

배심원은 반대심문을 하지 못하게 되어 있다. 그것이 의뢰인을 위한 피고측 변호사의 임무다. 비록 그는 달변에다 법학에 조예가 깊었지만 검사처럼 확률 이론에 관해 잘 알지는 못했다. 이렇게 말했다면 좋았을 것이다.

존경하는 재판관님, 우리는 이 우연의 일치가 받아들이기 힘든 것인지 아닌지 알 수 없습니다. 원고측 변호사께서 세 개의 동전이 집단 전체에서 어느 정도로 희귀하거나 흔한지에 대해서는 아무런 증거도 제시하지 않았기 때문입니다. 만약 이 동전들이 워낙 귀해서 이중 하나라도 전국의 수집가 100명 중 단 한 명만이 소유하는 정도라면, 피고가 세 개 모두를 갖고 있었으므로 원고의 주장이 타당합니다. 그러나 반대로 만약 이 동전들이 먼지처럼 흔해 빠졌다면 유죄를 인정하기에는 증거가 불충분합니다. (더 극단적으로 표현하면, 지금 제 주머니 속에 있는 동전 세 개는 재판관님의 주머니 속에 있는 것과 동일한 것입니다.)

문제는 법정에 있던 법학 전문가 그 누구도 이 동전들이 전체 집단에서 얼마나 귀한지 물어볼 생각도 하지 않았다는 점이다. 변호사들은 분명히 머리가 좋지만('청구서를 작성하는 데 든 시간'이라는 항목이 든 변호사 청구서를 받은 적도 있다.) 아마 확률 이론은 전혀 별개인가 보다.

난 동전들이 실제로 희귀했을 것이라 생각한다. 아니면 도난이 큰 문제가 안 되었을 것이고, 고소도 일어나지 않았을 것이다. 하지만 배심원에게는 모든 것이 정확히 전달돼야 한다. 당시 배심원실에서 이 질문이 제기되어 법정에서 재확인을 했던 기억이 난다. 이와 같은 질문은 DNA 증거의 경우에도 마찬가지로 해당되며, 이미 충분히 지적했다. 다행히도 충분히 많은 유전자 좌위가 조사된다면 가족(일란성 쌍둥이 제외)이나 소수 집단의 구성원 사이에서 일어날 오류의 가능성이 목격자 증거를 포함한 기타의 식별 방법보다 크게 낮아진다.

오류 가능성이 매우 낮은 건 분명하지만 얼마나 낮은지는 아직 확실치 않다. 여기서 DNA 증거에 반대하는 세 번째 부류, 즉 어리석은 종류에 도달하게 된다. 변호사들은 증인으로 나선 전문가들이 어떤 사안에 관해 이견을 가지는 것을 파고들기 좋아한다. 두 명의 유전학자를 증언대로 불러 DNA 증거로 인한 신원 확인의 오류 가능성을 물어보면 한 명은 100만 분의 1이라 할 것이고 다른 한 명은 10만 분의 1이라고 할 것이다. 변호사는 놓치지 않고 이를 파고든다. "보십시오, 보십시오! 전문가들도 의견 일치가 안 됩니다! 배심원 여러분, 전문가들도 열 배의 오차 범위 안에서 합의하지 못하는 그런 과학에 우리가 믿음을 가질 수 있습니까? 가장 옳은 판단은 이 증거 전체를 기각하는 것입니다."

유전학자에 따라 소인종집단 효과와 같은 불가량물不可量物에 대해 다른 가중치를 부과하겠지만, 위의 경우에서 의견의 불일치는 식별 오류의 가능성이 엄청난 천문학적인 수치인지, 아니면 그냥 천문학적인 수치인지에 불과하다. 오류 가능성은 보통 1,000분의 1보다 작지 않지만 몇십억 분의 1까지 이를 수도 있다. 가장 불리하게 계산하더라도 오류 가능성은 일반 피의자 식별 행렬에 비해 턱없이 낮다. "재판장님, 20명만으로 된 행렬은 제 의뢰인에게 터무니없이 불리합니다. 적어도 100만 명의 행렬을 요구하는 바입니다!"

통계 전문가들에게 20명으로 된 일반 식별 행렬에서 일어날 오류 가능성에 대해 물어보면 역시 그들도 이견을 보일 것이다. 어떤 이는 단순히 20분의 1이라고 할 것이다. 좀 더 조사해 본 뒤에는 용의자의 특징과 나머지 사람들의 관계에 따라 가능성이 20분의 1보다 다소 높을 수 있다는 데 동의할 것이다(수염을 기른 남자에 대한 얘기가 이것이다). 그러나 통계 전문가 모두가 동의할 한 가지는 순전히 우연에 의한 식별 오류의 가능성이 아무리 적어도 20분의 1은 넘는다는 사실이다. 그럼에도 변호사와 판사들은 용의자를 단 20명 사이에 세우는 데 아무 불만이 없다.

《인디펜던트》1992년 12월 12일 판은 런던의 중앙 형사 재판소인 올드 베일리에서 벌어진 DNA 증거 기각 판결을 보도하면서 앞으로 불어닥칠 항소 파동을 예견했다. 애기인즉 현재 DNA 신원 확인 증거로 감옥살이를 하고 있는 사람들이 모두 이 판례를 바탕으로 항소하리라는 것이다. 하지만 파동은 《인디펜던트》가 예상하는 것 이상일지도 모른다. DNA 증거의 기각이 어떤 선례가 된다면, 사실상 오류 가능성이 1,000분의 1보다 높은 모든 사건이 번복될 수 있다는 뜻이기 때문이다. 목격자가 범인을 '봤다'고 진술하고 식별 행렬에서 그를 지목하면 변호사와 배심원은 만족한다. 그러나 인간의 눈에 의한 오류 가능성은 DNA 지문분석보다 훨씬 높다. 판례를 진지하게 받아들이면, 실형을 받은 자는 모두 신원확인 오류를 이유로 항소할 좋은 근거를 얻은 셈인 것이다. 10명이 넘는 목격자가 현장에서 연기 나는 총을 든 용의자를 보았다고 진술해도 오류 가능성은 100만 분의 1보다 높다.

최근에 미국에서 벌어진 어느 유명한 판례는 배심원들이 DNA 증거를 심히 혼동했던 사건으로 확률 이론에 대한 몰이해의 예로 악명이 높다. 평소 아내를 폭행하던 피고는 결국 그녀를 살해한 혐의를 받았다. 우수한 변호인단의 일원이었던 어느 하버드 대학교 법학과 교수는 다음과 같은 논리를 폈다. 통계에 따르면 아내를 폭행하는 남성 중 살인까지 감행하는 빈도는 1,000명 중 1명꼴이라는 것이었다. 그렇다면 배심원이 내리게 될 자연스러운 결론은(사실상 유도된 결론은) 피고인의 폭행은 살인사건과 무관하다는 것일 것이다. 아내를 폭행하는 자가 아내를 죽이는 자로 변할 가능성이 매우 낮음을 통계 자료가 보여 주고 있지 않은가? 그렇지 않다. 통계학 교수인 I. J. 굿 박사는《네이처》1995년 6월자에 이 오류를 폭로하는 글을 썼다. 피고측 변호사의 논리는 아내를 살인하는 사례가 아내를 폭행하는 사례보다 훨씬 덜 일어나는 현상이라는 사실을 간과했다. 굿은 남편한테 폭행당하고 또한 누군가에게 살해당한 소수의 여자들 중에서 살인자가 남편일 가능성이 높다는 사실을 보여 주었다. 이것이 확률을 계산하는 올바른 방법이다. 왜냐하면 이 사건의 불행한 아내는 남편에게 폭행당한 뒤 살해까지 당했기 때문이다.

변호사, 판사, 검시관에게도 확률 이론을 잘 이해하는 것이 이로울 수 있다. 그런데 어떤 경우는 잘 알면서도 모르는 척하고 있다는 인상을 받을 때가 있다. 위의 예에도 적용되는지는 잘 모르겠다. 런던《스펙테이터》의 신랄한 의학 재담꾼으로 알려진 시어도어 댈림플 박사가 1995년 1월 7일 법정에 전문가 증인으로 출석했던 다음의 사건은 그런 의혹이 들게 한다.

어떤 부유하고 성공한 남자가 알약 200개를 럼주 한 병과 함께 들이켰다. 검시관은 내게 그가 우연히 그만큼을 마셨다고 생각하는지 물었다. 낭랑하고 자신에 찬 목소리로 "아니오"라는 대답을 하려는 찰나에 검시관은 자신의 질문을 다시 한번 분명히 했다. 우연히 복용했을 가능성이 행여 100만 분의 1이라도 있습니까? "글쎄요, 아마 있다고 봐야겠죠"라고 나는 대답했다. 검시관(그리고 남자의 가족)은 안도하였고 평결은 공개되었다. 가족은 75만 파운드만큼 재산이 늘어났고, 보험 회사는 같은 액수만큼 가난해졌다.

DNA 지문분석의 힘은 사람들이 무서워하는 과학의 강력한 힘의 한 사례이다. 너무 많은 것을 주장하거나 너무 서두름으로써 그 두려움을 악화시키지 않는 것이 중요하다. 다소 전문적인 내용은 이제 접어두고 우리가 속한 사회로 돌아와 모두가 함께 내려야 할 어떤 중요하고 어려운 결정에 대한 얘기로 본 장을 끝맺고자 한다. 나는 보통 시사적인 얘기는 금세 뒤쳐질 것을 우려해, 그리고 지역적인 얘기는 편협해지는 것을 우려해 가능한 한 다루지 않는 편이다. 그러나 국가 DNA 데이터베이스에 대한 논의는 많은 나라에서 여러 방식으로 거론되고 있는 만큼 앞으로 더욱더 중요해질 주제이다.

이론적으로는 전국의 모든 남녀 아이의 DNA 서열에 대한 국가적 데이터베이스를 만드는 것이 가능하다. 그러면 범죄 현장에서 혈액, 정액, 타액, 피부 혹은 머리카락 샘플이 발견될 때마다 경찰이 DNA 비교를 위해 애써 용의자를 찾을 필요가 없다. 국가 데이터베이스에서 검색하면 된다. 이러한 제안은 그 제안만으로 폭발적인 항의를 불러일으킬 것이다. 인권 침해의 최극단이며 경찰국가에 성큼 다가서는 커다란 발자국이 아닌가. 나는 사람들이 이런 종류의 제안에 왜 이렇게 저절로 강력하게 반발하는지 늘 의아스럽다. 감정을 배제한 채 사안을 살펴보면, 결론적으로 나도 반대의 입장이다. 그러나 장점과 단점을 제대로 보지 않고서 비난할 것은 분명 아니다. 그렇다면 그 장단점을 검토해 보자.

정보가 범죄자 검거에만 쓰이는 것이 보장된다면 범죄자가 아닌 사람이 반대할 이유는 없다. 물론 시민의 자유를 주장하는 수많은 운동가들은 여전히 반대할 것이다. 그러나 범죄자들이 안전하게 범행을 저지를 권리를 보장하려는 것이 아니라면 도저히 이해할 수 없다. 또한 일반적인 지문 도장 국가 데이터베이스를 만드는 것에 반대하는 합당한 이유도 없다(지문은 DNA와 달리 컴퓨터 자동 검색이 어렵다는 기술적인 이유를 제외하고 말이다). 범죄는 범죄자 자신을 제외한 모두의 삶의 질을 저하시키는 중대한 문제이다(사실 범죄자의 삶도 마찬가지일 수 있다. 도둑의 집이 도둑질당하지 말라는 법은 없다). 국가 DNA 데이터베이스가 경찰이 범인을 잡는 데 큰 도움을 준다면, 반대 의견은 이런 장점을 능가할 만한 이유가 있어야 한다.

우선 한 가지 중요한 사항부터 살펴보자. 경찰이 DNA 검색 결과를 다른 증거를 토대로 지목한 어떤 용의자와 대조하는 일과 샘플이 일치한다는 이유로 전국 어디서나 사람을 검거하는 일은 전혀 다르다. 예를 들어 무고한 사람의 혈액이 현장의 정액 샘플과 우연히 일치할 확률이 낮다면, 그 무고한 사람이 다른 증거를 토대로 의심받을 확률은 더욱 낮다. 그러므로 단순히 데이터베이스 검색 결과에 따라 샘플이 맞는 한 명을 체포하는 시스템은 우선 다른 증거를 토대로 용의자를 지목하는 시스템보다 훨씬 위험하다. 에든버러의 범죄 현장에서 나온 샘플이 우연히 내 DNA와 일치한다고 해서 경찰이 다른 증거도 전혀 없이 옥스퍼드로 들이닥쳐 나를 연행해도 된다는 말인가? 물론 아니다. 하지만 경찰이 수배자의 그림이나 목격자의 스냅 사진을 신문에 실어 전국적으로 그 인물을 '본' 사람이 연락하도록 하는 것은 그 대상이 얼굴일 뿐 비슷한 행동을 하는 격이라는 점을 나는 지적하고 싶다. 얼굴에 의한 신원 확인을 다른 어떤 방법보다 우위에 두는 우리의 본능적 경향에 다시 한번 주의해야 한다.

 범죄 외에도, 국가 DNA 데이터베이스의 정보가 잘못된 사람의 수중에 들어가는 진정한 위험이 있다. 범죄자 검거가 아닌 다른 목적, 예를 들어 의료보험이나 공갈협박과 연관해서 정보를 사용하는 사람 말이다. 범행 의도가 전혀 없는 사람들도 자신의 DNA 프로필이 알려지지 않기를 바라는 데는 그만한 이유가 있으며, 그들의 프라이버시는 지켜져야 한다. 예를 들어 자신이 아이의 친아버지라고 여기는 남자들, 아버지가 친아버지라고 믿는 아이들의 프라이버시는 보호되어야 한다. 국가

DNA 데이터베이스의 정보가 누설되어 진실이 밝혀지면 깊은 감정적 상처, 결혼 파탄, 신경쇠약, 공갈협박, 또 그밖의 불미스러운 일들이 발생할 수 있다. 어떤 고통을 감내하더라도 진실은 언제나 밝혀져야 한다고 생각하는 이도 있겠지만, 모든 가족 관계의 진실이 무더기로 폭로된다고 해서 인간의 행복이 증대하는 것은 아니라는 주장이 훨씬 설득력이 있다.

다음에는 의료나 보험과 관련된 문제가 있다. 생명보험 사업은 전적으로 누가 언제 죽을지 정확히 예측할 수 없다는 점에 기반하고 있다. "인간의 삶은 매우 불분명하다. 생명보험회사의 지급 능력보다 더 확실한 것은 없다." 아서 에딩턴 경의 말이다. 우리는 모두 보험료를 낸다. 예상보다 늦게 죽는 사람들은 예상보다 일찍 죽는 사람들(그들의 상속인들)을 보조한다. 보험회사들은 이미 통계적인 추측을 통해 위험 부담이 큰 고객에게 더 높은 보험료를 부과하고 있다. 그들은 의사를 보내 우리의 심장 소리를 듣고, 혈압을 재고, 흡연과 음주 습관을 조사한다. 보험 회계사가 우리가 언제 죽을지 안다면, 생명보험 가입 자체가 불가능할 것이다. 국가 DNA 데이터베이스가 보험 회계사의 손에 들어간다면 이런 불행한 결과가 일어날 가능성은 한층 커질 것이다. 극단적인 경우에는 보험의 대상이 될 수 있는 사망 원인이 순수한 사고 외에는 없는 사태로 치달을 수 있다.

또한 구직자를 뽑는 사람이 만인이 원하지 않는 방식으로 DNA 정보를 이용할 수도 있다. 어떤 고용주는 이미 필적학(글씨체로 성격이나 자세를 분석하는 것)과 같은 미심쩍은 방법을 이용하고 있다. 필적학과는 달리 DNA 정보는 능력을 평가하는 데 아주 유용하다고 할 만한 좋은 이유가 있다. 그렇더라도 선발하는 사람이 DNA 정보를 적어도 비밀스럽게 이용한다면 나 역시 불쾌해 할 여러 사람 중 하나일 것이다.

어떤 종류의 국가 데이터베이스든 거기에 가해지는 비판은 "그게 히틀러의 손에 들어가면 어떡하냐?"는 식의 비판이다. 표면적으로만 볼 때는, 사악한 정권이 사람들의 사실 정보로 구성된 데이터베이스로부터 어떤 이득을 볼지 분명치 않다. 가짜 정보를 얼마든지 활용하는 그들이 왜 구태여 진짜 정보를 사용할지 의문을 제기할 만도 하다. 그러나 히틀러의 경우에는 유태인이나 기타 민족에 대해 벌인 정책에서 관련되는 점이 있긴 하다. DNA로 유태인을 판별할 수는 없지만, 예컨대 중앙 유럽과 같은 특정 지역의 조상을 갖는 사람을 특징짓는 특정 유전자가 있으며, 특정 유전자를 가질 확률과 유태인일 확률 사이에 통계학적 관계가 존재한다. 만약 히틀러 정권이 국가 DNA 데이터베이스를 손아귀에 넣었다면, 이를 남용할 끔찍한 방법을 찾아냈을 것이 틀림없다.

범죄자 검거에 도움이 된다는 장점을 그대로 유지하면서 위와 같은 잠재적 병폐로부터 사회를 보호할 방법이 있는가? 잘 모르겠다. 아마 어려울 것이다. 유전체의 비암호 부위로만 국가 데이터베이스를 제한함으로써 보험회사나 고용주들로부터 선량한 시민을 보호할 수 있을지도 모른다. 데이터베이스에는 실제로 어떤 역할을 하는 유전자가 아닌, 유전체상에서 병렬 반복이 나타나는 부위만 등록되는 것이다. 그러면 보험 회계사가 우리의 예상 수명을 계산하거나 노련한 인사 담당자가 우리의 능력을 미루어 짐작하는 것을 방지할 수 있을 것이다. 하지만 우리가 알고 싶어 하지 않을 수도 있는 친자 여부와 관련된 진실이 폭로되는 것은 막을 방도가 없을 것이다. 오히려 상황은 정반대일 것이다. 요제프 멩겔레의 뼈를 식별할 수 있었던 것은 순전히 아들의 혈액에 있는 병렬 반복 DNA 덕분이었다. 이러한 반대 의견에 대한 손쉬운 해답이 아직 눈에 띄지는 않지만, DNA 분석이 갈수록 쉬워짐에 따라 국가 데이터베이스에 손을 벌리지 않고도 이제 얼마든지 친자 여부를 가릴 수 있게 되었다는 말만 해 두고자 한다. '자기 아이'가 실제로 자기 아이가 아니라고 생각하는 사람은 당장이라도 아이의 혈액을 뽑아 자신의 혈액과 비교하면 된다. 국가 데이터베이스는 필요하지 않다.

  법정뿐 아니라 어떤 사건·사고의 진상을 조사하는 위원회나 단체의 결정은 종종 과학적 근거를 바탕으로 한다. 과학자들은 사실 관계─금속 피로의 기술적인 사항들, 광우병의 전염성 등─의 확인을 위해 전문 증인으로 채택된다. 과학자는 자신의 전문적 식견을 전달하고 실제 결정을 내리는 사람들이 본격적으로 문제를 검토할 수 있도록 퇴장한다. 이것이 함의하는 바는 세부적인 정보를 파악하는 데는 과학자들이 유용하지만, 종합적으로 판단하고 다음 일을 제안하는 데는 변호사나 판사가 낫다는 것이다. 그 반대로 세부적인 정보를 정리하는 일뿐 아니라 마지막 판결을 내리는 데도 과학적 사고방식이 유효하다고 주장할 수 있다. 비행기 추락 사고나 대규모 축구장 난동이 일어났을 때는 판사보다 과학자가 조회 심문을 이끄는 것이 합당할지 모른다. 그건 과학자의 지식 때문이 아니라 근거를 찾고 결정을 내리는 방법 때문이다.

DNA 지문분석에 관한 이야기는 결국 과학을 더 잘 알고 과학적으로 사고하면, 더 나은 변호사, 더 나은 판사, 더 나은 정치인, 더 나은 시민이 되는 데 도움을 준다는 내용이다. 단지 과학자가 재판에서 이기는 것보다 진실에 이르는 것을 중요하게 여기기 때문만은 아니다. 판사나 기타 결정권자들이 통계적 사고와 확률 평가에 좀 더 조예가 깊다면 더 나은 결정을 내리게 될 것이다. 이 점은 다음의 두 장 즉 미신과 '신비주의paranormal'를 다루면서 다시 얘기하기로 하겠다.

6

환상에 현혹된 요정

너무 쉽게 믿는 성향은 어른에게는 약점이나 아이에게는 강점이다.
찰스 램 《엘리아 수필집》(1823)

HOODWINK'D WITH FAERY FANCY

우리에겐 경이로움을 향한 시적 욕망이 있다. 진정한 과학의 원동력이어야 할 이 욕망은, 하지만 불가사의나 점성술 등 미신의 추종자들이 금전적 목적을 위해 가로채고 있다. "물병자리 시대(1960년대에 시작하여 2,000년간 지속된다는 새로운 자유의 시대—옮긴이)의 네 번째 집" 혹은 "해왕성이 역행하여 궁수자리로 들어섰다"는 것 따위의 그럴듯한 말이 엉터리 낭만을 불러일으키고 있다. 무엇이든지 너무 쉽게 믿는 순진한 이들은 이런 말들을 다음과 같은 진정한 과학적 시정과 구별하지 못한다. "우주는 상상 이상으로 화려하다" 혹은 "디스크는 가능한 미래들로 넘실거린다(회전하는 디스크로부터 태양계가 발생한 과정을 설명한 후)" 같은 이야기들. 칼 세이건과 앤 드루얀이 쓴 《잊혀진 조상들의 그림자》(1992)에서 나온 말이다. 또 다른 책에서 칼 세이건은 이렇게 썼다.

왜 대표적 종교 중 어느 하나도 과학에 대해 "우리가 생각했던 것 이상이다! 우리의 예언자들이 얘기한 것보다 우주는 훨씬 거대하고, 정교하고, 근사하지 않은가?"라는 반응을 보이지 않는가. 대신 그들은 "아니, 아니, 아니다! 나의 신은 작은 신이고 언제나 그래야만 한다"라고 한다. 종교가 현대 과학이 드러내 주는 우주의 장대함을 받아들인다면 옛것과 새것에 관계없이 통상적인 믿음과는 비교도 안 될 존경과 경이로움을 받을 수 있을 것이다.

《창백한 푸른 점》(1995)

전통적 종교들의 기세가 점차 약해지고 있는 서양에서, 종교가 점유하던 자리는 우주에 대한 명확하고 장대한 시각을 가진 과학이 아니라 불가사의와 점성술이 차지하고 있다. 혹자는 역사상 과학이 가장 성공적이었던 20세기에 과학이 문화에 반영되고 우리의 시정도 동시에 성숙해졌기를 바랐을 것이다. 20세기 중반 C. P. 스노의 비관주의를 들먹이지 않더라도, 세기 말이 겨우 2년 남은 지금(이 책의 미국판은 1998년에 출간되었다—옮긴이) 나는 이 희망이 채워지지 않을 것이라는 점을 알고 있다. 점성술 책은 천문학 서적보다 잘 팔린다. 텔레비전은 심령술사나 천리안 행세를 하는 삼류 마술사를 위한 무대를 마련한다. 이 장에서는 미신과 이를 쉽게 믿는 우매함, 그리고 이런 특성이 어떻게 쉽게 이용당하고 있는지를 설명할 것이다. 그리고 제7장 '불가사의 풀어헤치기'에서는 불가사의라는 질병의 해독제로서 간단한 통계적 사고를 제안할 것이다. 우선 점성술로 시작해 보자.

1997년 12월 27일 영국에서 발행 부수가 가장 많은 신문 중 하나인 《데일리 메일》은 머리기사를 〈1998년 물병자리의 도래〉라는 제목의 점성술 기사에 할애했다. 헤일－보프Hale-Bopp 혜성이 다이애나 왕세자비의 죽음의 직접적인 원인이 아니라고 한 대목에선 고마움이 느껴질 정도였다. 신문사에서 고액의 연봉을 받는 점성가는 "천천히 움직이는 해왕성이 강력한 천왕성과 힘을 합쳐 물병자리로 이동하고 있다"고 말해 준다. 그에 따르면 엄청난 파장이 예상된다고 한다.

……태양이 뜨고 있다. 혜성은 태양이 단순히 물리적 태양이 아닌 영혼의, 정신의, 내적 태양임을 알리려고 당도했다. 따라서 혜성은 중력의 법칙을 따를 필요가 없다. 더 많은 사람들이 혜성을 만나려 하고 반긴다면, 혜성은 더 신속하게 수평선을 넘어올 것이다. 그러면 혜성의 힘에 의해 어둠은 깔리자마자 사라질 것이다.

천문학이 보여 준 진정한 우주 앞에서 사람들은 어찌 이 따위 글에 공감한단 말인가?

"하늘의 별들이 차가워 보이고" 구름이라곤 은하수의 빛나는 연기뿐인 달도 뜨지 않은 밤, 가로등의 오염으로부터 자유로운 풀밭에 누워 하늘을 바라보라. 얼핏 별자리가 보이겠지만 사실 별자리는 화장실 천장의 얼룩에 불과하다. "해왕성이 물병자리로 들어갔다"는 것 따위의 말이 왜 아무런 의미가 없는지 확인해 보라. 물병자리는 은하계의 특정한(특별할 것이 없는) 곳 (여기)에서 봤을 때 어떤 (무의미한) 모양을 이룬다는 것을 제외하고는 전혀 연관성이 없는 잡다한 별들의 모음이다. 별자리는 아무런 실체도 아니며, 해왕성이나 그 무엇이 "들어갈" 수 있는 의미있는 것도 아니다.

게다가 별자리의 모양도 영원하지 않다. 100만 년 전 우리의 호모 에렉투스 조상은 밤마다(이들의 우수한 발명품인 화덕의 불을 제외하면 전등 오염도 없었다) 우리와는 전혀 다른 별자리를 바라보았다. 100만 년이 지나면 우리의 후손은 하늘에서 또 다른 모양을 볼 것이고, 그 모양이 어떨지 이미 우리는 정확히 알고 있다. 이러한 자세한 예측은 점성술사가 아닌 천문학자들이 계산해 낸 것이다. 또한 (역시 점성술적 예측과는 달리) 이 예측은 정확하게 맞아떨어질 것이다.

빛의 일정한 속도 때문에, 지금 우리는 230만 년 전 오스트랄로피테쿠스가 남아프리카 초원을 활보하던 당시의 안드로메다 은하계를 보고 있다. 즉 과거를 보고 있는 것이다. 안드로메다에서 몇 도만 눈을 돌려 가장 가까운 곳에 있는 밝은 별을 찾으면 미라크Mirach가 보이겠지만, 이는 윌 가가 바닥을 쳤던 휠씬 최근의 모습이다. 태양의 색과 모양을 봤다면, 그것은 고작 8분 전의 모습이다. 하지만 망원경을 솜브레로 은하계에 맞춰 그곳의 1조 개가 넘는 태양들을 본다면, 당신의 꼬리 달린 조상이 나무 꼭대기에서 수줍게 고개를 내밀고 인도가 아시아 대륙과 충돌하여 히말라야 산맥이 만들어지던 그때의 모습을 보는 것이다. 스테판 오중주 Stephan's Quintet(다섯 개의 은하계 NGC 7317, 7318A, 7318B, 7319, 7320으로 구성된 은하단―옮긴이)를 구성하는 두 개의 은하가 충돌하는 것을 본다면, 최초의 공룡이 나타나고 삼엽충이 숨을 막 거둔 시점을 지켜보는 것이다.

모든 역사적 사건에는 그것이 일어난 해의 모습을 보여 줄 별이 존재한다. 당신이 아주 어린아이가 아니라면 밤하늘 어딘가에서 당신만의 생일별 birth star을 찾을 수 있다. 그 빛은 당신이 태어난 해를 알리는 열핵熱核이 달아오른 빛이다. 사실 그런 별을 여러 개(마흔 살은 약 40개, 쉰 살은 약 70개, 여든 살은 약 175개) 찾을 수도 있다. 생일별 중 하나를 바라보는 순간 당신의 망원경은 당신이 태어난 해에 실제로 벌어지고 있는 열핵 반응을 보여 주는 타임머신이 되는 셈이다. 하지만 이는 재미있는 착상에 지나지 않는다. 생일별은 당신의 성격, 미래 또는 속궁합 등을 보여 주지는 않는다. 별들의 세계는 인간사의 시시콜콜함이 범접할 수 있는 곳이 아니다.

물론 당신의 생일별은 올해까지만 유효하다. 내년에는 1광년 더 떨어진 더 큰 천구의 표면을 향해 눈을 맞춰야 한다. 이 천구를 조금씩 바깥으로 팽창하면서 당신의 탄생을 방송하는 희소식의 천구라고 생각해 보라. 대부분의 물리학자가 동의하는 우리의 아인슈타인적 우주에서는 그 어떤 것도 빛보다 빠르게 이동할 수 없다. 그래서 당신이 만약 50세라면 50광년 반경을 갖는 당신만의 뉴스 거품이 있는 셈이다. 원칙적으로는(물론 실제로는 아니다) 그 거품 안(별 1,000개가 약간 넘는)에는 당신의 존재에 대한 소식이 퍼져 있다. 그 거품 바깥에는 당신이 존재하지 않는다. 즉 아인슈타인적 우주에서 볼 때 당신은 없는 것이다. 늙은 사람은 젊은 사람보다 좀 더 큰 존재의 거품을 가지지만 누구의 존재도 우주의 아주 작은 조각보다 크게 퍼져 나가지 못한다. 두 번째 밀레니엄을 맞이하는 지금 예수의 탄생은 아주 중대하고 오래된 사건인지 모른다. 하지만 이런 규모에서 볼 때 그 소식은 매우 최근의 것으로서 가장 이상적인 조건 아래서도 우주의 모든 별 중 1,000,000,000,000분의 1도 포함하지 못한다. 그 별들 중 대부분 혹은 상당수 별의 주위를 행성이 공전한다. 워낙 큰 숫자라 그중 어딘가에는 생명체가 살 수도, 그리고 지능과 기술이 진화했을 수도 있다. 그러나 우리와 그들을 갈라 놓는 거리와 시간은 수천 가지 형태의 생물이 독자적으로 진화하고 멸종해도 서로의 존재를 전혀 모를 정도로 광대하다.

생일별의 수를 계산하기 위해 별들이 평균 7.6광년씩 떨어져 있다고 가정하자. 우리가 사는 은하수 동네에서 그 정도면 얼추 맞는 수치다. 엄청나게 낮은 밀도(별당 약 440세제곱광년)처럼 느껴질지 모르나 은하계 사이의 빈 공간을 포함한 우주 전체를 놓고 보면, 오히려 높은 수준이다. 아이작 아시모프의 극적인 표현을 빌려 보자. 가로, 세로, 높이가 각각 16킬로미터쯤 되는 커다란 방 한가운데 놓인 모래알 하나가 우주의 모든 물질인 셈이다. 그 모래알 하나는 다시 10^{24}개로 쪼개진다. 이는 우주에 있는 모든 별의 숫자와 맞먹는다. 이것이 바로 눈이 번쩍 뜨이는 천문학적 사실이며, 보다시피 정말로 아름답지 않은가.

이와 비교하면 점성술은 미학적 모욕이다. 코페르니쿠스 이전 시대의 장난 같은 점성술은 베토벤 음악을 광고용으로 사용하는 것처럼 천문학의 품위를 떨어뜨리고 값싸게 만들어 버린다. 또한 심리학과 인간 개성의 풍부함에 대한 모욕이기도 하다. 나는 점성가가 사람들을 열두 종류로 나누는 손쉽고도 매우 폭력적인 방식에 대해서 말하고 있는 것이다. 전갈자리는 쾌활하고 외향적인 반면, 질서 정연한 성격의 사자자리는 천칭자리와 잘 어울린다. 다음은 나의 아내 랄라 워드가 해 준 얘기다. 미국의 어느 신인 여배우가 같이 영화를 찍는 감독에게 말했다. "저, 감독님은 어떤 자리sign세요?" 감독은 아주 진한 오스트리아 억양으로 이렇게 응수했다. "나는 '방해하지 마시오' 푯말 sign이오."

성격은 실재하는 하나의 현상으로 심리학자들은 이미 이 현상의 다양성을 다루는 수학적 모델을 성공적으로 개발했다. 현상의 다양한 변수들은 수학적으로 정리하여 측정할 수 있으나 예측력은 다소 떨어지는 몇 개의 변수들로 축약될 수 있다. 이렇게 도출된 몇 개의 변수는 우리가 직관한다고 여기는 성격적 요소(공격성, 고집, 온화함 등)에 대응되기도 한다. 다차원 공간에서 하나의 점으로 개인의 성격을 요약하는 일은 그 한계가 분명하면서도 유용한 근사치가 될 수 있다. 몇몇 종류로 간단히 분류되는 것과 다르며, 신문 점성술이 말하는 열두 종류의 터무니없는 공상과는 더욱더 다르다. 심리학자의 다차원적 분석은 개인의 적성이 특정 직업에 맞는지, 또는 남녀가 서로 잘 어울리는지를 결정할 때 유용하다. 점성사의 열두 가지 구슬은 비싸고 쓸모없는 골칫거리다.

더욱이 이런 구분은 차별에 대한 우리의 금기 의식과 법률에 위배된다. 신문의 독자는 주위 친구나 동료를 전갈자리, 천칭자리와 같은 열두 개의 '자리' 중 하나로 분류하도록 훈련받는다. 잠깐만 생각해 보면 오늘날 많은 이가 반대하는 문화적 고정관념 같은 차별적 사고방식이 아닌가? 다음과 같은 일간지의 칼럼을 상상해 볼 수 있다.

독일 사람 당신의 성실하고 질서 정연한 본성 덕분에 오늘도 일이 잘 풀릴 것이다. 하지만 인간관계에서는, 특히 오늘 저녁에는 명령에 복종하는 습성을 버리도록 하라.

스페인 사람 라틴족인 당신의 뜨거운 피가 솟구칠지 모르니 후회할 일은 하지 않도록 주의하라. 그리고 저녁에 로맨틱한 계획이 있다면 점심 메뉴로 마늘이 들어간 음식은 피하라.

중국 사람 속을 알기 어려운 당신의 특성은 큰 장점도 되지만, 오늘의 패인이 될 수도…….

영국 사람 당신의 뻣뻣한 윗입술은 사업 협상에 도움을 줄 지 모르겠지만, 사회생활에서는 긴장을 풀고 편안한 마음을 가지도록 하라.

같은 방식으로 12개 나라의 전형을 열거해 보자. 물론 점성술 칼럼이 위의 것만큼 불쾌하진 않지만, 정확히 어떤 차이점이 있는지 따져볼 필요가 있다. 둘 다 아무런 증거 없이 인간을 배타적인 집단으로 나누는 경솔한 차별의 우를 범하고 있다. 설사 약간의 통계적 근거가 있다고 하더라도 모든 사람을 개인이 아닌 '유형'으로 나누는 편견을 부추긴다. 지금도 애인을 구하는 칼럼에서 '전갈자리 사절' 혹은 '황소자리는 사양함' 같은 문구를 볼 수 있다. 물론 점성술의 편견이 유독 어느 별자리만을 낙인찍지는 않기에 악명 높은 '흑인 금지'나 '아일랜드인 금지'와 같은 문구만큼 나쁘지는 않지만, 차별적인 편견(사람을 하나의 개인으로 보는 대신)을 강화하는 점은 여전히 남아 있다.

실제로 애석한 일이 벌어질 수 있다. '애인 구함 광고'에 이름을 싣는 이유는 결국 만나는 이성의 범위를 확장하는 데 있다

(사실 직장이나 친구의 친구를 통해 접하는 이성들은 보통 많지도 않고 질적 향상도 필요하다). 어울릴 수 있는 상대와의 지속적인 관계를 통해 삶이 바뀔 수 있는 외로운 사람들이 까닭도 없고, 근거도 없이 인구의 12분의 11을 버리도록 독려 받고 있다. 이런 식으로 무방비 상태에 놓인 많은 사람들을 동정하지는 못할망정 잘못된 길로 인도해서는 안 된다.

몇 년 전에 얼토당토않은 사건이 일어났다. 오늘의 운세를 쓰는 임무를 제비뽑기로 맡게 된 어느 신문쟁이가 다음과 같은 엄청난 문장으로 당시의 지루함을 떨치고자 한 것이다. "어제의 모든 슬픔은 오늘 당신에게 닥칠 것에 비하면 아무것도 아니다." 겁에 질린 독자들의 문의로 전화기에 불이 붙자 그 사람은 해고되었다. 사람들이 얼마나 단순하게 점성술을 믿는지를 보여 주는 슬픈 사례이다.

반反 차별법과 더불어 사업가가 자신의 상품을 거짓 선전하는 것으로부터 우리를 보호하기 위한 법이 있다. 이 법은 자연의 진리를 보호하기 위해 생긴 것이 아니다. 만약 그랬다면 점성가만큼 시험하기 좋은 대상은 없다. 그들은 미래를 예견하고 개인적인 결함을 간파하는 것은 물론 중요한 결정에 대한 전문적인 조언의 대가로 돈을 받는다. 어떤 사업가가 임신과 아무런 관계가 없는 약을 피임약이라면서 판매했다면 당장 임신한 소비자에 의해 고소당하고 상법에 의해 기소될 것이다. 다소 과장된 느낌이 드는 건 사실이나 왜 전문 점성가는 사기 및 차별 선동죄로 체포되지 않는지 나는 이해할 수 없다.

영국의 《데일리 텔레그래프》는 1997년 11월 18일자 신문에서 순진한 여학생의 몸에서 악령을 쫓아낸다는 명분으로 자신과 성관계를 갖게 한 어느 자칭 엑소시스트가 18개월의 형을 선고받은 기사를 보도했다. 남자는 여학생에게 손금 보기와 마술에 관련된 책을 보여 주면서 그녀에게 징크스, 즉 누군가에 의해 액운이 내려졌다고 했다. 액운을 쫓아내려면 온몸에 특수한 기름을 발라야 한다고 그는 설명했다. 결국 그녀는 '악령을 쫓아내는 데' 필요하다는 이유로 그와 성관계를 가졌다. 나는 사회가 일관성을 지켜야 한다고 본다. 순진한 젊은 여성(스스로 의사 결정을 할 수 있는 법적 연령을 넘었다)을 속였다는 이유로 이 남자를 감옥에 가둘 수 있다면, 왜 순진한 사람들로부터 돈을 받는 점성가를 구속하지는 않는가? 또는 석유회사에게 주주와 자본을 분리하고 시추 지역을 결정하는 데 값비싼 '자문' 비용을 청구하는 '신 내린' 예언자들은 어떠한가? 반대로, 만약 어리석은 자들이 자신이 원하는 협잡꾼에게 돈을 건네줄 자유가 있다면, 성적 '엑소시스트'도 같은 주장을 펼치지 못할 이유가 어디에 있는가? 그 여성은 당시 진정으로 믿었던 의식을 위해 자신의 몸을 바칠 자유가 없었는가?

사람이 탄생한 순간의 천체들의 위치가 천성이나 운명에 영향을 미친다는 현대 물리학의 증거는 없다. 하지만 알려지지 않은 다른 물리적 힘의 가능성을 배제한다는 의미는 아니다. 다른 물리적 힘에 대한 얘기는 행성들의 별자리 속 움직임이 인간사에 조금이라도 영향을 끼친다는 증거가 제시된 경우에만 비로소 고려할 필요성이 있다. 그러한 종류의 증거는 단 한번도 정식 연구를 거친 적이 없다. 점성술에 관한 수많은 과학적 연구 중 대부분은 어떠한 긍정적 결과도 얻지 못했다. 소수(극히 적은)의 연구 결과만이 별자리 '운세'와 성격 간의 통계적 연관 관계를 제안(약하게)했다. 이 연관 관계에는 상당히 흥미로운 이유가 있었다. 어떤 사람들은 워낙 점성술학에 정통해서 자신에게 어떤 특징이 나타날지 이미 잘 알고 있었다. 그래서 그들은 점성술의 예측에 부합하고자 하는 경향성(많지는 않되 미미한 통계적 효과를 생산할 만큼)을 가지고 생활했던 것이다.

어느 진단이나 예언이든 거쳐야 할 최소한의 시험이 있다면, 그건 신빙성의 시험이다. 정말로 말이 맞아떨어지는지를 묻는 시험이 아니라 같은 증거를 가지고 다른 사람(또는 같은 증거를 가지고 한 사람이 두 번)도 동의할 수 있는 시험 말이다. 나는 점성술이 실제로 맞다고 생각하지는 않지만 일관성의 측면에서는 아마도 높은 점수가 나타날 거라고 본다. 서로 다른 점성술학자라도 같은 책을 보는 것 같다. 그들이 내놓는 점이 틀릴지라도 서로 같은 잘못된 점을 내놓을 정도로 방법이 체계적일 수도 있다. 그러나 불행히도 딘 박사와 동료들이 보여 준 결과에 의하면 그들은 이 최소한의 기준도 충족시키지 못한다. 비교를 위해 심사위원들이 한정 응답식 면접으로 평가한 대조군에서는 연관계수가 0.8보다 높게 나타났다(연관계수가 1.0이면 완전한 일치, -1.0이면 완전한 불일치, 0.0이면 완전한 무작위성 또는 연관성의 부재를 의미하는데, 0.8이면 상당히 높은 편이다). 이에 반해, 점성술의 연관계수는 초라한 0.1 수준으로 손금보기의 수치(0.11)와 마찬가지로 거의 무작위성을 나타냈다. 점성가들이 틀려도 적어도 일관되게 틀릴 것이라고 생각할 수도 있다. 하지만 그렇지 않다. 필적학(글씨체 분석)과 로르샤흐(잉크 자국) 검사의 결과도 크게 낫지 않다.

오늘의 점성술은 극히 적은 양의 훈련과 기술을 요하기 때문에 보통 시간적 여유가 있는 신참 기자가 맡게 된다. 언론인 얀 무어는 1994년 10월 6일자 《가디언》에서 다음과 같이 회고한다. "언론계에서 내가 담당한 첫 임무는 여성 잡지에 오늘의 운세를 쓰는 일이었다. 워낙에 신출내기도 할 수 있을 정도로 엉터리이고 쉬워서 언제나 새로 들어온 사람에게 주어졌다." 이와 마찬가지로 마술사이자 합리주의자인 제임스 랜디는 젊었을 때 조란Jo-ran이라는 가명으로 몬트리올의 어느 신문사에서 점성가로 근무했다. 랜디의 작업 방식은 오래된 점성술 잡지에 있는 내용을 가위로 잘라 모자 안에 넣고 섞은 뒤에 '12자리'라는 제목 아래 임의로 붙여 자신의 '예측'으로 출판하는 것이었다. 그는 점심시간에 식당에서 자신의 '조란' 칼럼을 보던 회사원들에 대한 얘기를 이렇게 들려준다.

그들은 자신들의 미래가 너무도 생생하게 그려진 것에 흥분을 감추지 못했다. 이유를 묻자 조란이 지난 주에도 '족집게'였다고 대답했다. 나는 내가 조란이라는 사실을 밝히지 않았다. 우편으로 접수되는 반응도 상당히 흥미로웠다. 이는 신비한 힘을 가졌다고 믿는 사람이 하는 말이면 사람들이 거의 무조건적으로 받아들이고 합리화한다는 결론에 이르게 하였다. 그때부터 조란은 가위를 걸고, 풀 통을 치우고, 문을 닫았다.

《허튼소리Flim-Flam》(1992)

    오늘의 운세를 읽는 사람 중 대부분이 그것을 믿지 않는다는 설문 결과가 있다. 결과에 따르면 사람들은 단순히 '재미 삼아(그들의 재미에 대한 기호는 나와는 매우 다르다)' 읽는다고 한다. 그러나 상당수의 사람들이 실제로 그것을 믿고, 그에 따라 행동한다. 믿을 만한 소식통에 따르면 놀랍게도 로널드 레이건 전 미국 대통령도 재임 시절 내내 읽었다고 한다. 도대체 사람들은 왜 오늘의 운세에 끌리는가?
    첫째, 점성술의 예측 혹은 성격 분석은 매우 밋밋하고 모호하고 일반적이어서, 어떤 상황의 누구라도 해당될 수 있다. 사람들은 보통 신문에서 자신의 운세만을 읽는다. 나머지 열두 개를 다 읽고 나면 자기 운세의 정확도에 그만큼 감동하지는 않을 것이다. 둘째, 사람들은 맞는 것만 기억하고 틀린 것은 잊어버린다. 한 문단 길이의 운세를 읽다가 맞다 싶은 문장 하나가 눈에 띄면, 그 한 문장에 초점이 박히는 동안 나머지 문장은 읽지도 않고 지나간다. 설사 빗나가는 것이 있어도 보통의 흥미로운 예외나 변칙으로 치부할 뿐 그 모든 것이 엉터리라는 생각에 이르지는 않는다. 텔레비전에 자주 출연하는 인기 있는 과학자(또한 훌륭한 자연보호 영웅)인 데이비드 벨라미는 《라디오 타임스》(BBC에서 발행하는 한때 존경받던 잡지)에서 자신은 염소자리라 조심스럽다고 털어놓았지만, 실제로는 진짜 염소처럼 머리부터 돌진한다. 흥미롭지 않은가? 나는 단언한다. 예외가 법칙을 증명한다! 아마 벨라미 본인은 제대로 알고 있었지만 다른 교육받은 사람들처럼 그저 무해한 오락 정도로 점성술을 즐겼을 것이다. 그러나 정말로 무해한지, 또 재미 삼아 한다는 이들이 정말로 재미를 느끼는지는 의문이다.

"8파운드짜리 고양이를 낳은 엄마"와 같은 제목은 《선데이 스포츠》의 전형적인 머리기사인데, 이런 신문의 미국 판에 해당하는 《내셔널 인콰이어러》(발행 부수 400만 부 규모)와 마찬가지로 얼토당토않은 얘기를 진짜인양 찍어 내는 데 혈안이 된 신문들이다. 내가 만난 어떤 여자는 이런 종류의 미국 출판사에서 엉터리 이야기를 만드는 일을 직업으로 갖고 있었다. 그녀는 동료와 누가 가장 터무니없는 기사를 쓸 수 있는지 내기를 하곤 했다. 결국은 공허한 내기가 되었는데, 활자로 찍힌 것을 믿는 데는 한계가 없기 때문이다. 《선데이 스포츠》는 "8파운드짜리 고양이" 얘기 다음 면에 바가지 긁는 마누라를 참다못해 토끼로 둔갑시킨 마술사에 대한 기사를 실었다. 바가지 긁는 아내라는 상투적인 편견에 영합하는 것도 부족해서 신문은 같은 호에 외국인 혐오증을 가미했다. 〈미친 그리스 소년 산적고기가 되다〉. 이밖에 이 신문에서 사랑받은 이야기들로는 〈마릴린 몬로 양상추로 환생하다〉(싱싱한 야채 속에 들어앉은 왕년 최고 여배우의 초록빛 얼굴 사진이 실렸다)와 〈엘비스 동상 화성에서 발견되다〉 등이 있다.

환생한 엘비스 프레슬리를 목격한 사례는 수도 없이 많다. 보물 취급을 받는 발톱과 다른 유물들, 그 아이콘과 성지순례단 등과 함께 엘비스 컬트는 나래를 활짝 펴고 비상할 새로운 종교의 문턱에 와 있지만, 조심하지 않으면 새로 등장할 다이애나 왕세자비 컬트에 추격당할지 모른다. 1997년 그녀의 죽음에 애도를 표하기 위해 모인 군중은 벽에 걸린 그림에서 밖을 바라보는 다이애나의 얼굴을 분명히 봤다고 기자들에게 진술했다. 제1차 세계대전의 가장 암울한 날에 병사들 눈앞에 나타난 몽스의 천사처럼 수많은 목격자들이 다이애나의 유령을 '봤으며' 소문은 열광한 군중 속에 산불처럼 번져 타블로이드판 신문을 도배했다.

텔레비전은 신문보다 더 강력한 매체로, 우리는 그 열병과 같은 비정상적인 선전의 손아귀에 놓여 있다. 최근 몇 년 안에 영국에서 벌어진 악명 높은 사례로, 어떤 심리치료사가 자신이 2,000년 전에 죽은 바울이라는 유대인 의사의 혼을 받았다고 주장한 일이 있었다. 일말의 비판도 없이 BBC는 이 망상을 사실로 격상시키기 위해 반시간짜리 프로그램을 할애했다. 그 후 1996년에 나는 에든버러 텔레비전 축제에서 열린 〈초현실을 판다〉라는 공개 토론석상에서 이 프로그램의 편집장과 맞붙었다. 편집장의 논점은 그 남자가 환자를 잘 치료한다는 것이었다. 그는 그것만이 중요하다고 믿는 눈치였다. 치료사가 환자를 편안하게 했으면 됐지, 환생이 실제로 일어나든 말든 무슨 상관인가? 나에게 가장 충격적이었던 것은 프로그램 자체보다 프로그램의 부록으로 배부된 BBC의 책자였다. 전문가로서 프로그램의 내용을 감수한 사람의 목록에는 다름 아닌 유대인 바울 본인이 있었다. 정신이상자의 기이한 믿음을 화면으로 보여 주는 것은 그렇다고 치자. 나는 사람을 보고 비웃는 쇼나 요즘 미국에서 유행하는 부부싸움 토크쇼도 그에 못지않게 문제가 있다고 보지만, 그냥 오락거리 혹은 코미디로 봐 줄 수 있다. 그러나 BBC가 오랫동안 쌓아올린 명성까지 내던지면서 허구를 액면 그대로 받아들이는 건 정말 심각한 문제다.

　신비주의 텔레비전 프로그램이 써먹는 값싸고도 효과적인 공식은 보통의 마술사를 고용하되 이들이 초현실적인 힘을 가졌노라고 청중에게 반복적으로 일러 주는 것이다. 시청자의 지능지수에 대한 냉소적인 혐오를 표현하는 부가적인 장치로서, 이런 쇼는 보통 마술사의 공연보다 덜 치밀하게 짜여 있다. 진짜 마술사들은 적어도 소매 안에 아무것도 없으며, 탁자 밑에

철사가 달려 있지 않다는 동작이라도 선보인다. 일단 '신비하다'라고 불리는 예술가는 이런 형식적인 불편함조차도 면제받는다.

실제 사례를 소개하겠다. 칼튼 텔레비전이 최근에 방영하는 시리즈 《상식을 넘어》라는 텔레파시 쇼는 정부가 기사 작위를 줄 만한 인격이라고 여긴 영국의 베테랑 텔레비전 명사 데이비드 프로스트가 제작·방영한 것이고, 따라서 시청자들에게 그 이름의 무게가 실렸다. 출연자는 이스라엘에서 온 어떤 부자父子였는데, 눈가리개를 한 아들이 '아버지의 눈으로' 볼 수 있다고 했다. 임의로 수를 고르는 기구가 돌려졌고, 숫자 하나가 선택되었다. 아버지는 주먹을 쥐었다 폈다 하며 숫자를 힘주어 노려보았고, 괴로운 음성으로 아들에게 할 수 있겠냐고 물었다. "할 수 있을 것 같아요." 아들의 기어들어가는 목소리가 들려왔다. 그리고 물론 아들은 숫자를 맞췄다. 우레와 같은 환호. 얼마나 놀라운가! 그리고 시청자 여러분 기억하십시오. 이 프로그램은 《X-파일》과 같은 픽션이 아니라 사실을 방영하는 생방송입니다.

그 사례는 적어도 1784년 피네티 부부(당시 피네티 부부는 부인이 청중의 생각을 맞히는 마술을 보였다―옮긴이)로 거슬러 올라가는, 음악 무대에서 자주 쓰이는 친숙한 속임수에 불과하다. 아버지가 아들에게 숫자를 알려줄 간단한 방법은 여러 가지가 있다. 단순한 말처럼 보이는 "할 수 있겠냐?"라는 외침의 글자 수도 하나의 가능성이다. 데이비드 프로스트는 놀라움을 금치 못하고 있을 게 아니라 아들의 눈을 가리는 것에 더해 아버지의 입을 막는 간단한 실험을 했어야 한다. 다른 마술쇼와 유일하게 다른 점은 권위 있는 방송사가 그걸 '신비하다'고 이름 붙였다는 사실이다.

우리 중 대부분은 마술사가 어떻게 속임수를 부리는지 모른다. 나도 자주 놀라곤 한다. 어떻게 모자에서 토끼를 꺼내고, 어떻게 상자 속의 여자가 다치지 않게 톱으로 상자를 반으로 써는지 이해하지 못한다. 마술사가 얘기하려고 마음만 먹으면 해 줄 수 있는 아주 명쾌한 설명이 있다는 걸 알지만, 그들은 충분히 이해할 수 있는 이유 때문에 말하지 않을 뿐이다. 그러면 왜 우리는 방송사가 '신비'라는 딱지를 붙였다고 해서 같은 속임수를 진정한 기적으로 믿어야 하는가?

그런가 하면 생전에 페키니즈 강아지를 키웠고, 흉부 문제로 죽었으며, 이름이 'M'으로 시작하는 사람을 사랑한 사람이 청중 속에 있다고 '느끼는' 자들이 있다. '정상적인 방법으로는 얻을 수 없는' 지식을 갖고 있는 '천리안'이나 '영매'도 있다. 자세히 다룰 여유는 없지만 마술사들에게 잘 알려진 이 트릭은 '콜드 리딩cold reading'이라고 불린다. 그것은 흔한 현상(많은 사람들이 심장 발작이나 폐암으로 사망한다)에 대한 지식과 정보 낚시질(사람들은 흥분했을 때 무의식적으로 자신을 드러낸다)의 교묘한 결합으로, 맞는 것은 기억하고 틀린 것은 잊어버리는 청중의 적극성의 도움을 받는다. 관객이 무대로 걸어 들어올 때 나누는 대화를 엿듣거나 심지어는 관객을 추궁하여 공연 전 마술사에게 보고하는 도우미도 종종 고용된다.

만약 신비주의자가 정식으로 연구된 텔레파시(예지, 염력, 환생, 영구 작동 기계 등 무엇이든)를 보여 준다면 그는 지금껏 물리학계에 알려지지 않은 전혀 새로운 법칙의 발견자가 될 것이다. 정신과 정신을 텔레파시로 잇는 새로운 에너지장, 또는 속임수 없이 탁자의 물건을 움직일 수 있는 새로운 힘의 발견자라면 분명 노벨상 감이다. 왜 증명해서 새로운 뉴턴으로 추앙받지 않는가? 물론 우리는 이미 답을 알고 있다. 할 수 없기 때문이다. 가짜이기 때문이다. 다만 속기 쉽고 냉소적인 텔레비전 제작자 덕분에 잘 다듬어진 가짜일 뿐이다.

그렇더라도 어떤 '신비주의자' 들은 대부분의 과학자들마저도 속일 수 있을 정도로 기술이 뛰어나기 때문에, 이걸 간파하는 데에는 과학자보다 동료 마술사가 제격이다. 심령술사나 무당이 객석 앞 줄이 프로 마술사들로 가득 찼다는 말을 들으면 핑계를 대고 공연을 거부하는 이유가 바로 여기에 있다. 미국의 제임스 랜디나 영국의 이언 롤런드처럼 좋은 마술사들은 유명한 신비주의자들의 '기적'을 공개적으로 재현해서 관객에게 단지 속임수였다는 것을 설명해 준다. 인도의 합리주의자 모임 The Rationalists of India은 뜻있는 젊은 마술사들의 모임인데, 그들은 마을을 찾아 다니면서 '신성한 이들'의 '기적'을 재현하여 가면을 벗기는 일을 하고 있다. 불행히도 어떤 사람들은 속임수가 공개된 뒤에도 여전히 기적이라고 믿는다. 또 어떤 이들은 다급해져서 "랜디가 속임수를 쓴다고 해서 다른 사람이 기적을 못 부리는 건 아니다"라고 한다. 이 말에 대해 이언 롤런드의 기억에 남는 화답은 다음과 같다. "그래? 만약 진짜로 기적을 부리는 거라면 가장 어려운 방법으로 하고 있는 거다!"

남을 쉽게 믿는 사람들을 속여서 버는 돈은 엄청나다. 하루 벌어 하루 사는 마술사가 어느 날 갑자기 어린이 파티 시장에서 벗어나 전국 방송에 출연하길 기대하지는 않는다. 그러나 자신의 속임수를 정말로 신비로운 것으로 설득하는 데 성공하면 얘기는 달라진다. 방송사들은 이런 속임수와 적극적인 동업자가 된다. 시청률에 도움이 되기 때문이다. 진행자는 솜씨 좋은 마술사의 공연에 예의 바르게 박수 치는 대신 숨을 헐떡거리는 연기를 펼치며 시청자들이 방금 물리학의 법칙을 거스르는 무언가를 목격했다고 믿도록 유도한다. 유령이나 요정에 대한 기억에 고통스럽게 시달리는 이들이 있다. 이들을 좋은 정신과 의사에게 보내는 대신 방송사들은 이들의 망상을 극적으로 재연할 연기자를 고용한다. 대중에게 미치는 영향력은 예상하는 대로 엄청나다.

잠깐 여기서 오해의 위험이 있으므로 풀고 가도록 하겠다. 현존하는 과학이 설명할 수 없다는 이유로 점성술과 귀신이 모두 엉터리이고 오늘날의 과학 지식만 알 가치가 있다고 말하기는 쉽다. 그런데 점성술이 전부 엉터리라는 게 그렇게 당연한 것인가? 사람이 8파운드짜리 고양이를 낳지는 않았는지 어떻게 알겠는가? 엘비스 프레슬리가 정말로 빈 관을 뒤로 한 채 찬란하게 부활하지 않았다고 어떻게 확신할 수 있는가? 더 희한한 일도 많이 일어나지 않았는가. 정확하게 말해서 라디오처럼 우리에게 일상적인 것도 우리의 조상에게는 유령이 내려온 것 못지않게 믿어지지 않는 일이었을 것이다. 우리에게 휴대전화란 기차간에서 만나는 사회적으로 성가신 물건일 뿐이다. 하지만 기차마저 새롭던 19세기의 우리 조상들에게 휴대전화는 완전히 마술이었을 것이다. 저명한 공상과학 작가이자 과학과 기술이 갖는 무한한 힘의 전도사인 아서 클라크는 다음과 같이 말했다. "충분히 발전된 기술은 마술과 구분이 불가능하다." 이를 클라크의 제3법칙이라 하는데 나중에 다시 다루도록 하겠다.

캘빈 경 1세인 윌리엄 톰슨은 19세기 영국 물리학자 중 가장 저명하고 영향력 있는 인사였다. 지금은 엄청난 실수였음이 드러났지만 당시에 그는 엄청난 권위를 가지고 진화가 일어나기에 지구는 너무 젊다고 '증명'하여 다윈의 진영에서 눈엣가시가 되었다. 또한 그는 다음 세 가지 확신에 찬 발언의 장본인이기도 하다. "라디오는 미래가 없다. 공기보다 무거운 비행기는 불가능하다. 엑스레이는 속임수임이 밝혀질 것이다." 그는 훗날 조롱거리가 될 지경까지 자신의 회의론을 끌고 간 사람이다. 아서 클라크 자신도 그의 공상과학 소설 《미래의 프로필》

(1982)에서 도그마적인 회의론의 위험을 경고한다. 에디슨이 1878년에 전깃불을 연구하고 있다고 발표하자 영국 의사당은 위원회를 조직하여 자초지종을 조사하게 하였다. 위원회의 전문가들은 에디슨의 기발한 생각이 "대서양 건너편 친구들에게는 흥미로운지 몰라도 현실적이고 과학적인 사람들이 관심을 둘 만한 가치는 없다"고 보고했다.

반反 영국 이야기처럼 들리는 걸 우려한 클라크는 비행기와 관련하여 두 명의 저명한 미국 과학자를 인용한다. 천문학자 사이먼 뉴컴은 1903년 라이트 형제의 유명한 비행 직전에 다음과 같은 말을 하는 불운을 겪는다.

> 지금까지 알려진 물질, 알려진 공학, 알려진 동력의 어떤 조합도 사람이 공기 중에서 먼 거리를 날게 해 주는 현실적인 기계를 만들 수 없다는 사실에 대한 증명은, 그 어떠한 물리학적 사실보다 명확해 보인다.

또 다른 미국의 천문학자 윌리엄 헨리 피커링은 비록 공기보다 무거운 비행 기계가 가능하긴 해도(라이트 형제가 이미 비행에 성공했기 때문에 이렇게 말해야만 했다) 절대로 현실적인 형태가 되기는 힘들다고 단언했다.

흔히들 마치 지금의 증기선처럼 수많은 승객을 태우고 대서양을 건너는 커다란 비행 기계를 상상한다. 그런 생각은 순전히 공상에 불과하며, 한두 명만 태우고 건널 수 있더라도 비용의 제한을 받을 것이다. 또 하나의 흔한 오류는 매우 빠른 속도의 비행이 가능하다고 생각하는 것이다.

피커링은 더 나아가 공기 저항의 효과에 관한 권위 있는 계산식을 통해 비행기가 절대로 당시의 고속열차보다 빠를 수 없다는 것을 '증명'하기에 이른다. 얼핏 듣기엔 1943년 IBM의 회장이었던 토머스 왓슨의 발언, "나는 세계 컴퓨터 시장이 컴퓨터 5대 규모 정도라고 본다"와 비슷한 격이다. 하지만 그의 경우는 좀 불공평하다. 왓슨은 컴퓨터가 앞으로 계속 커질 것이라 확신했고 그 점에서 틀렸을 뿐, 캘빈과 다른 이들이 항공 여행을 평가절하한 것처럼 미래의 컴퓨터의 중요성을 간과하지는 않았다.

물론 이런 얘기들은 지나친 회의주의의 위험에 대한 경고이다. 낯설고 설명이 안 된다고 하여 독단적으로 불신하는 것은 덕이 아니다. 그렇다면 이런 독단과 비교하여 점성술, 엘비스 프레슬리의 부활과 재림 등에 대한 나의 비판은 어떻게 다른가? 어디까지가 정당한 회의주의이고, 어디까지가 참을성 없는 독단적 근시안인가?

이야기의 종류에 따라 얼마나 회의적인 것이 알맞은지 생각해 보자. 우선 이야기가 사실이거나 사실이 아닐 수도 있지만 딱히 의심할 이유가 없는 경우가 있다. 에벌린 위의 《병사Men at Arms》(1952)에 등장하는 재미있는 인물 앱소르프는 종종 극중 화자인 가이 크라우치백에게 각각 피터버러와 턴브릿지 웰즈에 사는 자신의 두 고모에 대해 얘기한다. 죽음을 앞둔 앱소르프는 실은 고모가 한 명뿐이라고 고백한다. 가이 크라우치백은 만들어 낸 고모가 누군지를 묻는다. "당연히 피터버러에 사는 고모지." "난 완전히 당했구만!" "그래, 괜찮은 농담이었지, 안 그래?"

아니다. 앱소르프의 농담은 별로 재미있는 게 아니었으며, 바로 그 점이 에벌린 위의 앱소르프를 흥미롭게 만들어 준다. 분명히 피터버러에는 여러 명의 나이 든 부인네들이 살고 있을 것이며, 누군가 자신의 고모가 그곳에 산다고 하면 믿지 않을 이유가 없다. 그가 거짓말을 할 동기가 없는 이상 그를 믿는 것이 자연스럽고, 만약 중대한 사항이라면 정황을 잘 살펴야 할 것이다. 그런데 자신의 고모가 명상과 의지력으로 공중 부양을 한다고 하자. 고모가 양반다리를 하고 앉아 아름다운 생각을 하고 주문을 외워 공중에 뜬다는 것이다. 두 경우 모두 목격자의 말만 있을 뿐인데 고모가 피터버러에 산다고 한 사람보다 이 사람에게 더 의심이 가는 이유는 무엇인가?

물론 해답은 의지력으로 공중 부양하는 것이 과학으로 설명 불가능하기 때문이다. 하지만 여기서의 과학은 현재의 과학을 의미할 뿐이다. 클라크의 제3법칙으로 되돌아가 보자. 어느 시대의 과학도 모든 답을 내놓진 못하며, 언젠가 대체될 것이다. 어쩌면 미래의 어느 날 과학자들은 중력을 완벽히 이해하고 탈脫 중력 기계를 만들어 낼지도 모른다. 우리의 후손에겐 지금의 제트기만큼 공중 부양하는 고모가 일상적일지도 모른다. 그럼 클라크의 제3법칙에 따라 사람들이 지어 낸 모든 얘기를 믿어야 하는가? 양반다리로 공중 부양하는 고모나 마법 양탄자를 타고 사원 위를 날아다니는 터키인을 봤다고 하면, 라디오의 출현을 의심하던 우리의 조상을 되새기며 이 이야기들을 받아들여야 하는가? 물론 아니다. 공중 부양이나 마법 양탄자에 대한 충분한 근거가 되지 못한다. 왜 그런가?

클라크 제3법칙의 역이 성립하지 않는다. "충분히 발전된 기술은 마술과 구분이 불가능하다"라는 말은 "어느 시대 어느 요술도 미래에 벌어질 기술적 발전과 구분할 수 없다"는 말과 같지 않다. 물론 권위 있는 회의론자가 결국 그 점잖은 얼굴에 계란 세례를 받는 경우도 있었다. 그러나 훨씬 많은 신비주의적 주장이 증명되지 않은 채 지나갔다. 지금 우리를 놀라게 할 일 중 일부는 미래에 실제로 일어날 것이다. 그러나 그 놀라운 일 중 대다수는 미래에도 일어나지 않을 것이다. 영원히 공상소설이나 마술의 세계에만 머물 그런 얘기들의 더미 속에서 미래에 일어날 극소수를 구별하는 것이 핵심이다.

신기한 기적과 같은 이야기를 접하면 일단 화자에게 거짓말을 할 동기가 있는지 자문할 수 있다. 다른 방법으로 그의 신뢰성을 평가할 수도 있다. 나는 다음과 같은 얘기를 해 준 어떤 철학자와 흥미로운 저녁식사를 한 적이 있다. 어느 날 교회에서 신부가 무릎을 꿇은 자세로 교회 바닥에서 20센티미터 가량 떠 있는 것을 보았다는 것이다. 그가 다른 두 번의 목격담을 언급함으로써 그에 대한 나의 의심은 깊어졌다. 그는 젊은 시절 비행 청소년의 집에서 사감을 한 적이 있었는데, 아이들 모두의 성기에 "엄마 사랑해"라는 문신이 있었다고 한다. 그럴 법하진 않지만 불가능하지도 않다. 공중 부양하는 신부의 경우와는 달리 그 얘기가 사실이라고 해서 중대한 과학 법칙이 위배되는 것은 아니다. 어쨌든 그의 신뢰성을 가늠하는 데 훌륭한 자료가 되었다. 이 유려한 재담꾼은 더 나아가 날개 한 짝으로 바람을 막고 성냥불을 붙이는 까마귀를 본 적이 있다고도 했다. 까마귀가 담배까지 한 모금 빨았는지 기억나지는 않지만 이 세 가지 얘기를 종합했을 때, 그가 비록 유쾌하지만 신뢰할 수 없는 증인이라는 결론을 내리는 데는 무리가 없었다. 다시 말하면, 그가 거짓말쟁이(혹은 미치광이, 환영이 보이는 사람, 옥스퍼드 촌놈을 시험해 보고 싶은 사람)라는 가설이 그의 세 이야기가 사실이라는 가설보다 더 설득력이 있었던 것이다.

철학자인 그가 18세기 스코틀랜드의 위대한 철학자 데이비드 흄의 논박 불가능한 명언을 모를 리 없었을 것이다.

어떤 증언도 기적을 증명할 수 없다. 증언이 말하고자 하는 기적보다 증언이 허위일 가능성이 더 큰 기적을 요구하지 않는 이상 말이다.

《기적에 관하여》(1748)

흄의 논리에 따라 현존하는 가장 잘 알려진 기적 중 7만 명이 목격한 것으로 알려진 사례를 분석해 보자. 다름 아닌 파티마의 성모 출현이다. 수많은 마리아 목격설 중에서 유일하게 바티칸이 공식적으로 인정한 사건이다. 다음은 로마 가톨릭 웹사이트에서 인용한 글이다.

1917년 10월 13일, 포르투갈 파티마의 코바 다 이리아에 7만 명이 넘는 군중이 모였다. 그들은 성모가 세 명의 예언자인 루시아 도스 산토스, 그리고 사촌인 하신타와 프란시스코 마르토에게 예지한 기적을 보러 왔다. 정오가 조금 지나자 성모는 세 명의 예언자 앞에 나타났다. 성모는 떠나기 직전 태양을 가리켰다. 루시아는 흥분된 상태로 따라했고, 사람들은 하늘을 바라보았다. 그 순간 군중 가운데에서 공포의 비명이 터졌다. 태양이 천당으로부터 찢겨 나와 겁에 질린 무리 위로 떨어질 기세였기 때문이었다. 화염 덩어리가 그들 위로 떨어지려고 할 멸망의 찰나에 기적은 끝나 태양은 하늘의 원래 위치에서 또다시 평화롭게 빛났다.

움직이는 태양의 기적을 본 사람이 파티마 컬트의 주동자인 루시아 하나뿐이었다면 화젯거리도 안 됐을 것이다. 개인적인 환영이거나 어떤 동기가 있는 거짓말일 가능성이 얼마든지 있다. 충격적인 것은 7만 명의 증인이다. 7만 명의 사람이 동시에 똑같은 환영을 볼 수 있을까? 7만 명의 사람이 똑같은 거짓말을 공모했을까? 아니면 7만 명의 증인은 원래 없고, 기자가 만들어 낸 것일까?

흄의 기준을 적용해 보자. 우선 집단적 환영 혹은 빛의 트릭이 일어나거나 7만 명이 집단 거짓말을 했다고 믿는 것은 어떤가. 그건 아무래도 불가능해 보인다. 그러나 태양이 진짜로 움직였다는 대안 가설보다는 낫다. 사실 파티마 위에 뜬 태양은 누군가의 태양이 아니다. 낮인 쪽의 지구에 있는 수백만 명의 사람을 따뜻하게 해 준 태양이다. 만약 정말로 태양이 움직였는데 파티마의 사람들만 이를 보았다면 더 큰 기적이 요구된다. 파티마를 제외한 수백만 명의 사람들에게 태양이 움직이지 않았다는 환영이 일어나야 하기 때문이다. 게다가 이 얘기는 태양이 그들이 주장하는 속도대로 움직이면 태양계 전체가 파괴된다는 사실은 아예 논외로 하고 있다. 우리는 흄을 따르는 것 외에는 대안이 없다. 이 대안들 중 덜 기적적인 것을 골라 바티칸의 공식 인증과는 달리 파티마의 기적은 일어나지 않았다고 결론짓는 것이 옳다. 7만 명의 증인이 왜 엉뚱한 소리를 하는지 설명해야 할 쪽은 우리가 아니다.

흄의 주장은 확률의 균형에 관한 문제이다. 기적이라고 하는 것들의 스펙트럼 끝에는 언제나 확실하게 기각해도 될 것은 없는가? 물리학자들은 영구 작동 기계의 특허를 출원하려는 발명가가 있다면 설계도를 볼 것도 없이 되돌려 보내도 된다고 한다. 영구적으로 움직이는 기계는 열역학 법칙에 위배되기 때문이다. 아서 에딩턴 경은 이렇게 썼다.

> 우주에 대한 당신의 가설이, 예를 들어 맥스웰의 공식에 위배된다면 그 식을 부정하면 된다. 관찰에 의한 결과가 식과 다를 수도 있다(실험 실수는 종종 일어난다). 하지만 그 가설이 열역학 제2법칙과 양립 불가능하다면 희망이 없다. 가장 깊은 수모 속으로 침몰하는 것 외에 길이 없다.
>
> 《물리적 세계의 실체》(1928)

에딩턴은 현명하게 한발 물러서서 시작함으로써 결국 주장하려는 결정타를 자신감 있게 날리고 있다. 이조차도 지나친 확신이며 여전히 상상 못하는 미래의 기술에 달린 문제라 생각한다면 방법이 없다. 고집부릴 것 없이 나는 흄의 상대적 확률론의 입장을 택하겠다. 사기, 착시, 속임수, 환영, 단순 실수, 의도적 거짓말 등, 이 긴 목록이 제공하는 풍부한 대안 가설은 과학 법칙을 부정하는 피상적 관찰이나 이야기를 의심해야 할 근거를 제공한다. 과학은 소소한 일화나 텔레비전 쇼가 아닌, 반복과 반복을 거듭하는 엄중한 연구에 의해서만 부정될 수 있다.

어떤 일의 가능성과 불가능성 사이에 놓인 스펙트럼으로 돌아오자. 스펙트럼상에서 아마 요정은 앱소르프의 고모와 영구 작동 기계 중간쯤에 있을 것이다. 감각적인 옷을 입은 작은 나비만 한 인간이 당장 내일 발견된다 하더라도 중대한 물리학 법칙에 위배될 일은 아니다. 영구 작동 기계처럼 혁명적인 것도 아니다. 그런데 한편으로 생물학자들은 분류 체계에 이 요정을 포함시키는 문제로 골치를 썩일 것이다. 진화의 역사 중 어디에서 튀어나왔는가? 날갯짓하는 영장류는 화석 증거와 현 동물학 어디에도 없으며, 1920년대 유행한 복장(귀 얇은 아서 코넌 도일 경을 흥분시켰던 유명한 가짜 사진처럼)을 입을 정도로 우리와 유사한 종으로 진화했다면 더욱 놀라운 일일 것이다.

네스 호의 괴물, 예티라고도 불리는 히말라야 눈사람, 콩고의 공룡 등과 같은 소문의 생물체들은 스펙트럼상에서 코넌 도일의 요정 근처에 위치한다. 고대의 플레시오사우르스 개체군이 네스 호에 살아남지 못하리란 법은 없다. 정말로 콩고에 공룡이 존재한다면 나와 모든 동물학자들이 얼마나 좋아할지 말로 표현할 수도 없다. 그런 발견으로 인해 물리학은 물론 생물학의 어떤 법칙도 깨지지는 않는다. 다만 가능성이 적은 유일한 이유는 알려진 마지막 공룡이 6500만 년 전에 죽었고, 6500만 년이란 세월은 번식하는 개체군이 화석화되지 않은 채로 숨어 견디기에는 상당히 오랜 기간이기 때문이다. 예티의 경우처럼 만약 생존하는 호모 에렉투스 혹은 자이겐토피테쿠스의 개체군이 있다면 무척이나 기쁜 일이다. 아직도 이 생물들이 살아 있다는 주장이 부디 흄이 말하는 대안가설, 즉 환영, 여행자들의 거짓 무용담, 햇빛에 녹아 커진 동물의 발자국을 본 착각 등의 가능성보다 더 있음직한 일이길 진심으로 바란다.

H. G. 웰즈의 《세계의 전쟁》을 원작으로 한 오손 웰즈의 유명한 라디오 드라마는 1938년 8월 30일 화성 침공을 보도하는 뉴스 속보를 방송하여 이를 사실로 착각한 청취자를 패닉 상태로 몰아넣고 자살 소동까지 일으켰다. 이 얘기는 흔히 미국인의 우매함을 비웃는데 사용되지만, 이는 공정하지 못하다. 외계인의 침공은 불가능하지 않으며, 만일 일어난다면 가장 먼저 라디오 속보를 통해 듣게 될 것이라는 게 나의 평소 지론이다.

미확인비행물체에 관한 얘기는 언제나 인기가 있지만 과학계는 받아들이지 않고 있다. 왜? 외계인이 방문하는 것이 불가능해서가 아니다. 언제나 사기 혹은 착각이라는 대안 가설이 더 설득력 있기 때문이다. 사실 이미 진지한 아마추어와 전문 과학자의 고생스러운 노력에 의해 수많은 비행물체를 봤다는 제보가 자세히 연구되었다. 조사할 때마다 얘기는 허구로 밝혀졌다. 단순한 속임수가 대부분이었다(아무리 제보가 빈약해도 출판사가 고액을 지불하고 티셔츠나 기념 머그잔 산업을 유지해 주므로 사기꾼에게는 유리하다). 또한 이 비행물체는 다름 아닌 비행기나 풍선을 특이한 각도에서 봤을 때 생기는 착각이라는 사실이 밝혀지기도 했다. 신기루나 빛의 트릭 또는 비밀 군사 비행기일 때도 있었다.

어느 날 외계 우주선이 우리를 방문할지도 모른다. 그러나 비행물체에 대한 어떤 특정 보고가 진실일 가능성은 사기나 착각과 같은 흄의 대안에 비해 낮다. 미확인비행물체 얘기가 가장 의심이 되는 이유는 외계인들이 우스꽝스러울 정도로 보통의 인간 또는 최근 텔레비전 드라마의 외계인과 너무도 닮았다는 점이다. 종종 인간 남성과 매우 닮아서 여성과 성교를 하기도 하며 심지어는 정상적인 자식을 낳기까지 한다. 칼 세이건 등이 지적했듯이 유괴벽이 있는 이 인간 같은 외계인은 17세기 악마와 마녀의 현대판에 불과하다.

텔레비전과 라디오에 의해 선동된 점성술, 신비주의, 외계인 방문 등의 이야기는 대중에게 연결되는 전용 도로를 독점한다. 이런 경향이 경이로움에 대한 우리의 자연스럽고 건전한 열망을 남용한다면 역설적이게도 여기에 희망의 근거가 있다. 경이로움에 대한 열망은 진정한 과학이 만족시켜 주기 때문에 미신에 대한 대안은 그저 교육의 문제일 수 있다. 그러나 상황을 더 어렵게 만드는 또 다른 어떤 힘이 존재한다는 의심이 든다. 상당히 흥미로운 심리학적 힘이 일으킬 수 있는 위험을 제어하려면 먼저 그것을 이해해야 하므로 그것에 대해 설명하고자 한다. 성인에게는 부정적인 영향을 끼칠지 몰라도 아이들에게는 여러모로 순진한 믿음의 일종이 될 수도 있는 힘이다. 개인적인 경험담으로 시작해 보자.

어린 시절 어느 '만우절'에 부모님과 삼촌, 고모가 나와 누이에게 장난을 친 적이 있다. 그들은 다락방에서 어렸을 적 가지고 놀던 작은 비행기를 발견하고는 우리를 한번 태워 주겠다고 했다. 비행기 타는 것이 흔치 않던 때라 우리는 흥분했다. 단 하나의 조건은 우리가 눈가리개를 해야 한다는 것이었다. 우리는 손에 이끌려 웃고 넘어지면서 정원에 나가 자리에 앉았다. 엔진이 걸리는 소리가 나고 몸이 앞으로 쏠리면서 우리는 우당탕탕 이륙했다. 나뭇가지들이 부드럽게 스치고 기분 좋은 바람이 불었던 걸로 봐서 높은 나무 꼭대기 사이로 날았던 모양이다. 마침내 우리는 '착륙'했고 요란한 비행은 단단한 땅 위에서 끝났다. 눈가리개를 벗고 웃고 떠드는 와중에 우리는 모든 것을 깨달았다. 비행기는 없었다. 우리는 출발했던 정원에서 한 치도 벗어나지 않았다. 그저 아버지와 삼촌이 비행기 흉내를 내려고 이리저리 흔든 의자 위에 앉아 있었던 것뿐이었다. 엔진 대신 시끄러운 진공청소기, 그리고 얼굴에 바람을 불어 준 부채뿐이었다. 부채와 우리를 스치던 나뭇가지는 옆에 서 있는 어머니와 고모가 흔들던 것이었다. 그때는 그게 재미있었다.

믿기로 작정한 순진한 아이들이었던 우리는 비행 약속 며칠 전부터 학수고대하고 있었다. 왜 눈가리개를 해야 하는지 의문을 품지도 않았다. 비행기를 타는데 아무것도 못 보면 뭐하냐고 묻는 것이 당연하지 않겠는가? 하지만 아니었다. 부모님은 별 다른 이유 없이 눈가리개를 해야만 한다고 했고, 우리는 받아들였다. 으레 그러는 대로 "그러면 재미가 없잖아"라고 말했는지도 모른다. 어른들 중 한 명은 적어도 전문 조종사라는 사실을 왜 우리에게 비밀로 했는지도 궁금하지 않았다. 누구였는지 물어본 것 같지도 않다. 우리에겐 의심이 없었다. 추락의 두려움도 없었다. 부모님에 대한 믿음이 그만큼 철석같았던 것이다. 눈가리개를 벗고 우리가 속은 걸 안 후에도 산타클로스, 요정, 천사, 천당, 갖고 싶은 것이 가득 있는 천국, 그리고 그 밖에 어른들이 해 준 이야기들을 계속 믿었다. 나의 어머니는 그 사건에 대한 기억은 없지만 당신께서 어렸을 적 누이와 함께 아버지에게 똑같은 장난을 당했던 기억은 갖고 계신다. 그분의 익살은 더하셨다. 비행기가 "이륙할 때 창문을 통과하니까 고개를 숙여"라고 했단다. 어머니와 이모는 그대로 따랐단다.

아이들은 워낙 잘 믿는다. 그럴 수밖에 없지 않은가? 아무것도 모르는 채 세상에 나와 상대적으로 모든 것을 아는 어른들 틈에 둘러싸인다. 정말로 불은 타고, 뱀은 물고, 정오의 햇살 아래 옷을 벗고 있으면 빨갛게 산 채로 익고, 또 암에 걸릴지도 모른다. 게다가 유용한 지식을 얻는 더 과학적인 방법은 시행착오를 통하는 것인데, 그 대가가 너무 크므로 좋은 대안이 아니다. 악어가 위험하니 강에서 헤엄치지 말라는 어머니 말씀에 "어머니 고맙지만 실험적으로 검증해 볼게요"라고 어른스럽게 과학적일 수도 없다. 이런 실험은 치명적인 결과를 가져오는 경우가 많다. 왜 자연선택 혹은 적자생존이 실험적인 정신을 벌하고 순진한 아이를 선택하는지 쉽게 이해할 수 있다.

하지만 여기서 어쩔 수 없는 불행한 부산물이 하나 발생한다. 만약 부모가 사실이 아닌 얘기를 하더라도 믿어야 한다는 것이다. 어떻게 안 그러겠는가? 아이들은 진짜 위험에 대한 경고와 "죄 지으면" 눈이 멀거나 지옥에 가는 것과 같은 가짜 경고의 차이를 구별하지 못한다. 순진함이라는 생존 도구는 한 세트로 존재한다. 가짜건 진짜건 들려주는 것을 모두 믿는 것이다. 부모와 어른들은 워낙 많이 알기에 그들이 모든 것을 안다고 전제하고 당연히 믿는 것이다. 그들이 굴뚝을 타고 내려오는 산타클로스나 믿음으로 "산을 움직이는" 얘기를 하면 모두 믿어 버린다.

아이들은 인생의 '애벌레' 단계를 통과하기 위해 순진해야 한다. 나비는 짝을 찾고 식물에 자손을 낳기 위해 날개를 가지고 있다. 이따금씩 꽃의 꿀을 빨아먹어 배를 채운다. 나비 성체는 생활사에서 성장기에 해당하는 애벌레와 비교했을 때 더 적은 양의 단백질을 섭취한다. 일반적으로 어린 동물은 생식 가능한 어른이 되는 준비 과정에 있다. 애벌레는 가능한 한 빨리 날고, 번식하고, 멀리 이동하는 어른이 되기 위해 존재하는 것이다. 애벌레는 이 목표를 위해 날개 대신 튼튼한 턱과 왕성하지만 단순한 식욕을 가지고 있다.

인간의 아이도 비슷한 이유로 인해 순진하다. 그들은 정보

애벌레다. 그들은 복잡한 지식 기반의 사회에서 번식하는 어른이 되기 위해 존재한다. 정보의 주된 공급원은 어른, 즉 부모다. 애벌레가 양배추를 먹어치우기 위해 튼튼한 턱을 가지고 있는 것과 마찬가지로 인간의 아이들은 크고 열린 귀와 눈 그리고 언어와 다른 종류의 지식을 흡수하기 위한 믿음으로 가득 차 있다. 그들은 어른 지식의 흡수자이다. 정보의 파도, 기가바이트의 지혜가 유아의 두개골로 흘러 들어오고, 그 대부분은 부모와 조상 세대가 만든 문화에서 기원한다. 물론 애벌레 비유가 완벽하진 않다. 애벌레가 나비로 갑자기 바뀌는 것과는 달리 아이는 차츰차츰 어른으로 자란다.

어느 성탄절, 여섯 살짜리 여자아이에게 산타 할아버지가 지구의 모든 굴뚝을 통과하려면 얼마나 많은 시간이 걸릴지 살짝 물어본 적이 있다. 굴뚝의 높이가 평균 6미터 정도이고, 약 1억 개의 굴뚝이 있다고 했을 때, 성탄절 새벽이 밝기 전에 일을 끝내려면 산타 할아버지가 얼마나 빨리 굴뚝을 내려가야 하는지 나는 큰 소리로 물었다. 물론 음속으로 움직여야 하므로 아이들 방마다 조심스럽게 방문할 여유는 없다. 아이는 요점을 이해하고 뭔가 이상함을 느꼈지만, 그게 전혀 문제가 되는 것 같지는 않았다. 아이는 더 고민하지 않고 관심을 딴 데로 돌렸다. 부모가 사실이 아닌 얘기를 했을 그 뻔한 가능성이 아이의 머릿속에는 들어오지 않았다. 비록 말로 하진 않았지만 아이의 자세로 봤을 때 만약 물리법칙이 산타 할아버지의 일을 불가능하게 만든다면 물리법칙이 틀린 것이어야 했다. 산타 할아버지는 성탄절 전날 몇 시간 안에 모든 굴뚝을 내려간다는 부모님 말씀으로 충분하다. 엄마와 아빠가 그렇다면 그런 것이다.

남을 잘 믿는 순진함이 어린이에게는 정상적이고 건강한 특징이지만, 어른에게는 반대로 심각한 우둔함일 수 있다는 것이 나의 주장이다. 성장한다는 말의 진정한 의미에는 건강한 비판 정신의 성장도 포함되어 있다. 속임수에 활짝 열려 있는 성향은 아이에게 흔히 발견되는 특질이다. 어른에게도 이 특질이 간혹 남는 이유는 지나간 아동기의 안온한 편안함에 대한 갈망과 그리움 때문이라 생각한다. 잘 알려진 과학 및 공상과학 작가인 아이작 아시모프는 1986년에 이 점을 다음과 같이 잘 표현했다. "모든 의사擬似 과학의 껍데기 안에는 덮을 담요, 빠는 엄지손가락, 붙들 치맛자락이 있다." 많은 사람에게 아동기는 잃어버린 이상향, 확실함과 안전함, 네버랜드로 날아가는 환상, 곰돌이 인형의 품에 안겨 꿈나라로 떠나기 전에 듣던 이야기로 가득 찬 천국이다. 돌이켜보면 순수했던 어린 시절이 너무 빨리 지나간 것 같다. 나무 꼭대기 사이로 연처럼 높이 비행기를 태워 주셨던 부모님, 요정과 산타 할아버지, 멀린과 마법주문, 아기 예수와 3인의 동방박사 얘기를 해 준 부모님을 나는 사랑한다. 이 모든 이야기는 어린 시절을 풍요롭게 만들어 기억 속 마법의 시간이 되도록 도와준다.

요정, 산타 할아버지, 장난감 왕국 또는 나니아, 갖고 깊은 것이 가득 있는 천국, 천사가 없는 어른의 세계는 차갑고 공허한지도 모른다. 하지만 어른의 세계에는 악마, 지옥의 불길, 못된 마녀, 귀신, 유령의 집, 귀신들림, 도깨비가 없다. 물론 곰돌이 인형은 살아 있지 않다. 하지만 어른에게는 따뜻하게 살아 있는, 말하고 생각하는 잠동무가 있어, 그를 안으면 부드러운 인형에 대한 유아적인 애착보다 훨씬 깊은 사랑으로 보상을 받는다.

정상적으로 성장하지 못한다는 것은 어릴 때(이럴 땐 장점이다)의 '애벌레' 성을 어른(이럴 땐 단점)이 되어서도 간직하는 것이다. 어린이의 순진함은 이롭다. 순진한 아이의 머릿속은 부모와 조상의 지혜가 엄청난 속도로 채워진다. 그러나 제때 졸업하지 못하면 우리의 애벌레 천성은 점성가, 대중매체, 복음 전도자, 협잡꾼의 표적이 된다. 인간 어린이의 뛰어난 애벌레 정신은 정보와 생각을 흡수하기 위한 것이지, 비판하기 위한 것이 아니다. 성장하면서 비판적 사고가 생기는 것은 아동기의 특징 때문이 아니라 그것에도 불구하고 생기는 것이다. 어린이의 머릿속을 채우고 있는 압지는 기약 없는 모판으로 나중에 비판 정신이 겨자식물처럼 힘겹게 자랄 토양이다. 어린이의 자동적인 순진함은 어른의 과학적이고 건설적인 회의주의로 대체되어야 한다.

그런데 한 가지 문제가 있다. 정보 애벌레의 비유는 사실 지나치게 단순하다. 어린이의 순진함이라는 소프트웨어는 얼핏 모순적인 데가 있어 보인다. 기성세대로부터 가능한 한 빨리 정보를 흡수해야 하는 어린이로 되돌아가자. 만약 두 어른, 예를 들어 엄마와 아빠가 상반되는 정보를 준다면? 엄마가 모든 뱀은 위험하니 절대로 가까이 하지 말라고 한 다음날, 아빠가 다 위험하지만 초록색 뱀은 괜찮으니 집에서 키워도 된다고 한다면 어떻게 되는가? 두 가지 조언 모두 유효할 수 있다. 어머니의 다소 일반적인 조언은 비록 녹색 뱀을 헤아리진 않았으나 뱀으로부터 아이를 보호하는 효과를 지닌다. 아버지의 보다 구체적인 조언도 같은 보호 효과를 가지면서 어떤 의미에선 더 우수하나 전혀 다른 곳에 그대로 적용할 경우 치명적일 수 있다. 어쨌든 어린이에게 이 모순은 위험한 혼동의 여지가 있다. 부모들은 종종 서로의 말이 상반되지 않도록 노력하는데, 이는 올바른 일이다. 그러나 순진함을 설계하는 자연선택은 상반되는 조언을 다루는 장치를 갖출 필요가 있다. 어쩌면 "먼저 들은 것만 믿어라" 또는 "아빠보다 엄마를 믿고, 다른 어른보다 아빠를 믿어라"처럼 단순한 규칙 같은 것 말이다.

부모가 다른 어른을 향한 순진함을 직접적으로 경고하기도 한다. 어른들은 자기 아이들에게 다음과 같은 조언을 한다. "누가 엄마 아빠의 친구라고 하면서 같이 가자고 하면, 그 사람이 아무리 친절하고 사탕을 주어도(특히 사탕이 위험하다) 믿지 말거라. 이미 알거나 부모님이 아는 사람 또는 경찰관 옷을 입은 어른만 따라가야 해."(얼마 전 영국 신문에 소개된 재미있는 기사가 있다. 97세의 엘리자베스 여왕이 길을 잃고 우는 아이를 보고 기사에게 차를 멈추게 했다. 이 친절한 여왕 할머니는 차에서 내려 아이를 안정시키고 집에 데려다 주겠다고 했다. 아이는 울먹거리며 대답했다. "안 돼요. 모르는 사람하고 얘기하면 안 되거든요.") 어린이가 순진함과 정반대로 행동하도록 요구받는 경우도 있다. 지금 듣는 유혹적이고 그럴듯한 말이 예전에 들은 말과 모순될 때 완강하게 전자를 고집하도록 말이다.

사실 엄밀한 의미에서 볼 때 어린이가 '잘 속고 잘 믿는' 것은 아니다. 정말로 잘 믿는 사람은 예전에 들은 것과 모순돼도 최근에 들은 것이라면 무엇이든 믿는다. 내가 표현하고자 한 아동기적 특성은 단순한 순진함이 아니라 잘 속는 면과 한번 믿은 것에 대한 완강한 고집이 결합한 복합체다. 즉 초기의 극단적 순진함과 후기의 고집스러운 부동성不動性의 조합이다. 얼마나 위험한 조합인지 짐작할 수 있을 것이다. 옛날 예수회 단원들의 말이 의미심장하다. "처음 7년만 아이를 나에게 맡겨라, 그러면 인간으로 만들어 주리라."

7

불가사의 풀어헤치기

……어떤 위대한 이성도
인간 영혼의 어두운 신비를
밝히지 못한다…….
존 키츠 〈수면과 시〉(1817)

UNWEAVING THE UNCANNY

저명한 불임 전문가인 로버트 윈스턴이 지어 낸 얘기가 하나 있다. 어떤 파렴치한 돌팔이 의사가 아들을 원하는(여기에 깔린 성차별주의는 나의 생각이 아니나 대부분의 고대 문명과 오늘날 많은 곳에서 여전히 발견된다) 사람들이 보도록 다음과 같은 신문 광고를 게재했다는 것이다. "당신의 자녀를 남자로 만드는 저만의 특허 비법에 500파운드를 지불하십시오. 실패할 경우 환불해 드립니다." 환불 보장은 신뢰도를 높이려는 의도다. 물론 어차피 아들이 태어날 확률이 50%는 되니까 제법 괜찮은 수익 구조를 가진 구상이라 할 수 있다. 사실 여자아이가 나올 때마다 환불 액수에 추가로 250파운드를 보상하는 안정적인 상품도 좋을 것이다. 길게 보면 여전히 짭짤한 수익을 올리게 될 것이다.

나는 1991년 왕립학회의 크리스마스 강연 때 비슷한 예시를 사용했다. 청중 속에 생각만으로 뭔가를 일으킬 수 있는 천리안적 초능력자가 있는데, 그가 누군지 밝혀 내겠다고 했다. 나는 우선 그가 강연장의 왼쪽과 오른쪽 중 어디에 있는지 알아보자고 했다. 나는 청중 모두에게 일어서라고 했고 조교더러 동전을 던지라고 했다. 강연장의 왼편 사람들은 동전의 앞면이, 오른편 사람들은 뒷면이 나오도록 "생각"하게 했다. 물론 한쪽이 틀릴 것이고, 그들은 자리에 앉았다. 나머지 사람들을 다시 두 집단으로 나누어 각각 동전의 앞뒷면이 나오게끔 정신력을 집중하도록 했다. 역시 틀린 사람들은 앉도록 했다. 이렇게 동전을 일고여덟 번 던진 끝에 결국 한 명만 남게 되었다. "우리의 초능력자에게 큰 박수를 부탁합니다!" 동전을 여덟 번이나 연속으로 조정할 수 있었으니 초능력자가 분명하지 않은가?

강연이 녹화가 아닌 생중계였더라면 더욱 인상적인 장면을 연출할 수 있었을 것이다. 시청자 중에 성이 알파벳 J로 시작하는 사람은 동전의 앞면이 나오는 것을 바라고 나머지는 뒷면이 나오는 것을 바라게 한다. '초능력자'가 있는 쪽을 다시 두 집단으로 나누어 같은 방식으로 계속 진행한다. 그리고 그들의 '바람'이 어떤 순서였는지를 적게 한다. 200만 명의 시청자를 1명으로 줄이는 과정에는 약 21단계가 필요하다. 한 열여덟 번째 단계쯤에서 아직 게임에 참여하고 있는 사람의 전화를 받는다. 상당수이겠지만 한 명만 운 좋게 통화가 될 것이다. 이 사람에게 자신의 기록을 읽게 한다. 물론 정답과 일치하는 '앞뒤뒤뒤앞뒤앞앞앞뒤뒤뒤앞뒤뒤'일 것이다. 즉 이 사람은 열여덟 단계의 동전 던지기를 자신의 의지로 조정한 셈이다. 탄성이 울려 퍼진다. 그런데 무엇에 대한 탄성인가? 순전히 운일 뿐이다. 이런 실험이 행해진 적이 있는지 잘 모르겠다. 사실 워낙 단순한 조작이라 많은 사람을 속일 수 있을 것 같지는 않다. 그렇다면 다음 이야기는 어떤가?

어느 유명한 '초능력자'가 브로커를 통해 점심 한 끼로 교섭한 어느 텔레비전 프로그램에 출연한다. 이 신통한 천리안은 천만 개의 화면을 통해 시청자를 희미한 눈으로(분장과 조명 덕택으로) 바라보면서 지금 누군가와 묘한 영적인 교감과 더불어 진동하는 우주 에너지의 공명을 느낀다고 선언한다. 출연자가 신비한 주문을 외우면 교감하고 있는 자의 시계가 멈출 것이기 때문에 누구인지 알 수 있다고 한다. 얼마 지나지 않아 탁자 위에 놓인 전화가 울린다. 경외에 찬 목소리의 누군가가 천리안님의 말이 떨어지기 무섭게 시계가 멈췄다고 한다. 또 시계를 보기 전 이미 이를 예견했다면서 그분의 불타는 눈이 자신의 영혼을 향해 직접 말을 거는 것 같았다고 덧붙인다. '에너지'의 '진동'을 느낀 것이다. 말이 채 끝나기도 전에 두 번째 전화벨이 울린다. 또 다른 시계가 멈춘 것이다.

세 번째 전화에서는 대형 벽시계가 멈췄다고 한다. 염력念力의 영향을 쉽게 받는 작은 손목시계 바늘보다 거대한 벽시계의 웅장한 추를 멈추는 것이 훨씬 엄청난 일일 게다! 어떤 시청자의 시계는 초능력자의 선언이 있기 조금 전에 멈추었다. 더욱더 놀라운 염력의 힘이 아닌가? 또 어떤 시계는 초자연적인 힘에 성급히 반응했다. 아예 하루 전 시계 주인이 신문에서 유명한 초능력자의 사진을 본 바로 그 순간에 멈춘 것이다. 객석에서 탄성이 울려 퍼진다. 이것이야말로 의심의 여지없는 초능력이다. 하루 전에 일어났다니 세상에! "천상과 지상에는 훨씬 많은 것들이 있도다. 호레이쇼."

탄성 대신 생각이 필요하다. 이번 장은 우연의 베일을 벗기고 어차피 일어날 가능성의 계산에 관한 내용을 다룬다. 이 과정에서 우리는 감격하는 것보다 겉으로 놀라워 보이는 우연의 실체를 밝히는 작업이 훨씬 재미있다는 것을 알게 될 것이다.

계산이 간단할 때도 있다. 나는 다른 책에서 내 자전거 자물쇠 번호를 밝힌 적이 있다. 자전거를 훔칠 사람이라면 내 책을 읽지 않을 것이라는 생각에서 한 일이었다. 불행히도 자전거는 도둑맞았고, 나는 새로운 자물쇠에 새로운 번호 4167을 입력해 놓았다. 41은 학창시절 옷이나 신발을 표시하던 숫자여서 기억에 각인되어 있다. 67은 내가 정년 퇴임할 나이이다. 무슨 대단한 우연은 아니다. 기억이 잘나는 조합의 숫자를 생활 속에서 구하고 찾은 것뿐이다. 그러나 그다음에 벌어진 일을 보라. 이 글을 쓰던 날 나는 옥스퍼드 대학교로부터 편지 한 통을 받았다.

복사기를 사용하는 분들께 각각 개인 코드번호가 발급됩니다. 귀하의 번호는 4167입니다.

처음 든 생각은 이 쪽지를 잃어버릴지 모르니 (작년처럼) 기억할 방법을 만들어야 한다는 것이었다. 자전거 번호와 비슷한 건 어떨까? 편지 위 숫자를 다시 한번 보았다. 프레드 호일의 공상과학 소설 《검은 구름》에 나오는 표현대로 종이 위 숫자가 거대해지는 듯했다.

4167

기억할 방법을 만들 필요가 없었다. 숫자는 동일했다. 당시 나는 이 엄청난 우연의 일치를 얘기하러 아내에게 달려갔지만, 차분히 돌이켜본 결과 그럴 일이 아니었다.

순전히 우연에 의해 이런 일이 생길 확률을 쉽게 계산할 수 있다. 첫 숫자는 0에서 9 중 어느 하나다. 즉 자전거 자물쇠와 같이 4가 될 확률은 10분의 1이다. 두 번째 숫자도 0에서 9 중 어느 하나이므로 자전거 자물쇠의 두 번째 숫자와 같을 확률도 10분의 1이다. 따라서 처음 두 숫자가 같을 확률이 100분의 1이고 같은 논리로 나머지 두 숫자의 확률을 계산하면 자전거 자물쇠 숫자 네 개 모두와 같을 확률이 1만 분의 1이다. 이 커다란 숫자가 도난에 대한 우리의 방어책인 셈이다.

우연치곤 굉장한 편이다. 이에 대해 어떤 결론을 내려야 할까? 신비한 하늘의 힘이 작용한 것인가? 행운의 별이 천왕성에 진입했는가? 아니다. 단순한 우연 외에 고려할 것은 아무것도 없다. 세상의 사람 수는 1만보다 훨씬 큰 규모이며, 바로 이 순간에도 누군가 내가 경험한 정도 또는 그 이상의 놀라운 우연을 겪고 있을 것이다. 이 글을 쓰던 날에 일어났다는 사실이 우연을 더 우연답게 만들지는 않는다. 사실 이 글의 초고는 몇 주 전에 작성되었다. 우연의 일치가 일어나자 이 일화를 삽입하기 위해 오늘 다시 파일을 연 것뿐이다. 물론 고치고 다듬기 위해 또 몇 번 열겠지만 '오늘' 일어난 일은 정확히 기록했으므로 바뀌지 않을 것이다. 이는 습관적으로 얘기의 재미를 위해 우연의 일치를 강조하는 한 방법이다.

초능력으로 시계를 멈춘 텔레비전 도사에 대해서도 비슷한 계산이 가능하나 이 경우는 정확한 값이 아닌 추정치를 사용해야 한다. 어느 시계든 특정한 시점에 멈출 가능성이 있다. 이 가능성이 얼마인지는 모르지만 다음과 같은 방법으로 추정할 수 있다. 전자시계를 예로 들면 대략 일 년에 한 번씩 약이 다한다. 추측컨대 태엽시계는 보통 다시 감는 것을 잊어버리기 때문에 더 자주 멈추고, 전자시계는 사람들이 종종 약을 갈아야 한다는 걸 기억하기 때문에 덜 자주 멈춘다. 그러나 시계에 다른 하자가 있어서 멈추는 것은 둘 다 비슷할 것이다. 한 시계가 멈출 확률이 일 년에 한 번이라고 추정해 보자. 우리의 추정치가 얼마나 정확한지는 그다지 중요하지 않다. 원리는 마찬가지다.

초능력자가 주문을 외운 지 3주 후에 멈춘 시계에 대해선 아주 잘 속는 사람조차도 그저 우연으로 치부할 것이다. 시계가 멈춘 시점이 초능력자의 선언과 동시적이라고 느낄 만한 시한이 어느 정도인지 결정해야 한다. 한 5분이면 적당하다. 전화를 건 사람마다 몇 분씩 얘기를 나누고도 전부 그럭저럭 동시라고 느낄 만한 시간이다. 1년에 5분이라는 시간은 약 10만 단위 존재한다. 예를 들어 내 시계가 지금 5분 안에 멈출 확률은 10만 분의 1이다. 낮은 확률이지만 시청자는 1,000만 명이 넘는다. 이 중 절반만 시계를 차고 있어도 특정 시점에 확률적으로 스물다섯 개가 멈출 수 있다. 이 중 4분의 1만 스튜디오로 전화를 걸어도 순진한 시청자를 감격시키기에 충분하다. 여기에 그 전날 멈춘 시계, 손목시계 대신 멈춘 대형 벽시계, 심장병으로 멈춘 친지의 '인공심장' 등도 모두 포함된다. 정겨운 옛 노래 〈벽시계〉는 바로 이런 우연을 노래한다.

> 잠도 안자고 99년 동안,
> 재깍 재깍 재깍 재깍,
> 남은 시간이 줄어드네,
> 재깍 재깍 재깍 재깍,
> 어느덧 멈추네……다시는 안 움직이네
> 노인이 죽을 바로 그때에.

리처드 파인먼이 죽고 나서 1998년에 출판된 그의 1963년 강의록을 보면, 그의 아내가 오후 9시 22분에 숨을 거두고 난 뒤 그 방의 시계가 정확히 그 시각에 멈춘 채로 발견되었다는 애기가 나온다. 이 우연의 일치에 부산을 떠는 자들은 파인먼이 제공한 간단하고 논리적인 설명이 뭔가 소중한 것을 앗아갔다고 느낄 것이다. 가다 서다 하던 이 낡은 시계는 수평이 맞지 않으면 종종 꺼지곤 했다. 파인먼 자신도 이 시계를 자주 고쳤었다. 파인먼의 아내가 죽었을 때 간호사는 정확한 사망 시간을 기록해야 했다. 시계는 어두운 곳에 있었기에 간호사는 빛이 드는 곳을 향해 시계를 기울였다. 그때 시계가 멈춘 것이다. 파인먼의 진실하고 간단한 설명이 아름다움을 망치는가? 나에겐 아니다. 내가 보기에 파인먼은 인간 감정을 자극하는 대신 시계가 이유 있게 멈추는 질서 정연한 우주의 우아함과 아름다움을 확인시켜 주고 있다.

여기서 한 개의 기술적인 용어를 만들려는데, 독자의 양해를 구하고자 한다. '우연모집단PETWHAC'이라는 용어다. 이 용어는 '우연의 일치로 보이는 모든 사건들의 집단Population of Events That Would Have Appeared Coincidental(PETWHAC)'의 약자이다. 집단이라는 말이 이상하게 들릴지 모르나 사실 통계학적으로 정확한 용어다. 시계가 초능력자가 주문을 하고 10초 내에 멈추는 사건 등은 우연모집단에 해당된다. 엄밀히 말해 벽시계는 해당되지 않는다. 초능력자가 벽시계를 언급하지 않았기 때문이다. 그럼에도 벽시계가 멈췄다는 전화가 오는 이유는 사람들이 손목시계가 멈춘 것보다 훨씬 더 놀라기 때문이다. 이 이상한 견해는 벽시계에 대한 언급이 없었는데도 멈췄기 때문에 더욱 대단하다는 것이다! 마찬가지로 하루 전에 멈춘 시계나 심장발작으로 멈춘 할아버지의 인공심장도 언급된 적이 없다.

사람들은 이런 예상치 못한 일이 우연모집단에 해당한다고 믿는다. 그들은 신비한 힘이 관여했을 것으로 여긴다. 그런데 이런 사례를 계속 추가하다 보면 우연모집단은 점점 커질 수밖에 없고, 바로 여기에 핵심이 있다. 시계가 정확히 주문을 읊기 24시간 전에 멈추면 이 사건을 우연모집단의 하나로 받아들여도 좋다. 만약 정확히 7분 전에 멈추면 7은 예로부터 신비한 수였으므로 놀라울 수 있다. 7시간, 7일 등도 마찬가지이다. 우연모집단이 크면 클수록 우리는 우연의 일치에 덜 놀라는 것이 자연스럽다. 뛰어난 요술쟁이의 기술 중 하나는 사람들이 정반대로 생각하게끔 유도하는 것이다.

사실 이 상상의 초능력자를 위해 내가 고른 트릭은 보통 텔레비전에서 나오는 것보다 훨씬 인상적인 것이다. 멈춘 시계를 다시 가게 하는 것이다. 시청자는 서랍이나 다락방에서 고장 난 시계를 찾아와 손에 쥔 채 초능력자가 주문이나 최면을 하는 것을 보도록 되어 있다. 실제로 벌어지는 현상은 손의 온기가 응고된 기름을 녹여 시계바늘이 아주 잠깐 움직이는 것이다. 빈도가 매우 낮은 현상이라도 시청자가 충분히 많다면 감동에 젖은 몇 통의 전화가 걸려 올 게 분명하다. 니콜라스 험프리는 초자연주의를 멋지게 폭로한 그의 저서 《영혼을 찾아서》(1995)에서 고장 난 시계의 50퍼센트가 손으로 쥐고 있으면 잠시라도 재작동한다고 했다.

확률을 분명히 계산할 수 있는 또 한 가지 우연의 종류가 있다. 앞으로 확률이 어떻게 우연모집단의 변화에 민감하게 반응하는지를 이 예를 통해 알아볼 것이다. 예전에 나는 생일(같은 해는 아니다)이 같은 여자 친구를 사귄 적이 있다. 그녀는 점성술을 믿는 친구에게 이 사실을 얘기했다. 그 친구는 나의 이전 여자 친구 두 명의 '별자리'에 의해 이 인연이 맺어졌다는 결정적인 증거 앞에 어찌 회의적일 수 있냐고 하였다. 다시 한번 차분히 생각해 보자. 임의로 고른 두 명의 생일이 같을 확률은 쉽게 계산할 수 있다. 1년에는 365일이 있다. 첫 번째 사람의 생일이 언제든 두 번째 사람과 생일이 같을 확률은 365분의 1이다.(윤년은 예외로 하자) 한 남자의 이전 두 여자 친구처럼 특정 방식으로 사람을 짝 지으면 그 둘의 생일이 같을 확률은 365분의 1이다. 천만 명의 남자(도쿄나 멕시코시티의 인구보다 적다)를 놓고 보면 이 진기한 일이 27,000명 이상에게서 일어난다!

이제 우연모집단이 커질수록 우연의 일치가 얼마나 덜 놀라운지 보자. 우연의 일치를 보기 위해 사람을 짝 짓는 방법은 여러 가지가 있다. 예를 들어, 가장 최근에 사귄 두 명의 여자 친구의 성이 같은 경우, 비즈니스 파트너끼리 생일이 같은 경우, 비행기 좌석에 나란히 앉은 두 사람의 생일이 같은 경우 등의 짝을 만들어 볼 수 있다. 승객이 가득 찬 보잉 747 여객기라면 생일이 같은 사람끼리 앉는 경우가 적어도 한 쌍 정도 있을 확률이 사실 50퍼센트보다 높다. 지겨운 입국신고서를 쓰면서 어깨너머로 훔쳐보지 않기 때문에 보통 깨닫지 못하는 것이다. 만약 누군가가 봤다면 또 신비스러운 힘에 대한 중얼거림이 어디선가 들려올 것이다.

우연의 일치로 생일이 같은 경우가 더 극적으로 보이는 사례가 있다. 한 방에 사람이 23명 있을 때 수학자들은 적어도 두 명의 생일이 같을 확률이 50퍼센트라는 것을 증명할 수 있다. 이 책의 초벌 원고를 읽은 두 명의 독자가 이 황당한 발언을 설명해 달라고 한 적이 있다. 생일이 전혀 같지 않을 확률을 1에서 빼는 것이 계산이 쉽다. 윤년은 득보다 해가 되니 제외하자. 23명 중 적어도 2명은 생일이 같다고 내가 내기를 제안한다고 치자. 당신은 협조하는 차원에서 아무도 생일이 같지 않다는 쪽에 건다. 한 명으로 시작해서 한 명씩 더해 가면서 23명이 될 때까지 계산한다. 그 과정에서 생일이 같은 경우가 나오면 내가 이기고, 더 이상 알아볼 것 없이 게임은 끝난다. 23명이 될 때까지 같은 생일이 안 나오면 당신이 이긴다.

방 안에 편의상 A라 부르는 첫 번째 사람만 있을 때, '일치 없음'이 나올 확률은 거의 1이다(365회 시행 중 365). 이제 두 번째 사람 B를 집어넣자. 일치의 확률은 이제 365분의 1이다. 따라서 B가 A와 합류한 후 '일치 없음'이 나올 확률은 365분의 364이다. 다음 세 번째 사람 C를 더하자. C와 A가 같을 확률이 365분의 1이고 C가 B와 같을 확률이 365분의 1이기 때문에, 그가 A와 B 어느 쪽과도 생일이 같지 않을 확률은 365분의 363이다(A와 B가 생일이 다르기 때문에 둘 다와 같을 순 없다). '일치 없음'이 나올 총 확률을 얻기 위해서 우리는 이 365분의 363을 이전 단계의 확률, 이 경우에서는 365분의 364와 곱해야 한다. 네 번째 사람 D가 들어왔을 때도 같은 논리가 적용된다. 이제 '일치 없음'의 총 확률은 364/365 × 363/365 × 362/365이다. 이런 식으로 방 안에 23명이 다 들어올 때까지 계속된다. 들어오는 사람마다 '일치 없음'을 계산하기 위해 늘어나는 곱셈식에 숫자를 곱하면 된다.

이런 식으로 23회를 곱하고 나면(365분의 343까지 해야 한다) 답은 약 0.49이다. 방 안에 생일이 같은 사람이 아무도 없을 확률이다. 그러니까 23명 중 생일이 같은 사람이 적어도 한 쌍 있을 확률이 실제로 조금 더 높은 것이다. 대부분의 사람들의 직관은 이러한 우연의 일치와 반대로 판단한다. 하지만 그것은 오류다. 바로 이런 종류의 직관적 오류가 '신비로운' 우연의 일치를 평가하는 데 방해 요소가 된다.

다음은 조금 어렵지만 대략적인 확률을 계산해 볼 수 있는 실제 우연의 일치 사례를 소개한다. 내 아내가 어머니에게 선물할 핑크색의 아름다운 골동품 시계를 샀다. 집에 와서 가격표를 떼어 보니 놀랍게도 시계의 뒷면에 어머니의 머리글자인 M. A. B.가 새겨져 있는 게 아닌가! 신비로운가? 기이한가? 등골이 오싹해지는가? 유명한 소설가 아서 쾨슬러라면 굉장히 흥분했을 것이다. 널리 존경받는 심리학자이자 '집단무의식'의 창시자인 카를 융도 마찬가지였을 것이다. 그는 초능력에 의해 책장이나 칼과 같은 물체가 큰 소리를 내면서 폭발할 수 있다고 믿었다. 이들보다 현명한 내 아내는 이 우연의 일치가 그저 유용하고 재미있어 나에게 들려주었고, 덕분에 여기서 얘기할 수 있게 되었을 뿐이다.

그러면 이런 종류의 우연의 일치가 일어날 확률은 실제로 어느 정도인가? 순진한 계산을 해 볼 수 있다. 알파벳에는 26개의 글자가 있다. 어머니 이름의 머리글자 세 개가 시계에 새겨진 임의의 글자 세 개와 일치할 확률은 $1/26 \times 1/26 \times 1/26$, 즉 $1/17{,}576$이다. 영국에는 약 5500만 명이 산다. 모두 머리글자가 새겨진 골동품 시계를 샀다면 3,000명 이상이 자신의 어머니의 머리글자가 새겨진 시계를 발견하는 놀라움을 경험할 것이다.

그런데 확률은 사실 이보다도 높다. 우리의 순진한 계산 방식은 모든 글자가 누군가의 머리글자로서 26분의 1의 확률을 가진다는 부정확한 가정을 하였다. 이것은 알파벳 전체의 평균 확률로서 X나 Z와 같은 일부 글자는 확률이 낮다. 또 M, A, 그리고 B와 같은 글자는 흔하다. X. Q. Z.라는 머리글자의 일치를 경험했을 때의 놀라움을 생각해 보라. 전화번호부에서 표본을 추출해 확률을 추산할 수 있다. 표본 추출은 직접 셀 수 없는 것을 추산하는 훌륭한 방법이다. 런던은 큰 도시인 데다 아내가 시계를 사고 어머니가 사는 곳도 런던이므로 런던의 전화번호부가 표본 추출의 대상으로 적합하다. 런던 전화번호부의 인명 목록의 총 길이는 약 2킬로미터가 넘는다. 이 중 약 20미터가 B에 해당한다. 이는 런던 사람들의 약 9.5퍼센트가 B로 시작하는 성을 가진다는 얘기다. 평균 빈도인 26분의 1, 즉 3.8퍼센트보다 훨씬 높은 빈도다.

그래서 임의로 고른 런던 사람의 성이 B로 시작할 확률은 약 0.095(=9.5%)이다. 이름이 M 또는 A로 시작할 확률은 어느 정도인가? 전화번호부에서 이름 머리글자를 세는 작업이 시간도 많이 소모하고 전화번호부 자체도 하나의 표본에 불과하기 때문에 그런 작업은 의미가 없다. 가장 쉬운 방법은 머리글자가 알파벳순으로 정리된 모집단의 표본subsample을 추출하는 것이다. 하나의 성으로 정리된 목록이 바로 그것이다. 영국에서 가장 흔한 성인 스미스에서 M. Smith와 A. Smith의 비율이 어떻게 나타나는지 살펴보자. 이 표본이 일반적인 런던 사람의 성의 머리글자를 어느 정도 대표한다고 할 수 있다. 스미스라는 성의 목록은 길이가 약 20미터 정도 된다. 이 중 7.3퍼센트 즉 약 1.5미터가 M. Smith이다. A. Smith는 약 2미터 정도이며, 전체의 10.2퍼센트를 차지한다.

당신이 세 머리글자의 런던 사람이라면 그것이 M. A. B.일 확률은 약 $0.102 \times 0.073 \times 0.095$, 즉 0.0007이다. 영국의 인구가 5500만 명이니, 그중 약 3만 8000명이 M. A. B.라는 머리글자를 가지고 있다는 말이다. 5500만 명 모두가 머리글자가 셋이라면 말이다. 물론 전부는 아니지만 전화번호부를 보면 적어도 대다수가 그렇다는 것을 알 수 있다. 한발 물러서서 영국사람 중 절반만이 세 개의 머리글자를 가진다는 극단적인 가정을 해도 1만 9000명 이상의 영국인이 나의 장모와 동일한 머리글자를 가지는 셈이다. 이들 중 어느 누구든 시계를 샀다면, 우연의 일치에 놀랄 것이다. 우리의 계산은 전혀 감격할 이유가 없다는 것을 알려준다.

우연모집단에 대해 더 깊이 생각하면 할수록 감동받을 이유가 점점 적어진다. M. A. B.는 장모님의 처녀시절 이름의 머리글자다. 결혼 후의 머리글자인 M. A. W.가 시계에서 발견되었더라도 마찬가지로 놀라웠을 것이다. W로 시작하는 성은 B로 시작하는 성만큼 전화번호부에 흔하다. 이는 장모님과 '동일한 머리글자'를 가진 사람의 수를 두 배로 늘려 우연모집단을 두 배로 증가시킨다. 더욱이 시계를 산 사람이 자신의 어머니가 아닌 자신의 머리글자가 새겨진 것을 발견했더라도 더 놀라운 우연으로 여기며 소중한 우연모집단(계속 증가하는)의 한 사례로 확신할 것이다.

앞서 언급한 아서 쾨슬러는 우연의 일치에 열광한 사람이었다. 《우연의 일치의 근원》(1972)에 실린 이야기 중에 그의 영웅인 오스트리아의 생물학자 폴 캐머러(산파개구리의 '획득형질의 유전'을 보이기 위한 가짜 실험으로 유명한)가 자주 인용된다. 쾨슬러가 인용한 전형적인 캐머러의 이야기 하나를 인용하겠다.

> 1916년 9월 18일 J. v. H. 의사의 상담실에 들어가기 위해 차례를 기다리던 나의 아내는 《예술Die Kunst》이라는 잡지를 읽다가, 슈발바흐라는 화가의 작품이 인상 깊어 나중에 원작을 보기 위해 머릿속에 이름을 메모해 두었다. 그 순간 문이 열리면서 간호사가 환자들을 향해 말했다. "손님 중에 슈발바흐 부인 계신가요? 전화 왔습니다."

이 우연은 계산할 가치가 별로 없지만 몇 가지 사항을 짚고 넘어가야 한다. "그 순간 문이 열리면서"라는 표현은 다소 모호하다. 슈발바흐의 그림을 생각하며 머릿속에 메모를 하고 나서 1초 후 또는 20분 후에 문이 열렸는가? 그녀가 아직도 신기해할 정도의 시간적 차이는 얼마겠는가? 슈발바흐라는 이름의 빈도도 물론 중요하다. 만약 이름이 슈미트나 슈트라우스였다면 덜 신기했을 것이고, 트위스틀튼-와익햄-피에네스 또는 나흐트불-후게슨이었다면 더 신기했을 것이다. 우리 동네 도서관에는 빈의 전화번호부가 없지만 커다란 독일 전화번호부의 베를린 편을 뒤져 보면 슈발바흐라는 이름이 약 여섯 개 나온다. 그다지 흔한 이름은 아니므로 그녀가 신기해할 만하다. 그러나 우리는 우연모집단의 크기에 대해 더 생각해야 한다. 비슷한 우연의 일치가 빈뿐 아니라 다른 곳의 다른 병원 대기실, 치과의사의 대기실, 관공서 등에서 일어날 수 있다. 명심해야 할 숫자는 실제로 일어난 사건과 같은 우연의 일치가 일어날 '기회'의 수다.

이번엔 확률 계산이 더 어려운 우연의 일치 사례를 들어 보자. 몇 년 만에 처음으로 옛 지인에 대한 꿈을 꾼 날, 난데없이 그로부터 편지를 받는 퍽 흔한 경험담은 어떤가. 또는 그가 그 날로 숨지거나 그의 아버지가 죽은 경우, 또는 아버지가 죽는 게 아니라 축구 내기에서 이긴 경우, 정신 차리지 않으면 우연 모집단이 얼마나 커지는지 아는가?

이런 우연의 일치 사례는 종종 넓은 지역에 걸쳐 수집된다. 대중적인 신문의 독자란은 기가 막힌 우연의 일치가 아니고선 투고하지 않을 사람들의 글로 가득하다. 신기한 것인지 아닌지를 결정하기 위해서는 그 신문의 발행 부수를 알아야 한다. 만약 400만 부가 발행된다면 그 400만 명 중 한 명에게만 우연의 일치가 일어나도 우리는 신문을 통해서 그 사실을 알 가능성이 있으므로, 엄청난 우연의 일치가 매일 등장하지 않는 것이 오히려 놀라울 뿐이다. 오랫동안 잊고 있던 옛 친구의 꿈을 꾼 그날 밤에 그가 죽는 우연의 일치가 어느 한 사람에게 일어날 가능성은 계산하기 어렵다. 하지만 어쨌든 그 확률은 400만 분의 1보다 크다.

따라서 신문에 나오는 세계 어디의 누군가가 겪은 우연의 일치가 신기할 이유는 전혀 없다. 신기할 이유가 없다는 이 주장은 매우 합당하다. 그럼에도 불구하고 아직도 어딘가 찜찜한 구석이 남아 있을 수 있다. 당신은 발행 부수가 많은 신문의 독자로서 다른 수백만 명의 독자에게 일어난 우연을 신기해 할 이유가 없다는 데는 흔쾌히 동의할지 모른다. 그러나 그 우연의 일치가 바로 당신 자신에게 일어났을 때 느껴지는 짜릿한 감동은 부정하기 힘들다. 이것은 단순한 개인적 편향이 아니다. 충분히 근거 있는 얘기다. 내가 만나 본 거의 모든 사람들은 이런 심리를 가지고 있다. 임의로 질문해 봐도 누구나 요상한 경험 한두 가지는 갖고 있게 마련이다. 이는 신문의 얘기들이 우연히 발생할 기회가 풍부한 수백만 명의 독자층에서 수집된다는 논점을 약화시키는 듯하다.

그러나 다음의 이유로 약화시키지 않는다. 우리 한 사람 한 사람은 우연의 일치가 일어날 기회의 커다란 집합체라 할 수 있다. 당신과 내가 살아가는 보통의 나날은 끊이지 않는 사건과 사고의 연속이며, 무엇이든 우연의 일치의 잠재적 대상이 될 수 있다. 나는 지금 벽에 걸린 아주 신기한 괴물 형상의 심해 물고기 사진을 보고 있다. 바로 이 순간에 벨이 울리면서 자신을 미스터 피쉬라고 소개하는 사람의 전화가 올 수 있다. 한번 기다려 보자.

전화벨은 울리지 않았다. 요는 하루의 어느 시점에서 무엇을 하든 전화벨이 울리는 것과 같은 일이 벌어질 수 있으며, 혹

벌어지면 차후에 기이한 우연의 일치로 기록될 수 있다는 점이다. 인간의 삶은 충분히 길기 때문에 놀라운 우연의 일치를 단 한번도 경험하지 않은 사람을 만나는 것이 오히려 놀라운 일일 것이다. 바로 이 순간 나의 머리는 지난 45년 동안 보지도, 생각하지도 않던 하빌랜드라는 동창생(세례명이나 외모는 기억나지 않는다)에 대한 생각으로 흘러가 버렸다. 만약 바로 이 순간, 하비랜드 사가 제조한 비행기가 창문 너머로 날아가면 나는 우연의 일치 하나를 건지는 셈이다. 사실 그런 비행기는 현재 보이지 않지만 이제 또 다른 것을 생각하고 있으므로 새로운 우연의 일치의 기회를 얻고 있다. 그리하여 우연의 일치가 일어날 기회는 하루 종일, 그리고 매일 이어진다. 하지만 우연의 일치가 일어나지 않는 불일치의 경우는 간과된 채 보고되지 않는다.

어떤 의미가 담긴 우연의 일치든 거기에서 의미와 경향을 발견하려는 성향은 삶 속에서 경향을 탐색하는 더 일반적인 경향의 일부분이다. 이 성향은 훌륭하고 유용하다. 세상의 사건과 현상은 사실 무작위적이지 않은 경향에 따라 일어나며, 이러한 경향을 감지하는 능력은 우리를 비롯한 여러 동물에게 유리하다. 문제는 경향이 없는데도 찾으려고 하는 스킬라(그리스 신화에 나오는 큰 바위에 사는 6두 12족의 여자 괴물—옮긴이 주)와 경향이 있는데도 찾지 못하는 카리브디스(배를 삼킨다고 전해지는 시칠리아 섬 앞바다의 큰 소용돌이—옮긴이 주) 사이를 항해하는 것이다. 통계과학은 대체로 이 어려운 항로의 항해에 관한 것이다. 그러나 통계적 방법론이 등장하기 전에도 인간, 심지어는 동물도 상당한 수준의 직관적 통계학자였다. 하지만 양방향 어느 쪽이든 실수하기 쉽다.

다음은 누구나 아는 것은 아니지만 아주 당연하지도 않은 실제 자연의 통계적 경향들이다.

실제 경향 성교 후 통계적으로 266일이 경과하면 아기가 태어난다.

관찰이 어려운 이유 정확한 기간은 평균 266일 전후로 차이가 난다. 성교가 임신을 야기하지 못하는 경우가 더 많다. 성교는 워낙 흔한 일이므로 마찬가지로 흔하지만 임신과 무관한 식사처럼 임신의 원인인지는 분명치 않다.

실제 경향 임신은 보통 여성의 생리 주기 중간에 일어나며, 월경 중에는 일어나지 않는다.

관찰이 어려운 이유 위 참조. 그리고 월경하지 않는 여자는 임신하지 못한다. 이런 우연한 연관 관계는 이해에 방해가 되고 문외한을 정반대의 결론으로 이끌기도 한다.

실제 경향 흡연은 폐암을 일으킨다.

관찰이 어려운 이유 흡연자 중 폐암에 걸리지 않는 사람은 매우 많다. 흡연한 적이 없는 데도 폐암에 걸린 사람도 많다.

실제 경향 흑사병 창궐 당시 쥐 또는 쥐의 몸에 붙은 벼룩과 접촉하면 감염되었다.

관찰이 어려운 이유 쥐와 벼룩은 워낙 많다. 쥐와 벼룩은 먼지나 '나쁜 공기'처럼 나쁜 것들과 이미 연관됐기 때문에 연관 관계 중에서 뭐가 중요한지 알기 어렵다. 즉 우연한 연관 관계가 이해에 방해가 된다.

다음은 사람들이 진짜라고 믿는 가짜 경향의 예들이다.

가짜 경향 기우제(또는 인간을 제물로 바치거나 족제비 콩팥 위에 염소의 피를 뿌리는 등 신학이 지정하는 어떤 풍습이든)는 가뭄을 해결한다.

잘못 인식하는 이유 경우에 따라서 기우제 직후에 비가 내리기도 하며 이런 흔하지 않은 행운은 기억에 남는다. 기우제를 했는데도 비가 내리지 않으면 의식의 세부사항에 문제가 있거나 다른 이유 때문에 신들이 노했다고 생각한다. 언제나 그럴듯한 구실을 찾기는 쉽다.

가짜 경향 혜성을 비롯한 여러 천체의 사건은 인류의 위기를 전조한다.

잘못 인식하는 이유 위 참조. 기우제나 족제비 콩팥에 대한 미신을 받드는 것이 제사장이나 마녀의 이익과 관련되듯이 미신을 받드는 것은 점성가의 이익과 관련된다.

가짜 경향 불행을 겪고 나면 행운이 찾아온다.
잘못 인식하는 이유 불행이 지속되면 우리는 불행의 시기가 아직 끝나지 않았다고 가정하고 곧 올 불행의 종식을 기다린다. 불행이 더이상 지속되지 않으면 예언이 들어맞은 것으로 이해한다. 우리는 무의식적으로 시작과 끝이 있는 불행의 '시기'를 규정한다. 그러므로 당연히 행운이 뒤따를 수밖에 없다.

우리는 자연에서 비非 임의성을 찾는 유일한 동물도, 미신적인 실수를 범하는 유일한 동물도 아니다. 미국의 유명한 심리학자인 스키너의 이름을 따라 명명된 '스키너 상자'라는 기구에 의해 이 두 가지가 깨끗이 증명된다. 스키너 상자는 쥐나 비둘기의 심리를 연구하기 위한 간단한 다용도 장비이다. 이 상자의 한쪽 면에는 비둘기가 부리로 쪼아서 켜고 끌 수 있는 스위치가 하나 또는 여러 개 있다. 또 전기로 작동하는 먹이(또는 포상에 해당하는 다른 것) 장치가 달려 있다. 이 두 장치는 비둘기의 쪼는 행위가 먹이 장치를 작동하도록 설정되어 있다. 쉽게 말해서 비둘기가 스위치를 쪼면 먹이가 나오는 것이다. 비둘기는 이를 제법 잘 익힌다. 쥐도 마찬가지이며, 더 크고 강화된 스키너 상자 안에서는 돼지도 잘 배운다.

스위치와 먹이가 전기장치에 의해 인과적으로 연결되어 있다는 것을 우리는 알지만 비둘기는 모른다. 비둘기에게 스위치를 쪼는 것은 기우제와 다를 바 없다. 이 연관 관계는 아주 미약한 통계적인 관계일 수도 있다. 실험 장치를 쫄 때마다가 아니라, 열 번 쪼는 중에 한 번만 먹이를 준다고 치자. 그야말로 열 번째 쪼았을 때마다 줄 수도 있다. 또는 장치의 설정을 평균 열 번 쫄 때 먹이가 주어지되, 매번 몇 번을 쪼아야 먹이가 나오는지는 그때그때 임의로 정할 수도 있다. 또는 시계로 지정된 시간의 평균 10분의 1 시점에 쪼면 먹이가 나오지만 여러 10분의 1 시점 중 정확히 언제인지는 모르게 할 수 있다. 인과관계를 알기 위해서는 뛰어난 통계학자가 되어야 할 것 같지만 비둘기나 쥐는 스위치를 누르는 법을 배운다. 아주 가끔 먹이가 주어지는 실험도 있다. 흥미롭게도 어쩌다 먹이가 주어지는 실험에서 생긴 습관이 쫄 때마다 먹이가 주어지는 실험에서 생긴 습관보다 훨씬 강하다. 먹이 장치를 아예 꺼버려도 금방 포기하지 않을 정도이다. 생각해 보면 직관적으로 이해할 수 있을 것이다.

   그렇다면 비둘기와 쥐는 세상의 미세한 경향의 통계적 규칙을 감지하는 꽤 괜찮은 통계학자인 셈이다. 아마 이 능력은 스키너 상자뿐 아니라 자연에서도 그 역량을 발휘할 것이다. 바깥 세상은 경향으로 가득 차 있다. 세계는 하나의 거대하고 복잡한 스키너 상자다. 야생동물의 행동은 종종 포상이나 처벌 또는 기타 중요한 사건을 야기한다. 원인과 결과의 관계는 보통 절대적이 아니라 통계적이다. 마도요가 길게 구부러진 부리로 진흙을 뒤질 때 지렁이를 발견할 특정 확률이 존재한다. 뒤지는 사건과 지렁이를 발견하는 사건의 관계는 통계적이면서 실질적이다. 소위 '최적섭식 이론Optimal Foraging Theory'이라는 정식 연구 분야도 있다. 일례로, 야생 조류는 지역 간의 상대적인 먹이의 양을 통계적으로 평가하고, 그에 따라 시간을 할애하는 상당히 정교한 능력을 보여 준다.

다시 실험실로 돌아오자. 스키너는 스키너 상자를 다용도로 사용하는 거대한 연구 학파를 창시했다. 1948년, 그는 이 표준 기술을 기발하게 변형했다. 행동과 보상 간의 인과관계를 완전히 망가뜨린 것이다. 그는 비둘기의 행동과 상관없이 기계장치가 때때로 먹이를 주도록 만들었다. 새들은 그냥 기다리기만 하면 되는 상황이 된 것이다. 하지만 그런 일은 일어나지 않았다. 대신 8번 중 6번은 보상의 행동을 익히듯, 스키너의 표현대로 '미신적인' 행동을 보였다. 행동은 비둘기마다 다르게 나타났다. 어떤 새는 '보상' 사이의 간격 동안 팽이처럼 몸을 반시계 방향으로 빙글빙글 돌렸다. 어떤 새는 상자의 위쪽 구석을 향해 머리를 뻗었다. 또 어떤 새는 마치 보이지 않는 커튼을 머리로 걷듯이 '들어 올리는' 동작을 취했다. 어떤 두 마리는 '진자 운동'처럼 양 옆으로 리드미컬하게 움직이는 버릇을 각기 터득했다. '이 마지막 행동은 극락조의 구애춤과 비슷했을 것이다. 스키너가 미신이라는 단어를 사용한 이유는 새들이 마치 자신의 습관적 움직임이 보상 메커니즘에 어떤 인과적 영향력을 미친다고 여기는 듯한 행동을 보였기 때문이다. 이는 물론 사실이 아니다. 비둘기의 기우제 정도였을 뿐이다.

한번 길들인 미신적 습관은 기계장치를 끈 후 몇 시간이 지나도록 지속되곤 했다. 그러나 습관의 형태가 변하지 않는 것은 아니다. 오르간 연주자의 즉흥 연주처럼 아무 곳으로나 흐른다. 한 비둘기는 고개를 왼쪽으로 날카롭게 움직이는 미신적 습관을 터득했다. 시간이 지나면서 움직임은 격렬해졌다. 결국에는 몸 전체를 그 방향으로 움직이는 바람에 한두 발짝씩 이동해야 했다. 몇 시간이 지나자 이러한 '지형적 움직임'으로 인해 왼쪽으로 가는 행동이 가장 두드러진 특징이 되었다. 미신적 습관 자체는 이 종의 본능적 레퍼토리에서 나왔지만, 이런 맥락에서 반복적인 행동을 하는 것은 비둘기에게 자연스러운 것이 아니다.

스키너의 미신적 비둘기들은 마치 통계학자, 그것도 틀리게 사고하는 통계학자처럼 행동했다. 그들은 사건 간의 연관성에 대한 가능성을 인지했고, 특히 그들이 원하는 보상과 이를 얻기 위한 행동 간의 연관성에 대해 반응할 준비가 되어 있었다. 상자의 구석을 향해 머리를 뻗는 습관은 우연히 일어난 것이다. 보상 기계장치가 작동하는 순간 우연히 그런 행동을 했을 뿐이다. 새는 아주 자연스럽게 두 가지 사건이 연관되어 있다는 잠정적인 가설을 세웠다. 마침 운 좋게도 스키너의 타이밍 장치에 의해 보상이 주어졌다. 새가 머리를 뻗지 않는 실험을 했더라도 결국 먹이가 주어진다는 사실을 알아챘을 것이다. 그러나 그런 실험을 하기 위해선 그 비둘기가 대부분의 사람보다 우수하고 회의적인 통계학자이어야 한다.

스키너는 비둘기를 행운의 '징표'를 좇는 카드놀이 도박꾼과 비교한다. 이런 행동은 볼링장에서도 흔히 관찰된다. 볼링공이 선수의 손을 떠난 이후 목표물에 도달할 동안은 조정할 방도가 없다. 그럼에도 불구하고 볼링 선수들은 공을 던진 다음에도 종종 구부린 자세로 몸을 이리저리 비틀면서 무관심한 공을 향해 필사적인 지시라도 내리는 것 같은 행동과 헛된 격려의 말을 뱉기도 한다. 라스베이거스의 슬롯머신은 인간 스키너 상자 그 이상도, 이하도 아니다. '쪼는 행동'은 손잡이를 잡아당기는 행동뿐 아니라 슬롯머신에 돈을 넣는 행위에도 대응된다. 확률이 카지노에 유리하게 설정되어 있다는 것을 누구나 알고 있는(그렇지 않다면 대체 그 엄청난 전기세를 어떻게 감당하겠는가?) 완전한 바보놀이다. 손잡이를 잡아당길 때 대박이 터질지 아닐지는 임의로 결정된다. 미신적 습관이 출현하기에 그만인 상황이다. 예상대로 라스베이거스의 도박 중독자들은 영락없이 스키너의 미신적 비둘기를 연상시키는 동작을 한다. 어떤 이는 기계에다 얘기를 한다. 어떤 이는 손가락으로 이상한 신호를 보내거나 쓰다듬고 두드리기도 한다. 한번 두드려 재미를 본 뒤로는 잊어버리는 법이 없는 모양이다. 서버가 반응할 때를 초조하게 기다리며 단말기를 두들기는 컴퓨터 중독자도 있다.

나의 라스베이거스 정보통은 런던의 경마 도박판에서 비공식적인 연구를 했다. 그녀는 돈을 건 다음 어떤 곳으로 달려가 한 발로 서서 텔레비전 경기를 보는 남자를 보았다. 아마도 그는 그곳에 서서 이긴 적이 있었기에 인과관계를 생각했을 것이다. 만약 다른 누군가가 '그의' 행운의 장소에 서 있으면(어떤 사람들은 타인의 '행운'을 빼앗거나 그냥 신경을 건드리기 위해 일부러 이런 행동을 한다) 그는 경기가 끝나기 전에 어떻게든 발을 그곳에 딛기 위해 주위를 맴돈다. 반대로 머리숱이 무성한 어떤 아일랜드인은 운세를 바꿔 보기 위해 삭발을 감행했다. 그의 가설은 말에 운이 따르지 않는 것과 무성한 머리가 관련되어 있다는 것이다. 정말 그 둘이 연관성 있는 모종의 의미 있는 경향일지도 모른다! 이를 비웃기 전에 우리는 삼손의 운명이 델릴라가 머리카락을 자르면서 급격히 나빠졌다고 배우면서 자랐다는 사실을 잊지 말자.

관찰되는 경향 중 진짜인 것과 무작위적이며 무의미한 것을 구별하는 방법은 무엇인가? 방법은 통계 과학과 실험 설계의 세계에 있다. 자세히 들어가진 않겠지만 통계학의 몇 가지 원리를 설명하고자 한다. 통계학은 크게 임의성과 경향성을 구별하는 기술이다. 무작위성은 경향성의 부재를 의미한다. 무작위성과 경향성의 개념을 설명하는 방식은 여러 가지가 있다. 예를 들어 내가 여학생과 남학생의 글씨체를 구별한다고 치자. 내가 맞으면 성性과 글씨체 간의 어떤 실제 경향성이 있다는 뜻이다. 회의론자는 글씨체는 사람마다 다르며 이 같은 변이와 성과의 관련성은 없다고 반대할 수 있다. 누가 옳은지 어떻게 알 수 있을까? 말을 그냥 믿어서 될 일이 아니다. 나는 운을 좇는 라스베이거스 도박꾼처럼 행운의 연속을 반복 가능한 진정한 기술로 착각하고 있는지도 모른다. 어쨌든 당신은 근거를 요구할 정당한 권리를 갖고 있다. 어떤 증거라면 만족하겠는가? 바로 공개적으로 기록하고 올바로 분석한 증거일 것이다.

그러나 이 주장은 통계적 주장일 뿐이다. 내가 글씨체로 필자의 성을 오류 없이 감별할 수 있다고 주장하는 것은 아니다 (가상의 예일 뿐 실제와 무관하다). 나는 단지 글씨체의 엄청난 다양성 속에서 그 다양성의 구성 성분 중 일부가 성과 연관 관계가 있다고 주장할 뿐이다. 따라서 비록 오차가 있더라도 100개의 글씨 표본이 주어졌을 때 순전히 찍는 것보다 훨씬 정확하게 그 표본을 남녀로 나눌 수 있다는 것이다. 나의 주장을 검증하려면 임의로 추측했을 때 나오는 결과의 확률을 계산해야 된다. 또 한번 우연의 일치를 계산해야 한다.

통계학으로 들어가기 전에 실험 설계의 몇 가지 주의사항이 있다. 여기서 경향성(우리가 찾는 비임의성)은 성과 글씨체 간의 경향성이다. 다른 변수가 여기에 섞이지 않게 하는 것이 중요하다. 예를 들어, 글씨 표본에 개인적인 내용이 담겨서는 안 된다. 글의 내용은 글씨체보다 필자의 성을 추측하는 데 훨씬 용이하다. 한 학교에서 모든 여학생 표본을 모으고, 다른 학교에서 모든 남학생 표본을 모아서도 안 된다. 같은 학교의 학생들은 같은 선생님이나 서로를 통해 글씨체가 유사해질 수 있다. 그로 인해 흥미로운 글씨체의 차이가 관찰될 수도 있으나 어디까지나 학교 간의 차이로 우연적인 성차를 나타낼 뿐일 것이다. 또 가장 좋아하는 책의 구절을 쓰라고 해서도 안 된다. 《블랙뷰티》나 《비글스》와 같은 작품은 판단에 영향을 줄 것이다(다른 아동 문화권에 있는 독자는 각기 그 문화의 적절한 사례로 대체하기 바란다).

낯 익은 글씨체로 성을 알아보는 일이 없도록 내가 모르는 학생으로 한정하는 것도 물론 중요하다. 이름이 있으면 안 되지만 나중에 필자를 알아볼 방법은 있어야 한다. 당신에게 맞는 암호를 사용하되 암호 선택에 신중해야 한다. 남학생은 초록색, 여학생은 노란색으로 표시하는 것은 좋지 않다. 어느 색이 어느 성인지 몰라도 노란색과 초록색이 각각 다른 성이라는 것만으로도 큰 힌트가 된다. 종이마다 코드 번호를 매기는 것이 좋을 것이다. 하지만 1에서 20까지는 남학생, 11에서 20까지는 여학생 등과 같은 식으로 한다면 노란색과 초록색으로 표시하는 것과 마찬가지다. 남학생에게 홀수, 여학생에게 짝수를 줘도 마찬가지다. 대신 임의로 번호를 매기고 내가 찾지 못할 곳에 보관하라. 이런 주의사항을 의학 실험 문헌에서는 '이중맹검'이라 한다.

주의사항이 지켜지고 임의의 순서로 섞인 20개의 무기명 글씨 표본이 준비됐다고 하자. 나는 표본 하나하나를 보면서 남녀 두 개의 더미로 분류한다. '잘 모르겠음'도 둘 중 하나로 분류한다. 실험이 끝난 후 당신은 내 두 개의 더미를 검사하여 얼마나 정확한지를 살핀다.

이제 통계로 들어가 보자. 내가 순전히 무작위로 분류한다 하더라도 종종 맞게 추측했으리라는 것은 예상할 수 있다. 그러나 '종종'은 정확히 얼마나 자주인가? 글씨체로 성을 감별한다는 나의 주장이 기각되려면 내 정답률은 동전 던지기의 확률보다 높지 않아야 한다. 문제는 나의 실제 성적이 동전 던지기의 확률과 충분히 차이가 나느냐는 것이다. 이 질문에 답하는 방법은 다음과 같다.

20명의 성을 추측하는 모든 경우의 수를 생각해 보자. 경우의 수를 20개 모두 맞춘 것에서부터 완전히 임의적인 경우까지(20개 전부 틀리는 경우는 전부 맞추는 경우만큼 인상적이므로 정반대로 분류하더라도 구별할 수 있다는 사실을 보여 준다) 인상적인 순서대로 나열하자. 그다음 나의 구분을 보고 그 결과만큼 또는 더 인상적인 경우의 발생 가능성을 계산한다. 모든 경우의 수는 다음과 같이 생각하자. 우선 100퍼센트 틀리거나 맞는 경우의 수는 각각 하나뿐이지만 50퍼센트 맞을 경우의 수는 여럿이다. 첫 글씨체를 맞추고, 둘째는 틀리고, 셋째도 틀리고, 넷째는 맞추고…… 60퍼센트 맞을 경우의 수는 이보다 다소 적다. 70퍼센트 맞을 경우의 수는 좀 더 적다. 한 번만 실수하는 경우의 수는 많지 않으므로 다 적을 수 있다. 모두 20개의 글씨체가 있다. 실수는 첫 번째, 두 번째, 세 번째……또는 스무 번째에서 일어날 수 있다. 즉 단 하나의 실수가 일어날 경우의 수는 총 20가지다. 실수를 두 차례 범할 경우의 수를 모두 적는 건 상당히 피곤한 일이지만 총 몇 가지가 있는지는 쉽게 계산이 가능하며, 총 190가지가 나온다. 실수를 세 차례 범하는 경우의 수는 더 피곤하지만 어쨌든 가능한 것만은 사실이다. 나머지 경우도 마찬가지다.

이 가상의 실험에서 내가 두 차례 실수를 범했다고 하자. 우리는 일어날 수 있는 모든 경우의 수 중에서 내 성적이 얼마나 우수한지 알아보고자 한다. 그러기 위해서 필요한 것은 내 성적과 같거나 더 우수한 성적의 총 경우의 수다. 내 성적과 같은 경우의 수는 190이다. 내 성적보다 나은 경우의 수는 20(실수 1회) 더하기 1(실수 없음)이다. 따라서 내 성적과 같거나 높은 경우의 수는 총 211가지다. 내 성적보다 나은 성적을 더하는 것이 중요한 이유는 그것들이 동률의 190가지 경우와 함께 엄연히 우연모집단에 속하기 때문이다.

이 211은 동전 던지기로 20개의 글씨체를 구분하는 모든 경우의 수와 대비시켜야 한다. 이건 계산하기 어렵지 않다. 첫 번째 표본은 남학생이거나 여학생이다. 즉 두 가지 경우의 수가 있다. 두 번째도 남학생 아니면 여학생이다. 그래서 첫 표본의 각 경우의 수마다 둘째 표본의 경우의 수가 둘이 있다. 즉 첫 표본 두 개의 경우의 수는 2×2=4이다. 첫 세 개의 표본의 경우의 수는 2×2×2=8이다. 20개의 표본 모두를 구분하는 가능한 방법은 2×2×2……2를 20번 곱한 것, 즉 2의 20승이다. 그러면 제법 큰 수인 1,048,576이 나온다.

모든 경우의 수에서 나의 성적이 같거나 높을 경우의 수의 비율은 211을 1,048,576으로 나눈 값, 약 0.0002 혹은 0.02퍼센트다. 다른 식으로 표현하면, 1만 명이 순전히 동전 던지기로 표본을 분류했다면 나와 같은 점수를 얻는 사람은 단 두 명일 것이라 예상할 수 있다. 이는 내 성적이 매우 좋다는 것을 의미하고 남학생과 여학생의 글씨체가 서로 체계적인 차이를 보인다는 주장의 강한 근거가 된다. 이 모든 것은 가상의 상황이라는 것을 거듭 밝혀 둔다. 내가 아는 한 나는 글씨체로 성을 감별할 능력을 갖고 있지 않다. 또한 글씨체에서 성별에 따른 차이가 나타난다는 좋은 근거가 있다 하더라도 그 차이가 선천적인지, 후천적인지에 대해서는 아무 얘기도 해 주지 못한다. 위의 실험 결과로는 여학생이 체계적으로 다른 글씨체를 갖도록, 즉 더 '숙녀답고' 덜 '독단적이게' 교육받았다는 주장도 얼마든지 할 수 있다.

우리는 방금 소위 통계적 유의미성에 대한 검증을 해 본 것이다. 가장 기초적인 원리에서부터 시작하여 다소 지겨운 과정을 거쳤다. 실제로 연구자는 이미 계산된 확률과 분포표를 이용한다. 따라서 우리는 일어날 수 있는 모든 가능한 경우를 일일이 쓰지 않아도 된다. 그러나 바탕이 되는 이론, 즉 이 표가 계산된 근거는 본질적으로 동일한 과정을 거친다. 일어날 수 있는 사건을 골라 임의적으로 계속 반복한다. 결과를 보고 그 결과가 모든 가능한 경우의 수의 범주에서 얼마나 극단적인 사례인지 측정한다.

통계적 유의미성에 대한 검증이 완벽한 증명이 아니라는 점에 유의하라. 관찰 결과의 발생 원인으로서 운을 배제할 수는 없다. 이 방법의 최대 효과는 관찰 결과를 명시된 우연의 수치와 비교해서 볼 수 있게 해 주는 정도이다. 앞서 제시한 예에서는 1만 명 중 두 명에 해당되는 결과가 나왔다. 어떤 효과가 통계적으로 유의미하다고 할 때 우리는 소위 p값이라는 것을 명시한다. 이는 실제 결과와 적어도 맞먹을 정도의 인상적인 결과가 순전히 임의적인 과정을 통해 일어날 확률이다. 1만 분의 2이라는 p값은 매우 인상적이지만 여전히 진정한 경향성이 존재하지 않을 수도 있다. 통계적 검증을 시행하는 것의 아름다움은 진정한 경향성이 존재하지 않을 확률이 얼마인지 아는 데 있다.

과학자들은 통상 1만 분의 2보다 훨씬 관용적인 100분의 1 또는 심지어 20분의 1의 p값으로 판단하는 것을 스스로에게 허락하고 있다. 어떤 p값을 받아들일 것인가는 결과의 중요성과 그로 인해 어떤 결정이 뒤따르는지에 달려 있다. 더 큰 표본으로 실험의 반복 여부를 결정하고자 할 뿐이면 0.05 혹은 20분의 1의 p값도 무방하다. 당신의 흥미로운 결과가 우연에 의해 일어날 확률이 20분의 1이지만 크게 문제될 것은 없다. 실수의 대가가 크지 않기 때문이다. 의학 연구처럼 생사를 좌우하는 판단이 달려 있다면 20분의 1보다 훨씬 낮은 p값을 사용해야 한다. 텔레파시나 '초자연적' 힘처럼 논란의 여지가 다분한 것을 증명하려는 실험도 마찬가지다.

DNA 지문분석과 연관하여 잠시 살펴봤듯이, 통계학자들은 긍정 오류와 부정 오류를 구분하고 이를 오류 유형 1과 오류 유형 2라고 부른다. 오류 유형 2, 즉 부정 오류는 실제로 존재하는 효과를 읽어 내지 못하는 것이다. 오류 유형 1, 즉 긍정 오류는 그 반대다. 실제로는 무작위적인 결과에서 경향이 있다고 결론짓는 것이다. p값은 당신이 오류 유형 1을 저지를 확률이다. 통계적 판단은 이 두 가지 오류의 중간을 목표로 한다. 유형 1과 유형 2를 구분하려고 할 때마다 머리가 멍해지는 오류 유형 3도 있다. 평생 사용한 나도 여전히 다시 찾아보곤 한다. 따라서 앞으로는 더 쉬운 이름, 즉 긍정 오류와 부정 오류라는 명칭을 사용하도록 하겠다. 여담이지만 나는 계산할 때 실수를 잘 저지른다. 사실 나는 우리의 가상 시나리오처럼 기초부터 통계적 검증을 직접 하는 것은 상상조차 하지 못한다. 언제나 누군가가(또는 컴퓨터가) 계산한 표를 참조한다.

스키너의 미신적인 비둘기들은 긍정 오류를 범했다. 그들의 행동과 포상을 진정으로 연결하는 경향은 세상 어디에도 없었다. 하지만 그들은 경향성을 발견한 것처럼 행동했다. 어떤 비둘기는 왼쪽으로 발을 옮기는 것이 보상을 가져다준다고 '생각' 했다(혹은 생각하는 것처럼 행동했다). 구석을 향해 머리를 들이미는 또 하나의 '생각'도 마찬가지였다. 모두 긍정 오류를 범하고 있었던 것이다. 부정 오류란 빨간 불이 켜졌을 때 쪼면 먹이가 제공되지만 파란색 불이 켜졌을 때 쪼면 10분간 기계가 꺼지는 벌이 내려질 때 상자 속 비둘기가 이 사실을 모르는 경우다. 스키너 상자라는 작은 세상 속에 발견되기를 기다리는 진정한 경향성이 존재하지만, 가상의 비둘기는 이를 감지하지 못한다. 비둘기는 두 가지 색 모두 구분 없이 쪼고, 받을 수 있는 양보다 먹이를 덜 얻는다.

신에게 제물을 바치면 그토록 고대하던 비가 내린다고 생각한 농부는 긍정 오류를 범하고 있다. 나는 이 세상에 그런 경향이 없다고 생각하지만 (비록 실험적으로 조사해 보지는 않았지만) 농부는 이를 발견하지 못한 채 효과 없고 낭비적인 제의를 반복한다. 밭에 퇴비를 주는 일과 곡물 생산량 간의 경향성이 세상에 존재한다는 것을 모르는 농부는 부정 오류를 범하고 있다. 좋은 농부는 오류 유형 1과 유형 2 사이의 중도를 걷는다.

모든 동물은 오류 유형 1과 유형 2 사이의 중도를 걷는다. 자연선택은 오류 유형 1과 유형 2 모두를 처벌하나 처벌의 정도는 동일하지 않고 종의 생활방식에 따라 다르다. 대벌레는 자기가 앉아 있는 나뭇가지처럼 보인다. 자연선택이 이 벌레를 나뭇가지와 닮도록 만들었다는 사실은 의심의 여지가 없다. 이 아름다운 결과가 나오기 위해 수많은 애벌레가 희생되었다. 그들은 나뭇가지와 충분히 닮지 않았기 때문에 죽었다. 새를 비롯한 다른 포식자가 찾아냈던 것이다. 심지어는 나뭇가지 모양을 제대로 하고 있는 놈들 중에서도 몇몇은 잡혔을 것이다. 이런 과정이 아니고서 어떻게 자연선택이 오늘날의 완벽함까지 진화를 몰고 왔겠는가? 그런데 새가 나뭇가지를 닮은 벌레를 그냥 지나친 경우도 있었을 것이다. 아무리 보호색을 잘 갖춘 동물이더라도 이상적인 조건 아래서 포식자에게 발각될 수 있다. 마찬가지로 아무리 보호색이 형편없는 동물이더라도 시각에 불리한 조건 아래서는 포식자의 눈을 피할 수 있다. 시각 조건은 시점에 따라 변한다(포식자는 보호색을 잘 갖춘 동물을 정면에서 보면 알아차려도 시야의 경계에 간신히 들어오는 정도라면 놓치고 말 것이다). 밝기에 따라서도 변할 수 있다(황혼녘에는 살아남은 동물이 한낮에는 눈에 뜨일 수 있다). 거리에 따라서도 변할 수 있다(1.5미터 거리에서 보이는 동물이 100미터 밖에서는 안 보일 수 있다).

먹이를 찾아 숲속을 날아다니는 새를 상상해 보자. 나뭇가지로 둘러싸인 새에게 그중 극소수만 먹을 수 있는 벌레일 것이다. 문제는 판단이다. 날씨가 좋을 때 새가 나뭇가지 아주 가까이에서 1분 동안 자세히 조사한다면 그것이 나뭇가지인지 벌레인지를 반드시 판별할 수 있다고 가정하자. 그러나 모든 나뭇가지를 조사할 시간이 없다. 대사율이 높은 작은 새는 놀라울 정도로 잦은 빈도로 먹이를 찾아야만 살 수 있다. 나뭇가지마다 돋보기로 보듯 보던 새들은 첫 번째 벌레를 찾기 전에 굶어 죽었을 것이다. 효율적인 탐색은 몇몇의 먹잇감은 놓치는 한이 있더라도 더 빠르고, 더 대략적이고, 더 신속한 검색을 요구한다. 새는 균형을 맞춰야 한다. 너무 대충 하면 아무것도 찾지 못할 것이다. 너무 자세히 살피면 보이는 벌레는 다 잡겠지만, 그 수가 너무 적어 굶어죽을 것이다.

여기에 유형 1과 유형 2라는 용어를 적용하기란 쉽다. 벌레를 제대로 보지 않고 그냥 지나치는 새는 부정 오류를 범한다. 벌레인 줄 알고 접근했는데 나뭇가지인 걸 알게 된 새는 긍정 오류를 범한다. 긍정 오류의 처벌 내용은 근접 조사를 하기 위해 허비한 시간과 에너지다. 한 번 정도는 문제가 안 되지만 쌓이다 보면 치명적일 수 있다. 부정 오류의 처벌 내용은 밥을 놓치는 것이다. 새들의 천국이 아닌 이상 그 어느 새도 유형 1과 유형 2 오류로부터 자유롭지 못하다. 각각의 새에게는 자연선택에 의해 긍정 오류와 부정 오류 사이의 최적 지점을 노리는 타협 정책이 프로그래밍되어 있다. 어떤 새는 오류 유형 1쪽으로 편향되어 있는가 하면, 또 어떤 새는 반대 극단으로 편향되어 있다. 최적의 중간 지점이 어딘가에 존재할 것이고, 자연선택은 이 지점을 향해 진화의 경로를 잡는다.

어떤 지점이 최적일지는 종에 따라 다르다. 우리의 예에서는 가령 나뭇가지의 수에 따른 벌레 개체군의 크기와 같은 숲의 조건에 따라 달라질 것이다. 이 조건들은 주 단위로 변할 수 있다. 새들은 그들의 통계적 경험의 결과에 맞게 자신들의 정책을 조절하도록 프로그래밍되었을 수 있다. 어쨌든 성공적인 사냥꾼은 훌륭한 통계학자처럼 행동한다(예의 식상한 단서를 달 필요가 없기를 바라는 마음이다. 새들이 실제로 계산기나 확률 값을 의식적으로 다루는 것은 아니다. 마치 p값을 계산하듯 행동할 뿐이다. 외야에서 야구공을 받는 선수가 포물선 궤적의 방정식에 대해 모르는 것처럼 그들도 p값에 대해 아무것도 모른다).

아귀는 망둥이처럼 작고 속이기 쉬운 물고기를 노린다. 하지만 이렇게 말하면 매우 부당한 가치 편향적 발언이 된다. 속이기 쉽다는 말보다는 이 작은 물고기가 유형 1과 유형 2 오류 사이에서 필연적으로 겪는 어려움을 노린다는 표현이 합당할 것이다. 작은 물고기도 먹고 살아야 한다. 먹잇감은 여러 가지가 있지만 보통 지렁이나 새우처럼 작고 꼼지락거리는 물체인 경우가 많다. 그들의 눈과 신경계는 꼼지락거리는 물체에 맞게 설정되어 있다. 꼼지락거리는 움직임을 찾아 헤매다 그것이 포착되면 덤빈다. 아귀는 이러한 성질을 이용한다. 아귀는 등지느러미 앞쪽의 변형된 척추로부터 진화한 긴 낚싯대를 가지고 있다. 아귀는 거의 완벽한 보호색을 갖춘 채 바다 밑바닥의 해초와 바위틈에 꼼짝 않고 몇 시간이고 기다린다. 눈에 띄는 부위라고는 낚싯대 끝에 달린 지렁이, 새우 또는 작은 물고기처럼 보이는 '미끼' 뿐이다. 어떤 심해 종에서는 미끼가 빛을 발하기도 한다. 중요한 건 아귀가 낚싯대를 흔들면 뭔가 꼼지락거리는 것이 먹을 만하게 보인다는 것이다. 아귀의 먹이가 될 만한 물고기, 가령 망둥이가 접근한다. 아귀는 물고기를 완벽하게 사로

잡기 위해 미끼를 좀 더 '놀린' 다음 여전히 망둥이에게 보이지 않는 자신의 입 근처로 미끼를 내려 작은 물고기를 유도한다. 순간 커다란 입은 더 이상 숨지 않는다. 쩍 벌린 입에 빠른 속도로 물이 빨려들어 가면서 주변의 모든 것이 삼켜진다. 물고기는 자신의 마지막 지렁이를 쫓은 셈이다.

사냥하는 망둥이의 시각에선 지렁이를 볼 수도 있고, 못 볼 수도 있다. 일단 '지렁이'가 보이고 나면 진짜일 수도 있고, 아귀의 '미끼'일 수도 있다. 작은 물고기는 딜레마에 빠진다. 부정 오류는 아귀의 미끼일지 모르는 두려움 때문에 좋은 지렁이를 놓치는 경우다. 긍정 오류는 지렁이인 줄 알고 공격했더니 실은 아귀인 경우이다. 실제 세계에서는 언제나 맞을 수 없다. 너무 몸을 사리는 물고기는 지렁이를 전혀 공격하지 않아서 굶어죽을 것이다. 쉽게 덤비는 물고기는 굶지는 않겠지만 잡아먹힐 공산이 크다. 이 경우 최적 지점은 정확히 중간이 아닐 것이다. 놀랍게도 그 지점은 어느 한 극단일 것이다. 아귀의 수가 충분히 적어 지렁이라면 다 공격하는 극단적 전략이 자연선택이 될 가능성도 있다. 철학자이자 심리학자인 윌리엄 제임스가 인간의 낚시에 관해 한 말이 흥미롭다.

> 바늘에 꽂힌 지렁이보다 안 꽂힌 지렁이가 많으므로 자연은 물고기들에게 지렁이를 보면 물어서 행운을 시험하라고 한다.
> (1910)

모든 동물과 심지어는 식물처럼, 인간도 직관적 통계학자와 같이 행동한다. 차이점은 우리는 계산을 두 번 할 수 있다는 점이다. 처음에는 새나 물고기처럼 직관적으로 한다. 다음은 명확하게 연필이나 컴퓨터로 한다. 날짜를 더하는 것 같은 실수만 없으면 연필로 써서 하는 방법이 직관보다 더 정확할 수 있다. 하지만 연필로 한 통계학에서도 절대적인 '정답'은 없다. 덧셈을 하고 p값을 계산하는 방법도 있지만, 행동하기 전에 결정하는 기준 혹은 p값은 여전히 우리의 결정과 위험 부담에 달려 있다. 긍정 오류를 범했을 때가 부정 오류를 범했을 때보다 불리한 경우 우리는 조심스럽게 안정적인 역치를 차용해야 한다. '지렁이'는 거의 손대지 말아야 할 것이다. 위험 부담의 양상이 반대라면 눈에 띄는 '지렁이'는 모두 건드려 봐야 할 것이다. 가짜 지렁이를 맛본다고 해서 문제가 되지도 않을 테니 계속 해 봐도 된다.

긍정 오류와 부정 오류 사이에 균형을 맞춘다는 생각을 바탕으로 신기한 우연의 일치와 그것이 어차피 일어날 확률의 계산으로 되돌아가자. 오랫동안 잊었던 친구를 꿈에서 본 어느 날 그 친구가 죽는다면, 나도 누구나처럼 이 우연의 일치에서 어떤 의미나 경향성을 찾으려고 할 것이다. 많은 사람이 매일 밤 죽고, 밤에 꿈을 꾸는 이도 부지기수이며, 그중 누가 죽는 꿈을 꾸는 사람도 흔하다. 우리는 이런 우연의 일치가 매일 밤 전 세계의 수백 명에게 일어난다는 사실을 억지로 상기해야 한다. 그러나 '나'에게 일어난 일이므로 특별하다고 나의 직관은 외친다. 인간의 직관이 긍정 오류를 범하는 것이 사실이라면, 왜 그런 경향이 있는지에 대한 설명이 필요하다. 우리는 다원주의자로서 유형 1과 유형 2 오류의 간극 중 한쪽으로 쏠리게 만들 수 있는 이유를 생각해 본다.

다원주의자로서 나는 신기한 우연의 일치에 감격하는 우리의 심리(경향이 없는 곳에 있다고 보는 심리)가 우리 조상의 평균 개체군의 크기와 그들의 일상생활의 제한된 경험과 연관되어 있다고 본다. 인류학, 화석 증거 그리고 유인원 연구 모두 우리의 조상이 지난 수백 년 동안 작은 무리나 촌락을 이루면서 살았다는 것을 말해 준다. 이는 우리의 조상이 통상적으로 만나거나 얘기하는 친구 또는 상대의 수가 고작 몇 십 명 내외라는 뜻이다. 원시 세계의 촌락 거주민은 이런 적은 수의 지인과 비례하는 정도의 우연의 일치에 관한 이야기를 들었을 것이다. 우연의 일치가 같은 촌락의 누군가에게 벌어지지 않았다면 듣지도 못했을 것이다. 따라서 우리의 두뇌는 친구나 지인의 범위가 더 넓었다면 평범했을 우연의 일치가 놀랍게 느껴지도록 맞춰졌던 것이다.

오늘날의 신문, 라디오, 기타 대중 매체 덕분에 우리가 접하고 살아가는 범위는 매우 넓다. 기상천외한 우연의 일치는 선사시대보다 훨씬 넓고 그럴싸한 이야기의 형태로 전파된다. 그러나 우리의 두뇌는 작은 촌락 단위에서 이보다 훨씬 평범한 수준의 우연의 일치에 맞춰 자연선택되어 왔다. 우리는 놀라움의 역치 차이로 인해 우연의 일치에 놀라는 것이다. 우리의 주관적 우연모집단은 작은 촌락에서 자연선택으로 설정되어 있는데 반해, 현대의 상황에서 이 설정은 구닥다리가 되어 버렸다(신문에서 자주 다루어지는 사건, 사고에 사람들이 예민하게 반응하는 현상에 대해서도 비슷한 주장을 할 수 있다. 자녀의 등·하굣길의 가로등마다 무시무시한 유괴범이 숨어 있다고 믿는 부모는 이 '설정'이 잘못되어 있는 것이다).

같은 방향으로 영향력을 발휘하는 또 다른 힘이 있다. 현대 사회에서서 우리의 개인적 생활은 고대 사회보다 같은 시간 동안 훨씬 풍부한 경험을 한다. 우리는 그냥 아침에 일어나 어제와 같은 방식으로 한두 끼니 먹고 지내다가 자는 것이 아니다. 우리는 책과 잡지를 읽고, 텔레비전을 보고, 고속으로 새로운 곳으로 여행을 가고, 직장에 가면서 수천 명의 사람을 지나친다. 보이는 얼굴의 수, 경험하는 새로운 상황의 수, 우리에게 일어나는 일의 수는 우리의 부족 조상에 비해 이루 말할 수 없이 크다. 즉 개개인마다 우연의 일치가 일어날 '기회'의 수가 조상 시대보다 훨씬 크고, 따라서 우리의 뇌가 평가하도록 설정되어 있는 수준보다 높다. 이는 이미 언급한 개체군의 크기와는 별개의 요소다.

이론적으로는 이 두 가지에 근거하여 놀라움의 역치를 현대의 인구와 현대적 경험의 풍부함에 맞게 재설정할 수 있다. 하지만 이는 노련한 과학자와 수학자에게도 매우 어려운 과제이다. 우리는 여전히 놀랄 때 놀라며, 천리안, 무당, 초능력자 그리고 점성가가 판을 친다는 사실은 우리 자신을 재설정하지 못한다는 얘기인지 모른다. 직관적 통계학을 관장하는 두뇌 부위는 아직도 석기 시대에 있는지 모른다.

직관 일반에 관해서도 마찬가지이다. 저명한 발생학자 루이스 월포트는 그의 저서 《과학의 부자연스러운 본성》(1992)에서 과학은 체계적으로 반직관적이기 때문에 어렵다고 주장했다. 과학이란 "잘 훈련되고 조직된 일반 상식으로서 베테랑과 신참의 차이만 있을 뿐"이라고 주장한 토머스 헉슬리(다윈의 불독)의 주장과 상반된다. 헉슬리에게 과학의 방법론과 상식의 차이는 "무사의 칼 솜씨가 야만인의 몽둥이질과 다른 정도"이다. 월포트는 과학은 심오하게 역설적이고 놀라우며, 상식의 연장이 아니라 그것과 배치되는 것이라는 일리 있는 주장을 펼친다. 예를 들면, 당신이 물 한 잔을 마실 때마다 올리버 크롬웰의 방광을 통과한 분자 중 적어도 한 개 이상을 들이키는 것이라는 식이다. 이는 "바닷물로 채울 수 있는 잔의 수보다 물 한 잔에 담긴 분자의 수가 더 많다"는 월포트의 관찰에서 연유한다. 제어하기 전까지 모든 물체는 움직인다는 뉴턴의 법칙도 반직관적이다. 공기 저항이 없으면 가벼운 물체와 무거운 물체의 낙하 속도가 같다는 갈릴레오의 발견도 마찬가지다. 또한 단단한 다이아몬드와 같은 고체가 대부분 빈 공간으로 구성되어 있다는 사실도 마찬가지다. 스티븐 핑커는 《마음은 어떻게 작동하는가》(1998)에서 우리의 물리적 직관의 진화적 원류에 대한 명석한 논의를 제공한다.

경악스러울 정도의 소수점에 이르기까지 실험적 증거로 증명되는 심오하고 난해한 양자이론은 전문 물리학자조차도 직관적으로 이해할 수 없을 정도로 인간의 이성에 낯설다. 우리의 직관적 통계학만이 아니라 우리의 정신 자체도 여전히 석기시대에 머무르고 있는지 모른다.

8

고매한 낭만의 거대하고 흐릿한 상징들

순금을 도금하고 백합을 색칠하는 것,
제비꽃 위에 향수를 뿌리는 것,
얼음을 매끄럽게 또는 색 하나를 더
무지개 위에 입히는 것,
다만 장식을 위해 빛으로
아름다운 천상의 눈을 좇는 것은
낭비이며 어리석은 지나침이다.
윌리엄 셰익스피어 《존 왕》 4막 2장

HUGE CLOUDY SYMBOLS OF A HIGH ROMANCE

 이 책의 핵심은 최고의 과학이 시적 감수성이 설 자리를 마련해야 한다는 것이다. 과학은 상상력을 자극하는 유익한 비유와 은유를 제공하고 직접적인 이해 이상의 인상과 암시를 불러일으킬 수 있어야 한다. 그러나 좋은 시가 있는가 하면 그렇지 못한 시도 있듯이 나쁜 시적 과학은 잘못된 길로 상상력을 인도할 수 있다. 바로 이런 위험이 이 장의 주제다. 나쁜 시적 과학이라는 말은 능력이 없는 것이나 멋없는 글쓰기를 의미하는 것이 아니다. 어쩌면 정반대로 나쁜 과학적 영감을 주는 시적 영상과 은유의 힘에 대한 이야기이다. 좋은 시정詩情, 아니 특히 우수한 시정일수록 잘못된 길로 인도할 힘이 그만큼 강하기 때문이다

 시적 상징을 발견하는 데 혈안이 된 눈, 우연적이고 무의미한 유사성에 고매한 낭만의 거대하고 흐릿한 상징을 부여하는 (키츠의 표현) 것과 같은 나쁜 시정은 많은 마술과 종교 의식 뒤

에 숨어 있다. 제임스 프레이저 경은 《황금가지》(1922)에서 유사요법 혹은 모방마술이라 부르는 마술 장르 하나를 소개한다. 인도네시아 사라왁의 다약 족은 손과 무릎을 튼튼히 하기 위해 자신들이 살해한 자의 손과 무릎을 먹었다. 여기서 나타나는 나쁜 시적 생각은 손과 무릎을 이루는 어떤 본질적인 것이 사람에서 사람으로 전달될 수 있다는 것이다. 스페인 정복 이전 멕시코의 아스텍에 관해 프레이저는 다음과 같이 말한다.

> 그들은 빵을 봉헌하면 제사장이 그것을 다름 아닌 신의 육신으로 바꿀 수 있다고 믿었다. 그래서 봉헌된 빵의 일부를 먹으면 신성한 물질을 몸속에 받아들임으로써 신과의 신비로운 영적 교섭을 경험한다는 것이었다. 성찬 변화의 교리 또는 빵에서 살로의 마술적 변환은 기독교가 전파되거나 심지어는 탄생하기 오래 전부터 고대 인도의 아리아인에게도 존재했다.

프레이저는 다음과 같이 종합한다.

> 이제 미개인이 신성하다고 생각하는 동물이나 사람의 살점을 먹고 싶어 하는 이유를 쉽게 이해할 수 있다. 신의 몸을 먹음으로써 신의 것을 공유한다. 그 신이 포도 덩굴의 신이라면 포도즙이 그의 피가 된다. 그래서 빵을 먹고 술을 마심으로써 숭배자는 자신이 믿는 신의 진짜 몸과 피를 받아들인다. 따라서 디오니소스

와 같은 주신酒神의 의식에서 술을 마시는 행위는 축배가 아니라 엄숙한 성식이다.

세상의 모든 의식은 닮음 혹은 어느 한 면이 닮은 물건의 상징에 집착하고 있다. 분을 바른 듯한 코뿔소의 뿔은 발기한 남근과 닮았다는 이유만으로 최음제로 쓰인다. 다른 흔한 예로, 전문적으로 비를 부르는 사람은 우레를 흉내 내거나 잔가지 다발에 물을 묻혀 뿌리는 소형 '유사요법' 비를 쓴다. 이런 의식은 갈수록 정교해지고 많은 시간과 노력을 요한다.

중부 오스트레일리아 디에리 족은 조상신을 '상징'하는 기우제 주술사의 피를 커다란 구멍 안으로 흘리기 위해 만든(흐르는 피는 고대하는 비를 '상징'한다) 움막 안에서 의식을 치른다. 구름과 비를 '상징'하는 두 개의 바위를 두 명의 주술사가 약 16킬로미터에서 24킬로미터 정도 떨어져 있는 높은 나무 위에 올려 놓아 구름의 높이를 '상징'한다. 움막 안에서는 부족의 남자들이 손을 쓰지 않고 자세를 낮춘 채로 움막 벽을 향해 머리로 돌진하는 행위를 한다. 그들은 움막이 무너질 때까지 부딪힌다. 벽을 뚫는 행위는 구름을 뚫는 것을 '상징'하며, 뚫린 구름은 비로소 품었던 비를 내리는 것이라고 그들은 믿는다. 또 만전을 기하기 위해 디에리 족의 족장 회의는 비를 가져다주는 유사한 힘이 담긴 소년의 포피包皮를 항시 보관하였다(남근이 오줌의 '비'를 내리는 것이야말로 그 힘의 결정적 증거가 아닌가).

또 하나의 비슷한 사례로 '속죄양(일부 유대 의식이 양과 관련되어 붙여진 이름이다)'이라는 것이 있는데, 한 희생양이 마을 전체의 죄를 짊어지고 불행을 상징하도록 선택되는 것이다. 선택된 속죄양은 사람들의 죄악을 모두 안은 채 마을에서 쫓겨나거나 죽임을 당했다. 동東 히말라야 산자락 부근에 있는 아삼 지역의 가로스인들은 랑구르 원숭이를 잡아(때로는 대나무쥐를) 마을 모든 집의 악령이 스며들게 한 다음 대나무 교수대에 매달았다고 한다. 프레이저의 말을 빌리면 다음과 같다.

> 원숭이는 대중의 속죄 염소이다. 원숭이가 대신 겪는 고통과 죽음은 이듬해에 올 질병과 불행으로부터 사람들을 구한다.

많은 문화권에서 사람이 속죄양이 되고, 속죄양으로 선택된 다음에는 신과 동격화된다. 죄를 물로 '씻는' 행위의 상징도 흔한 테마로, 종종 속죄양와 결합되기도 한다. 다음은 어느 뉴질랜드 부족의 사례이다.

> 양치식물로 대를 묶어 부족의 모든 죄를 한 명에게 전달하는 의식을 치른 후, 그는 강으로 뛰어들어 자신을 묶고 있던 식물을 풀어서 그것들을 죄와 함께 바다로 떠내려 보낸다.

프레이저의 보고에 따르면 마니푸르의 왕도 자신의 죄를 물로 씻어 인간 속죄양에게 이양했다고 한다. 즉 왕의 목욕물을 밑에서 기다리는 속죄양에게(씻어 낸 죄와 함께) 흘려 보낸 것이다.

'원시' 문화를 낮춰 보는 태도는 좋지 않으므로 나는 우리의 신학도 유사요법이나 모방마술로부터 자유롭지 못하다는 것을 상기시켜 줄 사례를 조심스럽게 골랐다. 세례를 할 때 물은 죄를 '씻어' 내린다. 예수는 십자가에 못 박히면서 인류 전체의 죄를 속죄해 주었다(때로는 아담의 상징을 통해서). '성모신학'이라는 학파는 '여성의 근본'에 상징적 덕을 부과한다.

동정녀로부터 탄생한 아기 예수, 엿새 동안의 천지창조, 기적과 성변화, 그리고 부활 등을 문자 그대로 믿지 않는 세련된 신학자도 여전히 이것이 무엇을 상징적으로 '의미' 하는지에 대해 끊임없이 몽상한다. 가상의 미래에 DNA의 이중나선 구조가 오류임이 밝혀졌을 때 깨끗이 오류를 인정하는 대신 사실을 초월하는 상징적 의미를 필사적으로 찾으려는 과학자와도 같다. 그중 누군가는 이렇게 말할 것이다. "물론 우리는 더이상 이중나선을 사실로 믿지는 않는다. 그렇게 믿는 것은 너무 단순하다. 그 당시는 옳았는지 몰라도 지금은 아니다. 오늘날 우리에게 이중나선은 전혀 다른 의미다. 구아닌과 시토신의 적합성, 아데닌과 타이민의 안성맞춤, 특히 왼쪽 나선과 오른쪽 나선이 동시에 서로를 휘감는 회전 구조는 우리에게 사랑, 정성, 보살핌의 관계를 '말해 주고' 있다." 만약 이 지경이 된다면 난 매우 실망하겠지만 그건 이중나선 구조가 반증될 가능성이 현재로서 매우 낮기 때문만은 아니다. 과학은 다른 분야와 마찬가지로 상징주의, 무의미한 유사성 등에 의해 오염되고 있고, 그로 인해 진실을 향하는 대신 진실로부터 점점 멀리 인도될 위험에 처해 있다. 스티븐 핑커는 만물이 셋으로 존재한다고 주장하는 이들에게 시달린다고 토로한다.

성부, 성자, 성령; 양성자, 중성자, 전자; 남성, 여성, 중성; 휴이, 듀이, 루이 등등. 끝도 없이 말이다.

《마음은 어떻게 작동하는가》(1998)

앞에서 인용한 저명하고 박식한 영국의 동물학자 피터 메더워 경은 더 진지하게 얘기한다.

이 새롭고 위대한 적합성의 법칙(보어의 우주는 아니다)에 따르면, 항원과 항체, 남성과 여성, 음전하와 양전하, 이론과 반론 등의 관계에는 어떤 본질적이고 내재적인 유사성이 있다. 이 쌍들이 서로 '짝 지을 수 있는 상반성'을 가지는 것은 사실이나 공통점은 그것 하나뿐이다. 그것들 간의 유사성은 더 깊은 친화력을 이해하는 분류학적 열쇠를 제공하지 않으며, 그 사실에 대한 인식은 사고의 시작이 아닌 종료를 뜻한다.

《플라톤의 국가론》(1982)

상징주의에 의한 오염에 관해 말하다가 메더워를 인용했지만, 그가 테야르 드 샤르댕의 《인간 현상》(1959)에 대해 쓴 신랄한 비평을 언급하지 않을 수 없다. "테야르는 프랑스적 정신의 가장 피곤한 특성 중 하나인 간드러진 미사여구에 전적으로 의존한다." 메더워에게(지금 나에게도, 하지만 지나치게 낭만주의적이었던 대학생 시절에는 그에게 감명을 받았다는 것을 고백한다) 이 책은 나쁜 시적 과학의 진수다. 테야르가 다룬 주제 중 하나는 의식의 진화였는데, 메더워는 《플라톤의 국가론》에서 또 한 번 그를 인용한다.

제3기가 끝나갈 무렵 세포계의 정신적 온도는 5억 년 이상 동안 높아지고 있었다. 유인원이 '정신적인' 끓는점에 도달했을 때 몇 칼로리가 추가되었다. 내부적 평형상태가 붕괴되는 데는 이것 이상 필요치 않았다. 미세한 '정접'의 증가로 '방사축'은 방향을 바꾸어 자기 자신을 향해 무한한 속도로 질주하기 시작했다. 외부의 기관에는 아무런 변화도 없었다. 그러나 깊은 곳에서는 위대한 혁명이 시작되었다. 초민감성 관계와 표상의 공간에서는 이제 의식이 움직이고 끓고 있었다······.

메더워는 한 마디로 정리해 버린다.

이 비유가 설명하고자 하는 것은 다음과 같다. 물이 끓는점에 도달하면 증발하듯, 모든 것을 망각해도 뜨거운 수증기의 기억은 남는다.

또한 메더워는 사실 아무것도 없는 곳에서 신비주의자들이 마치 과학적인 내용이 있는 양 사용되는 '에너지'나 '진동' 같은 기술 용어들을 남용한다고 지적한다. 점성술사는 행성마다 고유한 '에너지'를 내뿜어 인간사에 영향을 미치고 인간의 감정과 관계가 있다고 생각한다. 금성은 사랑, 화성은 공격성, 수성은 지성. 이 행성들의 특성은 그 이름을 딴 로마신의 특성(뻔하지 않은가?)에 기초하고 있다. 원시 기우제와 유사한 방식으로 별자리는 네 가지의 연금술 '성분'인 흙, 공기, 불, 물로 해석된다. 인터넷에서 무작위로 들른 점성술 사이트에 따르면, 황소자리처럼 흙의 별자리에 태어난 사람들은 다음과 같다.

믿을 만하며 현실적이고 털털하다. 물의 성분을 지닌 사람은 동정심이 많고, 남을 잘 이해하고 보살피며, 감수성이 예민하고, 예지력이 있고, 신비로우면서 직관적인 지각력을 지닌다. 물이 없는 사람은 동정심이 없고 차갑다.

물고기자리가 물을 뜻하며(왜일까?), 물의 성분은 "우리에게 동기를 불어넣는 무의식적인 에너지와 힘을 상징"한다.

테야르의 책은 비록 과학책의 모양을 갖추고는 있지만, 그의 정신적 '온도'와 '칼로리'는 점성술사가 말하는 행성 에너지만큼이나 무의미하다. 그의 은유는 실제 세계의 대응물과 효과적으로 연결되지 못하고 있다. 상징은 전혀 대응물이 없거나 그나마 있다 하더라도 이해를 돕기보다는 저해한다.

이 모든 부정적인 면에도 불구하고 과학자가 진정한 연관관계를 밝히는 최고의 업적을 이루도록 돕는 것이 바로 이 상징적 직관력이라는 점을 잊지 말아야 한다. 토머스 홉스는 《리바이어던》(1651)의 제5장에서 다음과 같은 다소 극단적인 결론을 내렸다.

> 이성은 역사요, 과학의 발전이요, 길이요, 인류의 이로움이요, 궁극의 목적이다. 반대로 비유적이고 무의미하고 모호한 말은 헛된 소망과 같아 이들을 갖고 사고한다는 것은 헤아릴 수 없는 어리석음 속을 헤매는 행위이며, 그 결말은 언쟁, 선동, 경멸이다.

비유와 상징을 잘 쓰는 능력은 훌륭한 과학적 재능 중 하나이다.

문학가이자 신학자, 그리고 아동 작가인 C. S. 루이스는 1939년에 쓴 에세이에서 오만한 시정(과학자가 잘 알려진 것을 설명하기 위해 은유나 시적 언어를 쓰는 것)과 학습용 시정(과학자가 스스로의 사고를 돕기 위해 쓰는 시적 상상력)을 구분했다. 둘 다 중요하지만 여기서는 후자의 사용을 강조하고자 한다. 마이클 패러데이가 개발한 '힘의 직선'이라는 표현은 압력을 받으면 에너지를 방출하는 성질을 지닌 탄력성 물질을 의미하는데, 이는 그가 전자기 현상을 이해하는 데 중요한 역할을 했다. 이미 나는 전자나 광파 같은 물질이 이동 속도를 최소화하려는 성질에 대한 이 물리학자의 시적 표현을 언급한 바 있다. 이는 정답에 이르는 가장 쉬운 길이며, 이렇게 도달할 수 있는 곳은 상상을 초월한다. 프랑스의 위대한 분자생물학자인 자크 모노가 분자 구조의 접점에 있는 전자의 느낌을 생각하면서 화학적 통찰을 얻었다는 얘기를 들은 적이 있다. 독일의 유기화학자인 케쿨레는 자신의 꼬리를 삼키고 있는 뱀 모양의 벤젠 고리를 꿈에서 보았단다. 아인슈타인은 영원한 상상의 나래를 펼쳤다. 그의 비상한 정신은 뉴턴이 항해한 것보다 더 낯선 시적 사고 실험의 바다를 누볐다.

그러나 이번 장은 나쁜 시적 과학에 관한 것이므로 다시 주제로 돌아오자. 다음은 나의 지인이 들려준 정신이 번쩍 들게 하는 사례다.

나는 우주적 환경이 진화의 방향에 매우 커다란 영향을 준다고 생각하네. 그렇지 않고서 어떻게 DNA의 이중나선 구조를 이해한단 말인가? 지구에 도달하는 태양광선이 나선형이라는 사실, 지구의 공전궤도가 수직에서 23.5도 기운 탓에 하지와 동지, 춘분과 추분이 생긴다는 사실, 이런 사실들 때문일 것이네.

사실 직사광선의 나선형 경로와 지구의 공전은 DNA의 나선구조와 아무런 연관성도 없다. 언급된 관련성은 피상적이고 무의미하다. 그 세 가지 중 어느 것도 우리의 이해를 돕지 않는다. 글쓴이는 은유에 취하고 나선의 개념에 사로잡혀 진실과는 전혀 상관없는 연결을 보고 있다. 이를 시적 과학이라 하는 것은 너무 관대하다. 그보다는 신학적 과학이라고 하는 게 더 적합하다.

최근에 내 편지함에는 '카오스 이론', '복잡계 이론', '비선형 임계성' 등에 대한 메시지가 평소에 비해 급격하게 많이 들어차고 있다. 이 메시지들을 보낸 사람이 스스로 무슨 말을 하는지 전혀 모른다는 것은 아니다. 그러나 그들이 스스로 말하는 바를 정말로 알고 있는지 파악하기는 어렵다. 그들은 온갖 종류의 뉴에이지 컬트가 삼키다 만, 그저 반만 이해한(아니 반도 이해하지 못한) 전문용어, 가짜 과학 언어 속에서 허우적거린다. 에너지장, 진동, 카오스 이론, 재앙 이론, 양자 의식 등등. 마이클 셔머는 《왜 사람들은 이상한 것을 믿는가》(1997)에서 그 대표적인 사례를 든다.

이 행성은 지금까지 아득한 세월 동안 잠들어 있었다. 그러다가 고에너지 진동수가 시작되면서 바야흐로 의식과 영성 면에서 깨어나려 하고 있다. 한계의 대가들과 점술의 대가들은 그와 똑같은 창조의 힘을 써서 자신들의 참모습을 현시한다. 하지만 전자는 나선형 하강으로 운동하고 후자는 나선형 상승으로 운동하여, 각자 본래부터 갖고 있던 공명 진동을 증가시킨다

진정한 지지자들의 안타까움에도 불구하고 양자 불확정성과 카오스 이론은 대중문화에 통탄스러운 영향을 미쳤다. 두 가지 모두 과학을 남용하거나 그 신비함을 저속화하려는 사람들에 의해 반복적으로 사용되어 왔다. 그들의 유형은 전문 사기꾼으로부터 우둔한 뉴에이지 부류에 이르기까지 다양하다. 미국에선 자가 '치료' 산업이 엄청난 수익을 벌어들이고 있는데, 이 사업은 신비로운 양자 이론도 지체 없이 차용했다. 미국의 물리학자 빅터 스텐저의 훌륭한 저서 《물리학과 초현실주의자》(1990)가 이를 잘 보여 준다. 어느 잘 알려진 치료사가 '양자 치료'에 관한 베스트셀러를 여러 권 출판하였다. 내가 가진 어떤 책에는 양자 심리학, 양자 책임, 양자 윤리, 양자 미학, 양자 불멸, 양자 신학이라는 섹션도 있다. '양자 복지'라는 대목이 없어서 실망했지만 어쩌면 내가 미처 못 본 것일지도 모른다.

다음 사례는 나쁜 시적 과학의 상당량을 압축하여 보여 준다. 어떤 책의 표지에 나오는 평이다.

진화하는, 음악적인, 보살피는, 본질적으로 사랑하는 우주에 대한 훌륭한 저작.

'사랑하는'이 형편없이 상투적인 표현인 것은 둘째치더라도 우주에 그런 단어가 적용될 수는 없다(유전자에 '이기적인'과 같은 단어가 적용될 수 없다는 비판이 나에게도 적용될 수 있다는 사실을 인정한다. 하지만 단순히 제목만이 아니라 《이기적 유전자》의 본문을 읽고서도 똑같은 비판을 한다면 적극적으로 토론할 용의가 있다). '진화하는'이라는 표현은 그나마 우주에는 쓸 수도 있겠지만, 나중에 설명하겠지만 안 쓰는 편이 낫다. '음악적인'은 아마 피타고라스의 '구의 음악'을 연상한 것 같은데, 한때는 괜찮았던 시적 과학이지만 이제는 졸업해야 할 성질의 것이다. '보살피는'은 그릇된 방향의 페미니즘이 촉발시킨 가장 심각한 나쁜 과학의 냄새가 난다.

또 하나의 예를 들어 보겠다. 1997년 어떤 선집의 편집자가 여러 명의 과학자에게 가장 답을 알고 싶은 질문 하나씩 보내달라고 요청했다. 대부분의 질문은 흥미롭고 발전적이었으나 어느 남자가 제출한 아래의 질문은 너무 어처구니가 없어서 과격한 페미니스트들에게 아첨할 의도 외의 다른 목적은 생각할 수 없을 지경이었다.

서양 사상을 지배했던 남성적, 과학적, 위계적, 권력 편향적인 서구 문화가 급부상 중인 여성적, 영성적, 홀로그래픽, 관계 지향적인 동양적 시각과 만나면 어떻게 될 것인가?

의도한 단어가 '홀로그래픽(입체적)'일까 또는 '홀리스틱(전일적)'일까? 둘 다일지 모른다. 그럴 듯하게 들리기만 하면 그만 아닌가? 여기선 의미가 중요한 게 아니다.

역사학자이자 과학철학자인 노레타 코트지는 1995년 《스켑티컬 인콰이어러》에 쓴 논문에서 여성 교육에 심각한 영향을 줄 수 있는 변태적 페미니즘의 위험성을 정확하게 지적한다.

젊은 여성들에게 과학, 논리학, 수학과 같은 과목에 대비하도록 권고하는 대신, 지금의 여성학 학도들은 논리가 지배의 도구라는 교육을 받는다. 과학적 탐구의 기본 과정과 방법은 '여성적 앎의 방식'과 맞지 않다는 이유로 성차별주의적인 것이 되어 버렸다. 같은 제목의 책으로 상까지 받은 이 저자들은 인터뷰를 통해 대부분의 여성이 '과학과 과학자에 대한 열정적인 거부감'이 특징인 '주관적 앎'을 추구하는 부류로 드러났다고 한다. 이들 '주관적' 여성은 논리와 분석, 추상의 방법을 '남성이 소유하는 외부 영역'으로 간주하고 '직관을 진실에 이르는 더 안전하고 결실 있는 접근법으로 평가'한다.

누군가는 이런 사고방식이 아무리 어리석더라도, 적어도 온화하고, '보살피려는' 의도를 지니고 있을 것이라 생각할지 모른다. 그러나 진실은 정반대이다. 어떤 때는 추하고 허세 부리는 어조로, 즉 가장 나쁜 의미에서 남성적으로 되기도 한다. 바버라 에런라이크와 재닛 매킨토시는 1997년 《네이션》에 실은 〈새로운 창조주의〉라는 글에서 피비 엘즈워스라는 사회심리학자가 감정에 관한 학제적 세미나에서 겪은 난감함을 보고한다. 과도한 비판에 일부러 포용적인 자세를 견지하던 그녀는 자신도 모르게 '실험'이라는 단어를 언급했다. 그 순간 "번개같이 손들이 올라왔다. 사람들은 실험적 방법론이 빅토리아 시대 백인 남성의 발명품이라고 지적했다." 거의 초인적인 노력으로 사태를 수습하면서도 엘즈워스는 백인 남성이 세계에 많은 파괴적인 영향을 끼쳤지만, 적어도 그들의 노력이 DNA를 발견하지 않았냐고 했다. 이는 당장 더 심한(강력한) 반발을 불러일으켰다. "DNA를 믿는다는 겁니까?" 다행히도 과학의 길에 들어서는 똑똑한 젊은 여성이 아직 많으며, 이런 폭력에 대항하는 그들의 용기에 경의를 표하고 싶다.

물론 페미니즘이 과학에 미친 영향력은 중요하며, 사실 더 빨리 왔어야 했다. 정상적인 사람 중 여성의 과학자적 입지의 향상에 반대할 사람은 없다. 왓슨과 크릭의 성공에 결정적인 역할을 했던 DNA 결정 엑스선 회절 사진의 장본인인 로절린드 프랭클린, 그녀가 자신이 속했던 기관의 회의실에 출입이 금지되는 바람에 매우 중요한 논의에 참여할 기회를 박탈당했던 사건은 실로 충격적이다(그리고 진정으로 슬프다). 여성이 전형적인 남성이 갖지 못하는 시각을 과학 담론에 제공한다는 것도 사실일지 모른다. 그러나 '전형적인' 것이 '보편적인' 것은 아니며, 남성과 여성이 발견하는 진리(비록 여성과 남성이 종사하는 연구 분야에 통계적인 차이가 있을지라도)는 그 근거가 확고히 성립되기만 하면 합리적인 남녀 모두에게 동등하게 받아들여질 것이다. 또 이성과 논리는 남성의 지배 도구가 아니다. 그런 발언은 스티븐 핑커의 말대로 여성에 대한 모독이다.

'차이 페미니스트difference feminist'의 주장에는 여성은 추상적 선형 사고를 하지 않고, 비판이나 치밀한 논쟁으로 문제를 대하지 않으며, 일반적인 도덕 원칙으로부터 논증하지 않는다는 등의 여러 가지 모독이 포함된다.

《마음은 어떻게 작동하는가》(1998)

페미니스트적인 나쁜 과학의 최악의 사례는 아마도 뉴턴의 《자연철학의 수학적 원리》를 '강간 지침서'로 묘사한 샌드라 하딩일 것이다. 가장 충격적인 것은 주제넘은 억측이 아니라 그 편협한 미국적 쇼비니즘이다. 어떻게 감히 당시 미국 정치에 대한 자신의 좁은 식견을 불변의 우주 법칙과 역대 최고의 사상가 중 한 명(우연히 남성이고 다소 신경질적이었던)에게 적용하려 한단 말인가? 폴 그로스와 노먼 레빗은 그들의 훌륭한 저서《더 높은 미신》(1994)에서 이를 포함한 유사 사례를 다루면서 철학자 마르가리타 레빈에게 맺음말을 맡겼다.

……많은 페미니스트들의 학문적인 글은 다른 페미니스트에 대한 과장된 칭찬으로 가득 차 있다. A의 '명석한 분석'은 B가 이룩한 '혁명적 발전'과 C의 '용기 있는 실행'을 잘 보완한다는 식이다. 가장 거슬리는 것은 서로를 지나치게 칭송하려는 페미니스트들의 경향이다. 하딩은 자화자찬의 어조로 자신의 글을 끝맺고 있다. "우리의 경험을 이론화하기 시작하면서……우리는 그 임무가 어렵지만 신날 것이라는 것을 알았다. 그러나 확신하건대 우리가 여성의 사회적 경험에 담긴 의미를 찾는 과정에서 과학과 이론화 그 자체를 재발명하리라고는 꿈에도 상상하지 못했다." 이런 과대망상증은 뉴턴이나 다윈의 시대에는 약간의 불편함을 끼쳤을지도 모른다. 지금은 그저 창피할 뿐이다.

이제부터는 나의 분야인 이론 진화생물학에서 발견되는 나쁜 시적 과학의 다양한 사례를 다루면서 이 장을 마치겠다. 첫째는 누구나 나쁜 과학이라고 여기지 않고 변호될 수도 있는 것인데, 허버트 스펜서, 줄리언 헉슬리 등(테야르 드 샤르댕을 포함한)이 주장하는 생물학뿐 아니라 자연계의 모든 차원에 작용한다는 점진적 진화의 법칙이다. 현대 생물학자들은 개체군 내 유전자 빈도의 체계적 변화라는 매우 조심스럽게 정의되는 하나의 과정, 그리고 그 결과로서 세대에 걸쳐 나타나는 동식물의 형태 변화라는 개념으로서 진화라는 단어를 사용한다. 사실 공평하게 말하자면 진화를 기술적인 용어로 사용한 최초의 사람은 허버트 스펜서였지만, 그는 생물학적 진화를 진화의 특별 사례로 보았다. 그에게 진화는 훨씬 더 보편적인 과정으로, 모든 차원에서 작용하는 것이었다. 보편적 진화의 또 다른 사례는 개체의 발생(수정란에서 태아를 거쳐 성인이 되는 과정), 우주의 발생, 별과 행성의 기원, 그리고 예술, 기술, 언어와 같은 사회 현상의 시간에 따른 점진적 변화 등이 있다.

보편적인 진화의 시정詩情에는 장단점이 있다. 종합적으로는 계몽적이기보다는 혼란스럽게 하는 것이 많아 보이나 분명히 둘 다 존재한다. 개체 발생과 계통 발생 간의 유비관계는 성격 급한 천재였던 홀데인에 의해 훌륭하게 활용되어 논쟁에 기여했다. 어떤 진화 회의론자가 어떻게 인간과 같은 복잡한 생명이 단세포 생물로부터 생겨날 수 있냐고 문제를 제기하자 홀데인은 그에게 당신 자신이 바로 그 과정을 거쳤으며, 그 과정에 고작 아홉 달밖에 소요되지 않았음을 지적했다. 홀데인 자신도 잘 알고 있었듯이 발생이 진화와 같지 않다는 사실로 인해 그의 논리가 약화되지는 않는다. 발생은 찰흙이 공예가의 손에서 변화하는 것처럼 단일 물체의 형태 변화이다. 지층으로부터 얻은 화석을 통해 조망해 보는 진화는 마치 영화 필름의 프레임과 같다. 한 프레임이 말 그대로 다음 프레임으로 변하지는 않지만, 필름을 연결해서 돌리면 변화의 환영이 나타난다. 이 구분을 명확히 하면, 우주는 진화하지 않으나(변화한다) 기술은 진화(초창기의 비행기가 나중의 것으로 형태 변화하지는 않으나 여러 기술 분야처럼 영화 프레임의 비유에 잘 맞아떨어진다)한다. 패션도 변화하기보다는 진화한다. 유전적 진화와 문화적 또는 기술적 진화 간의 비유가 보다 계몽적인지 아닌지 아직 논란이 되고 있으나 여기서 그 논쟁에 끼어들고 싶지는 않다.

진화생물학 중 나쁜 과학의 나머지 사례는 전부 미국의 고생물학자이자 작가인 스티븐 제이 굴드에 관한 것들이다. 이렇게 한 사람에게 집중하는 비판이 개인적인 원한 관계로 오해되지 않기를 간절히 바란다. 오히려 굴드의 작가적 우수성이야말로 그의 오류를 야기하며, 그래서 반드시 반박해야만 할 것으로 만든다는 사실을 지적하고 싶다.

1977년 굴드는 화석의 진화적 연구에 대한 공동 저서의 머리말로서 '고생물학의 영원한 비유'라는 글을 썼다. 모든 철학은 플라톤의 각주에 불과하다는 화이트헤드의 터무니없는 글을 인용하면서 그는 《전도서》(실제로 굴드가 인용하기도 했다)의 저자와도 같은 어조로 태양 아래 새로운 것은 하나도 없다는 주장을 펼친다. "이미 있던 것이 후에 다시 있겠고, 이미 한 일을 후에 다시 할지라." 고생물학의 현 논쟁거리들은 옛 것의 재활용에 불과하다는 것이다.

> 지금의 논쟁은 진화적 사고 이전부터 존재했고, 다윈주의 패러다임 안에서 해결되지 못했다……이상기하학처럼 기초적인 개념은 적다. 그것들은 영원히 질문으로 남을 것들이다.

굴드가 말하는 풀리지 않는 고생물학의 영원한 숙제는 세 가지다. 시간은 방향을 가진 화살인가? 진화의 동력 엔진은 내부에 있는가, 외부에 있는가? 진화는 점진적인가, 또는 갑작스러운 도약의 형태로 일어나는가? 그는 역사적으로 이 세 가지 질문에 대해 여덟 가지 해답을 제시했던 고생물학자들을 찾아내 마치 다윈의 혁명은 없었던 것처럼 말한다. 그러나 이를 위해 그는 피와 포도주, 나선형 공전 궤도와 나선형 DNA 사이 정도의 유비 관계만 인정하되 완전히 다른 학파들을 억지로 같은 군에 묶는다. 굴드의 영원한 비유 세 가지 모두 나쁜 시적 과학이며, 계몽적이기보다는 혼란스러움을 조장하는 강요된 비유다. 그리고 굴드의 글솜씨가 좋은 만큼 그의 나쁜 시정은 더욱 파괴적이다.

진화가 방향성을 가지는가라는 물음은 여러 형태로 얼마든지 제기될 수 있는 좋은 질문이다. 그러나 질문에 달린 부속 장치들이 너무도 짝이 맞지 않아 도움이 되지 않는다. 진화가 진행될수록 신체 구조는 진보적으로 복잡해지는가? 이것은 정당한 질문이다. 시간에 따른 지구 종다양성의 진보적인 증가 여부를 묻는 질문도 좋다. 그러나 이 두 질문은 서로 전혀 다른 것이며, '진보주의'라는 이름 아래 함께 묶으려는 의도는 매우 무익하다. 이 두 가지는 다윈 이전의 학파, 즉 생물은 어떤 신비한 생명력이라는 내부 원동력과 신비한 목적을 향해 진보한다는 '생기론' 또는 '목적론'과도 아무런 유사점이 없다. 굴드는 이 모든 형태의 진보주의를 부자연스럽게 연결하여 자신의 시적인 역사적 주장을 관철시키려 한다.

두 번째 영원한 숙제인 변화의 동력 엔진이 외부의 환경인지, 또는 개체 내의 어떤 독립적이고 내재적인 과정인지에 대한 질문도 마찬가지다. 현재 진화의 주된 동력원에 대한 학계의 논란은 다윈주의적 자연선택이라는 쪽과 유전자 부동浮動 등 기타 동력원을 강조하는 쪽 간의 의견 차이를 중심으로 전개되고 있다. 다윈주의 이후의 논의는 모두 다윈주의 이전의 것을 재활용한 것뿐이라는 자신의 주장을 뒷받침하는 데 필요한 이 내부/외부 이분법으로 인해 위의 중요한 구분은 전혀 전달되지 않는다. 자연선택은 외부적인가, 내부적인가? 이는 적응을 외부 환경에 대한 것으로 볼 것인지, 내부 기관 간의 공적응으로 볼 것인지에 따라 다르다. 이 구분은 나중에 다시 다루도록 하겠다.

굴드의 세 번째 영원한 숙제, 즉 점진적인 진화와 단계적인 진화에 대한 부분에서 나쁜 시정은 더욱 두드러진다. 굴드는 단계적이라는 단어를 진화상에서 일어나는 불연속성 세 가지를 하나로 묶는 데 사용한다. 첫째는 공룡의 멸종과 같은 대재앙이고, 둘째는 거대 돌연변이 혹은 도약적 변화이며, 세 번째는 굴드와 그의 동료 나일스 엘드리지가 1972년에 제안했던 단속평형 이론이다. 이 세 번째 이론은 좀 더 설명이 필요하기 때문에 나중에 다루도록 하겠다.

재앙에 의한 멸종은 명확히 정의될 수 있다. 정확하게 무엇이 원인인지는 불확실하고 아마 경우에 따라 다를 것이다. 우선 모든 종이 사라지는 전 지구적 재앙은 거대 돌연변이와는 다르다는 의미만 새기도록 하자. 돌연변이는 유전자 복제 과정의 무작위적인 오류이고, 거대 돌연변이는 큰 결과를 가져오는 돌연변이다. 작은 효과를 가지는 돌연변이 혹은 미세 돌연변이는 다리뼈를 약간 늘리거나 깃털을 조금 더 붉게 해 주는 유전자의 복제 과정에서 일어나는 작은 오류이다. 거대 돌연변이는 전격적인 변화다. 극단적인 경우엔 개체가 겪은 변화가 너무 커서 자신의 부모와 다른 종으로 분류될 정도다. 나는 나의 또 다른 저서《오르지 못할 산을 오르며》에 입천장에 눈이 달린 두꺼비의 신문 사진을 실었다. 만약 이 사진이 진짜(포토샵 등 이미지 보정 프로그램이 즐비한 이 시대에는 확신할 수 없다)이며 그 오류가 유전적인 원인 때문이라면, 이 두꺼비는 거대 돌연변이체다. 만약 이 거대 돌연변이체가 입천장에 눈이 달린 새로운 두꺼비 종을 탄생시킨다면 우리는 이 새로운 종의 갑작스러운 진화적 출현을 진화적 도약이라 할 수 있을 것이다. 독일계 미국인 유전학자 리처드 골드슈미트처럼 이러한 도약이 자연선택에서 중요한 역할을 한다고 믿었던 생물학자도 있었다. 나는 여기에 회의적인 많은 사람 중 하나지만 여기서 그 주장을 하려는 것은 아니다. 문제는 이러한 유전적 도약이 실제로 일어나더라도 갑작스럽다는 점 외에는 공룡의 멸종과 같은 지구적 재앙과 아무런 공통점도 없다는 근본적인 사실이다. 비유는 순전히 시적이며 계몽적이지 않은 나쁜 시정이다. 메더워의 말을 다시 빌리면 사고 연쇄의 시작이 아니라 끝을 알리는 비유일 뿐이다. 유용한 차이를 무시하면서 비점진주의자가 되는 방법은 수없이 많다.

엘드리지와 굴드의 단속평형설이 대표하는 세 번째 비점진주의 카테고리도 마찬가지다. 이는 종이 출현하는 데 걸리는 시간이 출현 후 형태 변화를 일으키지 않고 지내는 '안정기'에 비해 짧다는 개념이다. 이론을 극단적으로 해석하면, 일단 출현한 종은 멸종하거나 새로운 종으로 분화하기 전까지 변화하지 않는다는 뜻이다. 종이 갑작스럽게 출현하는 지점에 대한 얘기에서 나쁜 시정에 의한 혼란이 발생한다. 두 가지가 일어날 수 있다. 이 둘은 서로 전혀 다르지만 나쁜 시정에 현혹당한 굴드는 이 차이를 남용한다. 하나는 거대 돌연변이다. 새로운 종이 입천장에 눈이 달린 두꺼비와 같은 괴물에 의해 시작되는 경우다. 또 하나는 (훨씬 일어날 법한) 고속 점진주의라 부르는 현상이다. 신종은 빠른 진화적 변화의 과정을 통해 출현하지만 다음 세대에서 새 종이 생기는 것처럼 즉석은 아니기 때문에 화석 자료상 매우 급격해 보이는 것이다. 변화는 여러 세대에 걸쳐 단계별로 차근차근 일어나지만 외견상 갑작스러운 도약으로 보인다. 그 이유는 중간 단계의 생물들이 다른 곳(예를 들어 어느 외딴섬)에서 살았거나, 화석화되기엔 너무 빠르게 사라졌기 때문이다. 1만 년은 지층으로 판별하기엔 너무 짧은 시간이지만 큰 진화적 변화가 작은 단계를 거쳐 점진적으로 일어나기에는 충분하다.

고속 점진주의와 거대 돌연변이의 도약은 현격히 다르다. 서로 전혀 다른 메커니즘에 의해 움직이고 다원주의적 함의도 다르다. 대재앙 멸종처럼 화석 기록의 불연속성과 연관된다는 단순한 이유로 이를 한데 묶는 것은 나쁜 시적 과학이다. 고속 점진주의와 거대 돌연변이의 차이는 굴드도 알지만, 더 중요한 문제, 즉 진화가 단속적인지 점진적인지를 답한 후에 다룰 만한 경미한 사항처럼 다루고 있다. 나쁜 시정에 젖은 눈에는 그 질문이 무엇보다 중요할 것이다. 앞의 예처럼 DNA의 이중나선이 지구의 공전궤도에서 '유래하는지'를 묻는 질문과 다를 바 없다. 다시 한번 강조하건대, 마법사의 피와 비가 다르듯이 고속 점진주의는 거대 돌연변이와 다르다.

단속주의의 우산 아래로 대재앙설을 끌어들이는 것은 더욱 나쁘다. 다윈 이전부터 발견된 화석 증거는 창조론자들이 민망할 정도로 많이 쏟아져 나왔다. 어떤 이는 노아의 방주로 문제를 봉합하려 했지만, 왜 동물상 전체가 바뀌는 지층이 발견되고, 이전 생물과는 커다란 차이를 보이되 지금 익숙한 동물과는 다른지 대답할 수 없었다. 제시된 해답 중 하나는 프랑스의 해부학자인 바론 큐비에가 주장한 대재앙설이다. 노아의 방주는 초자연적 힘이 야기한 지구의 여러 재앙 중 마지막일 뿐이었다. 각각의 재앙은 새로운 종을 창조했다.

초자연적 힘만 빼면 이는 페름기와 백악기 말기에 발생한 대멸종 직후 진화적 다양성이 급증했다는 학계의 지론과 (어느 정도) 맥을 같이 한다. 그러나 거대 돌연변이와 지금의 단속론을 전부 비점진주의로 묶기 위해 대재앙론을 포함시키는 것은 진정으로 나쁜 시정이다.

나는 미국에서 강의를 하면서 청중의 특정한 질문 패턴을 발견했다. 질문자는 공룡의 멸종과 뒤따른 포유류의 출현 등 대멸종 현상을 얘기한다. 그러면 나는 곧 이어질 흥미로운 질문을 예상하며 마음의 준비를 한다. 그러면서 나는 질문의 어조가 어김없이 '도전적'이라는 사실을 깨닫는다. 마치 대멸종과 같은 재앙에 의해 진화의 과정이 주기적으로 분절된다는 사실이 내게 놀랍거나 불편하기를 바라듯이 말이다. 도무지 이해가 가지 않다가 어느 날 깨달았다. 물론이지! 많은 미국인처럼 그 질문자도 굴드로부터 진화를 배웠고, 나는 소위 '극단다원주의 점진주의자'로 낙인찍힌 사람이 아니었던가! 공룡을 없앤 그 혜성이 나의 점진주의적 진화론도 박살내지 않겠는가! 물론 아니다. 한 치의 연결 고리도 없다. 나는 거대 돌연변이가 진화에서 중요한 역할을 하지 않았다는 의미에서 점진주의자이다. 보다 확실하게, 나는 눈과 같은 복잡한 적응을 설명할 때 점진주의자(굴드도 마찬가지)이다. 그런데 이것과 대멸종과 무슨 상관이 있단 말인가? 아무것도 없다. 물론 나쁜 시정에 물들지 않아야 알 수 있다. 확언하건대 나는 언제나 대멸종이 진화 역사의 단계적 과정에 매우 깊고 극적인 영향을 끼쳤다고 믿어 왔다. 그럴 수밖에 없지 않은가? 그러나 대멸종은 다원주의적 과정이 재

출발하도록 터를 닦아 줄 뿐 다윈주의적 과정의 하나는 아니다.

여기에 역설이 숨어 있다. 굴드가 즐겨 인용하는 멸종에 관한 사실 중 하나는 변덕스러움이다. 그는 그것을 우발성이라고 부른다. 대멸종이 일어나면 수많은 동물 분류군 전체가 송두리째 죽어 없어진다. 백악기 멸종에는 한때 위용을 떨치던 공룡(새만 제외한 채)이 완전히 사라졌다. 희생양이 되는 동물은 임의적으로 선택되거나, 만일 비非 임의적이라면 적어도 전통적인 자연선택에서 얘기하는 비임의성과 다르다. 생존을 위한 일반적인 적응은 혜성 앞에서 맥을 못 춘다. 어떤 때는 이 점이 마치 신다윈주의의 오류쯤 되는 것으로 추악하게 표현되고 있다. 그러나 신다윈주의적 자연선택은 종내種內 선택이지, 종간種間 선택이 아니다. 분명 자연선택에도 죽음이 있고 대멸종에도 죽음이 있지만, 그 이상의 유사성은 순전히 시적인 유사성일 뿐이다. 난 대멸종이 선택적인지 아닌지는 질문할 필요가 없다고 생각한다. 재앙에서 살아남은 종 각각에서 몇 개체를 선택한다는 저차원적인 의미에서 보면, 새로운 적응이 탄생할 기회를 열어 주는 것으로서 멸종을 바라볼 수 있다. 역설적이게도 진실에 더 근접한 이는 시인 오든이다.

그러나 재앙은 실험을 장려할 뿐이다.
자연의 법칙은 적자가 사라지게 하고,
불안전한 곳으로 피신한 실패한 약자가,

자신의 형상을 바꾸어 번영하게 하였다.

〈예측불허인 그러나 신성한(로렌 아이즐리를 위하여)〉

고생물학에서 발견되는 나쁜 시적 과학의 사례는, 비록 극단적으로 드러내진 않았지만, 이번에도 스티븐 제이 굴드의 책임으로 돌아간다. 그의 우아한 저서인《생명, 그 경이로움에 대하여》(1989)의 독자들은 대부분 약 5억 년 전 주요 동물 분류군의 화석이 처음 등장하는 캄브리아기에 굉장히 특별한 진화적인 사건이 있었다는 인상을 받는다. 캄브리아기에 나타난 동물만이 특별한 것은 아니다. 물론 그들은 특별했다. 모든 시대의 동물은 나름대로 특별하지만 캄브리아기의 동물은 좀 더 특별하다고 볼 수 있다. 그런데 이 책의 요지는 이것이 아니다. 캄브리아기의 진화 과정 자체가 질적으로 다르다는 것이다.

다양성의 진화에 관한 보편적인 신다윈주의 시각은 두 개체군이 더이상 서로 교잡할 수 없을 정도로 충분히 달라졌을 때 종이 갈라진다고 본다. 흔히 개체군이 지리적으로 멀어지면 달라지기 시작한다. 멀어진다는 의미는 더이상 성적인 유전자 교환이 일어나지 못하고, 이로 인해 각기 다른 방향으로 진화한다는 뜻이다. 이런 발산 진화는 자연선택에 의해 추동될 수 있다(지리적 환경의 다른 조건으로 인해 다른 방향으로 추동될 가능성이 높다). 또는 무작위적 유전자 부동浮動 현상(두 개체군은 이제 성적 교잡에 의해 묶이지 않으므로 다른 방향으로 부동하는 것을 막을 수 없다)에 의한 것일 수도 있다. 두 경우 모두 충분히 다르게 진화하고 나면 지리적으로 다시 합치더라도 더 이상 교잡이 불가능하여 다른 종으로 정의된다.

더 나아가 교잡이 불가능하다는 사실은 진화적 발산을 가속화한다. 하나의 속屬에 속하던 두 종이 시간이 충분히 지남에 따라 같은 과의 두 개의 속이 된다. 시간이 더 흐른 뒤에는 분류학자들이 목目, 강綱 그리고 문門으로 나누는 지점에 다다른다. '문'은 연체동물, 선충, 극피동물, 척삭동물(척삭동물은 몇몇 예외를 제외하곤 대부분 척추동물이다)과 같이 근본적으로 매우 다른 동물을 구분할 때 쓰는 분류학적 용어다. 예를 들어 척추동물과 연체동물처럼 서로 전혀 다른 '기본 신체 구조'를 바탕으로 나뉜 두 문의 조상들은 과거 한 속의 두 종이었을 뿐이다. 그보다 이전에는 같은 조상 종에 속하면서 두 지리적 환경으로 나뉜 개체군이었다. 이 말의 의미는 시간을 거슬러 올라갈수록 어느 두 종류의 동물 분류군 간 차이가 작아진다는 것이다. 더 멀리 거슬러 올라가면 서로 다른 종류의 동물을 하나의 공동 조상으로 묶는 지점에 근접하게 된다. 한때 우리의 조상과 연체동물의 조상은 매우 유사했다. 시간이 흐른 뒤에는 조금 덜 유사해졌다. 이보다 나중에는 더 달라지고 결국에는 너무 달라져 지금 두 개의 다른 문으로 부르는 것이다. 이 일반적인 설명은 천천히 생각해 본 사람이면 누구나 수긍할 수 있는 것이며, 이 과정이 일정한 속도로 진행된다는 주장에 반드시 동의할 필요는 없다. 불연속적으로 빠르게 일어났을 수도 있다.

'캄브리아기 폭발'이라는 극적인 표현은 두 가지 의미로 쓰인다. 우선 캄브리아기 전인 5억년 전에는 화석이 별로 없다는 관찰 사실을 의미한다. 대부분의 주요 동물 문은 캄브리아기 암석에서 최초로 발견되기 때문에, 새로운 동물들의 폭발적 탄생이 있었던 보인다. 두 번째 의미는 아주 짧게는 약 1000만 년의 캄브리아기 동안 각 문이 기존의 문으로부터 가지를 치며 생성되었다는 이론이다. 가지 분화 폭발 가설이라고 부르는 이 두 번째 의미에는 논란의 여지가 있다. 이것은 종 분화의 표준 신다윈주의적 모델과 부합 가능하긴 하다. 우리는 이미 어떤 두 개의 문도 시간을 거슬러 올라가면 공동 조상을 만난다는 것에 합의했다. 내 예상에 문을 두 개씩 짝 지으면 그 공동 조상은 다양한 지리학적 시간대에 분포할 것이다. 즉 척추동물과 연체동물의 공동 조상은 8억 년 전, 척추동물과 극피동물의 공동 조상은 6억 년 전 등이 될 것이라는 뜻이다. 물론 내가 틀릴 수도 있으며, 계산 결과 어떤(상당히 조사해 볼 만한) 이유로 인해 모두 단기간의 어떤 지리학적 시기, 예를 들어 5억 4천만 년에서 5억 3천만 년 전 사이에 공동 조상을 두고 있다며 가지 분화 가설을 옹호할 수 있다. 이것이 의미하는 바는 적어도 이 1천만 년의 기간이 시작될 무렵 현대 생물학적 문의 조상들은 거의 차이가 없어야 한다는 것이다. 그들은 결국 당시 공동 조상으로부터 갈라져 나오는 중이었고, 원래 같은 종이어야 하기 때문이다.

굴드의 극단적인 시각(그의 수사가 유도하는 시각이나 글로 보아서는 본인이 실제로 믿는지 확실하지 않다)은 표준 다윈주의 모델과 현저히 다르며, 절대 양립하지 못한다. 또한 곧 폭로될 바와 같이 누구나 엉터리임을 알 수 있는 것들을 포함하고 있다. 이는 스튜어트 카우프먼의 《혼돈의 가장자리》(1995)에 극명하게 표현되어 있다.

첫 다세포 생물은 모두 유사했으나 차후에 종에서 속, 과, 목, 강 등으로 거꾸로 분화했다고 생각할 수 있다. 이것이 가장 엄격한 현대 다윈주의자의 예측이다. 급부상하던 지리학적 점진주의에 깊이 영향을 받은 다윈은 진화가 유용한 변이의 매우 점진적 축적에 의해 일어난다고 생각했다. 따라서 최초의 다세포 생물 자신들은 서로로부터 점진적으로 분화했다고 할 수 있다.

이는 정통 신다윈주의적 시각을 잘 요약한 것이다. 그다음 카우프먼은 엉뚱하게 방향을 튼다.

그런데 이는 틀린 시각인 모양이다. 캄브리아기 폭발의 가장 위대하고 신비한 사실 중 하나는 위에서 아래로 생물이 채워졌다는 것이다. 자연은 갑자기 아주 다른 신체 구조, 즉 생물학적 문을 여러 개 들고 나와 이 기초 디자인을 바탕으로 강, 목, 과, 속 등을 만들었다. 스티븐 제이 굴드는 캄브리아기 폭발에 관한 그의 저서 《생명, 그 경이로움에 대하여》에서 바로 이 캄브리아기의 '위에서 아래로' 현상에 관해 역설한다.

잘해 보시라! 이 '위에서 아래로' 채워지는 것이 지상의 동물에게 어떤 의미인지 한번만 생각해 보면 얼마나 엉터리인지 금세 알 수 있다. 연체동물 또는 극피동물의 신체 구조는 유명 디자이너의 드레스처럼 동물에게 걸쳐지기를 기다리는 어떤 이상적인 것이 아니다. 실제로 존재한 것은 실제 동물뿐이다. 살아 있는, 숨 쉬는, 걷는, 먹는, 분비하는, 싸우는, 교미하는, 자신의 부모나 조부모와 아주 다르지 못했던 진짜 동물뿐이다. 새로운 신체 구조(새로운 문)가 탄생하기 위해 실제로 벌어져야 할 일은 달팽이와 지렁이의 차이처럼 부모와 상이한 아이가 툭 하고 태어나는 것이다. 이것이 의미하는 바를 고민해 본 그 어떤 동물학자도, 심지어는 가장 열성적인 도약론자도 이런 주장을 지지하지 않는다. 열성적인 도약론자들은 새로운 종의 갑작스러운 탄생을 제시하는 정도에만 그쳤으며, 이 역시 활발히 논쟁되고 있는 주장이다. 굴드의 언변을 실세계로 끌어내면 나쁜 시적 과학의 첨병이라는 것이 드러난다.

카우프먼은 그다음 장에서 더 노골적이다. '험한 적응도 경관'에 관한 자신의 기발한 수학적 진화 모델을 논의하면서 카우프먼은 자신이 발견한 패턴에 대해 언급한다.

이 패턴은 캄브리아기 폭발과 매우 유사하다. 가지 분화 초기에는 조상은 물론 서로 매우 다른 다양한 장거리 도약 돌연변이가 발견된다. 이 종들은 서로 다른 문의 창시종으로 구분될 만큼 형태학적으로 충분히 다르다. 이들도 결국 갈라지지만 다소 완화된 도약으로 갈라져 서로 다른 문의 창시가 될 만한 딸종 daughter species을 낳는다. 이 과정은 반복되어 적응도가 높은 개체가 점점 분류학적으로 가깝게 위치하여 목, 과, 속 등의 창시자가 차례로 출현한다.

보다 이전에 쓴 다소 전문적인 저서인 《질서의 기원》(1993)에서 카우프먼은 캄브리아기 생물에 관해 비슷한 말을 한다.

수많은 새로운 신체 형태의 출현과 더불어 캄브리아기 폭발은 또 다른 새로움을 동반했다. 새로운 분류군을 창시한 종은 위에서 아래로 채워 만들어졌다. 즉 주요 문의 대표 생물이 먼저 만들어진 다음 차츰 강, 목 그리고 더 낮은 분류군이 만들어졌다는 말이다.

이 글을 읽는 한 가지 방법은 이 글을 당연한 말을 하는 순진한 글로 보는 것이다. '역방향 수렴' 모델에서 서로 다른 문으로 갈라질 종이 목 또는 더 낮은 분류 단위로 갈라질 종보다 선행한다는 말은 사실일 것이다. 그러나 분명히 카우프먼은 당연한 것을 얘기하려는 것이 아니다. '캄브리아기가 또 다른 새로움을 동반'했다는 말, '장거리 도약 돌연변이' 등과 같은 표현을 보면 더욱 그러하다. 그는 캄브리아기에 혁명적인 뭔가를 추가하고 있다. 정말로 그는 '장거리 도약 돌연변이'가 새로운 문의 즉석 출현을 가져왔다는 주장을 하고 있다.

카우프먼의 이 문단들은, 굴드의 영향을 크게 받지 않은 그의 매우 흥미롭고 창조적인 두 권의 책에 들어 있다는 사실을 강조하고 싶다. 리처드 리키와 로저 르윈의 《제6의 멸종》(1996)이라는 최근의 책도 마찬가지로 굴드의 영향을 받은 것이 확실한 '진화의 주요 원인'이라는 장을 제외하고는 훌륭하다. 관련 부분을 조금만 발췌하면 다음과 같다.

> 주요 기능적 혁신(새로운 문의 생성 본질)을 가능케 했던 진화적 도약 능력은 무슨 이유에서인지 캄브리아기의 종말과 함께 상실된 듯했다. 마치 진화의 주된 동력원이 힘의 일부를 잃은 것처럼 말이다.

> 그리하여 캄브리아기 생물체의 진화는 문 수준의 도약을 포함한 거대한 진화적 도약을 할 수 있었으나 그 후에는 강 수준의 도약 정도로 제한되었다.

> 마치 정원사가 오래된 참나무를 보며 "최근 몇 년 동안 굵은

가지가 새로 나지 않으니 이상하지 않은가. 요즘에 보이는 새로운 생장은 기껏해야 잔가지 수준이란 말이야!"라고 하는 것과 같다. 다시 한번 '문 수준의 도약' 또는 '수수한 수준의', '강 수준의 도약'이라는 말을 잘 생각해 보라. 문이 다른 동물은 연체동물과 척추동물처럼 기본적 신체 골격이 다르다. 불가사리와 곤충도 마찬가지다. 아주 긴 도약에 의한 문 수준의 돌연변이란 한 문에 속한 개체들이 교미하여 난 자손이 전혀 다른 문의 생물이어야 한다는 뜻이다. 여기서 부모와 자손 간의 차이는 달팽이와 바닷가재, 불가사리와 대구 간의 차이 정도와 맞먹어야 한다. 강 수준의 도약은 새 한 쌍이 포유류를 낳는 수준의 도약이다. 둥지 안에 방금 낳은 새끼를 신기한 눈으로 바라보는 어미 새의 모습을 그려 보면 이 주장이 얼마나 엉터리인지 금방 알 수 있다.

 이런 주장을 폭로하는 나의 확신은 단지 현세의 동물에 대한 지식에 기반을 둔 것이 아니다. 고작 그런 근거라면 캄브리아기의 상황은 달랐다고 반박할 수 있을 것이다. 아니다. 카우프먼의 긴 도약, 리키와 르윈의 문 수준의 도약은 이론적으로 매우 강력한 주장이다. 다시 말하면 이런 것이다. 그런 거대한 규모의 돌연변이가 실제로 벌어졌다 하더라도 그 생물은 생존하지 못했을 것이다. 이미 언급했듯이 그 이유는 근본적으로 아무리 생존하는 방식이 다양해도 죽는 방식은 무한히 더 많기 때문이다. 부모가 됐다는 사실로써 생존 능력을 증명한 개체와 약간 달라진 작은 돌연변이는 생존할 가능성이 높고 발전적일 수도 있다. 거대한 문 수준의 돌연변이는 저 아득한 곳을 향한 도약이다. 지금 얘기하는 긴 도약 돌연변이는 연체동물이 곤충 돌연변이가 되는 '정도'라고 한 바 있다. 그러나 물론 진짜로 연체동물에서 곤충으로의 도약은 아니다. 연체동물 부부가 새로운 문을 탄생시켰다면, 그 도약은 다른 모든 돌연변이와 마찬가지로 무작위적이다. 그리고 그 정도의 무작위적 도약은 곤충은 고사하고 일말의 생존 가능성을 가진 생물을 생산할 가능성이 너무 낮기 때문에 아예 고려에서 제외시켜도 된다. 아무리 생태계가 비어 있고, 니치niche가 활짝 열려 있다고 하더라도 생존의 가능성은 불가능에 가깝다. 문 수준의 도약은 죽음이다.

나는 내가 인용한 저자들이 자신의 글이 의미하는 바를 정말로 믿는다고 생각하지 않는다. 단지 굴드의 능변에 현혹되어 제대로 생각해 보지 않았다고 본다. 이 장에서 그들을 인용하는 이유는 능한 시인이 스스로를 먼저 현혹시켰을 때 타인을 현혹시키는 힘이 어느 정도인지를 보이려 한 것이다. 그리고 캄브리아기를 생물학적 혁신의 아름다운 여명으로 보는 시각은 한마디로 기만이다. 카우프먼은 여기에 완전히 사로잡힌다.

다세포 생물이 창조되고 얼마 지나지 않아 진화적 혁신이 거대한 폭발처럼 일어났다. 마치 다세포 생명이 자유롭게 탐구 정신을 발휘하여 모든 가능한 실험을 해 본다는 인상을 받을 정도이다.

《혼돈의 가장자리》(1995)

그렇다. 바로 그런 인상을 받는다. 그러나 그 인상은 캄브리아기의 화석이나 진화 법칙에 대한 이성적 고찰이 아니라 굴드의 언변에 기인할 따름이다.

카우프먼, 리키 그리고 르윈 정도의 과학자도 나쁜 시적 과학에 현혹될 수 있다면, 비전문가는 어떻겠는가? 철학자 대니얼 데닛은 캄브리아기에 출현한 문들이 공동 조상을 갖지 않고 독립적으로 발생했다는 주장을 펴는 것으로 《생명, 그 경이로움에 대하여》를 이해한 동료 철학자와 대화를 나눈 적이 있다. 굴드의 의도는 그게 아니라고 데닛이 얘기하자 그 동료는 이렇게 반응했다. "그럼 왜 다들 난리인가?"

저명한 진화생물학자 존 메이너드 스미스가 1995년 11월 《뉴욕 리뷰 오브 북스》에 쓴 바와 같이 문장력의 탁월함은 양날의 칼이다.

굴드는 특히 미국에서 상당히 독특한 위치를 점유한다. 에세이의 탁월함으로 인해 생물학자가 아닌 사람들은 그를 최고의 진화이론가로 생각한다. 그와 정반대로, 내가 만나 본 진화생물학자들은 굴드 스스로 생각이 정리가 안 된 사람으로서 별로 고려할 필요가 없지만, 적어도 창조론자 쪽 사람은 아니기 때문에 공개적으로 비판할 필요는 없다고 여기고 있었다. 일반인에게 현대 진화론에 대한 잘못된 그림을 그려 주지만 않는다면 말이다.

메이너드 스미스는 대니얼 데닛의 저서 《다윈의 위험한 생각》(1995)에 대한 서평을 썼다. 이 책은 진화론에 미치는 굴드의 영향력에 대한 가장 치명적이고도 최종적인 비판을 가한다.

캄브리아기에는 정말로 무슨 일이 일어났는가? 굴드도 충분히 인정하듯이 케임브리지 대학교의 사이먼 콘웨이 모리스는 《생명, 그 경이로움에 대하여》의 주제인 캄브리아기 화석층 버지스 셰일의 세 권위자 중 한 명이다. 콘웨이 모리스는 최근 같은 주제로 《창조의 시련》(1998)이라는 책을 출판했는데, 굴드의 시각 거의 대부분에 관하여 비판적인 내용을 담고 있다. 콘웨이 모리스와 마찬가지로 나는 캄브리아기의 진화 과정이 지금과 다르다고 할 만한 이유가 없다고 본다. 하지만 캄브리아기에 처음으로 나타나는 주요 동물 분류군이 많은 것은 사실이다. 그에 대한 가설은 이미 제시되어 있다. 어쩌면 여러 분류군의 동물들이 같은 시기에 같은 이유로, 화석화될 수 있는 단단한 골격을 가지도록 진화했는지도 모른다. 포식자와 피식자 간의 진화적 군비경쟁도 하나의 가능성이며, 대기화학적 조성의 급격한 변화라는 의견도 있다. 콘웨이 모리스에 따르면, 캄브리아기에 화려하게 꽃피운 풍부한 다양성이 지금의 다소 제한된 동물 유형의 레퍼토리로 가지를 쳤다는 시적 감상을 뒷받침하는 어떤 증거도 없다. 오히려 많은 진화론자가 예상하는 대로 그 반대가 옳을 가능성이 높다.

그렇다면 주요 문의 분화 시점에 대한 질문은 어떻게 되는가? 다량의 캄브리아기 화석과 관계없는 질문임을 명시해야 한다. 논점은 모든 주요 문의 분기점이 캄브리아기(가지 분화 폭발 가설이 주장하는 대로)에 집중되었느냐는 것이다. 이 가설은 표준 신다윈주의와 부합할 수는 있다고 하였다. 하지만 여전히 나는 그렇지 않다고 생각한다.

이 질문에 답하는 한 가지 방법은 분자 시계를 조사하는 것이다. '분자 시계'란 특정 생물 분자가 100만 년 단위의 시간 동안 일정한 속도로 변한다는 관찰을 말한다. 이 개념을 수용하면 어느 두 동물이든 그 혈액을 채취해서 공동 조상이 얼마나 오래전에 살았는지 계산할 수 있다. 분자 시계에 대한 최근의 몇몇 연구는 주요 문의 분기점을 선캄브리아기 이전으로 깊숙이 밀어 넣고 있다. 이 연구들이 옳다면 진화적 폭발에 대한 모든 주장은 껍질 밖에 남지 않게 된다. 그러나 매우 오랜 시간을 거슬러 올라가는 분자 시계의 해석에 대해 아직 논란이 많으므로 더 많은 증거를 기다려야 한다.

한편 더 확신을 가질 수 있는 논증도 있다. 가지 분화 폭발 가설을 지지하는 유일한 증거는 사실 부정적인 증거다. 캄브리아기 이전의 생물 문 화석은 거의 없다. 그러나 조상 화석이 발견되지 않은 그 화석 동물에게는 반드시 어떤 조상이든 있어야 한다. 무無에서 튀어나올 수는 없다. 그러므로 화석화되지 않은 조상이 반드시 있어야만 하며, 화석의 부재가 동물의 부재를 의미하지는 않는다. 이제 남은 질문은 과연 분기점에 존재하던 잃어버린 조상들이 캄브리아기에 압축돼 있었는지, 또는 수백만 년이라는 세월에 걸쳐 나타났는지 하는 것이다. 캄브리아기 안에 압축됐다고 하는 유일한 이유는 그 이전 시기의 화석이 없다는 것인데, 방금 그 해석의 부적절함을 논리적으로 증명했으므로, 나는 가지 분화 폭발 이론을 지지하는 어떠한 근거도 없다는 결론에 이른다. 시적 호소력이 아무리 강력하더라도 말이다.

9

이기적인 협조자

경이로움……발견으로 얻게 되는 이득을 계산하지 않는 이 경이로움의 감정은 인류가 철학을 하고, 자연의 다양한 형태를 관통하는 숨겨진 연결 고리를 밝히기 위해 과학을 하도록 이끄는 가장 근본적인 것이다.

애덤 스미스 《천문학의 역사》(1795)

THE SELFISH COOPERATOR

중세의 동물 우화집은 자연을 도덕적인 교훈 이야기의 원천으로 삼는 오래된 전통을 계승했다. 진화적 사고가 발달한 지금 이 전통은 형태만 현대적으로 바뀌었을 뿐, 가장 엉터리인 나쁜 시적 과학의 근간이 되어 있다. 나는 지금 고약함과 착함, 사회성과 반사회성, 이기심과 이타심, 강인함과 부드러움과 같은 단순한 대립이 존재한다는 환상에 대해 말하는 것이다. 또 이 대립되는 쌍이 모두 다른 쌍과 상응하고, 사회적 진화 논쟁의 역사는 이러한 대립쌍의 왕복운동으로 설명된다는 환상에 대해 다루고자 한다. 이 주제들이 논의의 가치가 전혀 없다는 것이 아니다. 비판하고자 하는 것은 단 하나의 연속선이 있고, 그 연속선상에만 존재하면 좋은 논리로 여기는 '시적' 사고방식이다. 기우제의 제사장 비유를 다시 들면, 이기적 유전자와 이기적인 사람의 관계는 바위와 먹구름 간의 관계만큼이나 무의미하다.

내가 비판하고자 하는 시적 연속선을 설명하기 위해 《종의 기원》으로부터 영감을 받은 것으로 널리 알려졌으나 실은 그보다 9년 먼저 출판된 시인 테니슨의 《기억 속에서》(1850)에 실린 〈이빨과 발톱으로 붉게 물든 자연〉에서 몇 줄 빌리기로 한다. 연속선의 한쪽 끝에는 토머스 홉스, 애덤 스미스, 찰스 다윈, 토머스 헉슬리 그리고 미국의 저명한 진화학자인 조지 윌리엄스 등 '이기적 유전자'를 지지하고 이빨과 발톱의 피비린내 나는 자연을 강조하는 사람들이 있다. 반대쪽 끝에는 러시아의 무정부주의자이자 《상호 부조》(1902)의 저자 페테르 크로포트킨 제후, 좀 어수룩하지만 엄청난 영향력을 가진 미국의 인류학자 마거릿 미드,* 그리고 자연이 유전적으로 이기적이라는 주장에 분개하는 일군의 인사들과 그 대표 격인 《착한 천성》(1996)의 저자 프란스 드 발이 있다.

자신의 동물을 사랑하는 침팬지 전문가 드 발은 신다윈주의가 '우리의 고약한 영장류 과거'를 강조하는 것으로 착각한 나머지 상당히 불쾌해 한다. 그의 낭만적 환상에 공감하는 사람들은 요즘 피그미침팬지 혹은 보노보라는 좀 더 온화한 모델을 선

---

*마거릿 미드가 "어수룩하지만 영향력이 있다"는 말에 대해 조금 설명이 필요하다. 미국 학계의 주류가 인간 본성에 관한 그녀의 장밋빛 환경론을 적극 수용하였으나 나중에 알려진 바에 의하면 그녀의 학문적 근거는 사모아에 연구차 잠시 머무는 동안 두 명의 짓궂은 사모아 여인에 의해 체계적으로 제공된 거짓 정보였다. 라이벌인 오스트레일리아 인류학자인 데릭 프리먼은 몇 년 후 사모아인의 삶에 대한 구체적인 연구를 완성했으나 그녀는 현지어를 배울 수 있을 만큼 사모아에 오래 머무르지도 않았다.

호한다. 침팬지가 폭력이나 심지어는 동종 사냥으로 해결하는 문제를 보노보는 섹스로 해치운다. 그들은 기회가 있을 때마다 가능한 모든 자세로 성교를 한다. 우리가 악수할 상황에 그들은 성교를 한다. '전쟁이 아닌 사랑'이 그들의 슬로건이다. 마거릿 미드라면 그들에게 이끌렸을 것이다. 그러나 우화처럼 동물을 모델로 삼는 생각 자체가 나쁜 시적 과학의 한 부류이다. 동물은 모델로서 추앙되기 위해 존재하는 것이 아니라 생존하고 번식하기 위해 존재한다.

보노보를 추종하는 윤리적인 사람들은 명백한 진화적 거짓말을 동원하여 이 오류를 복잡하게 만든다. 어떤 '좋은 느낌'을 받아서인지 그들은 흔히 보노보가 침팬지보다 우리와 더 가깝다고 주장한다. 그러나 침팬지와 보노보 모두 인간보다 서로에게 더 가깝다는 것은 누구나 인정하는 사실이다. 보노보와 침팬지는 정확하게 같은 정도로 우리와 가깝다는 단순하고 명백한 사실만 알면 된다. 두 종은 서로 공유하되 우리와는 공유하지 않는 어떤 공동 조상을 통해서 우리와 연관되어 있다. 물론 두 종 중 어느 한쪽과 어떤 면이 더 닮을 수는 있으나(다른 면은 다른 종을 닮을 수 있다) 이러한 비교가 진화적 유연관계에 반영될 수는 없다.

드 발의 책은 동물이 종종 서로에게 친절하며, 공동의 목표를 위해 협조하고, 다른 개체의 안녕을 헤아리며, 기분이 안 좋은 동료를 위로하고, 먹이를 나눈다는 등의 훈훈한 (별로 놀랍지 않은) 일화들로 가득 차 있다. 줄곧 견지해 온 나의 생각은 동물 본성의 많은 부분이 정말로 이타적이고, 협조적이며, 심지어는 자비롭기까지 하지만, 이 모든 것은 유전자 수준에서의 이기심에 배치되기커녕 부합한다는 것이다. 동물이 때로는 친절하고 때로는 난폭한 것은 그렇게 하는 것이 각 경우마다 유전자의 이득을 가져오기 때문이다. '이기적인 침팬지' 대신 '이기적 유전자'라고 하는 이유는 바로 여기에 있다. 드 발 같은 사람들이 만든 대립, 즉 인간과 동물의 본성이 이기적이라는 쪽과 '선하다'는 쪽 간의 대립은 가짜 대립이자 나쁜 시정이다.

개체 수준의 이타성이 유전자 수준의 자기 이익을 극대화하는 방법일 수 있다는 사실은 널리 알려져 있다. 그러나 이미 《이기적 유전자》에서 다룬 내용을 되풀이하고 싶지는 않다. 그 책으로부터 다시 강조하고 싶은 바(제목만 읽은 듯한 비평가들이 간과한 그 점)는 유전자가 일면 순수하게 이기적이라 해도 협력하는 연합을 결성하기도 한다는 점이다. 나는 이것도 시적 과학이며, 이해를 방해하는 것이 아니라 도와주는 좋은 시적 과학임을 보이고자 한다. 책의 나머지 부분에서도 다른 예로 같은 논지를 펼 것이다.

다윈주의의 가장 핵심적인 생각은 유전적으로 표현될 수 있다. 개체군 내에 다량으로 존재하는 유전자는 자기 복제에 능한 유전자이며, 또한 생존에도 능하다는 의미다. 어디서 생존한다는 말인가? 원시 환경 속에 살았던 각 개체의 몸속이다. 즉 특정 종의 전형적인 환경(낙타는 사막, 원숭이는 나무, 대왕오징어는 심해 등)에서 생존한다는 뜻이다. 개체가 소속 환경에서 잘 살아남는 이유는 여러 세대에 걸쳐 동일 환경에서 복제되고 살아남은 유전자로 몸이 구성되어 있기 때문이다.

그런데 사막이든 빙산이든 바다든 숲이든 일단 잊어버리자. 이는 얘기의 일부분에 불과할 뿐이다. 유전자의 원시 환경 중 훨씬 중요한 부분은 같은 몸을 공유하는 다른 유전자들이다. 낙타 속에 살아남은 유전자는 분명히 사막에 생존하는 데 특별히 능하며, 사막 쥐나 사막 여우와 유전자를 공유할 수도 있다. 하지만 더 중요한 것은 성공한 유전자란 그 종의 일반적인 유전자 환경에서 잘 생존한 유전자라는 사실이다. 그래서 같은 종의 유전자들은 서로 협력하도록 선택된다. 유전자의 협동은 일반적인 협동과는 달리 좋은 과학적 시정의 예이며, 바로 이것이 이번 장의 주제다.

흔히 다음과 같은 사실이 오해되곤 한다. 모든 개체가 우수하게 협력하는 유전자를 보유하는 것은 아니다. 유성생식을 하는 종의 유전체는 제각기 독특하여(일란성 쌍둥이는 예외이다) 개체의 유전자들은 새로운 조합이 만들어지기 전까지는 늘 따로 존재한다. 그보다는 종 수준에서 공유하는 유전자, 즉 늘 다른 조합이지만 동일한 세포내 환경에서 서로 자주 만났던 유전자들이 협력한다고 할 수 있다. 한 개체의 유전자 간 협력 관계가 같은 종의 다른 개체의 유전자와 비교했을 때 특별히 더 나을 이유는 없다. 유성생식이 그 종의 유전자군gene pool에서 어떤 조합을 추첨할지는 순전히 운에 달려 있다. 불리한 유전자 조합을 갖고 태어나는 개체는 보통 죽어 없어진다. 유리한 유전자 조합을 갖고 태어나는 개체는 대체로 유전자를 미래에 남긴다. 그러나 바로 유리한 조합 그 자체가 긴 세월에 걸쳐 전달되지는 않는다. 유성생식이 패를 다시 섞기 때문이다. 대신 전달되는 것은 종의 유전자군에서 다른 유전자와 유리한 조합을 형성하는 유전자들이다. 다른 어떤 기능이 있든 이 유전자들은 세대가 지나면서 다른 유전자와 수월하게 협력하는 능력을 가질 것이다.

낙타의 어떤 유전자가 치타의 어떤 유전자와 잘 협력할지도 모른다. 하지만 그런 기회는 주어지지 않는다. 아마도 포유류 유전자는 조류 유전자보다 다른 포유류 유전자와 더 잘 협력할 것이다. 그러나 유전공학은 예외로 하고, 같은 종 내에서만 유전자가 섞이는 것이 지구 생명체의 특성이기 때문에 이런 생각은 가설에 머무를 수밖에 없다. 잡종을 통해 이 가설을 간단히 검증해 볼 수도 있다. 이종 간의 잡종은 실제 존재하더라도 생존력이 약하고 순종과 대비해서 대부분 불임이다. 그 원인의 일부분은 유전자 간의 부적합성이다. A종의 어떤 유전자가 B종에 옮겨졌을 경우 그 종의 유전적 배경 즉 '기후'와 맞지 않으면 잘 작동하지 못한다. 그 역도 마찬가지다. 한 종 내의 품종이나 아종이 교잡할 때도 비슷한 결과가 나타난다.

옥스퍼드 대학교의 전설적인 유미주의자이자 지금은 중요하게 취급하지 않는 생태유전학과의 창시자인 E. B. 포드의 강의를 들으며 나는 이를 처음으로 이해했다. 포드의 연구 대부분은 야생 나비와 나방 개체군에 관한 것이었다. 이 중에는 작은 노랑밑날개나방 *Triphaena comes*도 있었다. 이 나방은 보통 노란 갈색이지만 커티사이*curtisii*라는 변종도 있다. 잉글랜드에서 발견되지 않는 커티사이는 스코틀랜드와 영국 제도에는 코메스와 공존한다. 커티사이의 검정색 무늬는 코메스 무늬에 거의 완전 우성이다. '무엇무엇에 우성'이라는 것은 전문용어이기 때문에 단순히 '우세하다'고 할 수는 없다. 그 의미는 두 종류의 교잡종이 양쪽 유전자를 모두 가짐에도 불구하고 커티사이처럼 보인다는 뜻이다. 포드는 스코틀랜드 본토뿐 아니라 서쪽의 헤브리디스 제도의 바라와 북쪽의 오크니 섬에서 표본을 수집했다. 두 섬에 있는 종류는 본토와 마찬가지로 서로 매우 유사하다. 또 다른 증거는 커티사이의 유전자가 어디서나 같은 유전자라는 것을 보여 주었다. 그렇다면 각 섬에서 수집한 나방을 서로 교잡하면 원래의 우점 현상이 그대로 유지될 것으로 예측할 수 있다. 하지만 사실은 그렇지 않은데, 바로 이것이 요점이다. 포드는 바라에서 잡은 표본을 오크니에서 잡은 표본과 교잡시켰다. 그러자 커티사이의 우성 현상이 완전히 사라졌다. 교잡으로 태어난 개체에는 마치 원래부터 우성이 없었던 듯 온갖 종류의 중간 형태가 나타났다.

다음과 같은 일이 벌어진 것이다. 커티사이 유전자가 나방을 구별하게 해 주는 색소를 암호화하거나 우성 그 자체가 유전자의 속성은 아니다. 대신 다른 유전자처럼 커티사이 유전자는 다른 여러 유전자들(커티사이 유전자가 활성화하는 유전자)의 맥락 속에서 그 효과를 고려해야 한다. '유전적 배경' 혹은 '유전적 환경'의 의미는 바로 이러한 다른 유전자 그룹을 말한다. 이론적으로 유전자는 위치하는 섬에 따라 유전자 그룹의 조성이 달라짐으로써 매우 다른 효과를 나타낼 수 있다. 포드의 노랑밑날개나방의 경우는 조금 더 사정이 복잡하여 더 많은 것을 보여 준다. 바라와 오크니 섬에서 겉으로 동일한 효과를 나타내는 커티사이 유전자는 실은 '스위치 유전자'로서 각 섬의 다른 유전자 그룹을 활성화시키는 것이다. 두 개체군을 교잡할 경우에만 이를 확인할 수 있다. 커티사이 유전자는 익숙하지 않은 유전적 환경에 놓이게 된다. 바라 유전자와 오크니 유전자가 섞이면서 각각의 조합이 발생시키는 무늬가 오히려 생성되지 않는 것이다.

흥미로운 점은 바라나 오크니의 유전자 조합이 독립적으로 같은 색깔 패턴을 생성할 수 있다는 점이다. 같은 결과에 도달하는 방법은 하나가 아니다. 모두 협력하는 유전자 집단이 무늬를 생성하지만, 각 집단의 구성원은 다른 집단과 잘 협력하지 않는다. 어느 유전자군이든 유전자의 작업 모델로서 위 사례를 적용할 수 있을 것이다. 나는 《이기적 유전자》에서 노 젓는 비유를 들었다. 한 팀의 선원 8명이 잘 협력해야 하는 상황 말이다. 그러나 한 팀에서 네 명을, 그리고 다른 우수한 팀에서 나머지 네 명을 데려오면 훌륭한 협력이 나오지 않는다. 과거 동료와 수월하게 일했던 유전자 집단이 다른 집단에 의해 이질적인 유전적 환경으로 떠밀려 협력관계가 망가지는 것과 유사하다.

많은 생물학자들은 흥분한 나머지 전체 팀, 전체 유전자 집단, 전체 개체를 단위로 하는 수준에서 자연선택이 작용한다고 주장한다. 개체가 생명의 위계 구조에서 매우 중요한 단위라는 주장은 옳다. 그리고 실제로 하나의 단위다운 면모를 가진다(그러나 여러 정해진 부분체로 구성된 식물은 동물보다 그런 경향이 약하다. 식물은 한 개체가 퍼져서 조직·생장하기 때문에 다른 개체와 구분하기 어렵다). 그러나 아무리 늑대, 들소 개체가 정확히 구분되는 단위로 떨어진다고 하더라도 그 조합은 임시적이고 유일하다. 성공적인 들소는 자기 자신을 복제해 퍼뜨리는 것이 아니라 자신의 유전자를 복제한다. 자연선택의 진정한 단위는 빈도로 나타낼 수 있어야 한다. 성공할 때 올라가고 실패할 때 내려가는 빈도를 가져야 한다. 바로 유전자군의 유전자에 적용되는 얘기다. 하지만 들소 개체에는 적용될 수 없다. 각각의 들소는 고유한 개체다. 빈도는 1이다. 들소의 성공은 그의 유전자 빈도가 미래 개체군에서 상승하는 것으로 정의된다.

세상에서 가장 겸손한 사람은 분명 아니었던 육군 원수 몽고메리는 "그러자 신은 말했다(나도 동의했다)……"라고 했던가. 신과 아브라함 사이의 성약을 읽을 때 나도 비슷한 느낌을 받는다. 신은 아브라함에게 개체로서 영원한 삶을 약속하지 않았다(비록 당시 아브라함은 99세로 창세기 수준으로는 햇병아리에 불과했지만). 하지만 신은 그 대신 다른 것을 약속했다.

> 내가 내 언약을 나와 너와 네 대대 후손의 사이에 세워 너로 심히 번성케 하리다……너는 열국의 아비가 될지라……내가 너로 심히 번성케 하리니 나라들이 네게로 좇아 일어나며 열왕이 네게로 좇아 나리라.
>
> 《창세기》 17장

아브라함은 그의 개체성이 아닌 종자의 미래를 선사 받았다. 신도 다원주의를 꾀고 있었던 모양이다.

말하고자 하는 요점은 유전자가 다원주의적 과정이 선택하는 개별 단위더라도 매우 협력적이라는 점이다. 선택은 환경에 대한 생존 능력에 따라 개별 유전자를 선호하거나 선호하지 않지만 가장 중요한 환경은 바로 다른 유전자가 구성하는 유전 환경이다. 결과는 협력하는 유전자 집단이 유전자군에 모인다는 것이다. 생물 개체의 몸은 자연선택이 개체를 하나의 단위로 선택한 것이 아니라 다른 유전자와 협력하도록 선택된 유전자가 만든 것이다. 이들은 함께 개체의 몸을 만드는 사업에 동참한다. 그러나 그 협력은 '유전자 각각을 위한' 일종의 무정부주의적 협력이다.

실제로 협력 관계는 기회가 생길 때(예를 들어 '분리 왜곡' 유전자의 출현)마다 무너진다. 생쥐에서 발견되는 t 유전자라는 것이 있다. 이 유전자끼리 만나면 불임 혹은 죽음을 가져오기 때문에 이것은 선택적으로 제거된다. 그러나 수컷이 이 유전자를 한 쌍이 아니라 하나만 가질 때에는 매우 희한한 효과가 나타난다. 보통의 유전자는 수컷 정자의 50퍼센트에 복제품으로 존재한다. 나는 어머니의 갈색 눈을 가지고 있지만 나의 아버지는 푸른 눈이므로, 나에겐 푸른 눈 유전자가 한 벌 있고, 내 정자의 50퍼센트에 푸른 눈 유전자가 있다. 생쥐의 t 유전자는 이렇게 질서 있게 행동하지 않는다. 이 유전자를 보유하는 수컷 생쥐는 정자의 90퍼센트에 t 유전자가 있다. 정자 생산의 왜곡이 바로 t 유전자가 하는 일이다. 갈색 눈이나 곱슬머리를 만들도록 하는 것과 같다. 비록 t 유전자가 쌍으로 존재하면 위험하지만 일단 생쥐 개체군에 퍼지기 시작하면 정자 침입에 큰 성공을 거두기 때문에 퍼져나갈 것이다. 야생 생쥐 개체군에서 t 유전자는 암처럼 퍼져 국소 개체군을 멸종시킨다는 주장까지 제기된 바 있다. t 유전자는 유전자 간의 협력 관계가 틀어지면 어떤 일이 생길 수 있는지를 보여 주는 좋은 예다. "예외가 법칙을 증명한다"는 경솔한 말이 들어맞는 보기 드문 사례라 하겠다.

반복하면, 협력하는 주요 유전자 집단이 종의 유전자군 전체이다. 치타 유전자는 낙타 유전자보다 치타 유전자와 협동하고 그 역도 마찬가지다. 치타 유전자가 치타 종의 보존에 관심이 있어서(시적인 의미에서도)가 아니다. 분자 수준의 세계 야생 동물 보호기금처럼 치타의 멸종을 막으려는 것이 아니다. 그들은 단지 처한 환경에서 생존할 뿐이며, 이 환경은 치타 유전자군의 여러 유전자로 구성되어 있다. 그러므로 다른 치타 유전자(낙타나 대구 유전자가 아닌)와 협력하는 능력은 라이벌 치타 유전자와의 경쟁에 있어서 가장 이로운 성질 중 하나다. 극지방에서 추위를 견디는 유전자가 우점하게 되는 것처럼 치타의 유전자군에서 다른 치타 유전자로 구성된 환경에서 번성하는 유전자가 가장 번성한다. 각 유전자의 입장에서 유전자군의 나머지 유전자는 그저 기후의 일부분일 뿐이다.

유전자들이 서로의 '기후'가 되는 수준은 세포화학의 영역이다. 유전자는 화학적 생산 공정의 일부분을 담당하는 단백질 기계, 즉 효소의 생산을 암호화한다. 동일한 결과를 자아내는 화학적 경로는 다양한데, 이는 곧 다양한 생산 라인을 의미한다. 두 생산 라인을 동시에 사용하지 않는 이상 어느 것을 사용하는지는 별로 중요하지 않다. 두 생산 라인 모두 우수하나 생산 라인 A의 중간 생성물이 생산 라인 B에 사용되지 못하거나 또는 그 역일 것이다. 여기서도 전체 생산 라인이 하나의 단위로 자연선택된다고 단정할지 모른다. 그것은 옳지 않다. 자연선택되는 것은 여러 유전자가 구성하는 환경이라는 맥락 속의 개별 유전자다. 생산 라인 A의 단 하나의 공정만 제외한 전체 공정의 구성 유전자가 우위를 점한다면, 그 빠진 A의 공정이 선택될 유전자 환경이 조성된다. 반대로 기존에 있는 B 유전자 환경은 A 유전자 대신 B 유전자를 선호한다. 우리는 생산 라인 A와 B 사이에 경쟁이 있는 것처럼 어느 것이 더 '낫다'라고 하지 않는다. 말하고자 하는 것은 둘 중 어느 것도 좋지만 섞이면 불안정하다는 점이다. 개체군이 도달할 수 있는 안정된 기후, 즉 협력하는 유전자 환경은 두 가지가 있으며, 자연선택은 둘 중 가장 근접한 쪽으로 개체군을 인도한다.

하지만 반드시 생화학을 들먹일 필요도 없다. 유전자 환경이라는 비유는 몸의 기관이나 행동에 그대로 적용해도 좋다. 긴 근육질의 다리와 사냥감 추적을 위한 굽은 용수철 같은 척추, 물어뜯기 위한 강력한 턱과 송곳니, 조준이 용이하도록 전면에 배치된 눈, 육질 소화에 맞는 효소를 분비하는 짧은 장, 육식동물의 행동 소프트웨어가 내장된 뇌, 그리고 기타 여러 특징이 치타를 효율적인 사냥꾼으로 만들어 준다. 군비경쟁의 반대쪽에는 식물을 먹고 포식자로부터 도망가는 능력을 갖춘 영양이 있다. 긴 장과 섬유질 분해 박테리아로 꽉 찬 내장, 맷돌 같은 치아, 경계 행동과 신속한 탈출 프로그램이 내장된 뇌, 절묘한 얼룩무늬의 보호색 등이 서로 결합한다. 이 두 가지는 서로 다른 삶의 방식이다. 어느 것도 더 우수하지 않으며, 단지 애매한 중간(육식성 장과 결합한 초식성 치아, 육식성 사냥 본능과 결합한 초식성 소화효소)보다 나을 뿐이다.

여전히 '치타 개체' 또는 '영양 개체'를 하나의 '단위'로 여길 가능성이 있다. 그럴듯해 보일지 모르나 피상적인 생각이다. 게으른 생각이다. 실제 벌어지는 일이 무엇인지 알기 위해서는 더 깊게 생각해야 한다. 육식성 내장을 암호화하는 유전자는 육식성 뇌를 프로그래밍하는 유전자가 이미 우위를 점하고 있는 유전적 환경에서 번성한다. 그 역도 마찬가지다. 보호색을 암호화하는 유전자는 초식성 치아를 암호화하는 유전자가 이미 우위를 점하고 있는 유전적 환경에서 번성한다. 그 역도 마찬가지다. 살아가는 방식은 매우 다양하다. 몇 가지 포유류의 삶의 방식만 열거해도 치타의 방식, 임팔라의 방식, 두더지의 방식, 비비원숭이의 방식, 코알라의 방식 등이 있다. 어느 것이 다른 것보다 낫다고 말할 수 없다. 모두 나름대로 잘 살아간다. 문제는 반은 한쪽으로 적응하고 나머지 반은 다른쪽으로 적응하는 것이다.

이 주장은 개별 유전자 수준에서 가장 잘 표현된다. 각 유전자 좌위에서 선택될 가능성이 높은 유전자는 기타 유전자가 구성하는 유전적 환경에 적합한 것, 즉 세대를 거쳐서 살아남는 것이다. 이 조건은 환경 전체를 구성하는 유전자 하나하나에 적용되기에(모든 유전자는 다른 유전자의 환경을 이룬다) 결과적으로 종의 유전자군은 상호 적합한 파트너 집단이 된다. 애기를 반복해서 유감이지만, 일부 동료 학자들이 이 점을 인정하기를 거부하고 '개체'가 자연선택의 '진정한' 단위라는 고집을 꺾지 않기 때문이다.

더 넓게 보면, 유전자가 생존하는 환경은 개체가 만나는 다른 종도 포함한다. 한 종의 DNA가 그 종의 포식자, 경쟁자, 공생자의 DNA와 말 그대로 접촉하지는 않는다. 유전자 협력의 범위가 세포 내가 아닌 종 전체의 유전자인 경우 '환경'은 더 폭넓게 이해되어야 한다. 더 넓은 협력의 장에서 벌어지는 자연선택의 환경에서 중요한 것은 다른 종의 '영향', 즉 '표현형적 효과'이다. 열대우림은 그곳에 서식하는 동식물에 의해 특징지어지고 정의되는 특별한 환경이다. 성적 교잡의 관점에서 봤을 때 열대우림의 모든 종은 신체적 영향력은 주고받으나 서로 격리된 각각의 유전자군을 갖는다.

앞서 본 바와 같이 자연선택은 이 각각의 독립적인 유전자군에서 협력을 잘하는 유전자를 선택한다. 동시에 자연선택은 열대우림에 사는 다른 유전자군(나무, 덩굴, 원숭이, 쇠똥구리, 다듬이벌레, 토양 박테리아 등)의 영향력 속에서 잘 생존하는 유전자도 선호한다. 크게 보면 모든 나무와 흙진드기, 포식자와 기생충이 대가족의 일원으로 역할을 행복하게 수행하는 것처럼 보인다. 각 단위마다 모두의 이익을 위해 노력하는 거대하고 조화로운 전체로 말이다. 역시 매력적인 시각이다. 그러나 역시 게으르고 나쁜 시적 과학이다. 시적 과학이되 좋은 시적 과학(당신을 설득하는 것이 이 장의 목적이다)이 제공하는 진실에 가까운 관점은 숲을 이기적 유전자들의 무정부주의적 연방으로 본다. 각각의 유전자군에서 잘 생존하여 선택된 유전자들의 연방 말이다.

    다른 종이나 숲의 모든 생물을 위해 값진 서비스를 제공하는 열대우림 생물에 대한 얘기가 있다. 분명 모든 토양 박테리아를 제거하면 나무를 비롯해 궁극적으로 숲의 모든 생명은 죽게 될 것이다. 그러나 이것이 토양 박테리아가 존재하는 이유는 아니다. 물론 박테리아가 낙엽과 죽은 동물과 똥을 분해하여 숲 전체의 지속적 번영에 유용한 비료로 만드는 것은 사실이다. 그러나 그들에게 비료를 만들려는 목적은 없다. 그들은 스스로를 위해, 비료 생산 활동을 프로그래밍하는 유전자를 위해 낙엽과 죽은 동물을 이용한다. 이러한 실리적 활동의 우연한 결과로서 토양의 질이 향상되어 식물이 잘 살고, 초식동물이 그 식물을 먹고, 육식동물이 그 초식동물을 먹는 것이다. 열대우림 한 종이 군집의 다른 종과 함께 번성하는 이유는 그것이 바로 조상종이 번성했던 환경이기 때문이다. 토양 박테리아가 없는 곳에서 번성하는 식물이 있는지 모르지만, 분명 열대우림에서는 그 식물을 볼 수 없을 것이다. 아마 사막에서는 발견될지 모르지만 말이다.

    이것이 '가이아'(모든 생명을 위해 박테리아가 대기의 기체조성을 개선하고, 모든 종이 전체를 위해 복지 업무를 분담하는, 지구 전체를 하나의 개체로 보는 과대 포장된 낭만적 환상)의 유혹을 뿌리치는 방법이다. 이런 종류의 나쁜 시적 과학의 가장 극단적 예의 출처는 유명한 선배 '생태학자'(따옴표를 친 이유는 생태학이라는 학문의 학자가 아니라 녹색 정치활동가라는 의미이다)이다. 다음의 사례는 영국 개방대학교가 후원한 학회에 참석했던 존 메이너드 스미스 교수가 해 준 얘기다. 대화는 공룡의 대멸종과 그 원인 중 하나로 제기되는 혜성 충돌에 관한 논의로 이어졌다. 수염 난 생태학자는 확고하게 대답했다. "물론 아닙니다. 가이아가 그렇게 놔뒀을 리가 없죠!"

가이아는 영국의 대기화학자이자 발명가인 제임스 러브록이 지구를 상징하는 그리스 여신의 이름에서 따온 말로, 지구 전체가 하나의 살아 있는 생명이라는 자신의 시적 생각을 표현하는 용어다. 모든 생명체는 가이아의 신체기관이며 잘 조율된 온도조절 장치처럼 생명을 보존하기 위해 문제에 함께 대응한다는 것이다. 앞에서 인용한 생태학자처럼 이 생각에 흥분한 사람들로 인해 러브록은 공공연하게 창피를 당했다. 가이아는 하나의 컬트, 종교가 돼 버렸고, 당연하게도 러브록은 이제 거리를 두고 싶어 하는 눈치다. 그러나 그의 몇몇 초기 주장을 잘 살펴보면 약간 더 현실적일 뿐이다. 예를 들어 그는 박테리아가 메탄가스를 생산하는 이유는 지구 대기의 화학적 조성을 조절하는 중요한 역할을 맡았기 때문이라고 했다.

문제는 자연선택이 설명하는 수준 이상으로 박테리아 개체가 친절하기를 바라는 데 있다. 박테리아는 자신의 필요량을 넘을 정도로 충분한 메탄가스를 생산해야 한다. 지구 생명 일반의 이익에 충분한 메탄을 공급해야 한다. 자신들의 장기적 이익을 위한 것이라 설명해도 지구가 멸망하면 박테리아도 따라 멸망한다는 정도다. 자연선택에 장기적 미래 같은 것은 안중에도 없다. 사실 아무것도 안중에 없다. 장기적 안목이 아니라, 유전자군 내 라이벌 유전자와의 경쟁에서 이기는 유전자에 의한 개선이 있을 뿐이다. 불행히도 무임승차 박테리아를 만드는 유전자가 이타적으로 메탄을 생산하는 라이벌 유전자의 노력을 이용해서 번성할 것이 틀림없다. 그래서 세계는 이기적인 박테리아가 상대적으로 많은 곳이 된다. 박테리아의 이기적인 성질 때문에 전체 수가 줄어들더라도 이 현상은 계속될 것이다. 심지어는 멸종에 이르기까지 계속될 것이다. 어떻게 안 그럴 수 있겠는가? 장기적 안목이란 없다.

만약 박테리아가 자신의 이익을 위한 활동의 부산물로서 메탄을 생산하고 단지 우연히 세상에 이롭다는 것이 러브록의 생각이라면 나는 진심으로 동의한다. 하지만 그러면 애초의 가이아라는 발상 자체가 피상적이고 현혹적인 것이 된다. 박테리아 자신의 단기적인 유전적 이익을 위해 일한다는 사실 외에 얘기할 것은 아무것도 없다. 생물들은 자신에게 이로울 때만 가이아를 위해 일한다는 결론에 이른다. 그렇다면 무엇 때문에 가이아를 끌어들인단 말인가? 유전적 환경을 포함한 전체 환경 속에서 자기를 복제하는 자연선택의 진짜 단위인 유전자를 얘기하는 편이 훨씬 바람직하다. 유전적 환경이라는 개념에 세계의 모든 유전자를 포함시켜서 범위를 확대하는 것은 얼마든지 좋다.

그러나 그것이 가이아는 아니다. 가이아는 지구의 생명을 하나의 단위로 집중하는 오류를 범한다. 지구의 생명은 유전적 기후의 변화 패턴이다.

가이아의 선봉장이자 러브록의 주된 동지는 미국의 세균학자인 린 마굴리스다. 호전적 성향에도 불구하고 그녀는 내가 비판하는 나쁜 시적 과학의 축에서 온건한 편에 속한다. 자신의 아들인 도리언 세이건에게 쓴 편지를 보자.

> 진화를 개체와 종간의 만성적 혈투로 보는 이 시각은 다윈의 '적자생존'의 대표적인 왜곡으로서, 지속적 협동, 강한 상호 작용, 그리고 생명 간의 상호 의존성에 대한 새로운 시각 앞에서 허물어진단다. 생명은 전투가 아닌 네트워킹으로 지구를 정복했단다. 생명체들은 서로를 죽이는 것이 아니라 협력함으로써 증식하고 복잡해졌단다.
>
> 《마이크로코스모스: 40억 년의 미생물 진화》(1987)

사실 마굴리스와 세이건이 사실로부터 그렇게 먼 것은 아니다. 하지만 그들은 나쁜 시적 과학의 영향을 받아 적절하지 못한 방식으로 표현하고 있다. 이 장의 시작에서 언급했듯이 '투쟁 대 협동'의 구도를 강조할 필요는 없다. 유전자 수준의 근본적인 갈등이 존재한다. 그러나 유전자의 환경은 유전자에 의해 구성되므로 협동과 '네트워킹'은 자동적으로 그 갈등의 가장 유력한 해결 양상으로 나타나는 것이다.

러브록이 지구의 대기를 연구하는 사람이라면 마굴리스는 정반대 방향에서 접근하는 박테리아 전문가이다. 그녀는 지구의 생명체 중에서 박테리아를 무대 중심에 당당히 올린다. 생화학적 수준에서 생존하는 방식은 다양하다. 여러 종류의 박테리아에서 이 방식들을 볼 수 있다. 생활방식 중 하나는 우리 진핵생물(박테리아가 아닌 모든 생명체)이 채택한 것인데, 이도 박테리아로부터 얻은 것이다. 마굴리스는 우리 몸속 생화학적 현상의 대부분이 과거에는 독립 생물체였지만 지금은 우리 세포 내에서 사는 박테리아에 의해 수행된다는 주장을 수년간 성공적으로 펼쳐 왔다. 마굴리스와 세이건의 같은 책에서 인용한다.

반대로 박테리아는 진핵생물보다 훨씬 폭넓은 대사적 옵션을 가진다. 그들은 신기한 발효 작용을 하고, 메탄가스를 생산하며, 공기로부터 직접 질소를 '섭취하고', 황 덩어리에서 에너지를 얻으며, 호흡 과정에서 망간과 철을 침착시키고, 끓는 물에서 산소로 수소를 연소시켜 물의 양을 늘리며, 소금물에서 보라색 색소인 로돕신으로 에너지를 저장한다. 그러나 우리는 그들의 수많은 대사경로 중 딱 한 가지, 즉 미토콘드리아의 전문 분야인 호기성 호흡만을 사용한다.

호기성 호흡이란 유기물 속의 태양에너지를 끄집어내 다량으로 분포하는 세포 소기관인 미토콘드리아로 보내는 정교한 생화학적 반응이다. 미토콘드리아가 박테리아로부터 유래했다는 마굴리스의 생각은 과학계에 받아들여졌다. 독립적으로 생활했던 미토콘드리아의 조상은 우리가 호기성 호흡이라고 부르는 생화학적 기술을 진화시켰다. 이 박테리아의 발명품을 보유한 후손이 우리의 세포 안에 있기 때문에 진핵생물도 이 화학적 마술의 이익을 누릴 수 있다. 이 시각에 따르면 현대의 미토콘드리아는 태고의 바다에서 자유롭게 살던 미토콘드리아의 직계 후손이다. 여기서 '직계 후손'이라 함은 말 그대로 자유 유영하던 박테리아 하나가 둘로 나뉘고, 그것이 또 둘로 나뉘고, 또 둘로 나뉘고, 계속 같은 과정을 거쳐 지금도 세포 속에서 분열하고 있는 당신의 모든 미토콘드리아에까지 도달했다는 뜻이다.

미토콘드리아는 원래 커다란 박테리아(훗날 진핵세포라는 집이 되는)를 공격하는 기생생물(또는 포식자. 박테리아의 수준에서 이 구분은 중요하지 않다)이었다고 마굴리스는 믿는다. 지금도 비슷한 행동을 하는 박테리아가 있다. 동물의 세포벽을 파고들어 일단 안으로 안전하게 침입하면 구멍을 메우고 안에서부터 먹어 나가는 놈이 있다. 이론에 따르면 미토콘드리아의 조상은 숙주를 죽이는 기생생물에서 숙주를 살려 놓고 오래 이용해 먹는 기생생물로 악성이 약해지게 진화했다. 더 후에는 숙주 세포가 이 미토콘드리아 조상 동물의 대사 작용으로부터 이익을 얻었다. 둘의 관계는 포식 혹은 기생(한쪽에게 좋으나 다른 한쪽에게 나쁜) 관계에서 공생(둘 다 좋은) 관계로 변화했다. 공생 관계가 깊어지자 양쪽은 서로에게 더 의존하게 되면서, 상대방이 충족시켜 주는 기능은 차츰 없어졌다.

다윈주의 세계에서 이러한 친밀하고도 헌신적인 협동은 기생생물의 DNA와 숙주의 DNA가 동일한 운반체를 통해 후손에게 '수직적으로' 전해질 때에만 진화한다. 오늘날까지 미토콘드리아는 자신만의 DNA를 가지고 있으며 '우리' DNA보다 다른 박테리아와 유연관계가 가깝다. 그것은 인간의 난자를 통해 인간의 후손에게 전달된다. 이렇게 수직적으로 전달되는(숙주 부모에서 숙주 아이로) DNA를 갖는 기생생물은, 숙주의 DNA의 생존에 좋은 것은 자동적으로 자신의 DNA의 생존에도 좋으므로 악성이 약해지며 협조적으로 변한다. 광견병이나 감기 바이러스처럼 DNA가 수평적으로 전달되는(꼭 부모자식 관계가 아닌, 한 숙주에서 다른 숙주로의 전달) 기생생물은 악성이 강화될 수 있다. DNA가 수평적으로 전달되는 경우 숙주의 죽음은 나쁜 일이 아니다. 극단적인 경우 기생생물이 숙주 안에서 증식하다가 급기야는 몸을 터뜨리고 나가 새로운 숙주를 향해 DNA를 바람에 날리기도 한다.

미토콘드리아는 매우 극단적인 수직형 전문가이다. 과거에 다른 생명체였다는 것을 모를 만큼 숙주와 긴밀하다. 내 옥스퍼드 대학교 동료인 데이비드 스미스 경이 이를 잘 표현했다.

세포라는 환경 속으로 침입하는 개체는 차츰 자신의 부분 부분을 잃어버림으로써 옛 모습의 자취를 감추고 전체 배경에 자연스럽게 편입된다. 이상한 나라의 앨리스와 체셔 고양이와의 만남을 떠올리지 않을 수 없다. 리스가 바라보는 동안 "고양이는 천천히 사라졌다. 꼬리부터 시작해서 차츰 없어지더니 마지막까지 남았던 미소도 사라졌다." 세포에는 체셔 고양이의 미소 같은 것이 몇 가지 있다. 그들의 기원을 추적하고자 하는 사람에게 매우 어려운 수수께끼임에 틀림없다.

《서식처로서의 세포》(1979)

나는 미토콘드리아의 DNA와 숙주 DNA의 관계가 어떤 종이 '소유한' 유전자군의 두 유전자 간의 관계와 별반 다르지 않다고 생각한다. 지금껏 나는 우리가 '소유한' 유전자 모두가 상호 기생 관계에 있는 것으로 보아야 한다고 주장했다.

살아 있는 또 다른 화석은 엽록체다. 엽록체는 광합성(태양 에너지를 저장하여 유기물을 합성하는 것) 업무를 담당하는 식물의 세포 소기관이다. 필요에 따라 저장된 유기물을 분해하고 에너지 방출을 제어할 수 있다. 엽록체는 식물이 녹색을 띠는 원인이다. 오염된 물에서 뿌옇게 뭉치는 오늘날의 '청록' 박테리아의 사촌뻘인 광합성 박테리아로부터 엽록체가 유래한다는 주장은 이제 널리 받아들여지고 있다. 이러한 박테리아와 진핵 생물의 엽록체에서 광합성의 과정은 동일하다. 마굴리스에 따르면 엽록체는 미토콘드리아와는 다른 방식으로 합류한다. 미토콘드리아의 조상이 숙주 생물에 적극적으로 침입했다면, 엽록체의 조상은 먹이로 삼켜졌다는 것이다. 숙주와의 공생적 관계는 나중에서야 진화했다. 엽록체 DNA가 숙주의 세대를 따라 수직적으로 전달되기 때문이다.

동시에 마굴리스는 나선형으로 움직이는 스피로헤타 박테리아가 또 다른 방식으로 진핵생물 세포에 침입하여 섬모, 편모, 그리고 세포분열시 염색체를 양쪽으로 당기는 '방추사' 등이 되었다는, 아직 논란이 되고 있는 주장도 한다. 섬모와 편모는 단순히 서로 규모만 다를 뿐 같은 물질이기에 마굴리스는 둘 다 '파동지波動枝(undulipodia)'라 부른다. 편모라는 용어는 파동지와 겉모양은 비슷하지만 박테리아가 노를 젓듯(나사처럼 회전한다는 것이 더 적합할 듯하나)이 움직일 때 사용하는 채찍 모양의 기관에만 사용한다. 박테리아의 편모는 생물계에서 유일하게 진정한 회전 베어링이 있다는 점이 특징적이다. 인간이 만들어 내기 이전에 자연계의 유일한 '바퀴' 또는 적어도 차축에 해당하는 중요한 예다. 섬모를 비롯한 기타 진핵생물의 파동지는 더 복잡하다. 마굴리스는 미토콘드리아와 엽록체 각각을 개별 박테리아와 동일하게 보듯이 파동지 하나를 스피로헤타 박테리아 개체로 여긴다.

고난이도의 생화학적 임무를 위해 박테리아를 가두는 것은 최근의 진화 과정 동안 여러 차례 일어났다. 심해 물고기는 동종에게 신호를 보내고 길을 찾기 위해 발광發光 기관을 갖고 있다. 빛을 생산하는 난해한 화학 반응을 스스로 부담하는 대신 이를 전문으로 하는 박테리아를 가두었다. 물고기의 발광 기관은 생화학적 대사의 부산물로부터 빛을 발생시키는 정성스레 배양된 박테리아 주머니다.

이제 우리는 개별 생물체를 보는 새로운 시각을 얻었다. 열대우림이나 산호초의 동식물만이 다른 종의 개체들과 복잡한 상호 작용의 그물망을 만드는 것이 아니다. 각각의 동물과 식물도 하나의 군집이다. 수십억 개의 세포로 이루어진 군집이며, 그 수많은 세포는 박테리아 수천 마리로 이루어진 군집이다. 좀 더 나아가면 한 종의 '고유한' 유전자도 이기적인 협조자들로 이루어진 군집이라 할 수 있다. 그럼 우리는 또다시 다른 형태의 시적 과학인 위계의 시정을 만난다. 단위 안에 또 단위가 존재하며, 이 구조는 개체의 수준에서 그치는 것이 아니라 개체가 속한 군집의 수준으로까지 확대된다. 위계 구조의 단계마다 과거에 독립적으로 존재하던 아래 단위와의 공생 관계가 있는 게 아닐까?

여기에 어떤 교훈이 있을지 모른다. 흰개미는 나무와 책 등 목재를 먹고사는 매우 성공적인 동물이다. 그러나 필수적인 화학적 수단이 흰개미 자신의 세포 속에 있지는 않다. 진핵생물 세포가 미토콘드리아의 생화학적 기술에 의존해야 하듯이 흰개미는 스스로 나무를 소화하지 못한다. 나무를 소화하는 공생 미생물에 의존해야 한다. 흰개미는 미생물과 그들의 분비물을 바탕으로 살아간다. 이 괴상하고 특이한 미생물은 특정 흰개미 종의 창자 외에는 좀처럼 세계 어디서도 발견되지 않는다. 흰개미가 미생물에 의존하듯(흰개미에게는 없는 효소로 나무를 분자 수준으로 분해하는 것) 미생물도 흰개미에 의존한다(나무를 찾고 씹어서 물리적인 작은 조각으로 만드는 것). 미생물에는 박테리아도, 원생동물(단세포 진핵생물)도 있고, 둘 다 섞인 신기한 미생물도 있다. 마굴리스의 추측에 근거를 더하는 진화적 데자부라 더 신기하다.

편모를 가진 원생동물 믹소트리카 파라독사 *Mixotricha paradoxa*는 호주흰개미 *Mastotermes darwiniensis*의 창자 속에서 산다. 이 동물은 앞쪽에 네 개의 커다란 섬모가 나 있다. 물론 마굴리스는 이 기관이 원래 공생 관계의 스피로헤타였다고 믿는다. 이는 확실치 않으나 분명한 것은 이것 외에도 작고 물결치는 다른 종류의 털 같은 것이 있다는 것이다. 몸 전체를 덮고 있는 이것은 섬모(인간의 난자를 난관 아래로 보내기 위해 주기적으로 물결치는 것)처럼 생겼다. 약 50만 개에 달하는 이들은 모두 작은 스피로헤타 박테리아이다. 사실 서로 상이한 두 가지 다른 종류의 스피로헤타가 있다. 이 물결치는 박테리아가 믹소트리카로 하여금 흰개미의 창자 속을 움직이게 하고, 박테리아들은 한꺼번에 같이 물결친다고 한다. 얼핏 납득이 안 될지 모르나 한 운동이 바로 인접한 운동을 촉발한다고 보면 된다.

앞에 나 있는 네 개의 큰 섬모는 방향타 역할만 하는 듯하다. 이것을 몸 전체를 뒤덮은 스피로헤타와 구별하기 위해 믹소트리카 자신의 것이라 하자. 그러나 물론 마굴리스가 옳다면 스피로헤타와 믹소트리카 중 어느 쪽의 것도 아니다. 더 이전에 일어난 침입일 뿐이다. 여기서 데자부는 새로운 스피로헤타가 수십억 년 전의 드라마를 재상영하는 것이다. 애기인즉 흰개미의 창자 속에 산소가 충분치 않기 때문에 믹소트리카는 산소를 이용할 줄 모른다. 그렇지 않았다면 고대 박테리아 침입자인 미토콘드리아가 들어왔을 것이다. 어쨌든 흰개미 속에는 미토콘드리아와 닮은 생화학적 임무를 담당하는 공생 박테리아가 있고 목재의 소화라는 어려운 업무를 효과적으로 수행한다.

그러므로 하나의 믹소트리카 개체는 적어도 여러 종류의 공생 박테리아 50만 마리로 이루어진 군체群體다. 나무를 소화하는 기계라는 기능적인 시각에서 봤을 때 한 흰개미 안에 여러 공생 미생물이 살고 있는 군체다. 흰개미의 창자 동물상gut flora에 침입한 '최근'의 침입자를 차치하더라도 흰개미 '자신의' 세포도 진핵생물 세포와 마찬가지로 더 오래된 박테리아의 군체라는 사실을 잊지 말아야 한다. 마지막으로 흰개미 자신도 대부분 불임의 일개미로 구성된 거대한 군체의 일원으로 산다. 흰개미 집단은 개미를 제외한 그 어느 동물보다 효과적으로 산과 들을 약탈하는 동물이다(개미도 같은 이유로 성공적인 동물이다). 호주흰개미 군체 하나에 보통 일개미가 100만 마리가 있다. 이

종은 오스트레일리아의 게걸스러운 해충으로 전신주, 전선의 플라스틱 피복, 나무 건물과 교량, 심지어는 당구공까지 먹어치운다. 군체의 군체의 군체로 사는 것은 매우 성공적인 삶의 방식인 모양이다.

유전자의 시각으로 돌아와 보편적인 공생('함께 살아가기')의 발상을 끝까지 밀고나가 보려 한다. 마굴리스는 분명 공생의 교주다. 더 나아가면 미토콘드리아 유전자와 같은 방식으로 모든 '보통의' 핵 유전자도 그런 공생 관계를 맺고 있다고 할 수도 있다. 그러나 마굴리스와 러브록이 가장 일차적으로 내놓는 협동과 우호의 시정을 나는 반대로 이차적 결과로 본다. 유전자 수준에서 모든 것이 이기적이지만 이기적 목적은 여러 단계에서 일어나는 협동에 의해서 달성된다. 유전자에게는 근본적으로 '동료' 유전자 간의 관계, 동료 유전자와 미토콘드리아 유전자 간의 관계, 우리 유전자와 다른 종의 유전자 간의 관계가 다를 바 없다. 모든 유전자는 다른 유전자(어떤 종이든)의 존재와 영향 아래 증식하도록 선택된다.

유전자군 내의 협동으로 복잡한 신체가 만들어지는 현상을 공진화와 대비되는 의미에서 일반적으로 공적응co-adaptation이라 부른다. 공적응은 한 개체의 여러 부분이 서로 맞물리도록 재단되는 것을 의미한다. 예를 들어, 꽃에는 곤충을 유인하기 위한 밝은 색깔과 꿀물로 인도하는 어두운 줄무늬가 있다. 그들은 서로 공적응되어 있고, 이런 특징의 유전자들은 서로의 존재

아래서 선택된 것이다. 공진화는 일반적으로 서로 다른 종간에 일어나는 공동의 진화를 가리킨다. 꽃과 꽃가루를 운반하는 곤충은 함께 진화, 즉 공진화한다. 이 공진화는 서로에게 이롭다. 공진화라는 단어는 적대적 진화 관계(공진화적 군비경쟁)에도 쓰인다. 포식자의 빠른 질주는 먹잇감의 빠른 질주와 공진화한다. 두꺼운 가죽은 그것을 뚫기 위한 무기 및 기술과 함께 공진화한다.

방금 '종내within species' 공적응과 '종간between species' 공진화를 구별했지만 사실 그렇게 확실한 것은 아니다. 본 장에서 다룬 바와 같이 유전자 상호 작용이 그저 유전자 상호 작용이라면 공적응은 단지 공진화의 특별 사례에 불과하다. 유전자 자신에게 '종내'와 '종간'은 근본적으로 다른 개념이 아니다. 실무적인 차이가 있을 뿐이다. 종내에서, 유전자는 세포 안에서 동료를 만난다. 종간에서, 유전자의 외부적 영향력은 바깥 세상에서 다른 유전자의 영향력과 만날 것이다. 기생충과 미토콘드리아처럼 중간에 해당하는 경우는 구별이 흐릿하기 때문에 더욱 두드러져 보이는 것이다.

자연선택에 회의적인 사람들은 보통 다음과 같이 지적한다. 그들에게 자연선택이란 순수하게 부정적 과정, 즉 부적합한 개체를 제거하는 것이다. 어떻게 이러한 부정적 잡초 제거 작업이 복잡한 적응을 만들어 내는 데 긍정적인 역할을 한단 말인가? 답은 공진화와 공적응의 조합에 있다. 방금 살펴본 바와 같이 이 두 과정은 사실 그렇게 다르지 않다.

공진화는 인간의 군비경쟁처럼 발전적이고 긍정적인 과정이다(여기서 발전은 인본주의적 목적의 달성을 의미하며 무기의 '발전'과는 정반대다). 포식자의 능력이 더 좋아지면 피식자는 살기 위해 나란히 발전해야 한다. 그 역도 마찬가지다. 기생충과 숙주도 마찬가지다. 발전은 발전을 낳는다. 이는 생존 자체를 개선하지 못하더라도(왜냐하면 결국 군비경쟁을 하는 상대방도 똑같이 발전하므로) 생존을 위한 장비의 점진적 발전을 가져온다. 따라서 공진화(군비경쟁. 다른 유전자군의 유전자들 간의 공진화)는 자연선택을 순수하게 부정적인 과정으로 보는 회의론자를 위한 하나의 답변이다.

또 다른 답변은 공적응, 즉 한 유전자군 내 유전자들 간의 공진화이다. 치타의 유전자군에서 육식 이빨은 육식 창자 및 육식 행동과 가장 잘 협동한다. 초식 이빨, 초식 창자 그리고 초식 행동은 영양의 유전자군에서 만난다. 앞에서 살펴본 대로 유전자 수준의 선택이 조화로운 체계를 만드는 것은 어떤 체계를 통째로 선택해서가 아니라 체계의 부분을 각각 선택하되 체계 전체를 주도하는 유전자군에서 선택하기 때문이다. 유전자군의 균형이 변하는 상황에서는 문제에 대한 안정적인 해결책이 하나 이상 있을 수 있다. 유전자군에 하나의 안정적인 해결책이 우점하기 시작하면 자연선택은 그 해결책의 구성 요소를 선호한다. 동등하게 효과적인 해결책도 초기 조건만 달랐다면 얼마든지 선호되었을 것이다. 어쨌든 자연선택이 순수하게 부정적인 차감의 과정이라는 회의론자의 걱정은 해소되었다. 자연선택은 긍정적이고 건설적이다. 대리석을 쪼개는 조각가의 행위가 부정적이지 않다면 자연선택도 마찬가지다. 상호 작용하고 공적응된 유전자군을 조각하는 작업이다. 근본적으로 이기적이지만 현실적으로 협력하는 유전자군이다. 다윈주의 조각가에게 주어진 단위는 종의 유전자군이다.

나는 약 두 장을 나쁜 시적 과학에 대한 경고에 할애했다. 그러나 이 책의 주제는 반대 방향을 가리킨다. 과학은 시적이며, 시적이어야 하고, 시인에게 배울 것이 많으며, 좋은 시적 상상력과 비유의 영감을 장려해야 한다. 《이기적 유전자》는 비유적 이미지로서 좋은 잠재력을 지니지만 의인화의 비유가 잘못 이해되면 불행히도 오해의 여지가 있다. 올바르게 이해하기만 하면 깊은 이해와 풍부한 학문으로 우리를 인도할 것이다. 이 장에서는 의인화된 유전자의 비유를 이용하여 유전자가 '이기적인' 동시에 '협조적'이라는 의미가 무엇인지 설명했다. 다음 장의 핵심 메시지는 종의 유전자는 그 조상이 살았던 환경에 대한 종합적이고 세부적인 묘사, 즉 죽은 자의 유전학 책이라는 것이다.

10

죽은 자의 유전학 책

지나간 날들의 지혜를 기억하라······.
예이츠 〈갈대에 이는 바람〉(1899)

THE GENETIC BOOK OF THE DEAD

내가 학창 시절 처음으로 쓴 것으로 기억하는 에세이는 〈동전의 일기〉였다. 내 자신이 동전이 되어 은행에 앉아 있다가 고객에게 주어지고, 주머니 속에서 다른 동전들과 부딪히고, 물건을 살 때 건네지고, 그리고 또 다른 사람에게 전달되는 등의 경험에 대한 얘기를 쓴 글이다. 아마 당신도 유사한 글을 써 봤을 것이다. 비슷한 방식으로 주머니에서 주머니로 옮겨 가는 대신 세대를 거쳐 한 몸에서 다른 몸으로 옮겨 가는 것으로 유전자를 이해하면 좋을 것 같다. 동전 비유에서 가장 중요한 점은, 일곱 살짜리 아이의 상상 속 말하는 동전 이상으로 유전자의 의인화를 심각히 받아들이지 말아야 한다는 것이다. 의인화는 종종 유용한 도구지만, 그것을 말 그대로 비판하는 사람은 정말 말 그대로 받아들이는 실수를 저지르는 셈이다. 물리학자가 말 그대로 입자에 감명 받는다고 비난하는 비평가는 피곤한 현학자일 뿐이다.

기존 유전자에 돌연변이가 일어나 변형되면서 유전자는 '주조' 된다. 개체군에 존재하는 여러 유전자 중 단 하나만 변형되고(돌연변이가 한 번 일어날 경우이다. 다른 시점에서 동일한 돌연변이가 재발생하면 유전자군의 또 다른 유전자가 변형될 수 있다), 나머지 유전자는 원래의 유전자를 계속해서 복제하는데, 이들은 돌연변이 유전자와 경쟁 관계에 놓인다. 물론 동전과는 달리 유전자는 자신을 복제하는 데 매우 능하며, 우리의 유전자 일기에 적혀야 할 것은 DNA를 이루는 각 원자의 경험이 아니라 세대를 거쳐 복제되는 유전자로서 DNA의 경험이다. 앞 장에서 본 것처럼 유전자의 과거 '경험' 이란 그 종의 다른 유전자와 부대끼던 기억이기 때문에 함께 신체를 구성하는 작업에 협조적일 수 있다.

이제 한 종을 이루는 모든 유전자의 과거 '경험' 이 동일한지 의문을 제기해 보자. 대부분은 그렇다. 대부분의 들소 유전자들은 그동안 동고동락했던 들소 개체들의 공통의 경험이 있다. 유전자들이 생존했던 몸은 수컷 들소, 암컷 들소, 큰 들소, 작은 들소 등 다양하다. 그러나 그중에는 나머지와 경험치가 다른, 가령 성을 결정하는 유전자와 같은 유전자 부분집합도 있다. 포유류에서 Y 염색체는 수컷에만 존재할 뿐, 다른 염색체들과 유전자를 교환하지 않는다. 따라서 Y 염색체에 위치한 유전자는 들소의 몸에 관한 한 제한된 경험만 할 수 있다. 수컷의 몸을 벗어날 수 없는 것이다. 이 유전자의 경험은 일반 들소 유전자와 거의 비슷하나 동일하지는 않다. 여러 들소 유전자와는 달리 암컷 들소의 몸 안에 있는 게 어떤 것인지는 전혀 알지 못한다. 공룡 시대에 포유류가 탄생할 당시부터 쭉 Y 염색체에만 있는 유전자는 여러 종의 수컷을 경험했지만, 어떤 종이든 암컷의 몸을 거친 적이 없다. X 염색체의 경우는 좀 더 복잡하다. 수컷 포유류는 하나의 X 염색체를 갖고 있고(모계의 X 염색체, 부계의 Y 염색체), 암컷은 두 개의 X 염색체를 갖고 있다(부모로부터 각각 하나씩 물려받은). 따라서 X 염색체는 암컷과 수컷을 모두 경험하지만, 그중 3분의 2는 암컷의 몸을 경험한다. 조류의 경우는 상황이 정반대다. 암컷 새가 이형접합의 성 염색체(조류에서는 별도의 기호를 쓰지만 여기서는 포유류처럼 X와 Y로 불러도 무방할 것 같다)를 갖고 수컷이 동형접합의 성 염색체(XX)를 가진다.

그 밖의 염색체에 존재하는 유전자들은 수컷과 암컷의 몸 각각에서 동등한 경험을 하지만, 다른 측면에서 상이한 경험을 할 수 있다. 유전자의 발현형질(긴 다리, 두꺼운 뿔 등)이 무엇이든, 우성 유전자라면 조상의 몸속에서 많은 시간을 보냈을 것이다. 당연한 말이지만 어쩌면 모든 유전자는 성공적이지 않은 몸보다 성공적인 몸에서 더 많은 시간을 보냈을 것이다. 성공적이지 않은 몸은 무수히 많으며, 그 각각마다 완전한 유전자 구성을 갖추고 있다. 그러나 그들은 보통 후손이 없는 경향이 있으므로(성공적이지 않다는 의미가 바로 이것이다), 유전자가 거친 몸을 연대기적으로 보면 사실 전부 성공적이었고(성공의 정의에 따르면), 대부분(전부는 아니다) 성공을 위해 필요한 요건을 갖추고 있었다는 사실을 알 수 있다. 차이가 나는 이유는 성공에 필요한 것을 갖추지 못한 개체도 때로는 번식하기 때문이다. 또 평균적인 조건 아래서 매우 성공적으로 생존하고 번식할 능력을 갖춘 개체도 가끔 번개를 맞기도 한다.

만약 일부 사슴이나 물개, 원숭이처럼 수컷이 서열을 만들고 우두머리 수컷이 대부분의 번식 활동을 한다면, 그 종의 유전자는 서열이 낮은 개체보다 우두머리 수컷에서의 경험이 더 많을 것이다. 모든 세대에서 서열이 낮은 수컷이 대부분이나 그들의 유전자는 예전에 서열이 높았던 뼈대 있는 가문의 후예이다. 모든 세대는 그 이전 세대의 우수한 소수로부터 태어난다. 마찬가지로 아름다운 수컷이 대부분의 암컷을 수정시키는 꿩과 같은 종의 경우는 현재 암컷의 몸속에 있든, 추하거나 멋진 수컷 속에 있든 그 유전자는 아름다운 수컷의 계통을 지닌다. 유전자는 성공하지 못한 몸보다 성공한 몸에서 더 많은 경험을 한다.

유전자가 서열이 낮은 개체를 주기적이고 반복적으로 경험한다는 것을 볼 때, '주어진 상황에서 최선을 다하는' 유전자의 조건부 전략을 예상해 볼 수 있다. 우두머리 수컷이 여러 암컷을 지키는 종에서는 암컷에 접근하기 위한 '지능적인' 대안 전략이 관찰된다. 어떤 동물 개체군에서는 10퍼센트 이하의 수컷이 짝짓기의 90퍼센트 이상을 점유한다. 우두머리 수컷을 밀어낼 시간만을 기다리는 대부분의 총각 수컷들은 우두머리의 경계가 일시적으로 느슨해진 암컷과의 짝짓기를 노린다. 이러한 대안 전략이 자연선택되기 위해서는 몰래 짝짓기를 통해 후대에 전달되는 유전자가 있어야 한다. 우리의 '유전자 일기'에서 적어도 일부 유전자는 과거에 서열이 낮은 수컷의 몸을 경험한 것들이다.

'경험'이라는 단어를 오해하지 않기 바란다. 물론 말 그대로가 아니라 비유적으로 받아들여야 한다. 동시에 조상 시대의 경험을 간직한 주체라는 의미에서 유전자 한 개가 아니라 종의 유전자군 전체를 의미하는 비유라는 것을 알아야 한다. 이것이 '이기적인 협조자'의 또 다른 특징이다. 한 종 또는 유전자군이 경험을 통해 배운다는 말이 어떤 의미인지 설명하겠다. 종은 진화적 시간을 거쳐 변화한다. 종은 그 세대에 살고 있는 개체의 집합이다. 새로운 개체가 태어나고 늙은 개체가 죽으면서 집합은 달라진다. 이러한 변화 자체를 경험이라 할 수는 없으나, 개체군의 유전자 분포가 특정한 방향으로 체계적인 변화를 보일 수 있고, 바로 이것이 '종의 경험'이다. 빙하기가 도래하면 더 많은 개체가 두꺼운 털가죽을 갖게 된다. 가장 털이 두터운 개체는 다음 세대에 평균치보다 많은 수의 자손을 남긴다. 개체군 전체의 유전자 집합(평균적인 개체에 담길 유전자 집합)은 더 수북한 털을 발현시키는 유전자들의 방향으로 이동한다. 다른 기능을 하는 유전자에도 똑같은 일이 벌어진다. 여러 세대를 거치면서 종의 유전자 집합(유전자군)은 깎이고 다듬어지고, 반죽되고 두드려져 성공적인 개체를 만드는 데 효과적인 집합이 된다. 바로 이러한 의미에서 종은 우수한 개체와 신체를 만드는 경험을 통해 배우고, 그 경험을 유전자군의 유전자들 속에 암호화하여 보관한다는 것이다. 종이 경험하는 시간의 규모는 지질학적 시간이다. 경험이 담는 정보는 과거의 환경과 생존법이다.

종은 평균을 내는 컴퓨터다. 종은 조상이 생활하고 번식하던 세계에 대한 통계적 설명을 축적한다. 그 설명은 DNA의 언어로 쓰여 있다. 어느 한 개체의 DNA에 있는 것이 아니라 번식하는 개체군 전체의 집합적 DNA(이기적 협조자)에 존재한다. '설명'보다 '표현'이 더 적합할지 모른다. 학계에 알려지지 않은 동물이 처음 발견된다면 경험 많은 동물학자는 표본을 자세히 조사하고 해부하고 '표현하는 바를 읽어서' 이 동물의 조상이 어떤 환경(사막, 열대우림, 북극 툰드라, 온대수림, 산호초 등)에서 살았는지 말해 줄 수 있을 것이다. 동물학자는 이빨과 창자를 보고 무엇을 먹었는지도 말해 줄 수 있을 것이다. 넓적하고 맷돌 같은 이빨, 길고 복잡하게 얽혀 있는 창자는 초식동물, 뾰족하고 날카로운 이빨, 짧고 단순한 창자는 육식동물임을 말해 준다. 발, 눈을 비롯한 감각기관은 이동하는 방식과 먹이 찾는 방식을 보여 준다. 줄무늬와 비늘, 뿔이나 볏은 전문가에게 사회생활과 성생활에 대한 정보를 제공한다.

그러나 동물학은 갈 길이 멀다. 오늘날의 동물학은 신종의 몸이 '표현'하는 서식처와 생활사에 대한 정보를 대략적이고 정성적으로 '읽는' 데 그친다. 미래의 동물학은 동물의 몸이 '표현'하는 더 많은 해부학적·화학적 측정치를 컴퓨터에 입력해야 할 것이다. 이때 그 측정치들을 각기 개별적으로 다루지 않는 것이 중요하다. 우리는 이빨, 창자, 위장의 화학적 조성, 사회성과 색채, 무기, 혈액, 뼈, 근육, 인대 등에서 얻은 정보를 종합하는 수학적 기술을 완성해야 한다. 측정치 간의 상호 작용을 분석하는 방법이 도입돼야 한다. 괴상한 동물의 몸에 대해 알려진 모든 정보를 입력할 컴퓨터는 그 동물의 조상이 살았을 법한 세계 또는 그 세계들에 대한 구체적이고 정량적인 모델을 만들 것이다. 이 말은 동물 자신이 바로 자신의 세계에 대한 모델 또는 설명이라는 말과 다름없다. 더 정확히 얘기하면 자신의 조상의 유전자가 선택되었던 세계에 대한 모델 또는 설명이다.

간혹 동물의 몸은 말 그대로 자신의 세계에 대한 시각적 표상이기도 하다. 나뭇가지의 세계 속에 사는 대벌레의 몸은 나뭇가지, 잎 자국, 봉오리를 전부 나타내는 조각품이다. 아기 사슴의 털은 나뭇가지 사이사이에 산란되어 숲 바닥에 떨어지는 얼룩무늬 햇살을 그린 작품이다. 점박이나방은 나무껍질에 붙은 이끼의 모델이다. 하지만 예술이 꼭 직설적이거나 사실주의가 아니듯이 동물도 다양한 방식으로 세상을 담을 수 있다. 예컨대 인상주의 또는 상징주의도 가능하다. 공기의 속도를 극적으로 표현하고자 하는 예술가라면 칼새의 형태 이상으로 좋은 작품을 만들어 내기 힘들 것이다. 어쩌면 우리가 유선형에 대한 직관적인 이해를 갖고 있기 때문인지 모른다. 아니면 현대적인 제트기의 매끄러운 아름다움에 이미 익숙해졌기 때문인지 모른다. 그것도 아니면 공기 유체역학이나 레이놀드 수에 대한 지식을 터득해서인지도 모른다. 그렇다면 칼새가 자신의 조상이 비행하던 당시의 공기 점성도에 대한 정보를 담는 몸의 형태를 지닌다고 말할 수 있을 것이다. 어느 경우든 장갑이 손에 꼭 맞듯이 칼새가 빠른 공기 흐름의 세계에 알맞다는 것을 볼 수 있으며, 땅에 떨어져 이륙하는 데 어려움을 겪는 칼새를 목격한다면 이런 관찰은 더욱 확실해질 것이다.

두더지는 정확히 땅속 굴의 모양을 하고 있지 않다. 어쩌면 그 작은 틈 속으로 기어 들어가는 굴의 음각 형태라 할 수 있을지 모른다. 두더지의 앞발은 흙이 아니라 삽처럼 생겼는데 우리의 경험과 직관에 의하면 이 형태는 흙의 기능적 보체이다. 강력한 근육의 힘으로 수행하는 흙 작업에 이용되는 삽 말이다. 자신의 세계를 직설적으로 표현하진 않지만 그 세계의 일부분에 장갑처럼 꼭 맞는 면을 지닌 동물 또는 동물의 일부에 관한 인상적인 사례는 이 외에도 많다. 소라게 복부의 감기는 모양은 조상의 유전자가 거주했던 연체동물 껍질에 대한 암호화된 표현이다. 또는 소라게 유전자가 만날 세계의 일부분에 대한 암호화된 예측이라고 볼 수 있다. 지금의 달팽이와 소라고둥이 평균적으로 고대의 달팽이와 소라고둥과 크게 다르지 않기에 집게는 여전히 그들의 껍질에 딱 맞고, 그래서 생존할 수 있다. 예측은 맞아떨어졌다.

어떤 진드기는 특정 종류의 병정 일개미의 집게 같은 턱 안에서 살도록 특화되어 있다. 다른 진드기는 병정개미의 한쪽 더듬이의 첫째 마디에 올라타 살도록 전문화되어 있다. 열쇠가 자물쇠에 맞듯 각각의 진드기는 정확히 자신의 서식처에 맞는 형태를 갖고 있다 (C. W. 레텐마이어 교수에 의하면 불행하게도 왼쪽이나 오른쪽 더듬이 한쪽으로만 특화된 진드기는 없다고 한다). 열쇠(음각 또는 양각이든)가 자물쇠에 대한 정보(문을 여는 데 반드시 필요한 정보)를 체현하듯이 진드기도 자신의 세계에 대한 정보를 체현한다. 위의 경우에서는 그것이 주거하는 곤충의 마디 형태로 나타난다(포식자가 한 종만을 공격하는 경우는 거의 없기 때문에, 포식자보다 기생충이 자신의 숙주라는 자물쇠에 딱 맞는 열쇠이다. 저명한 생물학자 미리엄 로스차일드는 '하마의 눈꺼풀 밑에 살면서 하마의 눈물을 먹고 사는 기생충'을 비롯한 기막힌 사례를 많이 알고 있다).

어떤 때는 일반인이나 훈련된 기술자들 중 누가 보아도 동물의 적응이 직관적으로 분명하게 보인다. 물에 자주 드나드는 동물(오리, 오리너구리, 개구리, 수달 등)이 왜 물갈퀴를 갖고 있는지는 쉽게 알 수 있다. 약간이라도 의심되면 고무 오리발 한 켤레를 신고 수영할 때의 느낌을 경험해 보라. 뭍으로 나와 고무

신발로 걷기 전까지는 물갈퀴를 달고 태어났기를 바랄 정도일 것이다. 고인류학자이자 환경보존론자이고 아프리카의 영웅인 나의 친구 리처드 리키는 비행기 사고로 양쪽 다리를 잃었다. 지금 그는 두 쌍의 인조 다리를 갖고 있는데, 한쪽 다리는 걷는 데 도움이 되도록 균형을 잡아주고 끈으로 매어 있는 넓은 신을 신고 있고, 다른쪽 다리에는 수영을 하기에 좋은 물갈퀴가 달려 있다. 한 가지 삶의 방식에 맞는 발은 다른 방식에는 맞지 않다. 서로 다른 두 가지 모두에 능한 동물을 디자인하기는 어렵다.

수달, 물개 등 수중 생활을 하되 공기를 마셔야 하는 동물이 마음대로 여닫는 콧구멍을 가지는 이유는 누구나 알 수 있다. 인간은 여기에도 상응하는 물건을 만들었는데, 이는 빨래집게 같은 코집게다. 개미나 흰개미 집의 구멍에서 먹이를 빼먹는 개미핥기를 보면 왜 이 동물이 길고 얇은 주둥이와 끈적거리는 혀를 갖고 있는지 이해할 수 있다. 남아메리카의 특화된 개미핥기뿐만 아니라 유연관계가 먼 천산갑과 아프리카의 땅돼지, 더 먼 주머니개미핥기, 매우 동떨어진 호주의 바늘두더지도 마찬가지다. 하지만 개미나 흰개미를 먹고 사는 모든 포유류가 낮은 대사율, 다른 포유류와 비교해서 낮은 체온, 느린 생화학적 대사 속도를 갖는 이유는 덜 분명하다.

미래의 동물학자는 동물의 조상이 살았던 세계와 그에 대한 유전적 설명을 재구성하기 위해서 직관적 상식 대신 체계적 연구를 도입해야 할 것이다. 아마 다음과 같은 방식일 것이다. 우선 아주 가깝지는 않지만 생활사적인 형질을 공유하는 동물의 목록을 만든다. 수중 생활을 하는 동물이 좋은 사례가 될 것이다. 뭍의 생물이 완전히 혹은 부분적으로 물로 돌아간 사건은 적어도 열두 번 이상 독립적으로 일어났다. 그들의 가까운 친척이 여전히 뭍에서 살기 때문에 독립적으로 일어난 선택이라는 것을 알 수 있다. 피레네 뾰족뒤쥐는 일종의 수중 두더지로 뭍에 흔한 두더지와 가까운 유연관계에 있다. 뾰족뒤쥐와 두더지는 식충목食蟲目 소속이다. 식충목의 다른 동물 중 독립적으로 수중 생활을 하도록 진화한 종에는 물뒤쥐, 친척뻘인 수달뒤쥐 세 종, 그리고 마다가스카르 고슴도치붙이 그룹이 있다. 식충목에만 물로 돌아간 종이 넷이다. 넷 모두 물에서 사는 종보다 뭍에서 사는 종과 가깝다. 세 종의 수달뒤쥐는 서로 유연관계가 매우 가깝고 수중 생활을 하는, 비교적 최근의 조상에서 갈라져 나왔다고 여겨지므로 물로 복귀한 단일 사건으로 봐야 한다.

현존하는 고래는 적어도 두 번이나 물로 돌아간 사건을 나타낸다. 즉 돌고래를 포함하는 이빨고래와 수염고래의 두 그룹을 말한다. 현존하는 듀공과 매너티는 서로 가까운 친척관계이고 그들의 공동 조상이 바다에 살았다는 것은 거의 확실하므로 이 역시 바다로 돌아간 한 사건이다. 돼짓과의 대부분은 뭍에서 살지만 하마는 부분적으로 수중 생활로 돌아갔다. 비버와 수달도 물로 되돌아간 조상을 가진 동물들이다. 비버는 프레리도그, 수달은 오소리와 비교할 수 있다. 밍크는 족제비와 담비 속의 일원이지만(말, 얼룩말, 당나귀의 관계만큼 서로 가깝다는 의미이다) 약간의 수중 생활을 하고 물갈퀴를 갖고 있다. 남아메리카의 수중 유대류인 물주머니쥐는 뭍 생활을 하는 친척인 주머니쥐와 직접적으로 비교할 수 있다. 오스트레일리아의 난태성 포유류 중 오리너구리는 주로 수중 생활을 하지만 바늘두더지는 육지에 산다. 독립적으로 수중 생활을 하도록 진화한 쪽과 육지 생활을 하는 가장 가까운 친척의 짝을 목록으로 만들 수 있다.

목록에서 우리는 우선 한 가지 분명한 점을 발견할 수 있다. 수중 생활을 하는 동물은 적어도 부분적으로 물갈퀴를 갖고 있고, 어떤 동물은 노 모양으로 변형된 꼬리를 갖고 있다. 개미핥기에게 길고 끈적거리는 혀가 있는 것과 마찬가지다. 하지만 개미핥기의 낮은 대사율처럼 수중 포유류가 공유하는 특질 중 육지 친척과 비교했을 때 덜 확연한 것이 있다. 어떻게 이 특질들을 알아낼 것인가? 다음과 같은 체계적인 통계적 분석으로 가능하다.

짝을 맞춘 여러 쌍의 동물을 보며 모든 동물에게 적용될 측정 항목을 만든다. 아무런 사전 예측 없이 생각할 수 있는 모든 것을 측정한다. 골반의 폭, 눈의 반지름, 창자의 길이 등 모두 측정하여 전체 몸 크기의 비율로 환산한다. 그런 다음에는 이 모든 측정치를 컴퓨터에 입력하여 수중동물과 육상 친척을 구별하는 어떤 측정치에 가중치를 부과해야 하는지 계산한다. 그러면 모든 측정치를 모아 각 측정 항목에 맞는 가중치를 곱하여 이른바 '식별지수'라는 수를 계산할 수 있다. 최종적으로 컴퓨터는 수중 포유류와 육상동물들 각각의 점수 차이가 극대화되도록 각 측정 항목의 가중치를 조정한다. 물갈퀴 항목은 아마 분석 과정에서 높은 가중치를 부여받을 것으로 보인다. 컴퓨터는 식별지수에 더하기 전에 물갈퀴 지수에 높은 가중치를 곱하는 것이―수중동물과 육상동물 간의 차이를 극대화하려고 한다면―효과적임을 발견할 것이다. 이 밖의 측정 항목(수중 생활과 상관없이 공유하는 것)은 가중치가 포함된 총 지수에 불필요하고 혼란을 끼치지 않도록 0을 곱한다.

분석이 끝나면 각 측정 항목의 가중치를 살핀다. 물갈퀴 지수처럼 높은 가중치가 부여된 것은 수중 생활과 어떤 관련이 있는 것들이다. 물갈퀴는 겉보기에도 확실하다. 우리가 분석을 통해 얻고자 하는 것은 두 종류의 생활방식을 구별해 주는 덜 확연한 특질을 발견하는 것이다. 예를 들어 생화학적 특질과 같은 것 말이다. 일단 발견하면 대체 이 특질이 수중 생활과 어떤 관계인지 고민한다. 차후 연구 대상이 될 가설이 여기서 나올 수 있다. 어쨌든 한 가지 삶의 방식을 채택한 동물과 그렇지 않은 친척 동물 간에 통계적으로 유의미한 차이를 보이는 모든 측정치는 그 삶의 방식에 대해 중요한 무언가를 말해 줄 가능성이 높다.

전자를 가지고 똑같은 일을 할 수 있다. 유전자의 기능에 대한 사전 가설 없이 유연 관계가 없는 수중 동물 사이에 존재하되 육지 친척과는 공유하지 않는 유전적 유사성에 관한 체계적인 연구를 하는 것이다. 만약 유의미한 통계적 결과를 얻으면 그 유전자들의 기능은 몰라도 수중 세계에 대한 유전적 기술은 얻는 셈이다. 반복하건대 자연선택은 방금 컴퓨터가 한 작업에 준하는 계산과 다르지 않은 평균값을 내는 컴퓨터처럼 작용한다.

종종 종마다 매우 다른 방식의 삶을 구가하는데, 애벌레와 그 미래의 모습인 나비는 서로 같은 종이지만 우리의 동물학자는 그 둘의 생활방식을 전혀 다른 것으로 구별할 것이다. 송충이와 나비는 정확히 동일한 유전자 집합을 가지고 있으며, 이 집합은 두 가지 환경을 다 설명하되 따로 한다. 일부는 식물을 먹고 자라는 애벌레 단계에서 작동하고, 일부는 꽃물을 먹고 생식을 할 수 있는 성체 단계에서 작동한다.

모든 종의 수컷과 암컷은 다소 다른 방식으로 살아간다. 수컷이 커다란 암컷의 몸에 작은 기생충처럼 붙어 사는 아귀에서 그 차이는 극단적으로 드러난다. 인간을 포함한 대부분의 종에서 수컷과 암컷은 모두 양성의 유전자를 거의 전부 가진다. 차이는 어떤 유전자가 작동하는지에 있다. 성과 무관하게 우리는 남근을 만드는 유전자와 자궁을 만드는 유전자를 가진다(참고로 성sex이 맞고 성칭gender은 맞지 않다. 성칭은 문법적 용어로서, 생물이 아니라 단어에 적용된다. 독일어로 여자의 성칭은 중성이지만 성은 여성이다. 미국 인디언의 언어에는 생명이 있는 것과 생명이 없는 것의 두 가지 성칭이 존재한다. 특정 집단에서 나타나는 성칭과 성의 연결은 우연적이다. 정치적으로 돌려 말하자면, 성 대신 성청이 쓰이는 현상은 서양 제국주의의 산물로 매우 우스꽝스러운 일이 아닐 수 없다). 수컷 또는 암컷 어느 한쪽의 몸만을 연구하는 우리의 미래 동물학자는 그 종의 조상이 살던 시대의 불완전한 그림을 얻을 뿐이다. 한편 유전자는 그 출처가 어느 개체든 종이 경험한 삶의 방식에 대한 완벽한 그림을 상당히 훌륭하게 재현해 줄 것이다.

탁란 뻐꾸기는 '죽은 자의 유전학 책'이라는 관점에서 보면 매우 희한하지만 흥미로운 동물이다. 잘 알려진 대로 뻐꾸기는 종이 다른 양부모에 의해 길러진다. 자신의 새끼를 직접 기르는 법이 없다. 양부모 역할을 하는 새는 한 종이 아니다. 영국에는 할미새, 개개비, 그리고 드물게는 울새 등 여러 종이 있지만 대개 바위종다리다. 현재 바위종다리의 최고 전문가이자 《바위종다리의 행동과 사회적 진화》(1990)라는 책을 쓴 케임브리지 대학교의 니콜라스 데이비즈는 이제는 자연스럽게 최고의 뻐꾸기 연구자가 되었다. 조상 시대의 세계에 대한 종의 '경험'이라는 의미에 특별히 적합하기 때문에 데이비스와 그의 동료인 마이클 브룩의 연구를 바탕으로 얘기를 풀어 나가기로 하겠다.

비록 약 10퍼센트의 오차가 있지만 암컷 뻐꾸기는 자신의 어미, 외할머니, 외증조할머니, 외고조할머니 그리고 그 이전의 어머니들이 알을 낳았던 것과 같은 종류의 둥지에 산란한다. 암컷은 자신에게 알맞은 숙주 둥지의 특징을 익혀서 때가 되면 그와 비슷한 것을 찾는 모양이다. 따라서 암컷 입장에서 보면 바위종다리 뻐꾸기, 개개비 뻐꾸기, 할미새 뻐꾸기 등이 있는 것과 마찬가지이며, 이 특징을 모계 친척과 공유한다. 하지만 이들은 서로 다른 종도 아니며, 심지어는 진정한 의미에서 다른 종족도 아니다. 이들은 부족이라 불린다. 부족이 진정한 종족이나 종이 되지 않는 이유는 수컷 뻐꾸기가 부족에 속하지 않기 때문이다.

수컷은 알을 낳지 않기 때문에 둥지를 고르지 않아도 된다. 그리고 수컷 뻐꾸기가 짝짓기를 할 때 상대 암컷의 부족이나 각각이 자랐던 둥지의 종류에는 하등의 관심이 없다. 따라서 부족 간에는 유전자가 교환된다. 수컷은 한 부족의 암컷에서 다른 부족의 암컷으로 유전자를 옮긴다. 암컷의 어미, 외할머니, 외증조할머니, 외고조할머니는 모두 같은 부족에 속한다. 그러나 그녀의 할머니와 증조할머니, 그리고 수컷 조상과 친척관계인 모든 암컷 조상은 여러 부족 출신이다. 유전자의 '경험'이라는 관점에서 보면 매우 흥미로운 결과가 빚어진다. 조류에서는 암컷이 X와 Y의 이형접합에 의해 성이 결정되고, 반대로 수컷이 두 개의 X 염색체를 가진다는 사실을 상기하자. 그렇다면 Y 염색체에 있는 유전자의 과거 경험은 어떻게 되는가. 절대로 수컷을 경험하지 못하고 한결같이 모계 쪽만 타고 내려가는 Y 염색체는 단 하나의 부족에만 국한된다. 늘 바위종다리 Y 염색체 또는 할미새 Y 염색체일 뿐이다. 양부모 슬하의 '경험'은 세대를 거쳐 동일하다. 바로 이런 의미에서 이 유전자는 여러 암컷 부족 사이를 자유롭게 넘나드는 뻐꾸기의 다른 모든 유전자와 구별된다.

과거 환경에 대한 '설명'이라는 우리의 용어에 따르면, 대부분의 뻐꾸기 유전자는 뻐꾸기가 기생하는 가능한 모든 둥지의 특징을 설명할 수 있다. Y 염색체는 특별하게도 한 종의 숙주에 대해서만 설명할 수 있다. 그렇다면 Y 염색체 유전자들은 자신만의 숙주 둥지에서 살아남기 위한 특별한 전략을 진화시킬 수 있는 상황이 된다. 어떠한 전략이 있는가? 모든 뻐꾸기 알은 숙주 종의 알을 흉내 내는 경향을 나타낸다. 할미새 둥지에 낳는 뻐꾸기의 알은 큰 할미새 알처럼 생겼다. 개개비 둥지에 낳는 뻐꾸기의 알은 큰 개개비 알처럼 생겼다. 검은턱할미새 둥지에 낳는 뻐꾸기의 알은 얼룩 할미새 알처럼 생겼다. 그렇지 않으면 숙주 새에 의해 버림받을 수 있으므로 이런 특징은 뻐꾸기에게 이롭다. 하지만 유전자의 관점에서 봤을 때 어떤지 생각해 보자.

알의 색깔을 결정하는 유전자가 Y 염색체를 제외한 어느 염색체에 있더라도 수컷에 의해 모든 부족의 암컷에게 전달될 것이다. 즉 존재하는 숙주 둥지 옵션을 모두 경험함으로써 특별히 한 종류의 알만 흉내 내도록 하는 지속적인 자연선택압natural selection pressure은 없었을 것이다. 이런 상황에서 뻐꾸기 알은 가장 일반적인 숙주 알의 특징 이상을 흉내 내긴 어려울 것이다. 따라서 당장 직접적인 증거는 없지만 특정 종류의 알을 모방하게 하는 유전자는 뻐꾸기의 Y 염색체상에 있다고 예측해 볼 수 있다. 그 유전자들은 암컷에 의해 같은 숙주 둥지로 세대를 거치며 전달될 것이다. 그들의 과거 '경험'은 같은 종의 숙주의 감식안과 만나며, 바로 이 눈이 뻐꾸기 알의 색과 무늬를 숙주의 알과 닮도록 진화시키는 선택압이다.

눈에 띄는 예외가 하나 있다. 바위종다리 둥지에 기생하는 뻐꾸기의 알은 숙주의 알과 닮지 않았다. 개개비나 할미새 둥지에 낳는 종류의 알과도 차이가 별로 없다. 알의 색깔은 바위종다리 부족 뻐꾸기의 일반 색과 비슷하고 다른 부족의 알 하고도 닮았지만, 바위종다리 알과는 비슷하지 않다. 왜 그런가? 어쩌면 엷은 푸른색이 균일한 바위종다리 알은 할미새나 개개비 알보다 모방하기가 어려울지도 모른다. 단지 뻐꾸기가 엷은 푸른 알을 흉내 내는 데 필요한 생리적 기제를 갖추지 못한 것은 아닐까? 나는 언제나 최후의 보루 이론에 대해 회의적인데, 이번에는 반박하는 증거도 있다. 핀란드에는 비슷한 엷은 푸른 알을 낳는 딱새에 기생하는 뻐꾸기가 있다. 영국 종과 같은 종인 이 뻐꾸기는 딱새의 알을 기가 막히게 흉내 낸다. 영국 뻐꾸기가 바위종다리 알을 모방하지 못하는 이유가 선천적으로 단색의 푸른색을 생산하지 못하기 때문이라는 설명은 있을 수 없다.

데이비스와 브룩은 바위종다리와 뻐꾸기의 관계가 비교적 최근의 일이라는 사실에 해답이 있다고 믿는다. 뻐꾸기는 모든 숙주와 매번 진화적 시간에 걸친 군비경쟁을 하는데, 우리가 관찰한 부족은 단지 최근에 바위종다리에 '침입'한 것이다. 그래서 바위종다리는 아직 대항할 무기를 진화시킬 시간이 없었다. 그리고 바위종다리 부족 뻐꾸기도 바위종다리 알을 흉내 내는 능력을 진화시킬 시간이 없었고, 어쩌면 바위종다리가 자신과 남의 알을 구별할 능력을 아직 진화시키지 못했기 때문에 그럴 필요가 없었을 수도 있다. 본 장에서 우리가 쓰는 용어를 빌리면, 바위종다리의 유전자군과 뻐꾸기의 유전자군(또는 바위종다리 부족 뻐꾸기의 Y 염색체) 둘 다 대항 무기를 진화할 만큼 서로에 대한 경험이 충분하지 않은 것이다. 어쩌면 바위종다리 뻐꾸기는 바위종다리 둥지에 알을 낳은 최초의 암컷이 지닌 과거 종에 대한 적응을 여전히 지니고 있는지도 모른다.

이런 관점에서 할미새, 개개비, 검은턱할미새는 각자의 부족 뻐꾸기의 오랜 적들이다. 양쪽 모두 무기를 만들 충분한 시간이 있었다. 숙주는 가짜 알을 구별하는 날카로운 눈을 갖게 되었고, 뻐꾸기는 이에 대항하여 자신의 알을 위장하는 교묘한 기술을 갖추었다. 울새는 중간쯤에 해당된다. 울새에 기생하는 뻐꾸기는 울새와 약간 비슷하지만 아주 닮지는 않은 알을 낳는다. 아마도 울새와 울새 부족 뻐꾸기 간의 군비경쟁은 중간쯤 진행된 모양이다. 이런 관점에서 울새 뻐꾸기의 Y 염색체는 어느 정도 경험을 했다고 볼 수 있으나, 울새라는 최근의 과거 환경에 대한 유전자적 설명은 그 이전의 종에 대한 '경험'과 섞여서 아직 불완전하다.

데이비스와 부룩은 여러 종의 둥지에 여러 종의 알을 추가하는 실험을 했다. 어느 종이 외래 알을 거부하고 또 수용하는지를 본 것이다. 가설은 뻐꾸기와 군비경쟁을 거친 종은 그들의 유전적 '경험'으로 인해 외래 알을 거부할 가능성이 높다는 것이었다. 가설을 검증하는 한 가지 방법은 뻐꾸기 숙주가 아닌 종의 반응을 관찰하는 것이다. 어린 뻐꾸기는 곤충과 지렁이를 먹는다. 새끼에게 씨앗을 먹이거나 구멍을 둥지로 삼는 종은 뻐꾸기 암컷이 들어갈 수 없기 때문에 뻐꾸기의 피해를 입지 않는 종들이다. 데이비스와 브룩은 이런 새의 둥지에 외래 알이 실험적으로 추가되어도 신경 쓰지 않으리라 예측했다. 예측은 입증되었다. 되새, 지빠귀, 찌르레기와 같이 뻐꾸기의 숙주로 적합한 종은 데이비스와 브룩이 뻐꾸기 대신 집어넣은 실험용 알을 강하게 거부했다. 뻐꾸기가 좋아하는 밥을 새끼에게 주는 딱새는 뻐꾸기의 피해자가 될 가능성이 높다. 그런데 점박이딱새가 일반적인 둥지를 짓는 반면, 알락딱새는 덩치가 큰 뻐꾸기 암컷이 들어올 수 없는 작은 구멍 안에 둥지를 짓는다. 실험자들이 외래 알을 둥지에 넣자 예상대로 '경험이 일천한' 알락딱새는 알을 수용했고, 반대로 점박이딱새는 뻐꾸기의 위협을 오래 겪은 유전자군임을 나타내는 듯 알을 거부했다.

데이비스와 브룩은 뻐꾸기가 실제로 기생하는 종으로 비슷한 실험을 했다. 할미새, 개개비, 검은턱할미새는 대체로 인위적으로 추가된 알을 거부했다. '과거 경험 가설'의 예측대로 바위종다리나 굴뚝새는 그러지 않았다. 울새와 솔새는 중간쯤이었다. 반대로 뻐꾸기에게 적합하지만 실제로는 그다지 기생당하지 않는 멧새는 외래 알을 완강히 거부했다. 뻐꾸기가 이들에게 기생하지 않는 이유는 자명하다. 데이비스와 브룩의 해석은 아마도 멧새와 뻐꾸기는 오랜 진화적 군비경쟁을 거쳤고, 그 경쟁에서 멧새가 이겼다는 것이다. 바위종다리는 군비경쟁의 출발점에 있다. 울새는 좀 더 앞서 있다. 할미새, 개개비, 얼룩 할미새는 중간쯤에 있다.

바위종다리가 뻐꾸기와 최근에 군비경쟁을 시작했다고 할 때 '최근'은 진화적 시간의 척도를 염두에 둔 말이다. 인간의 기준에서 보면 그 관계는 이미 꽤 오래되었을 수 있다. 옥스퍼드 영어 사전은 '뻐꾸기 알을 부화시키는 새'인 '헤이수게 Heisugge(바위종다리의 고어)'라는 1616년의 기록을 인용한다. 데이비스는 이보다 10년 전에 쓰인 리어왕 1세에서 발췌한 몇 줄을 인용한다.

그런데 삼촌 믿으시나요,
바위종다리가 뻐꾸기를 너무 오래 먹여서
새끼들에게 머리를 물어 뜯겼다는 사실을요.

14세기에 초서는 《가금류 의회》에서 뻐꾸기와 바위종다리에 대해 다음과 같이 썼다.

나뭇가지 위 바위종다리의 어미여
무자비한 대식가를 길러 냈구나!

비록 바위종다리, 울타리참새, 헤이수게 모두 사전에서 동의어로 실려 있지만, 중세 조류학이 얼마나 신뢰 가능한지는 확실하지 않다. 초서는 상당히 정확한 언어를 구사한 사람이었지만 '스패로우(참새)'라는 단어는 그저 '작은 갈색 새'를 지칭하는 데 흔히 사용되었다. 셰익스피어의 《헨리 4세》 1부 5막 1절의 의미는 바로 이것이 아닐까.

그리고 우리가 먹인 너는 우리를 이용했다
뻐꾸기의 그 거친 자식처럼
스패로우를 이용하고 우리의 둥지를 억압했다
우리의 양식으로 부풀린 거대한 몸에
삼켜질까 봐 두려워
가까이 가지도 못하네.

스패로우는 오늘날 절대 뻐꾸기에게 기생당하지 않는 참새 *Passer domesticus*를 의미한다. 헤지 스패로우(울타리참새)라고도 불리는 바위종다리 *Prunella modularis*는 참새와 아무 관련이 없다. 그저 작은 갈색 새라는 의미에서만 '스패로우'일 뿐이다. 어쨌든 만약 뻐꾸기와 바위종다리의 군비경쟁이 적어도 14세기까지 거슬러 올라간다는 초서의 증언을 사실로 받아들이면, 상대적으로 드문 뻐꾸기의 수, 데이비스와 브룩의 이론적 계산 등을 종합했을 때 이는 여전히 바위종다리가 뻐꾸기에 대해서 순진할 정도로 최근에 일어난 진화적 사건이다.

뻐꾸기를 마무리하기 전에 재미있는 것이 하나 더 있다. 알 모방 기술을 진화시킨 울새 뻐꾸기의 부족이 하나 이상일 수 있다는 것이다. Y 염색체의 입장에선 아무런 유전자 교환이 없기 때문에 완벽한 알 모방과 덜 완벽한 알 모방이 공존할 수 있다. 모두 같은 수컷과 교미할 수 있으나 같은 Y 염색체를 공유하지는 않는다. 완벽한 모방을 하는 새는 오래전부터 울새에 기생한 암컷에서 왔을 것이다. 덜 완벽한 모방을 하는 새는 좀 더 최근에 다른 숙주 종으로부터 옮겨온 암컷에서 왔을 것이다.

개미, 흰개미 그리고 기타 사회성 곤충은 다른 방식으로 특이하다. 이들에는 흔히 여러 '카스트'(병정, 중간 일꾼, 작은 일꾼 등)로 구분되는 불임 일꾼이 있다. 카스트에 관계없이 모든 일꾼은 같은 유전자를 갖고 있다. 양육 조건의 차이에 따라 작동되는 유전자가 다르다. 전체 군락은 이런 양육 조건을 조정함으로써 여러 카스트의 균형을 도모한다. 보통 카스트 간의 차이는 상당히 크다. 페이돌로게톤 디베르수스라는 개미의 커다란 일꾼 카스트(군락의 다른 개미들이 이동할 매끄러운 길을 파는 역할을 하는)는 보통의 작은 일개미 카스트보다 몸집이 500배나 크다. 유충은 어느 유전자가 작동하는지에 따라 장차 거인국 또는 소인국 시민이 될 수 있다. 꿀단지개미는 투명하고 노란 풍선이 될 때까지 배를 단물로 가득 채운 다음 천장에 매달리는 움직이지 않는 저장고다. 개미굴의 방어, 먹이 찾기, 그리고 단물 나르기 등의 일반 업무는 배가 부풀지 않는 보통 일꾼의 몫이다. 유전자의 관점에서 보면 보통 일꾼도 꿀단지 배 유전자를 가지고 있고, 꿀단지 개미도 보통의 개미 유전자를 가지고 있다. 수컷과 암컷처럼 어느 유전자가 작동하는지에 따라 신체적 차이가 나타난다. 미래의 동물학자는 몸이 아니라 그 종의 유전자를 해독함으로써 여러 카스트의 삶을 전부 망라하는 종의 생활방식을 그릴 수 있다.

유럽달팽이 *Cepaea nemoralis*에는 여러 색과 무늬가 있다. 껍질의 바탕색은 갈색, 짙은 핑크색, 옅은 핑크색, 매우 엷은 핑크색, 짙은 노란색, 옅은 노란색(우성 순위에 따라)의 여섯 가지 색 중 하나다. 이 위에 0에서 5개의 줄무늬가 있다. 사회성 곤충과 달리 모든 달팽이가 모든 색과 무늬의 유전자를 갖고 있는 것은 아니다. 그리고 이러한 차이는 양육 방식의 차이 때문도 아니다. 줄무늬 달팽이는 자신의 줄무늬 수를 결정하는 유전자를 갖고 있고, 짙은 핑크색 개체는 그런 색을 결정하는 유전자를 갖고 있다. 그러나 모든 종류의 달팽이는 서로 교배가 가능하다.

이와 같이 여러 형태의 달팽이가 존재하는(다형 현상) 이유와 다형 현상의 유전학은 영국의 동물학자인 A. J. 케인과 작고한 P. M. 셰퍼드, 그리고 그들의 학파에 의해 철저히 연구되었다. 다형 현상에 대한 주된 진화적 설명은 달팽이들이 여러 서식처(삼림, 초원, 맨 흙)에 사는데 각 서식처마다 새들로부터 안전하기 위해 다른 색깔과 무늬의 보호색을 가져야 한다는 것이다. 너도밤나무 달팽이는 경계 부근에서 교잡하기 때문에 초원 달팽이의 유전자도 가진다. 백악 저지대 달팽이는 삼림 생활의 유전자도 일부 갖고 있기 때문에 어떤 유전자를 받느냐에 따라 다양한 줄무늬를 가질 수 있다. 우리의 미래 동물학자는 종 전체의 유전자군을 들여다봐야 조상 시절의 세계 전체를 재구성할 수 있을 것이다.

유럽달팽이가 여러 다른 서식처에 걸쳐 서식하듯이 한 종의 조상이 시간이 지남에 따라 생활방식을 바꾸기도 한다. 집쥐*Mus musculus*는 인간이 일궈 놓은 농업의 불청객으로서 현재는 인간의 거주 지역에서만 산다. 그러나 진화의 시간으로 봤을 때 이 삶의 방식은 얼마 되지 않았다. 인간이 농업을 시작하기 전에는 다른 것을 먹고 살아야 했다. 농업이라는 풍년이 들기 전에 그들의 유전적 재능이 발휘될 수 있는 분야가 있었던 것이 틀림없다. 생쥐와 쥐는 동물 잡초라고 불린다(좋은 시적 상상력으로 이해를 돕는 경우). 뭐든지 잘 먹는 이들은 아마도 조상의 생존을 도왔던 농업 이전 시대의 유전자를 아직도 갖고 있을 것이다. 이 유전자의 '설명'을 읽는다면 아마 고대 세계에 대한 매우 복잡한 이야기를 알 수 있을 것이다.

모든 포유류의 DNA는 최근의 환경은 물론 옛 고대 환경을 기술한다. 낙타의 DNA는 한 때 바다에 있었지만 그곳을 떠나온 지 약 3억 년이 되었다. 최근의 지질학적 역사는 사막에서 자신이 속한 신체가 먼지에 견디고 물을 아끼도록 프로그래밍했다. 사막의 바람이 환상적인 모양으로 조각한 모래언덕처럼, 바다의 파도가 깎은 바위처럼, 지금의 낙타가 되기 위해 낙타의 DNA는 고대 사막에 생존하면서 만들어졌고, 태고의 바다에서 만들어졌다. 낙타의 DNA는—그 언어를 이해할 수만 있다면—낙타 조상이 살았던 변화하는 낙타 세계를 우리에게 얘기해 주고 있다. 언어를 읽을 수 있다면 참치와 불가사리의 DNA에 '바다'가 쓰여 있는 것을 알게 될 것이다. 두더지와 지렁이의 DNA에는 '땅속'이 적혀 있을 것이다. 상어와 치타의 DNA에는 '사냥', 그리고 바다와 육지에 대한 메시지가 각기 담겨 있을 것이다. 원숭이와 치타의 DNA에는 모두 '우유'가 들어 있을 것이다. 원숭이와 나무늘보 DNA에는 '나무'가 있을 것이다. 고래와 듀공의 DNA에는 매우 오래된 바다, 오래된 육지 그리고 최근의 바다가 혼합된 복잡한 고대 세계의 이야기가 드러날 것이다.

자주 접하거나 중요한 환경의 특징은 드물고 사소한 것에 비해 유전적 설명에서 강조되거나 '가중치'를 부여받는다. 최근의 환경보다 오래전의 환경에 가중치가 덜 부과될 공산이 크다. 종의 역사에서 보면 큰 사건도 지질학적인 시간에서는 잠깐이며, 그보다 오래 지속된 환경에 더 높은 유전적 가중치가 부여된다.

모든 육상생물의 혈액이 고대 바다의 염분조성과 생화학적으로 유사하다는 점에서 과거 해양 생활의 역사가 반영된다는 시적 주장이 있다. 또는 파충류 알의 액체가 오래전 양서류 조상이 자랐던 고대 연못의 재현이라고도 한다. 동물의 유전자에 오래된 역사의 도장이 찍히는 것은 기능적인 이유 때문이다. 역사를 위한 역사가 아니다. 중요한 점은 다음과 같다. 바다에 살던 우리 조상의 생화학적 대사 작용은 기능적인 이유로 바다의 화학적 조성(유전자는 해양의 화학적 특성에 대한 설명)에 맞춰졌다. 그러나(이것이 '이기적인 협조자'의 논지다) 생화학적 작용은 외부 세계만이 아니라 서로에게도 맞춰졌다. 맞춤의 대상에는 몸속의 여러 물질과 화학작용도 포함된다. 이 해양 생물의 먼 후손은 점차 육지의 건조한 세계에 적합하게 변했지만 생화학적 과정의 상호 적응은─바다 생활의 화학적 '기억'도─여전히 유효했다. 세포와 혈액 속 물질의 종류가 바깥세계보다 훨씬 많기에 그럴 수밖에 없지 않은가? 유전자는 간접적인 의미에서만 고대의 환경을 표현한다. 일대일 대응 관계인 단백질 언어로 번역된 후 유전자가 직접적으로 기술하는 바는 개체의 배 발생을 위한 지침이다. 조상의 환경을 담는 것은 전체의 유전자군이며, 그래서 종을 평균값을 계산하는 기구라고 하는 것이다. 이 간접적인 의미에서 DNA는 조상이 살던 세계에 대한 암호화된 설명이다. 정말 굉장하지 않은가? 우리는 플라이오세 아프리카, 심지어는 데본기 바다의 디지털 기록이며, 오래된 지혜의 걸어 다니는 보고다. 이 고대 도서관을 읽느라 한평생을 보내고, 그래도 만족하지 못한 채 마감하게 되리라.

11

세상을 다시 엮다

나는 공부를 시작하면서 감각이 예민한 사람들이 묘사하는 사물의 색과 소리에 대해 듣곤 했다. 그래서 모든 것을 색상과 울림으로 생각하는 버릇이 생겼다. 이런 버릇은 부분적으로 습관이고, 또 부분적으로는 육감이다. 또 오감으로 사물을 구성하는 뇌 덕분이기도 하다. 전체적으로 볼 때 우주의 통일성은 내가 그것을 인식하든 못 하든 색을 세상으로부터 분리하지 않는다. 그래서 나는 스스로를 차단시키기보다 일몰과 무지개의 아름다운 색을 바라보는 사람들의 행복과 함께하며, 색에 대해 이야기한다.

헬렌 켈러 《내 삶의 이야기》(1902)

REWEAVING THE WORLD

한 종의 유전자군이 과거 세계에 대한 모델의 집합이라면 한 개체의 뇌는 그 동물의 세계에 대한 같은 형태의 모델을 담고 있다. 둘 다 과거에 대한 설명이고, 둘 다 미래의 생존에 도움을 준다. 그러나 시간적 스케일과 상대적인 개별성에서 차이가 난다. 유전적 설명은 종 전체에 귀속되는 집합적 경험으로 과거의 불특정한 시점으로 거슬러 올라간다. 뇌의 기억은 개별적이고, 탄생 이후의 개인적인 경험을 담고 있다.

어떤 익숙한 장소에 대해 생각할 때 그 생각은 그 장소에 대한 모델처럼 느껴진다. 배율도 안 맞고 퍽 부정확하지만 목적하는 바를 수행하기에는 적당하다. 찰스 다윈의 직계자손인 케임브리지 대학교의 생리학자 호레이스 발로는 몇 년 전 이 문제에 대해 다음과 같은 제안을 내놓았다. 발로는 특히 시각에 관심이 많다. 우리는 너무도 쉽게 물체를 지각하지만, 이는 우리가 흔히 이해하는 것보다 훨씬 어렵다는 것이 그의 논리다.

깨어 있는 동안 물체를 보고 지각하는 우리는 우리가 매초 얼마나 대단한 일을 하는지 깨닫지 못한다. 감각기관이 쏟아지는 물리적 자극들을 풀어헤치는 것은 뇌가 세계 전체에 대한 내부 모델을 새롭게 엮어 활용하는 것에 비하면 쉬운 편이다. 모든 감각기관에 같은 논리를 적용할 수 있지만, 우리에게 눈이 가장 중요하기 때문에 시각에 한해서 논의하도록 하겠다.

가령 A라는 문자를 지각할 때 뇌가 해결하는 문제를 생각해 보자. 또는 어떤 사람의 얼굴을 알아보는 경우를 생각해 보자. 학계의 관행은 저명한 신경생물학자인 J. 레트빈의 '할머니 얼굴'을 떠올리는 것이지만 당신이 아는 어떤 얼굴이나 물건을 떠올려도 좋다. 여기서 할머니의 얼굴을 볼 때의 주관적 의식에 관한 철학적 난제는 논의의 대상이 아니다. 일단 망막에 할머니 얼굴이 맺힐 때에만 활성화되는 세포를 생각하자. 얼굴의 상(像)이 언제나 망막의 특정 부위에 맺힌다고 가정하면 쉽다. 어쩌면 망막에 할머니 모양의 세포가 있고, 그것은 뇌의 할머니 신호 세포와 연결되어 있는 '열쇠구멍' 구조일지도 모른다. 그 밖의 망막세포('열쇠구멍'의 여집합)는 억제적으로 연결되어 있어야 한다. 그렇지 않으면 중추신경 세포는 할머니 얼굴뿐 아니라 시야에 들어오는 모든 것에 마찬가지의 강도로 반응할 것이다. 어떤 이미지에 대해 반응한다는 것의 핵심은 나머지를 무시하는 데 있다.

열쇠구멍 가설은 산술적인 계산에 의해 곧바로 기각된다.

만약 레트빈이 알아보는 얼굴이 자신의 할머니 하나뿐이라 해도 상이 망막의 다른 부위에 맺히면 어떻게 되는가? 그녀가 가까이 또는 멀어지거나, 옆으로 돌거나 뒤로 젖히거나, 웃거나 찡그릴 때 크기와 모양이 변하는 상은 어찌되는가? 가능한 모든 상을 계산하면 천문학적인 수에 이른다. 레트빈이 할머니의 얼굴뿐 아니라 수백 개의 다른 얼굴, 할머니 및 사람들 각각의 특징, 알파벳, 어떤 방향과 크기에서도 누구나 단번에 이름을 댈 수 있는 수천 개의 물건 등을 모두 지각하려면 활성화되는 세포의 수는 금세 눈덩이처럼 불어난다. 같은 생각에 도달한 미국의 심리학자 프레드 애트니브는 다음과 같은 계산에 의해 이를 극적으로 표현한다. 어떤 형태로든 알아볼 수 있는 물체의 상마다 한 개의 세포를 할애한다면 뇌의 용적은 세제곱 광년 단위로 계산된다.

그렇다면 겨우 몇 백 세제곱센티미터 크기인 우리의 뇌는 어떻게 그런 엄청난 일을 해낸단 말인가? 해답은 1950년대에 발로와 애트니브에 의해 각각 제시되었다. 우리의 신경계가 절대 과잉으로 들어오는 모든 감각정보의 중복성에 착안한다는 것이다. 중복성은 정보이론학의 전문용어로, 원래 전화선 용량의 경제성을 따질 때 쓰던 공학 용어이다. 기술적인 의미에서 정보란 기대 확률의 역으로 계산되는 놀라움의 정도이다. 중복성은 정보의 반대, 즉 놀랍지 않음의 정도이다. 중복되는 메시지나 그 부분은 무슨 일이 벌어질지 예상 가능하므로 유용하지 않다. 신문 첫 기사에 '오늘 아침 해가 뜨다' 라는 기사는 실리지 않는다. 그건 아무런 정보도 아니다. 그러나 해가 뜨지 않는 아침이 온다면, 살아남은 기자라면 누구나 분명히 기사로 다룰 것이다. 정보가 가진 놀라움의 정도가 크기 때문이다. 대화와 글에서도 중복이 많다.

두개골 바깥의 세계에 대해 알고 있는 것의 전부는 기관총처럼 쏘아대는 신경세포를 통해 들어온다. 신경세포를 통과하는 것은 전압은 일정(또는 무관한)하되 입력 횟수가 유의미하게 변하는 자극이다. 이제 부호화에 대해 살펴보자. 오보에의 소리 또는 목욕물의 온도와 같은 바깥세계의 정보를 어떻게 진동으로 부호화하는가? 단순한 빈도 부호일까? 목욕물이 뜨거울수록 기관총은 빠르게 발사된다. 다른 말로 하면 뇌가 진동의 빈도에 맞춘 온도계를 갖는 것이다. 그러나 진동은 비경제적이기 때문에 이 코드는 좋지 않다. 중복을 활용함으로써 적은 수의 진동으로도 같은 정보를 담는 코드를 만들 수 있다. 온도는 보통 긴 시간 동안 일정하다. 계속해서 '덥다, 덥다, 아직 덥다' 라고 쏘는 기관총 진동은 낭비다. 대신 '갑자기 더워졌다' 라고 하는 게 낫다(다음 소식이 올 때까지는 일정할 것으로 추정한다면).

대부분의 신경세포는 온도를 알리는 것은 물론 세상의 모든 것에 대해 신호할 때 위와 같은 방식으로 행동한다. 대부분의 신경세포는 신호의 변화에 편향되어 있다. 일정하게 긴 음을 연주하는 트럼펫 소리를 듣는 신경세포는 아마 다음과 같은 신호를 뇌에 보낼 것이다. 트럼펫 연주 전 낮은 증폭률, 트럼펫 연주 시작 직후 높은 증폭률, 트럼펫이 일정하게 긴 음을 낼 동안 시들해지는 증폭률, 트럼펫이 멈추는 순간 다시 높은 증폭률, 그리고 또다시 시들해짐. 아니면 소리가 시작될 때 증폭되는 신경세포와 소리가 종료될 때 증폭되는 신경세포가 따로 있을 수도 있다. 빛, 온도, 압력의 변화가 뇌에 전달될 때에도 세포 안에서는 이와 유사한 중복성의 활용(동일성을 제거하는 작업)이 벌어진다. 세상에 대한 모든 것은 변화로서 신호되며, 이는 매우 경제적이다.

그러나 우리는 트럼펫 소리가 시들해지는 것처럼 듣지 않는다. 우리가 듣기에 트럼펫 소리는 같은 크기로 한참 연주되다가 갑자기 멈추는 것으로 들린다. 당연하다. 부호화 시스템이 그만큼 훌륭하기 때문이다. 정보를 빠뜨리는 것이 아니라 중복성만 빼는 것이다. 뇌는 어떤 변화가 일어나는지만 통보 받고 나머지를 처리할 준비를 한다. 발로의 말은 아니지만, 뇌가 귀의 신경으로부터 제공되는 메시지를 이용하여 시각적 소리를 구성한다고도 할 수 있다. 비록 메시지 자체는 변화에 대한 정보만으로 추려진 경제적인 형태이나 뇌에서 재구성된 시각적 소리는 끊기지 않고 완전하다. 이 시스템이 작동할 수 있는 이유는 1초 전과 후의 세상이 많이 달라지지 않기 때문이다. 세상이 자주, 변덕스럽게, 무작위로 변할 때에만 감각기관이 지속적으로 신호를 보내는 것이 경제적이다. 실제로 감각기관은 세상의 불연속점을 경제적으로 신호하도록 되어 있다. 그리고 뇌는 세상이 변덕스럽거나 무작위로 변하지 않는다는 옳은 가정을 바탕으로 이 정보를 이용하여 연속성을 채워 내부에 가상현실을 만든다.

공간도 마찬가지의 중복을 제공하며 신경계는 이에 상응하는 기술로 대응한다. 감각기관은 모서리와 끝을 뇌에게 얘기하고 뇌는 그 사이의 지루한 내용을 채운다. 흰 배경의 검은 직사각형을 본다고 하자. 이 영상 전체가 망막에 맺히는데, 망막은 간상세포와 원추세포라는 빛에 민감한 미세한 세포(시세포)의 얇은 카펫이라고 보면 된다. 이론적으로 시세포가 받는 개개의 정확한 광량이 뇌에 보고될 수 있다. 그러나 우리가 보는 이미지들은 엄청나게 중복적이다. 검정색 보고를 하는 시세포 주위의 시세포는 같은 검정색을 보고할 가능성이 높다. 하얀색 보고를 하는 시세포는 거의 하얀색 보고를 하는 세포로 둘러싸여 있다. 중요한 예외는 경계에 있는 세포들이다. 경계 신호의 하얀 쪽을 받아들이는 세포는 흰색 신호를 보고하고, 더 안쪽에 분포하는 이웃 세포도 마찬가지다. 그러나 반대쪽 이웃은 검정색 부위를 보고한다. 이론적으로 뇌는 경계에 있는 망막세포만 증폭되어도 전체 그림을 구성할 수 있다. 이것이 가능하다면 신경신호는 엄청나게 절약된다. 역시 중복은 제거되고 정보만 통과한다.

이 경제적인 작업은 '외측억제 lateral inhibition'라는 절묘한 메커니즘에 의해 이루어진다. 앞서 예로 든 시세포 이미지를 이용하여 이를 간단히 설명하면 다음과 같다. 각각의 시세포는 중앙 컴퓨터(뇌)와 한 개의 긴 선으로 연결되어 있고 인접한 이웃과는 짧은 선으로 연결되어 있다. 이웃과 연결된 짧은 선은 억제 역할, 즉 증폭률을 감소시키는 기능을 한다. 그러면 경계에 있는 세포는 한쪽으로만 억제를 받을 테니 최고의 증폭률을 보일 것이다. 외측억제는 척추동물과 무척추동물의 눈의 하부 구성 단위에서 흔히 발견된다.

감각기관이 전달하는 그림보다 뇌는 더 완전한 가상세계를 구성한다. 감각이 뇌에 제공하는 정보의 대부분은 경계에 관한 것이다. 그러나 뇌 속의 모델은 경계 사이의 부분을 재구성해낼 수 있다. 시간의 불연속성과 마찬가지로 여기서도 경제성은 중복의 제거(그리고 뇌에서의 재구성)를 통해 달성된다. 이러한 경제성은 세상에 균질성이 존재하기 때문이다. 음영과 색이 무작위로 분포한다면 어떤 형태의 경제적 재구성도 불가능할 것이다.

또 다른 종류의 중복성은 대부분의 선이 똑바르거나 부드럽게 곡선인 경우처럼 그 모양을 예측할 수 있는(또는 수학적으로 재구성 가능한) 형태라는 데 기인한다. 선의 끝만 정해지면 중간 부분은 이미 뇌가 '알고 있는' 간단한 규칙으로 채울 수 있다. 포유류의 뇌에서 발견된 신경세포 중 소위 '선감지자'라는 것은 특정 방향으로 난 직선이 망막의 특정한 부위인 '망막 영역'에 떨어지면 증폭되는 뉴런이다. 선을 감지하는 세포마다 선호하는 선의 방향이 다르다. 고양이의 뇌에는 수직과 수평의 두 방향만 있고, 거의 동등한 수의 세포가 양방향에 반응한다. 그러나 원숭이는 다른 각도에 반응하는 세포를 갖고 있다. 중복의 논리라는 관점에서 봤을 때 벌어지는 일은 다음과 같다. 직선의 상이 맺힌 망막의 세포는 모두 증폭되지만 이 대부분의 신호는 중복적이다. 신경계는 한 개의 세포만이 그 선과 각도를 기록하게 하는 경제적인 방법을 취한다. 직선은 위치와 방향, 또는 양 끝에 의해 경제적으로 기록되며, 선 전체의 모든 빛 정보가 필요하지는 않다. 뇌는 선의 모든 점이 재구성된 가상의 선을 만든다.

그러나 보고 있는 장면에 무언가가 갑자기 끼어들면 그것은 뉴스이며, 신호를 보내야 한다. 생물학자들은 실제로 가만히 있다가 무언가가 움직이기 시작하면 반응하는 신경세포를 발견했다. 전체 화면이 움직일 때(동물이 스스로 움직일 때 보이는 장면) 반응하는 세포가 아니다. 정지된 배경에서 움직이는 작은 물체는 중요한 정보이고, 이를 감지하는 신경 세포들이 존재한다. 그중에서 가장 유명한 것은 레트빈(할머니를 생각하던)과 동료들이 발견한 개구리의 '벌레 감지기'이다. 벌레 감지기는 작은 물체의 움직임 외의 배경을 보지 못하는 세포다. 벌레 감지기의 시야에서 벌레 한 마리가 움직이는 순간 그 세포들은 엄청난 양의 신호를 보내고, 개구리의 혀는 곤충을 향해 튀어나간다. 그런데 아주 정교한 신경계라면 직선 이동하는 작은 벌레의 움직임도 중복이 된다. 벌레가 북쪽으로 간다는 것을 알면 추후

공지가 있기 전까지 계속 같은 방향으로 간다고 여기면 된다. 이 논리를 더 끌고 나가 방향이나 속도의 변화와 같이 움직임의 변화에 특별히 민감한 고차원적인 움직임 감지 세포의 존재를 예측해 볼 수 있다. 레트빈과 동료들은 이런 세포를 역시 개구리에서 발견하였다. 아래는 《지각 소통》에 실린 그들의 논문(1961)에 나오는 실험 설명이다.

> 시야에 텅 빈 회색 배경만 들어온다고 하자. 세포는 보통 불을 켜고 끄는 것에는 반응하지 않는다. 가만히 있다. 반지름이 1~2밀리미터 정도의 작고 어두운 물체를 시야 안으로 이동시키면, 이동 경로의 어느 지점에서 갑자기 세포에 의해 '발견'된다. 그 다음부터 물체가 어디로 가든 세포가 반응한다. 물체가 시야에 있는 한 아무리 살짝 움직여도 신호는 폭발하듯이 증폭되었다가 시들해지는 현상을 반복한다. 만약 물체가 계속해서 움직이면 신호의 폭발은 움직임의 불연속점(모퉁이를 돌거나 역방향으로 가는 등)을 알리며 물체가 보인다는 배경 신호가 중얼거리듯 계속 발생한다.

요약하면, 신경계는 예상치 못한 것에 강하게 반응하고 예상하는 것에 약하게 반응하거나 아예 반응하지 않는 위계 단계를 갖고 있다. 즉 더 높은 수준으로 갈수록 예상되는 대상에 대한 정의가 훨씬 정교해진다는 것이다. 가장 낮은 수준에서 모든 빛의 정보는 뉴스가 된다. 높은 수준에서는 모서리만이 '뉴스'이다. 더 높은 수준에서는 모서리가 대부분 반듯하기 때문에 모서리의 끝만이 뉴스다. 더 높은 수준에서는 움직임만이 뉴스다. 그다음에는 움직임의 속도나 방향만이 뉴스다. 부호 이론에 관한 발로의 말을 빌리면, 신경계는 자주 일어나고 예상되는 것에는 짧고 경제적인 단어로 메시지를 만들고, 드물게 일어나고 예상치 못한 것에는 길고 비용이 많이 드는 단어로 메시지를 만든다. 가장 짧은 단어가 대화에서 가장 많이 쓰이는(이를 짚프Zipf의 법칙이라 한다) 언어인 것과도 비슷하다. 더 극단적으로 말하면 평상시에 벌어지는 것은 당연하기 때문에 뇌는 알 필요가 없다. 중복되는 메시지들이다. 뇌는 특정한 종류의 예상되는 것을 걸러 내는 필터의 층위에 의해 중복성으로부터 보호된다.

신경 필터의 세트는 그 동물이 사는 세계의 통계적 특성, 즉 일반적인 모습의 요약본이라고 할 수 있다. 한 종의 유전자가 그 조상이 자연선택되었던 세계의 통계적 설명이라고 한 이전 장의 논지와 상응하는 내용이다. 이제 환경에 직면한 뇌가 활용하는 감각적 부호 단위도 환경에 대한 통계적 설명이라는 것을 알 수 있다. 일상적인 것은 덜 취하고 드문 것은 강조한다. 우리의 가상 미래 동물학자는 알려지지 않은 동물의 신경계를 조사하고 그 설정의 편향성을 측정함으로써, 그 동물이 살았던 세계의 통계적 특성을 재구성하고 그 세계의 일상성과 희귀성을 읽을 수 있을 것이다.

유전자의 경우와 마찬가지로 유추는 간접적이다. 그 동물의 세계를 직접 읽을 수는 없다. 그보다 그 동물의 뇌가 세계를 기술하는 데 사용하는 약자略字의 목록을 조사함으로써 유추할 수 있다. 공무원들은 CAP(Common Agricultural Policy: 일반농업정책)나 HEFCE(Higher Education Funding Council for England: 영국 고등교육재정위원회) 등처럼 약어를 즐겨 쓴다. 초보 공무원이면 이런 약어가 실린 암호첩을 갖고 있어야 한다. 이런 암호첩을 길에서 발견하면 어떤 용어가 약어로 되어 있는지 봄으로써 어떤 부서 소속인지 발견할 수 있다. 암호첩은 세계에 대한 어떤 메시지는 아니지만 거기에 실린 암호는 경제적으로 표현한 어떤 세계에 대한 통계적 요약이다.

동물 세계의 중요하고 일반적인 특성을 모델링하는 데 사용되는 기초 이미지의 벽장으로 뇌를 생각해 볼 수 있다. 물론 나는 발로와 마찬가지로 벽장을 채우는 방법으로 학습을 강조했지만, 유전자에 작용하는 자연선택이 벽장을 채우지 말라는 법은 없다. 앞 장의 논리에 따라 뇌의 벽장은 조상 시대부터의 이미지를 보유한다. 혼동의 여지만 없다면 이를 집단 무의식이라 불러도 좋다.

그러나 벽장 속의 이미지 모음에 통계적으로 예상할 수 없는 것만 있는 것은 아니다. 자연선택은 한 종의 삶과 조상 세계에서 특히 중요하고 주목할 만한 이미지라면 아주 흔하지 않더라도 이미지의 레퍼토리에 포함시킨다. 가령 자신과 같은 종의 암컷의 모습은 아무리 복잡한 패턴이라도 일생에 단 한번이면 인식할 수 있으며, 한 치의 오차도 없이 알아봐야 한다. 인간에겐 평상시에 자주 접하는 얼굴이 특히 중요하다. 사회성이 좋은 원숭이도 마찬가지다. 어떤 얼굴 전체에만 증폭되는 특별한 세포군이 원숭이의 뇌에서 발견되었다. 특정 종류의 국지적 두뇌 손상을 당한 사람에게 나타나는 매우 신기하고 심오한 선택적 시각장애에 대해서는 앞에서 이미 다루었다. 그들은 얼굴을 인식하지 못한다. 그들은 나머지 모든 것을 정상적으로 볼 수 있고, 얼굴도 몇 가지 특징을 가진 하나의 형체로 파악한다. 코, 눈, 입을 묘사할 수도 있다. 하지만 그들은 가장 사랑하는 사람의 얼굴도 알아보지 못한다.

정상인은 얼굴만 알아보는 것이 아니다. 우리에겐 실제로 얼굴이 있든 없든 얼굴을 보려는 고집스러운 경향이 있다. 천장의 곰팡이 자국, 땅이 파인 형상, 구름과 화성의 바위에서 우리는 얼굴을 발견한다. 달을 관찰해 온 여러 세대의 사람들이 가장 투박한 방법으로 달의 분화구 분포 양상에서 얼굴을 창조하려 했다. 런던《데일리 엑스프레스》1998년 1월 15일자는 자신의 외투에서 예수의 얼굴을 보았다고 주장한 어떤 아일랜드 가정부의 이야기에 대문짝만 한 제목과 함께 일면의 대부분을 할애하였다. "그러자 순례자들이 그녀의 작은 집에 줄을 섰다. 그녀의 교구 목사는 '34년간의 제 목사 생활 동안 이런 것은 본 적이 없습니다'라고 했다." 옆에는 살짝 얼굴 모양의 자국이 난

천의 사진이 실려 있었다. 코라고 봐 줄 수 있는 것 옆에 약간 눈처럼 보이는 뭔가가 있고, 반대편에는 해럴드 맥밀런(1950년대 영국의 수상을 지낸 정치가—옮긴이)처럼 보이는 내려앉은 눈썹 같은 것이 있었다(사실 나는 마음이 준비된 사람에게는 해럴드 맥밀런도 예수로 보일지도 모른다고 생각한다).《엑스프레스》는 이와 유사한 사건 중에 내시빌 카페에 등장했던 '수녀 롤빵' 사건을 언급한다. '86세의 테레사 수녀의 얼굴을 닮은' 이 빵은 '수녀가 카페에 편지를 써서 빵을 치워 달라고 부탁할' 때까지 엄청난 화제를 불러일으켰다.

약간의 힌트에도 바로 얼굴을 구성하려는 뇌의 적극성은 큰 착시를 불러일으킨다. 가면 파티용으로 판매되는 보통의 가면(가령, 클린턴 대통령의 가면)을 사서 방 한쪽 조명이 밝은 곳에 설치하고 반대쪽에서 바라보라. 원래의 방향에서 바라보면 놀라울 것 없이 가면은 진짜 얼굴처럼 보인다. 이젠 가면을 돌려 안쪽이 당신에게 보이도록 하라. 대부분의 사람들은 착시가 일어난다는 것을 바로 느낀다. 잘 안 되면 빛을 조정해 보고 물론 꼭 필요하진 않지만 한쪽 눈을 감아도 좋다. 착시는 가면의 안쪽도 진짜 얼굴처럼 보인다는 사실이다. 코, 이마, 입이 튀어나와 귀보다 가깝게 보인다. 당신의 몸을 양 옆이나 위 아래로 움직이면 더 신기하게 느낄 수 있다. 얼굴은 마술처럼 당신의 동작에 따라 움직이는 것처럼 보인다.

훌륭한 초상화의 두 눈이 당신을 따라다니는 것과 같은 일상적인 경험에 대한 것이 아니다. 가면의 안쪽이 주는 착시는 훨씬 더 섬뜩하다. 빛을 발하면서 방 한가운데를 떠다니는 것처럼 보인다. 진짜로 얼굴을 돌리는 것처럼 보인다. 내 연구실에는 안쪽이 보이게 설치한 아인슈타인의 가면이 있는데 이걸 본 방문객들은 저마다 깜짝 놀란다. 가면을 천천히 도는 축음기 위에 설치하면 착시의 효과는 더욱 두드러진다. 바깥쪽은 아주 '정상적'으로 보인다. 그러나 안쪽이 보이면 매우 희한한 광경이 펼쳐진다. 갑자기 새로운, 그리고 반대 방향으로 회전하는 얼굴이 보인다. 한 얼굴(가령 바깥쪽 얼굴)이 시계 방향으로 돌 때 다른 가짜 얼굴은 반시계 방향으로 도는 것처럼 보인다. 새로 보이는 얼굴은 시야에서 멀어지는 다른 얼굴을 집어삼키는 것처럼 보인다. 회전이 계속되면 안쪽의 얼굴이 반대 방향으로 한동안 돌다가 어느덧 바깥쪽 얼굴이 다시 나타나 안쪽 얼굴을 삼킨다. 이 착시를 보고 나면 본 시간과 관계없이 심기가 상당히 불편해진다. 절대로 익숙해지지 않고, 착시도 사라지지 않는다.

대체 무슨 일이 벌어지고 있는 걸까? 두 단계에 걸쳐 풀어보자. 첫째, 왜 가면의 안쪽도 진짜 얼굴처럼 보이는가? 그리고 둘째, 왜 반대 방향으로 도는 것처럼 보이는가? 뇌가 내부의 가상 공간에서 얼굴을 구성하는 일에 매우 능하다는 점은 이미 얘기했다. 눈이 뇌에 입력하는 정보는 가면의 움푹 들어간 쪽일 수도 있지만, 꽉 찬 얼굴이라는 대안 가설에 합당할 수도 있다. 그리고 뇌는 아마 얼굴을 보려는 적극성 때문에 두 번째 가설을 택한다. 그래서 '이건 안쪽'이라는 메시지를 기각하고, "이건 얼굴이다, 이건 얼굴, 얼굴, 얼굴이다"라는 메시지에 귀를 기울인다. 얼굴은 언제나 양각으로 돌출되어 있다. 그래서 뇌는 속성상 양각인 얼굴의 모델을 자신의 벽장에서 꺼내는 것이다.

그렇게 양각의 얼굴 모델을 구성한 다음 가면이 회전하자 뇌는 모순에 처한 자신을 발견한다. 설명을 간단명료하게 하기 위해 가면이 올리버 크롬웰의 얼굴 모양이고, 그의 유명한 사마귀를 가면 양쪽에서 볼 수 있다고 하자. 가면 안쪽을 바라보는 관찰자는 반대편으로 돌출된 코의 오른쪽 위에 있는 사마귀를 발견한다. 그러나 뇌에서 재구성된 가상의 코는 관찰자를 향해 돌출되어 있으므로 가상의 크롬웰의 시각에서 보면, 마치 거울 이미지처럼 사마귀가 코의 왼쪽에 있는 것으로 보인다. 얼굴이 정말로 양각이라면, 우리는 가면이 회전할 때 예상되는 면은 더 보고 예상이 안 되는 면은 덜 봐야 한다. 그러나 실제로는 가면의 안쪽이기 때문에 반대 현상이 일어난다. 양각의 얼굴이 반대 방향으로 돌 때 변화하는 비율처럼 망막의 이미지는 변화한다. 이것이 바로 착시다. 가면의 안쪽이 진짜 얼굴이라고 고집하는 우리의 뇌는 한 얼굴이 다른 얼굴과 충돌하는 이 필연적인 모순을 가능한 유일한 방법으로 해소한다. 한 얼굴이 다른 얼굴을 삼키는 가상 모델을 구성하는 것이다.

얼굴을 인식하지 못하는 희귀한 두뇌 질병을 프로소파그노지아*prosopagnosia*라고 한다. 뇌의 특정 부분이 손상되어 일어나는 것이다. 바로 이 사실이 뇌의 '얼굴 벽장'의 중요성을 지지한다. 모르긴 해도 나는 프로소파그노지아 환자들이 위와 같은 착시를 일으키지는 않을 것으로 예상한다. 프랜시스 크릭은 그의 저서 《놀라운 가설》(1994)에서 여러 심오한 병리적 현상과 함께 프로소파그노지아를 언급한다. 예를 들어, 크릭은 다음과 같이 어떤 것을 무서워한 환자의 얘기를 한다.

> 한 장소에서 본 물체나 사람이 갑자기 아무 움직임도 없이 다른 곳에서 나타난다는 것이었다. 특히 길을 건너려 할 때 굉장히 괴로웠다고 한다. 멀리 있던 차가 갑자기 매우 가까워지는 것이다. 디스코텍의 현란한 조명이 바닥을 훑듯이 그녀는 세상을 보는 것이다.

이 여성은 우리처럼 가상세계를 구성하는 그녀만의 정신적 이미지 벽장을 가지고 있다. 아마 이미지 자체에는 아무런 문제가 없을 것이다. 그런데 그 이미지를 가지고 매끄럽게 변하는 가상세계를 만드는 그녀의 소프트웨어에 뭔가 이상이 생겨 버렸다. 어떤 환자는 깊이를 가상으로 구성해 내는 능력을 상실했다. 그들은 마치 마분지로 오려 만든 것처럼 이 세계를 평평한 것으로 본다. 또 어떤 환자는 특정 각도로 봤을 때에만 물건을 알아본다. 보통의 우리들은 프라이팬을 옆에서 보든 위에서 보든 곧바로 알아본다. 이 환자는 가상으로 구성하는 이미지 돌려 보기 능력을 일부 잃은 것 같다. 가상현실의 기술은 이러한 능력에 대해 생각할 수 있게 해 주는 언어를 제공하며, 이것이 이어서 다룰 주제이다.

언젠가 시대에 뒤떨어질 것이 분명한 오늘날의 가상현실 기술에 대해서는 일일이 다루지 않겠다. 모든 것과 마찬가지로 컴퓨터의 세계에서 기술은 빠르게 변화한다. 얘기하려는 바는 다음과 같다. 양쪽 눈에 작은 컴퓨터 스크린이 맞추어진 헤드셋을 쓴다. 두 스크린에 펼쳐지는 영상은 거의 동일하나 삼차원의 스테레오 시각 효과를 주기 위해서 약간 어긋나게 설정된다. 영상은 컴퓨터에 저장된 어떤 것(화려한 색의 파르테논, 화성의 어느 상상의 풍경, 크게 확대된 세포의 내부)이라도 좋다. 여기까지는 평범한 3-D 영화다. 그러나 가상현실 기계는 여기에서 그치지 않는다. 컴퓨터는 이미지만 보여 주는 것이 아니라 당신에게 반응한다. 헤드셋은 정상적인 상황에서 당신의 시점에 영향을 미치는 머리와 몸의 움직임 전부를 감지하도록 조정된다. 컴퓨터는 이런 모든 움직임을 수시로 입력받고(이것은 정말 대단하다) 진짜로 고개를 돌렸을 때와 동일한 방식으로 눈앞에 펼쳐지는 영상이 변하도록 프로그래밍된다. 머리를 돌리면 파르테논 신전의 기둥이 옆으로 휙 지나가고 당신의 '뒤'에 있던 동상이 눈앞에 나타난다.

더 발전된 시스템은 모든 골격의 위치를 모니터링하는 측정기가 탑재된 스타킹 형태의 옷을 선보일 것이다. 걸음을 걷거나, 앉거나, 일어나거나, 팔을 저을 때마다 컴퓨터는 이를 감지한다. 컴퓨터가 당신의 보폭에 맞춰 영상을 변화시킴으로써 이제 파르테논의 한쪽 끝에서 반대쪽 끝까지 기둥을 지나치면서 걸을 수 있다. 당신이 진짜로 파르테논에 있는 것이 아니라 물건으로 꽉 찬 컴퓨터실에 있기 때문에 조심히 걸어야 한다는 사실을 잊지 말라. 현재의 가상현실 시스템은 실타래 같은 케이블로 당신의 온 몸을 감아 컴퓨터에 연결할 공산이 크므로 무선 라디오 연결이나 적외선 데이터 광선이라는 미래를 일단 상정하자. 그러면 텅 빈 실제 세계에서 걸으면서 프로그래밍된 가상현실의 환상을 만끽할 수 있다. 컴퓨터는 당신이 입고 있는 옷으로 당신이 어디에 있는지를 알기 때문에 완전히 새로운 인간 형태, 즉 아바타를 만들어 눈앞에 보이지 않을 이유가 없다. 실제 당신의 다리와 매우 다른 형태의 '다리'를 내려다 볼 수 있게 해 주는 것이다. 실제 손의 움직임을 흉내 낸 아바타의 손을 보는 것이다. 이 손을 이용해서 그리스식 항아리와 같은 가상의 물체를 집어 들면 그 항아리가 당신의 '드는' 동작에 의해 공중으로 오르는 것처럼 보일 것이다.

다른 곳에 있는 어떤 사람이 비슷한 기구를 머리에 쓰고 같은 컴퓨터에 접속하면—오늘날의 기술로는 유령처럼 서로 통과하겠지만—이론적으로 그의 아바타를 만나 악수도 할 수 있을 것이다. 기술자와 프로그래머들은 재질과 물질에 대한 '느낌'을 가상으로 만드는 방법을 여전히 고심하고 있다. 언젠가 영국의 앞서 가는 가상현실 회사를 방문했을 때 그곳 담당자로부터 가상의 섹스 파트너를 원하는 많은 사람들의 편지를 받는다는 얘기를 들었다. 어쩌면 미래에는 대서양을 사이에 둔 연인이 감지 장치와 압력 패드가 장착된 '바디 스타킹'을 입는 불편을 감수하며 인터넷을 통해 서로를 애무할지도 모른다.

이번엔 가상현실을 현실적으로 좀 더 유용한 맥락에서 얘기해 보자. 오늘날의 의사는 정교한 튜브인 내시경을 환자의 입이나 직장에 삽입하여 진단이나 약간의 수술 같은 작업을 한다. 의사는 줄을 당기듯이 하며 긴 튜브를 굽이굽이 창자 속으로 통과시킨다. 튜브의 끝에는 작은 카메라 렌즈와 길을 비추는 전등이 부착되어 있다. 여기에 미세한 외과용 메스나 핀셋 같은 여러 원격조정 기구가 장착될 수도 있다.

통상적으로 내시경의 사용은 의사가 스크린으로 신체 내부를 보고, 손가락으로 원격 조정하는 식이다. 그러나 많은 이들이 말한 것처럼('가상현실virtual reality'이라는 말을 창안한 자론 러니어를 포함하여) 작아진 의사의 몸이 환자의 몸속에 들어간 것처럼 가상현실을 만드는 것이 적어도 이론적으로는 가능하다. 이 발상은 현재 연구 단계에 있으므로, 나는 이 기술이 다음 세기에 어떻게 쓰일지 상상하는 것으로 만족하겠다. 미래의 의사는 환자 가까이에 갈 필요가 없으므로 수술 전에 손과 팔을 씻지 않아도 된다. 넓은 공간에 있는 의사는 환자의 창자 속에 있는 내시경과 라디오를 통해 연결된다. 머리를 왼쪽으로 돌리면 컴퓨터가 자동적으로 내시경의 끝을 왼쪽으로 돌린다. 창자 속에 있는 카메라의 방향은 의사의 머리가 움직이는 각도를 충실히 따른다. 의사는 앞으로 걸으면서 내시경을 전진시킨다. 전혀 다른 방에 있는 컴퓨터는 의사가 걷는 방향에 맞춰 환자가 다치지 않도록 내시경을 아주 천천히 이동시킨다. 의사는 정말로 창자 안을 걸어다니는 것처럼 느낀다. 그리고 밀실 공포증도 유발되지 않는다. 지금의 내시경 사용법과 마찬가지로 내장은 시술 전에 공기로 확장시켜서 의사가 기어가야 할 정도로 좁지 않게 만든다.

악성 종양과 같은 목표물을 발견하면 의사는 가상의 시술 도구함에서 한 가지를 고른다. 컴퓨터 이미지로 된 전기톱이 적당할 것이다. 헬멧에 장착된 스테레오 스크린을 통해 확대된 3-D 종양을 보면서 의사는 자신의 가상의 손에 놓인 가상의 전기톱을 갖고 마치 정원의 나무 그루터기를 잘라 내듯 종양을 잘라내기 시작한다. 실제 환자의 몸속에서 전기톱에 해당하는 것은 초미세 레이저광선이다. 톱질을 하는 의사의 팔 전체의 움직임은 축도기처럼 감지되고 컴퓨터에 의해 내시경 끝 레이저 총의 작은 움직임으로 변환된다.

나에겐 가상현실 기술을 이용해 누군가의 창자 속을 걷는 환상을 실현하는 것이 이론적으로 가능하다는 것으로 족하다. 실제로 의사에게 도움이 될지는 잘 모르겠다. 자문을 구한 어느 의사는 다소 회의적이었지만 난 도움이 되리라 믿는다. 이 의사는 자기 자신과 동료 위장병 전문의를 겉만 번드르르한 배관공이라 부른다. 그런데 배관공은 더 큰 내시경으로 배관을 조사하며 미국에서는 하수구의 막힌 부분을 뚫고 가는 '돼지' 기계를 관 속으로 내려 보내기도 한다. 내가 상상한 이 방법은 물론 배관공에게도 적용된다. 배관공은 머리에 가상 헬멧을 쓰고 막힌 곳을 뚫기 위한 가상 곡괭이를 들고 가상 배수관을 '걸으면'(아니면 '수영하면') 된다.

첫 번째 예의 파르테논은 컴퓨터상에서만 존재한다. 대신 컴퓨터는 천사, 하피(얼굴과 몸은 여자이며 새의 날개와 발톱을 가진 추악하고 탐욕스러운 그리스 신화의 괴물―옮긴이), 날개 달린 유니콘도 얼마든지 만나게 해 줄 수 있다. 반면 가상의 내시경 전문의와 배관공은 실제 하수구의 내부나 환자의 창자라는 현실 공간의 비율을 재현한 제한된 가상의 세계를 누빈다. 의사의 스테레오 화면에 비친 가상의 세계도 컴퓨터가 만든 것이지만 정해진 규칙에 의해 질서 있게 구성되었다. 전기톱이 등장했지만 실제로는 레이저 총이 사용되었는데, 의사의 몸 크기만 한 종양을 자르는 데는 톱이 더 자연스럽기 때문이다. 가상의 구성은 의사의 수술에 가장 용이한 방식으로 실제 환자의 몸속 세부 사항을 반영했다. 나는 신경계를 갖는 모든 종은 자신만의 세계에 대한 모델을 구성하되 감각기관에 의해 지속적으로 경신되는 정보의 제한을 받는다고 본다. 모델의 특성은 그 종의 사용 방식에 따라 결정될 것이다.

해안 절벽을 스치는 바람을 타고 멋지게 오르는 갈매기를 생각해 보라. 날개를 퍼덕이고 있지 않다고 해서 날개 근육이 쉬고 있는 게 아니다. 날개와 꼬리 근육은 모든 미세한 소용돌이, 모든 공기의 흐름에 맞춰 계속 미세한 조정을 하며 비행의 평형을 유지한다. 이 모든 근육을 조정하는 신경의 정보를 컴퓨터에 입력한다면, 컴퓨터는 이론적으로 새가 날아가는 곳을 지나는 모든 기류의 세부사항을 재구성해 낼 수 있다. 새가 비행 상태를 잘 유지하도록 디자인되어 있다는 것을 전제로 연속적으로 경신되는 주변의 공기 상태에 대한 모델을 만들 수 있을 것이다. 아마도 기상선, 위성, 지상관측소에서 보내는 새로운 정보에 의해 경신되고 이를 바탕으로 미래를 예측하는 기상청의 예보 모델처럼 동적인 모델이 될 것이다. 날씨 모델은 내일의 날씨에 대해 말해 주고, 갈매기 모델은 초단위로 어떻게 날개와 꼬리 근육을 조정해야 할지를 예측해서 '조언' 하는 능력을 가지고 있다.

물론 갈매기의 날개와 꼬리 근육을 조정하는 컴퓨터 모델이 개발되지 않더라도 갈매기뿐 아니라 하늘을 나는 모든 새의 뇌에 그런 모델이 연속적으로 실행되고 있다. 유전자와 과거의 경험에 의해 사전 입력되고, 1,000분의 1초 단위의 감각정보로 경신되는 이런 모델은 수영하는 모든 물고기, 달리는 모든 말, 초음파를 발산하는 모든 박쥐의 두개골 안에서 작동하고 있다.

독창적인 발명가인 폴 맥크디는 인력으로 가는 '고사머 콘도르'와 '고사머 앨버트로스' 그리고 태양력으로 가는 '솔라 챌린저'라는 훌륭하고 경제적인 비행기로 유명하다. 1985년에는 백악기 익룡인 케찰코아틀루스_Quetzalcoatlus_의 절반 크기의 모형을 만들기도 했다. 이 커다란 비행 파충류는 경비행기와 맞먹는 날개 길이를 자랑했지만, 꼬리가 없어서 비행 안정성이 매우 떨어졌다. 동물학에 입문하기 전에 항공 기술자로 훈련받았던 존 메이너드 스미스에 따르면 이 특징은 기동성은 높여 주지만 비행 면flight surface을 순간적으로 정확히 조정하는 능력이 있어야 한다. 균형을 지속적으로 조절하는 고속 컴퓨터가 없는 맥크래디의 작품은 추락했을 것이다. 진짜 케찰코아틀루스도 같은 이유로 비슷한 컴퓨터를 머릿속에 가지고 있었을 것이다. 초기 익룡은 긴 꼬리의 끝이 탁구채처럼 생겼는데, 이럴 경우 안정성은 높아지지만 기동력 저하라는 대가가 따른다. 꼬리가 거의 없는 케찰코아틀루스와 같은 익룡의 진화 과정은 낮은 기동력과 높은 안정성에서 높은 기동력과 낮은 안정성으로 변화한 것으로 보인다. 비행기의 진화도 비슷한 경향을 나타낸다. 두 가지 모두 강력한 컴퓨터의 산술 능력에 의해서만 가능하다. 갈매기처럼 익룡의 두개골 안에 탑재된 컴퓨터도 동물과 공기의 모델에 대한 시뮬레이션을 실행했을 것이다.

당신과 나처럼 인간이고, 포유류이며, 동물인 우리들은 실제 세계를 여러 수준으로 재현하는 데 유용한 요소로 구성된 가상세계에 산다. 물론 우리는 진짜 세계에 있는 것처럼 느낀다.

사실 우리의 가상현실 소프트웨어가 제대로 작동한다면 마땅히 그래야 한다. 매우 훌륭하게 작동하는 이 소프트웨어의 존재를 느끼는 경우는 뭔가 잘못될 때뿐이다. 그럴 때 우리는 가면의 안쪽처럼 착시나 환영을 경험한다.

영국의 심리학자 리처드 그레고리는 뇌가 어떻게 작동하는지 알기 위해 시각적 환영에 집중했다. 그의 저서 《눈과 뇌》(1998, 제5판)에 따르면 본다는 것은 외부 현상에 대한 가설을 세운 다음 감각기관의 정보로 가설을 검증하는 뇌의 적극적인 과정이다. 시각적 환영의 가장 잘 알려진 예의 하나는 네커의 정육면체이다. 이는 선으로 그린 정육면체인데, 철봉으로 만든 정육면체처럼 속이 비어 있다. 그림은 종이 위의 이차원적 패턴이다. 그럼에도 정상인은 그것을 입방체로 본다. 뇌는 종이의 이차원적 패턴으로 삼차원적 모델을 만든다. 이것은 당신의 뇌가 그림을 볼 때마다 행하는 작업이다. 종이의 평평한 잉크 패턴은 두 가지의 삼차원 모델 중 어느 것도 될 수 있다. 그림을 몇 초 동안 바라보면 뒤집어지는 것을 볼 수 있다. 방금 전까지 가장 가깝게 보이던 면이 이젠 가장 멀어 보인다. 유효한 두 개의 모델 중에서 뇌는 임의로 지각되는 어느 하나만 보도록 디자인되어 있을 수도 있다. 그러나 사실 뇌는 각각의 모델 또는 가설을 몇 초 동안 돌려 보는 길을 택한다. 그래서 정육면체는 변하고 우리는 무슨 일이 벌어지는지 알게 된다. 우리의 뇌는 삼차원 모델을 만든다. 머릿속의 가상현실이다.

실제 나무상자를 볼 때 우리의 시뮬레이션 소프트웨어는 추가정보를 공급 받아 두 개의 내부 모델 중 어느 하나를 분명하게 선호하게 된다. 따라서 우리는 상자를 다른 대안 없이 한 가지 방식으로 본다. 그렇더라도 네커의 정육면체가 주는 교훈의 빛이 바래는 것은 아니다. 무엇을 볼 때마다 우리의 뇌가 실제 사용하는 것은 뇌가 보유하는 그 물체에 대한 모델이다. 앞의 사례인 가상의 파르테논처럼 뇌 속의 모델은 만들어지는 것이다. 파르테논과 다르지만(아마 꿈에서 보는 영상도 해당될 것이다) 환자 내부에 있는 의사 모델과 비슷하게 순전히 창조된 것은 아니다. 외부세계로부터 유입되는 정보에 의해 제어되는 것이다.

더욱 강력한 환영은 좌우 눈이 보는 영상의 미세한 차이로 발생하는 입체 시각이다. 두개의 스크린이 달린 가상현실 헬멧이 사용하는 기술이 바로 이것이다. 엄지가 자신을 향하게 오른손을 얼굴 30센티미터 앞에 들고 두 눈으로 멀리 있는 나무를 보라. 두 개의 손이 보일 것이다. 이것은 당신의 양 눈으로 본 영상이다. 어느 것이 좌우인지는 눈을 하나씩 차례로 감아 보면 얼른 알 수 있다. 양 눈이 다른 각도에 수렴하고, 따라서 두 개의 망막에 맺힌 영상이 조금씩 다르므로, 두 개의 손은 조금씩 다른 위치에 있는 것으로 보인다. 왼쪽 눈은 손바닥을 더 많이 보고 오른쪽 눈은 손등을 더 많이 본다.

이번엔 먼 나무를 보지 말고 두 눈으로 손을 바라보라. 전경에 두 개의 손이 있고 후경에 하나의 나무가 있는 대신, 하나의 굵직한 손과 두 개의 나무가 보일 것이다. 그러나 손의 영상은 여전히 양 망막의 다른 위치에 맺히고 있다. 이것이 의미하는 바는 당신의 시뮬레이션 소프트웨어가 손에 대한 단일 모델을 삼차원으로 만들었다는 뜻이다. 더욱이 이 단일 삼차원 모델은 양쪽 눈에서 온 정보를 모두 이용하여 만들어졌다. 뇌는 두 세트의 정보를 정교하게 융합하여 유용하고 견실한 한 개의 삼차원 손 모델을 만든다. 모든 상은 망막에 거꾸로 맺히지만 뇌는 목적에 맞게 시뮬레이션 모델을 구성할 뿐이므로 상관이 없다.

뇌가 이차원 영상으로 삼차원 모델을 만드는 연산기법은 엄청나게 복잡하며, 그래서 가장 강력한 환영 현상의 이유가 되기도 한다. 환영은 1959년에 헝가리의 심리학자인 벨라 줄레즈로 거슬러 올라간다. 보통의 입체경은 같은 사진을 다른 각도로 찍은 것을 좌우의 눈에 보여 준다. 뇌는 두 개를 결합하여 멋있는 삼차원 영상을 본다. 줄레즈는 똑같은 작업을 했는데 대신 그가 사용한 것은 아무렇게나 뿌려진 후추와 소금 알갱이였다. 왼쪽과 오른쪽 눈에 똑같은 점의 패턴이 제시되었지만 중요한 차이가 있었다. 줄레즈의 실험에서는 알갱이가 있는 부분을 가령 사각형과 같은 면으로 잘라 입체시각을 일으키는 거리만큼 옆으로 옮긴다. 두 개의 그림 어느 것에도 사각형은 없지만 뇌는 사각형의 환영을 본다. 네모는 두 그림의 차이 속에서만 존재한다. 관찰자에게 네모는 진짜처럼 보이지만 뇌에는 존재하지 않는다. 줄레즈 효과는 최근 인기가 높은 '매직 아이'의 원리이기도 하다. 최상의 설명을 원하면 스티븐 핑커의 《마음은 어떻게 작동하는가》에 나오는 짧은 설명을 참고하라. 그보다 나은 설명은 시도할 필요도 없다.

뇌가 첨단의 가상현실 컴퓨터처럼 작동한다는 것을 보여 주는 쉬운 방법이 있다. 우선 눈을 움직여 주변을 둘러보라. 눈을 돌리면 망막에 맺힌 상은 지진이라도 난 것처럼 움직인다. 그러나 우리는 지진을 경험하지 않는다. 주변의 미동도 없다. 물론 뇌의 가상 모델은 일정하게 유지되도록 만들어졌다는 얘기를 하고자 하는 것이다. 그러나 망막에 맺힌 상을 움직이는 방법은 이밖에도 있다. 눈꺼풀 위로 눈알을 살짝 눌러 보라. 망막의 상은 아까처럼 움직일 것이다. 손가락 놀림만 좋으면 눈알을 돌리는 것과 같은 효과를 낼 수 있는데, 이번에는 정말로 땅이 움직이는 것처럼 보인다. 지진처럼 전경 전체가 움직인다.

두 가지의 차이점은 무엇인가? 뇌의 컴퓨터가 눈의 움직임에 의존하여 세계에 대한 모델을 구성하기 때문이다. 뇌의 모델은 눈에서 오는 정보뿐 아니라 눈을 움직이게 하는 명령에 대한 정보도 이용하는 듯하다. 뇌가 눈의 근육을 움직이라는 명령을 보낼 때마다, 그 명령의 복사본이 세계에 대한 내부 모델을 만드는 뇌에도 보내진다. 눈이 움직이면 뇌의 가상현실 소프트웨어는 망막의 상이 움직일 것이라는 예보를 받아 모델을 조정한다. 그래서 다른 각도에서 보아도 모델은 가만히 있는 것으로 본다. 움직임이 예상되지 않는 시점에 땅이 움직이면 가상모델도 따라 움직인다. 실제로 지진이 일어날 수도 있으니 괜찮은 기능이다. 다만 눈을 눌러서 시스템을 갖고 놀 수 있다는 것뿐이다.

자신을 실험용 쥐로 다루는 마지막 실험으로, 이번엔 어지러워질 때까지 빙글빙글 돌아 보라. 그다음 멈춰서 앞을 똑바로 응시하라. 이성은 더 이상의 회전은 없다고 얘기해 주지만 여전히 도는 것으로 보인다. 망막의 상은 움직이고 있지 않지만 귓속의 가속도계는(소위 반고리관에서 유체로 움직임을 감지한다) 뇌에게 아직 회전이 끝나지 않았다고 알린다. 뇌는 가상현실 소프트웨어에게 회전을 보게 되리라는 것을 말해 준다. 그런데 망막의 상이 회전하지 않으면 모델은 이 차이를 접수하여 반대 방향으로 돌기 시작한다. 독백의 언어로 풀어 보면 가상현실 소프트웨어는 다음과 같이 말한다. "귀는 돌고 있다는 것을 알려주니 모델을 고정시키기 위해 눈이 보내 주는 정보의 반대쪽으로 돌아야겠다." 그러나 망막은 아무 회전 정보도 보내지 않고 있으므로 당신에게 보이는 것은 모델의 보상 회전이다. 발로의 말을 빌리면 이것은 예상치 못한 '뉴스'이기에 우리에게 보이는 것이다.

새에게는 인간에게 없는 다른 문제가 있다. 나뭇가지에 앉은 새는 바람에 의해 앞뒤, 좌우로 움직이고, 따라서 망막의 상도 요동친다. 만성적인 지진 지대에 사는 것과 같다. 새는 목 근육으로 머리와 보는 장면을 안정시킨다. 바람에 흔들리는 나뭇가지에 앉은 새를 카메라로 찍으면 새의 머리는 배경에 고정된 채 나머지 몸이 목 근육에 의해 이리저리 움직이는 것과 같은 광경을 보게 된다. 새는 걸을 때에도 눈에 보이는 세상을 일정하게 유지하기 위해 같은 방법을 쓴다. 그래서 닭이 걸을 때 머리를 앞뒤로 내밀었다 당기는 우스꽝스러운 동작을 하는 것이다. 사실 매우 영리한 방법이다. 몸이 앞으로 기울 때 목은 머리를 뒤로 당겨 망막의 상이 일정하도록 한다. 다음엔 머리를 앞으로 내밀어 똑같은 사이클을 반복한다. 새의 목 근육이 언제나 자동 조절된다면 새의 고집스러운 성질로 봤을 때 실제 지진이 일어나더라도 볼 수 있을지 궁금하다. 다른 말로 하면 새는 발로식으로 목 근육을 사용하는 것이다. 세상의 뉴스답지 않은 것을 일정하게 유지시켜서, 볼 만한 움직임이 눈에 띄게 하는 것이다.

곤충 및 다른 동물들도 자신의 시각적 세계를 일정하게 유지하기 위해 비슷한 방식을 취한다. 과학자들은 소위 '시력 측정 장치'를 이용해서 이를 보여 주었다. 내부에 세로 줄무늬가 그려진 원기둥 안에 곤충을 놓는다. 원기둥을 돌리면 이 회전에 따라 곤충은 다리를 움직여 돈다. 시각적 세계를 일정하게 유지하기 위해 노력하는 것이다.

일반적으로 곤충은 걸을 때 자신의 시뮬레이션 소프트웨어에게 걷는다는 것을 알려야 한다. 그렇지 않으면 자신의 움직임에 맞춰 보상적 조절을 하려고 할 텐데 그러면 어떻게 되겠는가? 두 명의 독일인 에리히 폰 홀스트와 호르스트 미텔슈텟트는 이것에서 착안하여 아주 영리한 실험을 설계했다. 파리를 자세히 본 적이 있다면 파리가 머리를 완전히 돌릴 수 있다는 사실을 알 것이다. 폰 홀스트와 미텔슈텟트는 풀로 파리의 머리를 거꾸로 고정하는 데 성공했다. 이미 무슨 얘기를 하려는지 예상했을 것이다. 파리가 몸을 움직이면 뇌의 모델은 조금 후에 일어날 시각 세계의 변화를 예상한다. 그러나 머리가 거꾸로 달린 이 불쌍한 파리는 한 발짝 딛는 순간 자신의 예상과는 반대 방향으로 몸이 움직였다는 정보를 받는다. 이를 보정하기 위해 파리는 같은 방향으로 다리를 더 멀리 움직인다. 그러자 파리는 자신이 더 멀어지는 것처럼 보였을 것이다. 결국 파리는 계속 증가하는 속도로(물론 어느 정도까지만) 팽이처럼 빙글빙글 회전한다.

에리히 폰 홀스트는 만약 우리의 눈 근육을 마취시켜 눈 움직임이 멈추면 위와 같은 혼란이 일어날 것이라고 지적한다. 보통 눈에게 오른쪽으로 움직이라고 하면 망막의 상은 왼쪽으로 움직이는 신호를 낸다. 그런데 눈을 움직이는 근육을 마취시키면 망막에 아무 움직임이 없어도 모델은 예측에 따라 오른쪽으로 움직일 것이다. 폰 홀스트의 얘기를 직접 듣도록 하자. 그의 논문 〈동물과 인간의 행동생리학〉(1973)이다.

정말로 예상대로 나타난다! 수년 동안 눈 근육이 마비된 환자들을 통해 알고 있었고, 콤퓨러가 자신에게 실시한 실험에 의해 밝혀졌다. 의도됐지만 이행되지 않은 모든 눈의 움직임은 주변이 같은 방향과 같은 거리만큼 움직였다고 인식했다.

우리는 시뮬레이션 세계에서 사는 것이 너무나 익숙하고, 그 세계는 실제 세계와 훌륭하게 동기화되어 있기에 시뮬레이션 세계라는 것을 모른다. 폰 홀스트와 동료들이 한 것과 같은 기발한 실험을 통해서만 겨우 알게 되는 것이다.

여기에는 이면이 있다. 상상의 모델 시뮬레이션에 능한 뇌는 어쩌면 필연적으로 스스로를 속이는 데도 능할지 모른다. 어린 시절 창문틀에서 본 유령의 얼굴 때문에 이불 속에서 공포에 떨다가 빛이 만들어 낸 착각이라는 걸 경험하지 않은 이가 있는가? 가면의 뒷면을 갖고도 실제 얼굴을 보려는 뇌의 시뮬레이션 소프트웨어에 대해서는 이미 얘기했다. 백색의 망사 커튼에 비추는 달빛으로도 충분하다.

우리는 매일 밤 꿈을 꾼다. 시뮬레이션 소프트웨어는 존재하지 않는 세계, 존재하지도 않고 앞으로도 그럴 사람과 동물과 장소를 창조한다. 꿈을 꾸는 당시에는 진짜처럼 느껴진다. 당연하지 않은가? 현실 세계도 시뮬레이션으로 경험한다면 말이다. 시뮬레이션 소프트웨어는 깨어 있을 때에도 우리를 속일 수 있다. 가면의 안쪽과 같은 착시는 무해하고 우린 그 원리를 이해한다. 그러나 약물을 복용했거나, 열이 있거나, 굶으면 시뮬레이션 소프트웨어는 환영을 만들 수 있다. 오랫동안 사람들은 천사, 성자 그리고 신을 목격해 왔고, 아마 진짜처럼 느꼈을 것이다. 물론 진짜처럼 보일 수밖에 없다. 정상적인 시뮬레이션 소프트웨어가 만든 모델이기 때문이다. 시뮬레이션 소프트웨어는 실세계의 정보를 고치는 데 쓰는 동일한 모델링 기술을 사용한다. 그런 영상은 물론 인상적이다. 사람의 삶을 바꿔 놓을 수도 있다. 따라서 대천사가 왕림하거나 신성을 본 사람, 머릿속에서 목소리를 들은 사람의 얘기를 들을 때마다 액면 그대로 받아들이지 않도록 조심해야 한다. 우리의 머리는 강력하고 극사실적인 시뮬레이션 소프트웨어를 보유하고 있다는 것을 기억하라. 우리의 시뮬레이션 소프트웨어는 유령, 용, 성자 성녀 모두를 만든다. 그 정도의 첨단 소프트웨어에게는 식은 죽 먹기다.

경고 한 마디 하겠다. 가상현실이라는 비유는 여러 면으로 적절하다. 그러나 뇌 속 '작은 인간' 혹은 '난쟁이'가 앉아서 가상현실 쇼를 즐긴다는 생각으로 연결될 위험성이 있다. 대니얼 데넷 등의 철학자가 지적한 바와 같이 망막에 맺힌 상이 뇌 어딘가에 있는 작은 시네마 스크린에 계속 방영되는 식으로 눈과 뇌가 연결되어 있다면 아무것도 설명하지 않은 것이 된다. 누가 스크린을 본단 말인가? 대답한 질문보다 더 큰 질문이 된다. 작은 인간이 망막을 직접 본다고 해도 해결되는 건 아무것도 없다. 가상현실의 비유를 말 그대로 받아들여 머릿속의 누군가가 가상현실 공연을 '경험'한다고 상상해도 같은 문제가 생긴다.

주관적 의식에 관한 문제는 철학의 가장 큰 난제라고 할 수 있으며, 이를 해결하는 것은 내 야망을 크게 벗어나는 일이다. 나의 제안은 각각의 종이 각각의 상황에서 행동하는 데 가장 유용한 방식으로 세상에 대한 정보를 활용한다는 훨씬 겸손한 주장이다. '머릿속에 모델을 만드는 일'은 어떤 일이 벌어질지 표현하는 데 도움이 되며, 이를 가상현실과 비교하는 것은 인간의 경우 특별히 도움이 된다. 앞에서도 주장했듯이 박쥐는 귀로, 제비는 눈으로 세상과 연결되어 있지만, 세상에 대한 모델은 서로 유사할 가능성이 높다. 뇌는 행동에 가장 알맞은 방식으로 모델 세계를 건설한다. 낮에 나는 제비와 밤에 나는 박쥐의 행동은 유사하므로(빠른 속도의 비행, 충돌 회피, 날면서 곤충을 잡는 습성) 같은 모델을 쓸 가능성이 높다. 모델을 지켜볼 '머릿속의 작은 박쥐'나 '머릿속의 작은 제비'가 있을 이유는 없다. 여기서 나는 모델이 어떤 방법을 통해서든 날개를 조정한다는 말만 하도록 하겠다.

어쨌든 우리는 뇌 한가운데에 앉은 사람의 환상이 강력하다는 것을 안다. 본질적으로 독립적이지만 하나의 통합체와 같은 환영을 만든다는 점에서 유전자가 서로 모여 만드는 '이기적인 협조자' 모델과 상응한다고 볼 수 있다. 다음 장의 끝에서 다시 다루도록 하겠다.

이 장에서 나는 환경—환경은 다양하며 먼 과거와 가까운 현재 모두를 포함하므로 '환경들'이라고 하는 편이 더 좋다—을 기록하는 역할의 일부가 DNA에서 뇌로 이전되었다는 주장을 전개했다. 과거에 대한 기록은 미래를 예측하게 한다는 점에서만 유용하다. 동물의 몸은 미래가 대체로 과거와 비슷할 것이라는 예측을 낳는다. 동물은 이 예측의 범위 내에서 생존할 것이다. 그리고 세계에 대한 시뮬레이션 모델은 앞으로 몇 초, 몇 시간, 며칠 후에 닥칠 것에 대비할 가능성을 높여 준다. 우리는 뇌 자체와 그 가상현실 소프트웨어가 궁극적으로 조상 유전자에 대한 자연선택의 결과물이라는 점을 명심해야 한다. 미래는 아주 일반적인 의미에서만 과거를 닮기 때문에 유전자의 예측력에는 한계가 있다. 세부적이고 애매한 것은 빠르게 변하는 상황에 맞춰 계속 정보를 바꾸고 예측을 재고하는 신경 하드웨어와 가상현실 소프트웨어가 담당한다. 마치 유전자가 이런 말을 하는 듯하다. "우리는 환경의 기본적인 형태와 세대를 거쳐도 잘 변하지 않는 것을 모델링할 테니 빠른 변화는 뇌에게 맡긴다."

우리는 뇌가 만든 가상의 세계에서 움직인다. 바위와 나무에 대한 모델은 진짜 바위와 나무처럼 우리 환경의 일부다. 흥미롭게도 우리의 가상세계는 또한 우리의 유전자가 자연선택된 환경의 일부이기도 하다. 우리는 낙타 유전자를 고대의 사막과 바다에서 다른 낙타 유전자와의 연합 속에 생존하도록 선택된 고대 세계의 거주민으로 묘사했다. 이는 모두 진실이며, 우리의 유전자로도 마이오세 나무와 플라이오세 사바나에 대해 얘기할 수 있다. 이제 유전자가 생존한 세계에 추가할 또 하나의 세계는 우리의 고대 뇌가 만든 가상의 세계다.

우리와 우리의 조상처럼 고도의 사회성을 지닌 동물의 가상세계의 일부는 집단적으로 형성된 것이다. 특히 언어의 발명, 기술의 발전 이후 우리의 유전자는 복잡하게 변화하는 세상에서 생존해야 했다. 그 세상에 대한 가장 경제적인 묘사는 공유하는 가상현실이다. 유전자가 사막이나 숲에서 생존하고 유전자군의 다른 유전자 속에서 생존하듯이, 유전자가 뇌가 창조한 가상의 세계, 심지어는 시적인 세계에 생존한다는 생각은 매우 놀랍다. 마지막 장에서는 인간의 두뇌라는 수수께끼를 살펴보기로 한다.

12

마음의 풍선

뇌는 수억 광년의 우주를 이해할 수 있는 1.5킬로그램짜리 작은 덩어리다.
매리언 다이아몬드

THE BALLOON OF THE MIND

모든 시대의 생물학자가 생물체를 당대의 첨단기술에 비유했다는 사실은 과학사가들 사이에서는 상식으로 통한다. 17세기의 시계에서 18세기의 춤추는 동상까지, 빅토리아 시대의 열기관에서 오늘날의 열감지 유도미사일에 이르기까지, 모든 시대의 공학적 신제품은 생물학적 상상력을 새롭게 했다. 이 중 막내 격인 디지털 컴퓨터가 그 모든 혁신의 빛을 바래게 한다면 그 이유는 간단하다. 컴퓨터는 단순히 하나의 기계가 아니다. 당신이 원하는 어떤 기계(계산기, 워드프로세서, 카드 색인, 체스 마스터, 음악 도구, 체중 예측 기계, 그리고 안타깝게도 점쟁이 역할까지)로든 신속히 프로그래밍되어 변할 수 있다. 또 날씨, 나그네쥐의 개체군 변동 주기, 개미집, 위성 결합, 밴쿠버 시 등 어떤 것이든 시뮬레이션할 수 있다.

동물의 뇌는 하나의 탑재형 컴퓨터로 묘사되어 왔다. 그러나 그것은 디지털 컴퓨터와 똑같은 방식으로 작동하지 않는다.

매우 다른 성분으로 만들어졌기 때문이다. 각각의 성분은 느리지만 거대한 네트워크 속에서 결합하여 아직 완전히 이해되지 않은 어떤 방법으로 느린 속도를 극복한다. 어떤 의미에선 뇌의 성능이 디지털 컴퓨터보다 우수하다. 어쨌든 작동 원리에 세세한 차이가 있더라도 둘 간의 비유는 감쇠되지 않는다. 뇌는 몸에 탑재된 컴퓨터인데, 그것은 작동방식 때문이 아니라 동물의 삶 속에서 담당하는 역할 때문이다. 그 역할의 비유는 경제성의 원리가 적용되는 동물의 여러 영역에 해당되지만, 가상현실 소프트웨어와 함께 세상을 시뮬레이션하는 가장 눈부신 위업을 달성하는 것이 바로 뇌이다.

동물에게 커다란 뇌가 있다는 건 상식적으로 생각해도 이로운 것이다. 우수한 연산능력이 언제나 이롭지 않겠는가? 그럴지 모르지만 거기엔 비용이 따른다. 무거워지면 무거워질수록 뇌는 다른 어떤 조직보다 많은 에너지를 소비한다. 그리고 머리가 큰 아기는 태어나기도 힘들다. '뇌는 무조건 좋다'는 발상 자체는 아마도 지나칠 정도로 발달된 뇌를 가진 우리 종의 허영심에서 나오지 않았을까 생각한다. 어쨌든 왜 인간의 뇌가 이토록 커졌는지는 흥미로운 질문이다.

어떤 권위자는 최근 수백만 년 동안 일어난 인간 뇌의 진화는 "생물의 역사 전체를 통틀어 가장 빠르게 진화한 복잡한 기관"이라고 말한다. 이는 과장일지 모르나 인간의 뇌가 빠르게 진화했다는 사실은 틀림없다. 다른 유인원과 비교했을 때 현생 인류의 두개골, 특히 뇌가 들어차는 둥그런 부분은 정말 풍선처럼 부풀어 있다. 이런 현상이 왜 일어났냐고 할 때, 큰 뇌가 가져다주는 일반적인 이점을 나열하는 것은 충분한 대답이 못 된다. 일반적인 이점은 특히 다른 영장류처럼 숲의 복잡한 삼차원 구조 속을 빠르게 움직여야 하는 여러 종의 동물에도 적용될 것이다. 만족스러운 대답은 왜 유인원 중 유독 이 하나의 종(그것도 나무 생활을 포기한 종)이 나머지 영장류를 뒤로 한 채 홀로 폭발적으로 뇌를 증가시켰는지를 설명해야 한다.

한동안 호모 사피엔스와 우리의 유인원 조상을 잇는 화석의 결핍을 인용하는 것이 유행했다. 이제는 다르다. 현재 상당히 좋은 연속적인 화석 기록이 존재하고, 이를 따라 과거로 거슬러 올라가면 침팬지와 비슷한 두뇌 용량을 가졌던 우리의 조상 속屬인 오스트랄로피테쿠스에 이르기까지 두뇌 용량이 점점 작아지는 것을 관찰할 수 있다. 루시나 플레스 부인(유명한 오스트랄로피테쿠스)과 침팬지 간의 차이점은 뇌가 아니라 오스트랄로피테쿠스가 두발로 서서 걸었다는 점이다. 침팬지는 어쩌다 가끔 그런 행동을 보일 뿐이다. 뇌 풍선이 부풀어 오르는 데는 오스트랄로피테쿠스에서 호모 하빌리스, 그다음에 호모 에렉투스, 그리고 고대의 호모 사피엔스를 거쳐 현대의 호모 사피엔스에 이르기까지 300만 년의 세월이 흘렀다.

컴퓨터의 성장도 비슷한 과정을 겪었다. 하지만 인간의 뇌가 풍선처럼 불어났다면 컴퓨터는 원자폭탄처럼 폭발했다. 무어의 법칙에 따르면 컴퓨터의 연산능력은 1.5년마다 두 배씩 증가한다(이는 무어의 법칙을 현대적으로 해석했을 때 나온 추산이다. 무어가 처음 이 법칙을 제시했던 30년 전에는 트랜지스터로 계산했는데, 그에 따르면 트랜지스터는 2년마다 연산 능력이 두 배로 증가했다. 트랜지스터가 점점 빠르고 작고 저렴해지면서 컴퓨터의 연산 능력은 더욱 빨라졌다). 컴퓨터에 일가견이 있는 심리학자 故 크리스토퍼 에반스는 이를 다음과 같이 표현했다.

> 오늘날의 자동차는 전쟁 직전에 비해 여러 가지 면에서 다르다. 물가 폭등을 고려해도 더 저렴하고, 경제적이고, 효율적이다. 하지만 자동차 산업이 컴퓨터와 같은 속도와 시간으로 발달한다고 상상해 보라. 그럼 오늘날의 모델은 얼마나 싸고 효율적이겠는가? 아직 이 비유를 들어보지 못했다면 그 대답은 충격적일 것이다. 만약 그랬다면 1.35파운드에 롤스로이스를 구입하고, 1갤런에 300만 마일을 달리고, 엘리자베스 여왕 2세를 태울 수 있을 만큼의 마력을 제공했을 것이다. 그리고 축소 지향에 관심이 있다면 핀 머리에 대여섯 대는 올려 놓을 수 있을 것이다.
>
> 《위대한 마이크로》(1979)

물론 생물학적 진화의 시간 규모에서 이러한 일은 더 천천히 벌어졌다. 그 이유 중 하나는 모든 발전이 어떤 개체는 죽고 경쟁 관계에 있는 개체는 번식에 성공하는 과정을 거치기 때문이다. 따라서 절대적 속도는 비교할 수 없다. 만약 오스트랄로피테쿠스, 호모 하빌리스, 호모 에렉투스, 그리고 호모 사피엔스의 뇌를 비교하면 약 여섯 배 정도로 늦춰진 무어의 법칙과 비슷한 결과를 얻는다. 루시에서 호모사피엔스까지 뇌의 크기는 약 150만 년마다 두 배씩 증가했다. 무어의 법칙이 적용되는 컴퓨터와는 달리 인간의 뇌가 계속해서 증가할 이유는 특별히 없다. 이런 일이 벌어지려면 큰 뇌를 가진 개체가 작은 뇌를 가진 개체보다 더 많은 자손을 남겨야 한다. 현재 그런 일이 벌어지고 있는지는 확실하지 않다. 우리의 조상 시대에는 그런 일이 벌어졌을 것이다. 그렇지 않았다면 현재의 크기만큼 자라지 못했을 테니까 말이다. 이와 더불어 우리 조상의 뇌는 유전적 요인에 의해 결정되었어야 한다. 그러지 않았다면 자연선택이 힘을 발휘할 수 없었을 것이며, 뇌의 크기는 늘어나지 않았을 것이다. 무슨 이유인지 유전적으로 머리가 더 뛰어난 사람들이 존재한다는 것에 깊은 정치적 반감을 가지는 이들이 있다. 하지만 우리의 뇌가 진화할 동안에 이는 분명한 사실이었으며, 이런 사실이 오늘날의 정치적 민감성에 맞도록 급작스럽게 바뀔 수는 없다.

컴퓨터의 발달에 영향을 미친 요인 중에는 뇌를 이해하는 데 도움이 되지 않는 것이 많다. 큰 변혁 중의 하나는 진공관에서 훨씬 작은 트랜지스터로의 변환이었고, 이어서 더욱더 작은 집적회로로 계속해서 작아진 눈부신 혁신도 있었다. 반복해서 말하지만 뇌는 전기로 작동하지 않기 때문에 이런 발전은 모두 뇌와 아무런 상관이 없다. 하지만 뇌와 상관이 있을지 모르는 또 다른 컴퓨터 발달의 양상이 있다. 나는 이를 자급적 공진화 self-feeding co-evolution라고 부른다.

공진화에 대해서는 앞에서 이미 언급했다. 다른 개체가 함께 진화하거나(포식자와 피식자 간의 군비경쟁처럼) 한 개체의 여러 부분이 같이 진화하는 것(특별히 공적응이라고 했던 현상)이다. 추가적인 예로 깡충거미를 흉내 내는 파리를 들 수 있다. 실제로 이들에게는 물체를 보는 데 사용하는 겹눈에 전방을 향하는 헤드라이트와 같은 커다란 가짜 눈이 붙어 있다. 진짜 거미는 이런 크기의 파리를 잡아먹지만, 이 파리는 다른 거미와 너무 유사해서 건드리지 않는다. 게다가 이 파리는 깡충거미가 이성을 향해 구애할 때 전통적으로 해온 신호와 비슷한 모양새로 앞발을 움직임으로써 흉내의 효과를 증폭시킬 줄 안다. 파리의 몸속에서 거미를 해부학적으로 흉내 내도록 하는 유전자는 신호 행동을 하도록 하는 유전자와 함께 진화했을 것이다. 이런 식으로 같이 진화하는 현상을 공적응이라 한다.

'더 가질수록 더 갖게 되는' 과정을 나는 자급self-feeding이라고 부른다. 폭탄이 좋은 예다. 원자폭탄은 연쇄 반응으로 일어난다고 하는데, 연쇄는 실제 벌어지는 것에 비해 지나치게 품위 있는 비유가 아닌가 싶다. 우라늄 235의 불안정한 핵이 갈라질 때 에너지가 방출되는데, 한 핵에서 튀어나온 중성자는 다른 핵과 충돌하여 분열을 유도할 수 있지만 보통 그전에 그치고 만다. 우라늄은 금속 원소 중에서 밀도가 높은 편이지만, 다른 모든 물질처럼 빈 공간이 많기 때문에(속이 꽉 찬 고체의 금속에 대한 우리의 가상현실 모델은 그런 내부 표상이 생존에 가장 유용하기 때문에 만들어졌다) 튀어나온 중성자의 대부분은 그냥 빈 공간으로 발사된다. 원자의 스케일로 내려가면 금속의 핵은 떼 지어 나는 모기보다 서로 멀리 떨어져 있어서 하나의 핵분열된 원자에서 나온 입자는 다른 핵과 충돌하지 않고 멀리 발사될 가능성이 매우 높다. 그러나 하나의 핵에서 나온 중성자가 금속을 떠나기 전 다른 핵과 충돌할 만큼 우라늄 235를 특정 양(그 유명한 '임계질량') 밀집시키면 소위 연쇄 반응이 촉발된다. 분열하는 하나의 핵은 또 하나의 핵을 분열시키고, 이어서 핵분열이 삽시간에 퍼져서 굉장한 속도로 열을 비롯한 기타 파괴적 에너지가 방출되어 우리에게 너무나도 잘 알려진 결과가 초래되고 만다. 모든 폭발은 이와 같은 '전염성' 특성을 지니며, 실제로 전염병도 그 스케일에서 보면 폭발과 닮았다. 퍼지기 위해서 일정 수의 개체를 감염시켜야 하고 일단 퍼지기 시작하면, 많이 감염시킬수록 더 많이 감염시킨다. 임계 비율의 인구에 반드시 백신을 접종해야 하는 이유가 이것이다. 백신을 접종하지 않은 수가 '임계질량'보다 적으면 전염병은 퍼지지 못한다(대부분의 사람들이 백신 접종을 받을 때 받지 않는 사람도 전체적인 이득을 누리는 이기적인 무임 승객이 되는 이유다).

《눈먼 시계공》에서 나는 대중문화의 '폭발 임계 인구'에 대해 언급했다. 음반, 책, 옷을 구입하는 이유가 다른 사람들도 다 사기 때문이라는 것 외에는 아무것도 없는 사람이 많다. 베스트셀러의 출판을 구매 행위에 대한 객관적 보고라 볼 수도 있지만 베스트셀러 목록은 이에 그치지 않고 사람들의 구매 행위와 미래의 판매량에 영향을 미친다. 따라서 베스트셀러 목록은(적어도 잠재적으로) 자기 되먹임을 하는 소용돌이다. 그래서 출판사는 출간 초반에 거액을 쏟아 부어 베스트셀러의 역치를 넘기려고 갖은 애를 쓰는 것이다. 그러면 책이 '알아서 뜰' 것이라는 기대를 갖고 있다. 더 가질수록 더 갖게 된다. 우리가 필요로 하는 비유인 '급부상'과 함께 말이다. 자기 되먹임을 하는 소용돌이의 반대에 해당되는 극적인 예는 증권시장이 갑자기 혼란스러운 매도 현상을 보일 때 시장이 자기 되먹임을 하면서 추락하는 현상이다.

    진화적 공적응에 반드시 이 폭발적인 자급성(자기 되먹임)이 있어야 하는 것은 아니다. 거미를 흉내 내는 파리의 진화에서 거미 형태와 거미 행동의 공적응이 폭발적일 이유는 없다. 그러려면 거미와 해부학적으로 유사한 특성이 생길 때 반드시 거미 행동을 흉내 내도록 하는 압력이 증가해야 한다. 그 결과는 또다시 거미의 형태를 흉내 내도록 하는 압력을 더욱 증가시키고, 이 과정은 계속될 것이다. 그러나 앞서 언급한 대로 진화가 이렇게 일어났다고 생각되지 않는다. 압력(선택압)이 자급적으로 진행됐을 이유는 없다는 것이다. 《눈먼 시계공》에서 설명한 바와 같이 성선택sexual selection으로 생겨난 공작의 꼬리와 화려한 장식물은 그야말로 자급적이고 폭발적인 것이다. 거기에는 '더 가질수록 더 갖게 되는' 법칙이 잘 적용된다.

인간 뇌의 진화에 있어서, 나는 거미를 흉내 내는 파리보다 원자폭탄의 연쇄반응이나 극락조의 꼬리처럼 폭발적이고 자급적인 뭔가를 찾아봐야 한다고 생각한다. 침팬지의 뇌 크기만 한 뇌를 가졌던 여러 아프리카 유인원 중 왜 유독 하나가 별 이유도 없이 갑자기 앞서 나가기 시작했는지 설명하려는 것이 이 주장의 핵심이다. 어떤 임의의 사건이 원인原人의 뇌를 '임계질량'의 역치를 넘기게 한 다음 자급적인 변화 과정이 폭발적으로 벌어진 듯하다.

자급적 과정은 어떤 것이었을까? 로열 인스티튜션의 크리스마스 강연에서 내가 제안했던 추측은 '소프트웨어/하드웨어 공진화'였다. 이름처럼 컴퓨터의 비유로 설명될 수 있다. 불행히도 이 비유를 위해 무어의 법칙이 단일 자급적 과정으로 설명되지 않는다는 점을 밝힌다. 수년 동안 집적회로가 발전한 과정은 다소 난잡한 변화를 통해 이루어졌기 때문에 어떻게 안정된 지수 함수적 발전이 있었는지는 여전히 의문이다. 어쨌든 어떤 소프트웨어/하드웨어의 공진화가 컴퓨터 발전의 역사를 추동한 것만은 분명하다. 특히 어떤 '필요성'에 대한 공감이 쌓이면 역치를 넘는 폭발이 일어난다는 것과 상응하는 면이 있다.

개인 컴퓨터의 초창기 시절에는 매우 기초적인 문서 작업 소프트웨어만 있었다. 내가 쓰던 것은 문장의 끝을 다음 줄로 넘기지도 못했다. 그 후 나는 기계 코드 프로그래밍에 심취하여 (다소 부끄럽게 고백하건데) '스크라이브너'라고 하는 나만의 문서 작업 소프트웨어를 만들었고, 이것으로 《눈먼 시계공》을 쓰는 바람에 더 오래 걸렸던 것도 사실이다. 스크라이브너의 개발 과정에서는 스크린의 커서를 키보드로 움직여야 한다는 점이 무척 성가셨다. 원하는 지점을 바로 '짚고' 싶었다. 컴퓨터 오락에 사용하는 조이스틱을 떠올렸지만 어찌 해야 할지 몰랐다. 내가 만들고자 한 소프트웨어가 결정적인 하드웨어 혁신이 올 때까지 묶여 있다는 것을 나는 강하게 느꼈다. 그토록 필요로 했지만 실제로 고안할 상상력은 부족했던 그 도구가 이미 개발되어 있었다는 사실을 나는 나중에야 알았다. 그 도구는 다름 아닌 마우스였다.

마우스는 새로운 소프트웨어를 가능하게 해 줄 것으로 내다본 더글러스 엥겔바트가 1960년대에 발명한 하드웨어이다. 오늘날 우리가 아는 소프트웨어 혁신 또는 그래픽 사용자 인터페이스Graphic User Interface(GUI)라는 발전된 형태는 현대의 아테네라고 할 수 있는 제록스 사의 PARC라는 우수하고 창조적인 팀이 1970년대에 개발했다. 1983년에 애플 사가 이를 상업적으로 성공시켰고, 이어서 VisiOn, GEM, 그리고 최근 가장 상업적으로 성공한 마이크로소프트 등의 기업이 뒤따랐다. 요점은 혁신적 소프트웨어의 폭발이 세계로 퍼져나갈 문턱에 있었지만 그러기 위해서는 핵심 하드웨어인 마우스의 출현을 기다려야 했다는 것이다. GUI 소프트웨어가 퍼지자 더 빠르고, 더 능숙하게 그래픽을 다룰 수 있는 새로운 하드웨어에 대한 수요가 생겨났다. 이는 또다시 정교하고 새로운 소프트웨어, 특히 고속 그래픽을 다루는 소프트웨어의 개발을 불러왔다. 소프트웨어/하드웨어의 소용돌이는 계속 진행되어 오늘날의 월드 와이드 웹(www)이 탄생했다. 이 소용돌이의 미래가 무엇인지 누가 알겠는가?

> 미래를 보면 컴퓨터의 힘이 여러 형태로 이용될 것이라는 것을 알 수 있다. 약간의 발전, 사용 방식의 조그만 변화가 일어나다가 역치를 넘게 되면서 무언가 새로운 것이 가능해진다. 그래픽 사용자 인터페이스가 여기에 해당된다. 모든 프로그램, 모든 출력이 그래픽화됐고, 그에 따라 CPU 용량에 대한 요구가 급증했으며, 이는 필요한 변화였다. 사실 나는 네이슨의 법칙이라고 하는 나만의 법칙을 갖고 있다. 그건 소프트웨어가 무어의 법칙보다 빠르게 성장한다는 것이다. 바로 이 때문에 무어의 법칙이 존재한다.
>
> **네이슨 미르폴트** 마이크로소프트사 최고 기술국장(1998)

인간의 뇌로 돌아오자. 앞의 비유를 완성하기 위해 무엇이 필요한가? 두뇌의 크기가 약간 증가한 것과 같은 작은 하드웨어의 발전, 새로운 소프트웨어가 발현되지 않았더라면 그냥 지나쳤을 발전이 일어난다. 그 소프트웨어는 일단 무대에 등장하자 폭발적인 공진화의 물결을 일으킨다. 이런 것이 아닐까? 새로운 소프트웨어는 뇌의 하드웨어에 작동하는 자연선택의 환경을 변화시켰다. 이러한 현상은 다원적인 선택압을 강화하여 하드웨어를 증강시키고, 새로운 소프트웨어의 등장에 힘입어 새로운 자급적 소용돌이가 폭발적인 결과물을 생산하게 되었다.

인간의 뇌에서 그런 소프트웨어에 해당하는 것은 무엇일까? GUI에 해당하는 것이 무엇이었겠는가? 나는 실제로 소용돌이를 촉발시킨 것이 정확히 무엇이었는지 고민하는 대신 그 소프트웨어의 종류가 어떤 것이었을지 예를 보여 줄 수 있다. 그 예는 바로 언어다. 아무도 그것이 어떻게 시작되었는지 모른다. 인간 이외의 동물에게는 통사와 같은 것이 존재하지 않고, 언어의 진화적 전구체가 무엇이었을지 상상하기 힘들다. 또한 분명하지 않은 것은 단어와 그 뜻, 즉 통사의 기원이다. 동물계에도 '밥 줘' 또는 '저리 가'와 같은 의미의 소리는 많지만 우리 인간은 전혀 다른 것을 할 줄 안다. 다른 종처럼 우리의 음소 레퍼토리는 제한되어 있지만, 수많은 방식으로 결합하고 각각에 임의로 붙인 의미를 연결해서 조합한다는 점이 매우 독특하다. 인간의 언어는 의미론적으로 열려 있다. 음소를 조합함에 따라 거의 무한한 단어를 섭렵할 수 있다. 그리고 통사론적으로 열려 있다. 단어를 조합함에 따라 거의 무한한 문장을 만들고 계속해서 이어갈 수 있다. '남자가 오고 있다. 표범을 잡은 남자가 오고 있다. 염소를 죽인 표범을 잡은 남자가 오고 있다. 우리에게 우유를 주는 염소를 죽인 표범을 잡은 남자가 오고 있다.' 문장은 점점 길어지지만 끝은 똑같다는 점에 주목하라. 포함되어 있는 하나하나의 구도 마찬가지 방식으로 길어질 수 있으며, 이 연장에는 한계가 없다. 하나의 통사적 혁신으로 가능해진 이 무한 연장의 잠재력은 인간 언어에 고유한 것으로 보인다.

우리 조상의 언어가 적은 어휘와 단순한 문법 구조의 기본적인 형태로 출발했다가 점차 진화하여 수천 개의 복잡한(혹자는 모든 언어가 정확히 같은 정도로 복잡하다고 주장하는데, 그러기엔 너무 이데올로기적으로 완벽하다는 생각이 든다) 언어가 존재하는 오늘날에 이르렀는지는 확실하지 않다. 그 과정이 점진적이었다는 것이 내 의견이지만 정말로 어땠는지 아직 확실하지 않다. 어떤 이는 한명의 천재가 특정 시공간에서 개발함으로써 갑자기 생겨났다고 한다. 점진적이든 갑작스럽든 앞의 소프트웨어/하드웨어와 유사한 얘기를 할 수 있다. 언어가 존재하는 사회는 그렇지 않은 세계와 전혀 다르다. 유전자에 대한 선택압은 예전 같지 않다. 갑자기 빙하기가 닥치거나 무시무시한 포식자가 도래한 것과는 극적으로 다른 세계에 유전자가 노출된 것이다. 언어가 새롭게 등장한 새로운 사회에서 자연선택은 이를 유전적으로 활용할 줄 아는 개체를 선택했을 것이다. 뇌에 의해 사회적으로 구성된 가상세계에서 생존하도록 선택받은 유전자를 얘기했던 이전 장의 결론과 유사하다. 언어의 새로운 세계를 활용할 수 있었던 개체가 누렸을 이득은 과대평가될 수 없다. 언어를 관장하기 위해서는 뇌만 커지는 것이 아니다. 언어를 발명한 결과 우리의 조상이 사는 세계 전체도 변하게 된 것이다.

사실 언어를 예로 든 이유는 단지 소프트웨어/하드웨어의 공진화에 대한 주장의 설득력을 높이기 위함이다. 물론 나는 뇌가 중요한 역할을 했을 것이라 추측하지만 뇌가 임계 역치를 넘도록 한 것은 뇌가 아닐 수도 있다. 뇌가 한창 커지고 있을 무렵 목의 발성 하드웨어가 언어를 구사할 수 있는 정도였는지 아직 논란이 되고 있다. 우리의 조상인 호모 하빌리스와 호모 에렉투스는 후두가 하강하지 않아 현대인이 구사하는 모음의 영역을 소화하지 못했을 것이라는 화석 증거가 몇 가지 존재한다. 어떤 이는 이 사실을 바탕으로 언어가 최근에 진화했다고 생각한다. 이는 상당히 상상력이 부족한 견해라고 생각된다. 소프트웨어/하드웨어 공진화가 있었다면 소용돌이처럼 발달하는 하드웨어는 뇌 하나만이 아니다. 발성기관도 나란히 진화해야 하며, 후두의 진화적 하강도 언어가 생겼을 때 일어난 하나의 하드웨어 변화였을 것이다. 모음을 서툴게 발음하더라도 전혀 못 내는 것과는 다르다. 우리의 기준을 볼 때 호모 에렉투스의 말이 단조롭게 들리더라도 통사, 의미, 그리고 후두의 하강 등과 같은 진화가 벌어지는 장을 제공했을 수 있다. 참고로 호모 에렉투스는 당시에 불을 피우고 배를 만든 것으로 알려져 있으므로 그들을 과소평가하면 안 된다.

언어를 잠시 제쳐두고 임계 역치를 넘기고 공진화의 단계적 확산을 일으켰을 만한 다른 소프트웨어 혁신은 없었을지 생각해 보자. 고기와 사냥에 대한 우리 조상의 남다른 애착으로부터 자연스럽게 발생했을 만한 두 가지 가능성을 소개하겠다. 농업은 최근에 생겨난 발명이다. 대부분의 우리 조상은 수렵채집 생활을 했다. 지금도 이 생활방식을 따르는 사람들은 추적의 달인이다. 그들은 동물의 발자국, 수풀을 건드린 흔적, 똥 그리고 털 등을 읽어 내며 넓은 지역에 걸쳐 벌어진 일을 머릿속에 그린다. 발자국은 하나의 그래프, 지도, 또는 동물 행동의 일련의 사건을 표현하는 상징적 재현이다. 동물의 몸과 DNA를 통해 그 동물이 살았던 과거 환경을 재구성함으로써 동물이 자신이 속한 환경의 모델임을 보여 준 가상의 동물학자를 기억하는가? 칼라하리 사막에 난 발자국만으로 직전에 그곳에서 벌어졌던 동물의 행동 패턴, 혹은 모델을 재구성하는 능력을 가진 쿵산족 사냥꾼에게도 비슷한 얘기를 할 수 있지 않을까? 제대로만 읽으면 이런 자취들은 지도나 그림과 다름없으며, 나는 그런 지도와 그림을 읽는 능력이 언어 능력의 기원 이전에 충분히 일어났을 수 있다고 생각한다.

호모 하빌리스 사냥꾼 한 무리가 집단 사냥을 계획한다고 하자. 1992년에 방영된 훌륭하고 섬뜩한 텔레비전 영화인 《가까이 하기엔 무언가 불편한〉에서 데이비드 에텐보로는 침팬지가 치밀하게 계획하고 매복하여 콜로부스 원숭이를 잡아 찢어 먹는 모습을 보여 준다. 사냥이 시작되기 전 침팬지들이 사냥 계획의 세부 사항을 서로 주고받는다고 볼 이유는 없지만, 호모 하빌리스에게 만약 그것이 가능했다면 의사소통으로부터 얻는 이득은 분명하다. 어떻게 그러한 의사소통이 생겨났을까?

사냥꾼 무리 중에서 우두머리에 해당하는 한 명이 일런드영양을 사냥할 계획을 세우고 이를 동료들과 나누려 한다고 하자. 일런드영양의 행동을 흉내 내거나 현대의 사냥꾼들이 의식 등의 행사에서 하듯 일런드영양의 가죽을 뒤집어쓰는 방법도 얼마든지 가능하다. 그리고 다른 사냥꾼들이 하길 바라는 행동도 흉내 낼 수 있다. 사냥감에 접근할 때의 조심스러움, 목표를 향해 돌진할 때의 역동성, 마지막 사냥에서 극적인 클라이맥스 등의 순서로 말이다. 하지만 이 밖에도 그가 할 수 있는 것, 현대판 군사 장교가 했을 무언가가 있다. 그는 그 지역을 그린 지도에 목표물과 작전을 표현했을 수 있다.

사냥꾼들 전부가 이차원 공간에 펼쳐진 발자국과 흔적에 대한 전문가(당신이 쿵산 족이 아닌 이상 우리의 상상력을 넘는 어떤 공간적 전문성)라고 가정하자. 그들은 숲에서 동물을 추적하고 머릿속에서 동물의 경로를 시간적 그래프로 그리는 것에 매우 익숙한 이들이다. 우두머리가 흙에 나뭇가지로 그리는 간단한 축척 모델, 즉 평면 위의 이동 경로 지도보다 더 자연스러운 것이 무엇이겠는가? 모여서 난 여러 개의 발굽 자국이 누 떼가 진흙 강변을 따라 이동했다는 의미라는 것은 우두머리와 사냥꾼들에게 이미 익숙하다. 그렇다면 흙 위에 줄을 그어 강을 그리지 않을 이유가 무엇이겠는가? 자신의 동굴과 강을 왕복할 때 스스로의 발자국을 보고 찾아오는 것에 익숙한 그들의 우두머리가 강의 위치에 따라 동굴의 위치를 지도 위에 표시하지 않을 이유가 무엇이겠는가? 우두머리는 나뭇가지를 들고 지도 주변을 돌면서 일런드영양의 접근 방향, 돌진의 각도, 매복의 위치 등을 말 그대로 흙에 그렸을 것이다.

 동물의 발자국을 읽는 중요한 기술을 자연스럽게 일반화함으로써 이차원적인 축소판, 즉 그림이 생겨날 수 있었을까? 동물 자체를 그리는 것도 기원이 같을지 모른다. 누의 발굽 자국은 실물의 음각 이미지다. 태어난 지 얼마 되지 않은 사자의 발자국은 두려움을 불러일으켰을 것이다. 이 때 동물의 일부분을, 또는 더 나아가 동물 전체를 그림으로 나타낼 수 있다는 번뜩임이 찾아왔을까? 동물 전체를 담은 최초의 그림은 진흙 바닥에서 끌고 간 시체 자국을 보면서 떠올린 아이디어일 수도 있다. 덜 분명하지만 잔디 위의 동물 자국도 정신의 가상현실 소프트웨어가 그림이라는 발상을 하는 데 충분했을지 모른다.

 산에 난 풀이
 토끼가 누웠던 곳의

모양을 보존하지 못하므로.

예이츠 〈추억〉(1919)

　모든 종류의 표상예술(아마 비표상예술도)은 어떤 것 하나가 다른 것 하나를 나타내는 것이 이해나 의사소통을 증진시킨다는 사실에 의존한다. 앞서 시적 과학(좋든 나쁘든)의 근간이 되는 유추와 비유는 인간의 동일한 기호 제조 능력의 또 다른 표현이다. 진화적인 의미를 갖는 하나의 축을 그려 보자. 축의 한 쪽 끝에는 동굴 벽에 그려진 들소들처럼, 하나가 다른 것을 나타내는 것을 둔다. 다른 쪽 끝에는 하나가 다른 것을 의미하지만 외관상 전혀 드러나지 않는 것을 둔다. '들소' 라는 단어는 이 언어를 사용하는 모든 사람들이 약속했다는 이유 하나 때문에 실제 들소를 지칭한다. 양쪽 끝의 사이에는 앞서 언급한 것처럼 진화적 과정이 있다. 어떻게 시작되었는지 영원히 모를 수도 있다. 하지만 방금 제시한 발자국 이야기와 같은 종류의 통찰력이 그를 최초로 유추하기 시작한 사람들로 하여금 의미 표상의 가능성에 대해 깨닫도록 해 주었을 수 있다. 다른 유인원은 넘지 못한 임계 역치를 우리 조상들이 넘을 수 있었던 이유는 바로 이런 지도를 그리는 능력이 아니었을까?

　셋째 가능성으로 제시하는 소프트웨어 혁신은 윌리엄 캘빈의 제안에서 영감을 받은 것이다. 그는 먼 목표물을 향해 무언가를 던지는 행위와 같은 탄도학적 움직임은 신경조직에 특별한 연산 능력을 요구한다고 말한다. 원래에는 특정한 사냥 목적의 문제를 극복하기 위해 생긴 이 능력이 부산물로서 다른 중요한 기능을 하게 되었다는 것이 그의 생각이다.

캘빈은 어느 자갈 해변에서 나무 그루터기에 돌을 던지다가 우연히 생각에 빠지게 되었다. 사냥 행동을 진화시킨 우리 조상들의 경험처럼 목표물을 향해 뭔가를 던질 때 우리의 뇌는 어떤 연산 작용을 수행하는 것일까? 정확하게 맞추기 위한 한 가지 중요한 요소는 타이밍이다. 물체를 아래에서 위로 던지든, 위에서 아래로 내리꽂든, 손목으로 젖히든 모든 팔 운동은 물체를 어느 순간에 놓느냐가 핵심이다. 크리켓 경기에서 위에서 아래로 던지는 행동을 떠올리자(크리켓은 팔을 똑바로 유지해야 된다는 점에서 야구와 다르고, 따라서 생각하기 쉽다). 너무 일찍 놓으면 공은 타자의 머리 위로 날아간다. 너무 늦게 놓으면 땅에 꽂힌다. 우리의 신경계는 팔의 운동 속도에 맞춰 정확한 순간에 공을 놓는 과업을 어떻게 달성하는가? 검을 휘두르면 목표물에 도달할 때까지 팔까지 휘둘러야 하는 것과는 달리 볼링이나 공 던지기는 탄도학적인 궤적을 그린다. 던진 물체가 손을 떠나면 더 이상 통제가 불가능하다. 비록 도구나 무기가 손을 떠나지는 않지만 효과적으로 탄도학적인 운동이 있으니, 그것은 망치로 벽에 못을 박는 행위이다. 모든 연산은 사전에 이루어진다. 바로 추측 항법dead reckoning이다.

돌이나 창을 던질 때 타이밍 문제를 해결하는 한 가지 방법은 팔이 운동하는 동안 개별 근육의 수축을 전부 계산하는 것이다. 현대의 컴퓨터로는 가능할지 모르나 그러기에 뇌는 너무 느리다. 대신 캘빈은 상대적으로 느린 신경계가 근육에 내리는 명령을 반복적인 묶음 형태로 보유하는 편이 낫다고 말한다. 크리켓 공이나 창을 던지는 일련의 움직임은 개별 근육의 수축 명령을 한데 묶어 벌어질 순서대로 사전에 뇌에 프로그래밍된다는 것이다.

멀리 있는 목표물일수록 맞추기 어렵다. 캘빈은 물리학 책의 먼지를 털어내고 멀리 있는 것을 향해 던지면서 정확도를 유지하려할 때 지속적으로 감소하는 '발사 시간대'의 계산법을 알아냈다. 발사 시간대는 우주학 용어다. 로켓 과학자들은 가령 달에 도달하는 우주선을 발사시키기 위해 가능한 발사 시간대를 계산한다. 너무 일찍 또는 늦게 발사하면 빗나갈 것이다. 캘빈은 4미터 떨어진 토끼 크기의 목표물을 향해 던질 때의 발사 시간대가 1,000분의 11초임을 계산해 냈다. 돌을 너무 일찍 놓으면 토끼 위로 날아간다. 너무 늦게 놓으면 못 미친다. 너무 이르고 늦는 것 간의 차이는 고작 1,000분의 11초, 약 100분의 1초 정도였다. 신경세포의 시간대에 관한 전문가인 캘빈에게 이 사실은 불편했다. 신경세포의 일반적인 오차범위는 이 발사 시간대보다 크기 때문이다. 하지만 잘 던지는 사람은 달리면서도 이 거리의 목표물을 맞힌다는 사실도 그는 알고 있었다. 나 자신도 옥스퍼드 동료였던 파타우디의 나왑(한쪽 눈을 잃고도 건재한 인도 최고의 크리켓 선수 중 하나)이 대학 팀 소속으로 공을 던지던 광경을 잊을 수 없다. 그는 타자를 압도하는 속도로 달려오면서도 놀라운 속도와 정확성으로 위켓을 향해 공을 던져 팀을 승리로 이끄는 수훈을 발휘했다.

캘빈에게는 해결해야 할 숙제가 남아 있었다. 우리는 어떻게 그렇게 잘 던질 수 있을까? 그 답은 빈도에 있다고 그는 결론지었다. 쿵 족 사냥꾼이 창을 던질 때나 크리켓 선수가 공을 던질 때의 정확성은 하나의 타이밍 회로로 해결될 일이 아니었다. 여러 개의 타이밍 회로를 동시에 돌려 그 효과의 평균으로 물체를 언제 놓아야 할지 최종 결정을 내리는 것이었다. 이제 핵심에 이르렀다. 하나의 목적을 위해 타이밍과 단계적 운동 회로를 개발했다면 이를 다른 용도로 사용하지는 않았을까? 언어는 그야말로 정확한 단계 배열에 의존한다. 음악, 춤, 심지어는 미래의 계획을 짜는 일도 마찬가지다. 던지기가 이 모든 예측의 시초였을까? 미래를 향해 생각을 뻗는 것은 비유이면서 실제이기도 한 것일까? 아프리카 어디선가 첫 번째 단어가 울려 퍼졌을 때 발화자는 상대방을 향한 입으로 발사한 미사일을 상상했을까?

소프트웨어/하드웨어 공진화에 대한 넷째 후보는 문화적 계승의 단위인 '모방자meme'이다. 열병의 확산처럼 베스트셀러 책이 '뜨는' 과정에 대해 얘기하면서 이미 힌트를 얻은 개념이다. 여기서는 1976년에 '밈'이라는 용어가 개발된 이래 이론적인 작업을 해온 사람들 중 대니얼 데닛과 수전 블랙모어의 저서를 참고하기로 하겠다. 유전자는 부모에서 자식으로 세대를 거쳐 복제되어 전해진다. 같은 비유로 어떤 방법이든 간에 모방자는 뇌에서 뇌로 복제되어 전해진다. 유전자와 모방자 간의 비유가 시적 과학으로서 좋은지 나쁜지는 논의해 봐야 할 주제다. 종합적으로 볼 때 나는 좋다고 생각하지만 인터넷에서 모방자를 검색하면 이 말에 열광하여 지나치게 끌고 가는 사례도 종종 볼 수 있다. 모방자와 관련된 종교도 생겨나는 것 같아 그저 우스갯거리로 받아들여야 할지 아닌지 판단하기 어렵다.

나는 아내와 밤새 머리에서 맴도는 어떤 음 때문에 잠을 못 이루는 경험을 가끔 한다. 예를 들어 톰 레어러의 〈마조히즘 탱고〉는 정말 악질적인 상습범이다. 대단히 좋은 멜로디인 것은 아니지만(제목은 정말 훌륭하다) 일단 한번 귀에 박히고 나면 떨쳐버릴 수가 없다. 우리 둘은 이제 누군가 한쪽이 낮에 이런 위험한 음(레논과 맥카트니도 상습범이다)에 걸리면 전염되는 것을 막기 위해 절대 잠들 시간에는 흥얼거리지 않기로 합의했다. 한 명의 뇌 속에 박힌 음이 다른 사람의 뇌를 '전염'시킬 수 있다는 것은 완벽한 모방자의 예다.

깨어 있을 때에도 같은 일이 일어날 수 있다. 데닛은 그의 저서 《다윈의 위험한 생각》(1995)에서 다음과 같은 일화를 소개한다.

어느 날 나는 부끄럽고 황당하게도 어떤 멜로디를 흥얼거리는 나 자신을 발견했다. 하이든, 브람스, 찰리 파커나 심지어는 밥 딜런의 노래도 아니었다. 〈탱고는 둘이서It takes two to tango〉를 신나게 흥얼거리고 있는 것이었다. 1950년대 언젠가 인기를 누렸던 그 무식하고 우울한, 귀를 위한 심심풀이 노래를 말이다. 태어나서 한번도 이 멜로디를 내가 일부러 선택한 적이 있거나 높이 평가하거나 어떤 형태로든 침묵보다 낫다고 생각한 적이 없는 것이 확실했지만, 나의 모방자군meme pool 안에 있는 그 어떤 멜로디, 적어도 높이 평가하는 멜로디만큼 건재하고 흉측한 멜로디 바이러스였다. 그리고 불행하게도 이제 여러분에게도 이 바이러스가 옮을 것이며, 틀림없이 며칠 안으로 독자 중 많은 이들이 30년 만에 처음으로 그 지루한 음을 흥얼거리면서 나를 원망할 것이다.

내 경우에는 이 악몽 같은 음이 꼭 음이 아니라 끝없이 반복되는 어떤 문구나 특별한 의미도 없으면서 그날 나 또는 누군가가 언급한 말의 부분일 때가 많다. 왜 특정 어구나 음이 선택되는지는 분명하지 않지만 어쨌든 탈출하기 여간 어려운 일이 아니다. 끝도 없이 재생되는 그 무엇이다. 1876년에 마크 트웨인은 버스 안내원이 읽는 승차권 발매기 지침서에 정신이 빼앗겼던 경험으로 〈문학적 악몽〉이라는 단편을 썼다. 그 문구는 "승객이 볼 때 표를 찍으시오"였다.

승객이 볼 때 표를 찍으시오.

승객이 볼 때 표를 찍으시오.

주문 같은 무서운 리듬이 있어서 나도 고민 끝에 인용하는 문구다. 마크 트웨인의 작품을 읽고 나서 하루 종일 내 머리에서 맴돌았던 문구다. 그 작품의 주인공은 그것을 목사에게 넘기고 탈출했지만 목사는 발작적 괴로움에 시달려야 했다. 다른 사람한테 건네줌으로써 자신이 해방되는 이 '치사한' 부분은 애기에서 유일하게 틀린 부분이다. 누군가에게 모방자를 옮긴다고 해서 나의 뇌가 씻기는 것은 아니다.

모방자는 좋은 생각, 좋은 음, 좋은 시도 될 수 있지만 지루한 주문도 될 수 있다. 유전자가 생명체의 번식이나 바이러스 감염에 의해 퍼지는 것처럼, 모방을 통해 퍼지는 모든 것이 모방자다. 최대의 관심사는 유전자 선택에 빗댈 만한 모방자의 다원적 선택 가능성이 적어도 이론적으로나마 존재하는가이다. 퍼지는 모방자는 퍼지는 것에 능하기 때문이다. 데넷이 시달렸던 그 끊임없는 음은 나와 내 아내에게는 탱고였다. 탱고 리듬에 뭔가 있는 것일까? 더 많은 증거가 필요하다. 어쨌든 어떤 모방자가 다른 모방자보다 내재적 특성 때문에 잘 퍼진다는 생각은 일리가 있다.

유전자처럼 뇌에서 뇌로 잘 복제되는 모방자들로 이 세상이 가득 차 있을 것이라고 우리는 예측한다. 마크 트웨인의 음처럼 왜 그런지 모르지만 어떤 모방자는 그런 능력을 지닌다. 모방자 간의 전염성이 다르다는 것만으로도 다윈적 선택은 출발할 수 있다. 어떤 경우는 퍼지는 데 도움이 되는 것이 무엇인지 찾아볼 수도 있다. 데닛은 음모론 모방자에는 이미 음모에 대한 증거가 불충분하다는 비판에 대한 반박이 내포되어 있음을 지적한다. "물론이지! 그만큼 엄청난 음모니까!"

바이러스처럼 유전자는 순전히 기생적으로 퍼질 수 있다. 단지 퍼지기 위해 퍼지는 이것이 매우 무의미하다고 생각될지 모르지만 자연은 우리의 판단에도, 무의미에도 관심이 없다. 정보 조각은 퍼지는 데 필요한 것만 갖추면 퍼지고, 퍼지면 그뿐이다. 매의 정확한 시력을 향상시키는 것처럼 우리가 봤을 때 '합당한' 이유로 퍼지는 유전자도 있다. 이는 다윈주의를 생각할 때 가장 먼저 떠오르는 것 중 하나다. 나는 《오르지 못할 산을 오르며》에서 코끼리와 바이러스의 DNA 모두 '나를 복제하라' 프로그램이라는 것을 설명했다. 차이점은 한쪽이 '코끼리를 먼저 만들어 나를 복제하라'라는 매우 커다란 선행 작업을 요구한다는 점이다. 그러나 두 종류의 프로그램 모두 각기 나름의 방식대로 퍼지는 데 능하기 때문에 퍼지는 것이다. 모방자도 마찬가지다. 탱고는 순수한 기생적 능력의 우수함으로 인해 뇌에 생존하고 다른 뇌를 전염시킨다. 탱고는 분류상 바이러스와 가까운 축에 속한다. 위대한 철학사상, 명석한 수학적 통찰력, 기발한 매듭 기술이나 도예 장식 등은 다윈의 스펙트럼에서 더

'합당' 하거나 '코끼리' 축에 가깝다는 이유로 모방자군에서 살아남는다.

모방하려는 생물학적 경향이 없다면 모방자는 퍼질 수 없다. 유전자에게 작용하는 자연선택에 의해 모방성이 선택될 이유는 얼마든지 있다. 유전적으로 모방성을 가지는 개체는 다른 개체가 오랜 시간에 걸쳐 습득한 기술을 빠르게 익힐 수 있다. 가장 좋은 사례 중 하나는 우유병 마개를 여는 박새의 행동이 전파된 예다. 영국에선 아침 일찍 우유가 문 앞에 배달되어 주인이 가지고 들어갈 때까지 얼마동안 그 자리에 머물게 된다. 작은 새라면 마개를 쫄 수도 있겠지만 이는 일반적인 행동이 아니다. 실제로 벌어진 일은 영국의 몇몇 지역을 중심으로 마개를 벗기는 푸른 박새의 행동이 전염병처럼 확산된 현상이었다. 1940년대에 동물학자인 제임스 피셔와 로버트 하인드는 몇 마리의 새가 개별적으로 이 행동을 시작하고 모방에 의해 퍼져나가는 양상을 기록하는 데 성공했다. 모방자 전염병의 진원지는 독창성의 섬이었다.

비슷한 얘기를 침팬지에서도 할 수 있다. 흰개미의 집을 나뭇가지로 쑤셔 잡아먹는 행동은 모방에 의해 습득된다. 돌 모루나 나무를 이용하여 견과류를 깨 먹는 기술도 아프리카 서부의 특정 지역 외에는 발견되지 않는 마찬가지 경우다. 우리의 유인원 조상도 서로를 모방함으로써 중요한 기술을 익혔다는 것이 확실하다. 현존하는 부족 집단을 보면 돌 도구 만들기, 도자기 만들기, 불 피우기, 요리하기, 대장장이 등의 기술은 모두 모방으로 학습된다. 스승과 도제의 계보는 유전적 조상/후손의 계보에 상응하는 모방자의 전승이다. 동물학자인 조너선 킹던은 우리 조상의 기술 중 일부는 인간이 다른 종을 모방하여 생겨났다고 주장한다. 예를 들어 거미줄을 보고 어망이나 바느질을 발명하고, 베짜기새의 둥지를 보고 매듭이나 지붕을 이는 기술을 발명했을 수 있다.

유전자와는 달리 모방자는 집단적으로 뭉쳐 생존하려고 커다란 '운송수단'(몸)을 만들지 않았다. 모방자는 유전자가 만든 운송수단에 의존한다(인터넷을 모방자 운송수단으로 치지 않는 한). 그러나 모방자가 몸의 행동에 영향을 덜 미치는 것은 아니다. 유전자와 모방자의 진화 간의 비유는 '이기적 협조자'에서 배운 교훈을 적용하면 더욱 흥미로워진다. 모방자는 유전자처럼 다른 모방자가 존재하는 환경에서 살아간다. 정신은 다른 모방자의 존재로 인해 특정 모방자의 수용에 더 용이한 상태가 될 수 있다. 한 종의 유전자군이 협동하는 유전자의 연합이 되듯이 정신의 집단('문화' 혹은 '전통')도 협동하는 모방자의 연합인 이른바 밈플렉스memeplex가 된다. 유전자의 경우처럼 연합 전체를 선택의 단위로 보는 것은 잘못이다. 서로를 돕는 각각의 모방자가 서로에게 우호적인 환경을 제공한다고 보는 시각이 옳다. 모방자 이론의 한계가 어떻든 문화나 전통, 종교나 정치적 기질이 '이기적 협조자'의 모델로 일어난다는 점은 적어도 부분적으로 진실이라고 생각된다.

데닛은 정신을 펄펄 끓는 모방자의 바다로 묘사한다. 그는 '인간의 의식 그 자체는 거대한 모방자의 복합체'라는 가설을 지지하기에 이른다. 그는 자신의 책 《의식을 설명하다》(1991)에서 장문의 설득력 있는 글을 통해 이 같은 생각을 펼친다. 이 책에 등장하는 정교한 논증을 도저히 요약할 수 없기에 특징적인 한 부분을 인용하여 대신하고자 한다.

모든 모방자가 도달하고자 하는 유토피아는 인간의 정신이지만, 만약 모방자 자신이 살기에 적합한 곳으로 인간의 뇌를 재구성한다면 인간의 뇌 자체도 하나의 인공물에 불과하다. 유입과 유출의 통로는 내부 조건에 맞게 조정되고, 복제의 정확성과 지속성을 향상시키기 위한 각종 인공 도구가 강화된다. 토착 중국인의 정신은 토착 프랑스인의 정신과 매우 다르며, 교양 있는 정신은 교양 없는 정신과 다르다. 대신 모방자 자신이 들어앉은 개체에게 제공하는 것은 몇 마리의 트로이목마를 포함한 형언할 수 없는 각종 이득이다. 그러나 인간의 정신 자체가 상당 부분 모방자의 창조물이라면, 앞서 우리가 차용했던 대결 구도의 시각은 더이상 유지될 수 없다. '모방자 대 우리'라는 구도는 우리가 누구이며 무엇인지 결정하는 데 있어서 이미 초창기 모방자의 감염이 있었기 때문에 의미가 없다.

모방자의 생태학, 모방자의 열대우림, 모방자의 흰개미 집이 존재한다. 문화 속에서 모방자는 모방을 통해서 정신에서 정신으로 건너뛰기만 하는 것이 아니다. 그들은 번성하고, 배가되고, 우리의 정신 속에서 경쟁한다. 나의 생각을 말할 때 머릿속 어딘가에서 무의식적인 유사類似 다원적 선택이 벌어지는지 누가 알겠는가? 고대 박테리아가 우리의 조상 세포를 침입하여 미토콘드리아가 된 것처럼, 우리의 정신은 모방자의 침략을 받고 있다. 진핵세포가 미토콘드리아, 엽록체와 기타 박테리아의 군집인 것과 마찬가지로 모방자는 체셔 고양이처럼 우리의 정신과 융합하여 정신 자체가 되기도 한다. 이는 공진화적 소용돌이와 인간 뇌의 크기 증가에 딱 맞는 얘기처럼 보이는데, 그렇다면 정확히 뭐가 그 소용돌이를 일으켰는가? '더 많을수록 더 많이 갖게 되는' 자기 되먹임이 과연 어디에 있는가?

　수전 블랙모어는 다른 질문으로 이 질문에 답한다. "누구를 모방해야 하는가?" 물론 대상이 되는 기술에 가장 능한 사람이겠지만 더 일반적인 대답이 있다. 블랙모어는 가장 뛰어난 모방꾼을 모방해야 한다고 주장한다. 그들이야말로 최고의 기술을 익혔을 존재라는 것이다. 그의 두 번째 질문 "누구와 짝짓기를 해야 하는가?"도 비슷한 방식으로 답할 수 있다. 최고의 모방자를 최고로 잘 모방하는 자와 해야 한다. 즉 모방자는 퍼지는 능력에 따라 선택될 뿐 아니라 모방자를 잘 퍼뜨리는 개체를 만드는 능력에 따른 일반 다원적 선택도 받는다. 곧 출간될 블랙모어 박사의 책 《밈 The Meme Machine》(1999)의 초안을 본 나는 그녀가 몰고올 폭풍을 빼앗고 싶지 않다. 여기서는 단순히 소프트웨어/하드웨어 공진화가 있다는 점만 짚고 넘어가겠다. 유전자가 하드웨어를 만든다. 모방자는 소프트웨어다. 공진화는 인간의 뇌를 부풀린 원인일 수 있다.

앞에서 나는 '뇌 속의 작은 사람'을 다시 다루기로 약속했다. 나의 역량을 크게 벗어나는 의식의 문제를 해결하기 위함이 아니라 모방자와 유전자 간의 또 다른 비교를 하기 위해서이다. 나는 《확장된 표현형》에서 개별 개체를 당연하게 받아들이는 것에 대해 문제를 제기했다. 여기서 개체란 의식적인 의미가 아니라 생존과 번식이라는 통합적 목적을 두고 한 껍질로 둘러싸인 통일성 있는 몸을 의미한다. 나는 개별 개체가 생명의 근본적인 현상이 아니며, 원래는 개별적이고 적대적인 유전자들이 '이기적인 협조자'로 모여 협동 집단을 이루어 창발된 것이라고 주장했다. 개별 개체는 환영幻影이 아니다. 그러기에 너무도 실제적이다. 그러나 그것은 개별적이고, 심지어는 적대적인 행위자 간의 상호 작용에서 발생한 이차적인 파생 현상이다. 이 생각을 깊이 발전시키는 대신 나는 데닛과 블랙모어를 따라 모방자와 비교하는 정도로 그치려 한다. 어쩌면 나 자신이라는 주관적인 '나'도 같은 종류의 반半 환영인지 모른다. 정신은 근본적으로 독립적이고도 적대적인 행위자들의 모음이다. 인공지능의 아버지인 마빈 민스키는 1985년에 출간한 자신의 책을

《마음의 사회》라 불렀다. 행위자가 모방자든 아니든 강조하고 싶은 점은 개별적인 몸도 유전자들의 불편한 협동에서 발생하는 것이듯이 '여기에 있는 누구'라는 주관적인 느낌도 직조된 창발적 반환영일 수 있다는 점이다.

어쨌든 이 이야기는 곁가지이다. 우리는 인간 뇌의 크기 증가를 가져왔을 하드웨어/소프트웨어 공진화의 자급적 소용돌이의 원인이 될 만한 소프트웨어 혁신을 찾고 있다. 지금까지 언어, 지도 보기, 던지기와 모방자를 소개했다. 또 다른 가능성은 공진화의 폭발적 특성을 설명하기 위해 도입한 비유였던 성 선택이다. 하지만 그것이 정말로 인간의 뇌를 크게 만드는 원인이 되었을까? 우리의 조상은 정신적 공작 꼬리로 이성을 유혹했을까? 복잡한 춤의 순서를 기억하는 능력 등의 화려한 소프트웨어 때문에 커다란 뇌 하드웨어가 선택되었을까? 그럴지도 모른다.

뇌 크기의 증가를 촉발시켰을 가장 확실한 후보로서 많은 이들은 언어를 가장 설득력 있게 꼽는다. 나는 다른 관점에서 다시 이 주제를 다루어 보기로 하겠다. 테런스 디컨은 그의 책 《상징적 종》(1997)에서 언어에 대해 모방자 방식의 접근법을 보인다.

> 건설적인 효과와 파괴적인 효과 간의 차이를 무시하면 언어를 바이러스처럼 생각하는 것은 지나치지 않다. 언어는 인간 뇌의

활동에 자연스럽게 들어와서 뇌에 의해서 복제, 조합, 전달되는 무생물의 인공물, 소리의 패턴, 종이나 찰흙 위의 휘갈김이다. 언어를 구성하는 복제 정보가 살아 있는 생물로 조직되어 있지 않다는 사실이 언어가 인간이라는 숙주에서 진화하는 통합된 적응적 실재임을 부정하는 근거가 되지 못한다.

이어서 디컨은 세포 내 미토콘드리아나 다른 공생 박테리아의 예를 들면서 악성 기생충 모델보다는 '공생적' 모델을 선호하는 쪽으로 논의를 이끈다. 언어는 아이들의 뇌를 감염시키는 데 능하게 진화되었다. 그런데 아이들의 뇌, 그 정신적 애벌레도 언어에 쉽게 감염되도록 진화되었다. 역시 공진화다.

《블루스펠과 플라란스페레스》(1939)에서 C. S. 루이스는 우리의 언어 속에 사장된 은유가 많다는 어떤 언어학자의 격언을 들려준다. 철학자이자 시인인 랠프 월도 에머슨은 1844년에 쓴 에세이 〈시인〉에서 "언어는 시의 화석이다"라고 했다. 언어의 전부가 아니라도 적어도 많은 수는 은유로 시작됐다. 루이스는 "집중하다attend"가 한때 "뻗다stretch"를 의미했다는 예를 든다. 내가 당신한테 집중할 때 나는 귀를 뻗는다. 당신이 얘기하는 주제를 "다루면서 '요점'에 '도달'"할 때 나는 의미를 '포착'한다. 우리는 어떤 주제로 '들어가며' 생각의 '활로'를 '연다'. 은유의 역사가 비교적 최근인 쉬운 예를 일부러 골라 보았다. 언어학자들은 더 깊게(내가 뭘 말하려는지 아는가?) 들어가 지금은 불분명한 단어도 지금은 죽은(아는가 말이다) 언어의 은유였다는 것을 밝힐 것이다. 언어라는 단어 자체도 라틴어의 혀에서 온 것이다.

얼마 전 현대 속어 사전을 하나 샀다. 이 책의 원고를 읽은 미국 독자들이 내가 즐겨 쓰는 영어 단어 중의 일부가 대서양 반대쪽에서는 이해되지 않을 것이라는 얘기에 마음이 불편해졌기 때문이다. 바보, 얼간이, 봉을 의미하는 '머그mug'를 그쪽에서는 모른다. 결국 영어권에서 사용하는 속어 중 어느 정도가 보편적인가를 찾게 되었다. 그런데 더 흥미로웠던 것은 끝없이 새 단어와 어법을 발명하는 엄청난 창조력이었다. '측면 주차'와 '배관 공사'는 성교를 의미하고, '바보상자'는 텔레비전, '피자 한 판'은 구토, 오만한 사람은 '막대기에 꽂은 크리스마스', 사기성 계약은 '닉슨', 경찰차는 '잼 샌드위치'다. 이 속된 표현들은 의미론적 혁신의 놀랍고 풍부한 최전선을 보여 준다. 그리고 루이스의 주장을 잘 보여 준다. 모든 단어가 이렇게 출발했을까?

'발자국 지도'와 마찬가지로 유비관계를 읽고 상징적인 표상으로 의미를 표현하는 능력이 인간의 뇌로 하여금 역치를 넘어서 공진화의 소용돌이로 빠져들게 한 핵심적인 소프트웨어의 발전일지 모른다. 영어에선 '맘모스'를 크다는 의미의 형용사로 사용한다. 어떤 천재적인 원시 시인이 뭔가 다른 맥락으로 '크다'는 생각을 전달하는 과정에서 맘모스를 흉내 내거나 그림을 그리면서 우리 조상의 의미론적 돌파구가 열린 것일까? 인간을 소프트웨어/하드웨어 공진화의 폭발로 이끈 것이 바로 이런 종류의 소프트웨어 발전일까? 낚시꾼들이 즐겨 쓰는 크다는 의미의 보편적인 손짓이 있으므로 어쩌면 아닐 것이다. 하지만 이 정도도 야생 침팬지의 의사소통에 비하면 소프트웨어적인 발전이다. 또는 예이츠의 시구 "두 소녀, 모두 아름답지만 하나만 사슴이로다"의 홍적세적 버전으로 여성의 수줍은 단아함을 가리키기 위한 사슴 흉내는 어떤가? 우리의 하빌리스나 에렉투스 조상이 존 키츠의 "울먹이는 비"와 같은 이미지를 상상할(그리고 순간적으로 표현할 방법까지) 수 있었을까? (사실 눈물 자체도 풀리지 않은 진화적 수수께끼다.)

어떻게 시작되었고 언어의 진화에서 어떤 역할을 했든 동물 중에서도 독특한 우리 인간은 시적 비유의 축복(비슷함을 발견하고 그 관계를 생각과 감정의 바탕으로 삼는 것)을 받았다. 이것은 상상력의 선물이다. 어쩌면 바로 이것이 공진화의 소용돌이를 촉발시킨 핵심 소프트웨어 혁신일 것이다. 이전 장의 주제였던 세상의 시뮬레이션 소프트웨어에서 일어난 결정적인 발전일 수 있다. 감각기관이 보고하는 대로 뇌가 모델을 시뮬레이션하는 제한된 가상현실로부터 실제로 존재하지 않는 것(상상, 공상, 가상적 미래에 대한 '만약'의 상황)도 시뮬레이션하는 자유로운 가상현실로의 도약이었을지도 모른다. 그리고 이는 다시금 이 책 전체의 주제인 시적 과학으로 돌아오게 한다.

우리는 머릿속에 있는 가상현실 소프트웨어를 실용적인 현실만을 시뮬레이션하는 독재로부터 해방시킬 수 있다. 이미 존재하는 단어뿐 아니라 앞으로 생길 단어도 상상할 수 있다. 가능한 미래와 과거의 행적을 시뮬레이션할 수 있다. 외부 기억장치와 기호를 만드는 도구(종이와 펜, 주판과 컴퓨터)로 무장한 우리는 우주에 대한 모델을 만들어 죽는 날까지 머릿속에서 굴릴 수 있다.

우리는 우주 밖으로 나갈 수 있다. 우주에 대한 모델을 머리 안에 넣을 수 있다. 신령과 요괴로, 점성술과 마술로, 무지개의 끝이 닿은 번쩍이는 가짜 금 항아리로 가득 찬 미신적이고 소극적이고 편협한 그런 모델이 아니다. 현실을 조절하고 수용하는 모델로서 아인슈타인의 원대한 우주 시간이 야훼의 활 곡선을 무색케 하는 별과 원대한 거리의 모델, 과거를 포함하고 현재를 인도하며 미래로 달려 나가 가능성에 대한 구체적인 선택을 가능하게 해 주는 강력한 모델 말이다.

인간만이 태어나기 이전에 대한 지식과 사후에 대한 개념을 갖고 행동의 길잡이로 삼는다. 따라서 인간만이 자신이 서 있는 땅덩어리 이상을 밝히면서 길을 찾는다.

P. B. 메더워, J. S. 메더워 《생명과학》(1977)

곧 불은 꺼지겠지만 그러기 전에 우리에겐 우리가 잠시 머무르는 이곳과 머무르는 이유에 대해 이해할 수 있는 시간이 있다. 우리는 동물 중 최후를 예견한다는 점에서 유일하다. 그리고 죽기 전에 다음과 같이 얘기할 수 있는 점에서도 유일하다. "그렇다. 그렇기 때문에 살 가치가 있었던 것이다."

> 아픔 없이 밤을 멈춘
> 그 황홀경 속에서
> 예술이 당신의 영혼을 붓는 지금이
> 그 어느 때보다 죽기에 풍요롭다.
>
> **존 키츠** 〈나이팅게일을 위한 송시〉(1820)

지금 이 순간에도 살아 있는 키츠와 뉴턴은 서로에게 귀 기울이며 우주의 노래를 듣는다.

옮긴이의 글

과학, 시 그리고 아름다움에 관하여

　인류 역사를 뒤바꿔놓은 위대한 저서 《종의 기원》을 내놓고도 타고난 수줍은 성격 때문에 대중 앞에 나서길 꺼렸던 다윈을 대신하여 자연선택론을 설파하러 다녔던 T. H. 헉슬리를 가리켜 흔히 '다윈의 불독'이라 부른다. 리처드 도킨스는 수줍음에 관한 한 다윈과 정반대의 인물이다. 그는 오히려 유전자의 관점에서 진화를 조명하는 새로운 시각을 우리에게 제공한 윌리엄 해밀턴의 다분히 수학적인 개념을 일반에게 쉽게 소개하여 입신한 사람이다. 그래서 그는 지금 옥스퍼드 대학교에서 '과학의 대중적 이해' 석좌교수라는 직위를 갖고 있다.

　나는 조심스레 내 자신에게 '도킨스의 불독'이라는 별명을 붙여 본다. 도킨스가 다윈처럼 수줍음을 많이 타는 사람은 아니지만 그가 영어로 말하는 설명을 우리말로 옮기는 과정에서 대신 짖어댈 불독이 필요하다면 그걸 내가 어느 정도 자처할 수 있다는 말이다. 조금 구차한 공치사를 하자면 도킨스의 저서

《이기적 유전자》가 우리 사회에서 영원한 베스트셀러가 되는 데 내가 적지 않은 공헌을 했다고 자부할 수 있다. 수많은 매체를 통해 나는 줄기차게 《이기적 유전자》를 언급해 왔으며, 내 강의를 들은 사람들 모두에게 《이기적 유전자》를 읽지 않고는 내 강의를 들었다고 말하지 말라는 어쭙잖은 협박도 서슴지 않았다. 이쯤 되면 불독은 아니더라도 푸들 정도는 충분히 되지 않을까 싶다. 부시 대통령의 푸들이라고 비난받은 토니 블레어 전 영국 총리를 떠올리면 좀 쑥스럽긴 하지만 말이다.

하지만 도킨스의 푸들 혹은 불독을 자처하기에 부끄러운 점이 하나 있다. 사실 이 책이 내가 직접 번역한 도킨스의 유일한 책이기 때문이다. 그의 다른 책을 번역할 기회가 미처 내게 주어지지 않은 것도 사실이지만 특별히 내가 이 책을 번역하기로 결심한 것은 우리 사회에 여전히 만연되어 있는 과학맹, 반과학주의, 그리고 과학 무관심 또는 과학 경시에 대한 우려 때문이었다. 과학의 발달 덕에 우리 인간의 삶의 질이 현저하게 향상된 것임을 부인할 수 없건만, 우리 사회는 여전히 과학에 대해 무지하거나 심지어는 적대적이기까지 하다. 나는 최근 이 같은 과학맹과 반과학주의보다 과학 무관심 내지 과학 경시가 더 무서울 수 있다는 생각을 하게 되었다. 과학은 애당초 적당히 모르는 게 교양인의 모습인 것으로 착각하거나 과학은 어차피 과학자들이 알아서 해 줄 것이라며 거들떠보지도 않는 일이 개인 차원은 물론 국가 차원에서도 공공연히 벌어지고 있다. 그렇지 않아도 우리보다 앞서 가는 선진국들은 대학을 포함한 거의 모든 교육 과정에서 과학을 필수과목으로 지정하고 있는데, 우리는 어찌 된 영문인지 날이 갈수록 암흑시대로 돌아가고 있는 것만 같다.

도킨스는 "계산된 하향평준화가 최악"이라고 지적한다. 우리 교육 전반, 특히 과학 교육이야말로 최근 하향평준화의 길을 걷고 있다. 나는 요즘 여기저기 강의를 다니며 유언비어를 퍼뜨리고 있다. 우리 교육과학기술부가 문과와 이과의 장벽을 허무는 계획을 다 세워 놓고 적절한 시행 시기만 기다리고 있다고. 사회적인 파장을 최소화하기 위해 신중을 기하고 있을 뿐이지 원칙이나 구체적인 시행 안에 관해서는 모든 준비가 완료된 상태라고. 나는 내가 퍼뜨리고 다니는 유언비어가 조만간 사실로 판명되기를 진심으로 바란다. 고등학교 과정에서 문과와 이과의 구분이 사라져야 함은 말할 나위도 없거니와 장차 무슨 분야를 전공하든 모든 학생들은 기초적인 과학 교육을 받아야 한다.

요사이 우리 주변에는 국내에서 고등학교를 마치고 곧바로 미국의 대학교에 진학하는 아이들이 적지 않다. 그들이 어떤 과정을 거쳐 그곳에 진학하게 되는지를 조금만 주의 깊게 관찰해 보면 지금 세상이 어떻게 변하고 있는지 쉽게 알 수 있다. 미국 대학교에 진학하여 영문학 또는 미술사를 전공하고 싶어 하는 아이들도 그곳으로부터 인터뷰라도 받을 자격을 얻으려면 고등학교에서 물리, 화학, 생물, 지구과학 등 자연과학 분야에서 적어도 두 과목은 대학 수준의 수업을 들어 우수한 성적을 받아야 한다. 장차 자연과학이나 공학 또는 의학을 전공하고 싶은 아이들만 그래야 하는 게 아니다. 일단 좋은 대학에 가기를 원한다면 반드시 거쳐야 하는 과정이다. 세계는 이처럼 과학의 시대를 살아가야 할 예술가와 인문학자를 훈련하고 있는데, 우리는 아직도 원시시대의 교육 체계 속에 우리 아이들을 침몰시키고 있다.

과학을 너무 우습게 아는 과학 경시 또는 과학 깔보기의 문제 역시 심각한 수준이다. 과학의 대중화를 한답시고 우리는 종종 과학의 저질화를 자초한다. 우리가 진정 원하는 것은 더 많은 사람들이 과학적으로 사고할 수 있도록 돕는 것이다. 그러나 우리 주변에는 너무나 자주 과학을 그저 재미있고 쉽게 가르쳐 달라는 요구만 난무한다. 이 점에 대해 나는 아무래도 도킨스만큼 설득력 있게 설명할 수 없을 것 같아 조금 길지만 그의 말을 그대로 인용하려 한다.

내가 걱정하는 바는 과학을 전부 재미있고, 장난스럽고, 쉽게 선전하는 바람에 훗날 발생할 수 있는 문제점들이다. 진정한 과학은 어려울 수는 있으나(도전할 만하다는 것이 더 나은 표현이다) 고전문학 또는 바이올린 연주처럼 그만큼의 보람이 있는 일이다. 만약 어린이들이 과학이나 다른 여타의 직업이 쉽고 재미있을 거라는 약속을 믿고 입문한 뒤 실체를 알게 되면 그때는 어떻게 대응한단 말인가. 군사동원 공고는 소풍을 약속하지 않는다. 군대는 모든 것을 견딜 만한 젊은이를 찾는 것이다. '재미'는 잘못된 신호를 송신하며, 잘못된 이유로 사람들을 과학으로 끌어들일지도 모른다. 인문학 교육도 마찬가지 위협에 직면해 있다. 연속극, 선정적인 신문에 등장하는 여자 연예인들, 《텔레토비》를 분석하는 데 시간을 보내게 될 것을 약속받은 게으른 학생들이 품격 떨어지는 '문화 연구'로 유인되고 있다. 과학은 제대로 된 인문학 공부처럼 어렵고 힘들 수도 있지만 역시 인문학만큼 훌륭하다. 과학은 충분히 이익을 창출할 수 있지만 위대한 예술과 마찬가지로 그럴 필요가 없다. 우리는 생명 존재 자체의 이유를 탐구하기 위해서 '괴짜'나 재미있는 폭발 같은 장치를 필요로 하지 않는다.

나는 도킨스가 이 글에서 과학과 인문학 모두 기본을 망각하지 말아야 한다고 강조한 점을 높이 사고 싶다. 생존의 위협을 느낀다고 해서 영문학자들이 모두 문화 연구로 전향한다거나 연구비를 따라 물리학자와 화학자 대부분이 나노 기술자로 돌변하는 세태는 분명 바람직하지 못하다. 기초과학과 인문학 즉 기초학문은 세상의 매서운 바람에도 흔들리지 않을 수 있는 토대 위에 서 있어야 한다. 학자들 자신의 '자존심' 문제이기도 하지만 국가 차원에서의 제도적인 뒷받침도 더할 나위 없이 중요하다.

이 책을 읽는 독자들이 놓치기 어려운 두 가지를 들자면 스티븐 제이 굴드에 대한 도킨스의 거의 독설에 가까운 비판과 통계에 대한 명쾌한 설명이다. 도킨스와 스티븐 제이 굴드가 벌인 논쟁은 진화생물학계에서 대단히 유명하다. 에드워드 윌슨이 굴드와 리처드 르원틴의 공격을 받으며 벌인 유명한 사회생물학 논쟁에 이어 도킨스는 굴드가 휘두르는 큰 붓에 따가운 일침을 가했다. 고생물학은 물론 고전문학으로부터 프로야구에 이르기까지 그야말로 박식함의 대명사와도 같은 굴드는 일반 대중에게는 최고의 진화생물학자로 군림했지만 정작 진화생물학자들은 그의 궤변을 결코 달가워하지 않았다. 굴드가 진화생물학의 발전에 기여한 바가 전혀 없는 것은 물론 아니지만, 그의 화려한 글 솜씨 뒤에는 종종 대중을 호도하는 독버섯들이 피어오르곤 했다. 그 독버섯들을 일일이 지적하며 논쟁을 벌인 진화생물학계의 최전선에 애리조나 주립대학교의 동물행동학자 존 앨콕과 도킨스가 있었다.

이 책에서 도킨스는 굴드의 화려한 붓놀림을 '나쁜 시적 과학'으로 규정하고 무섭게 몰아친다. 하지만 도킨스의 또 다른 저서 《악마의 사도》를 보면 굴드가 세상을 떠나기 직전 '지적 설계intelligent design'를 주장하는 사이비 과학자들에 대응하는 면에 있어서만큼은 완벽하게 의기투합하는 모습을 보인다. 지적 설계라는 보다 세련된 가면을 두르고 나타난 이른바 창조과학자들에 대한 최선의 대응책은 그들로 하여금 과학의 무대 위에 아예 발도 들이밀지 못하도록 해야 한다는 점에서 도킨스와 굴드는 완벽한 의견 일치를 보았다. 지적 설계를 주장하는 창조 과학자들은 존경 받는 진화생물학자와 같은 무대에 서는 것만으로도 세상의 인정을 받는다는 사실을 잘 알고 있었기 때문에 참으로 끈질기게 대담을 요청해 왔다. 우리나라도 예외가 아니라서 종종 비슷한 시도를 해오고 있다. 비과학이 과학의 탈을 쓰고 대중을 혼란에 빠뜨리는 일은 가장 비겁할 뿐 아니라 시대를 역행하는 죄악이다.

인류 역사상 가장 확실한 과학기술의 시대를 살고 있는 요즈음 무슨 까닭인지 갑자기 온갖 얼굴의 비과학이 저급한 신화 또는 판타지 문화, 심지어는 종교를 등에 업고 활개를 치기 시작했다. 그래서 최근 도킨스는 《만들어진 신》이라는 평소 그답지 않게 지나치게 도발적인 책을 써서 우리 독자들에게도 엄청난 충격을 안겨주었다. 《만들어진 신》이 지나치게 뜨거운 가슴을 앞세우고 쓴 책이라면, 이 책은 종교와 비과학의 불합리성을 가장 도킨스답게, 냉혹하리만치 철저하고 논리적으로 잘 정리한 책이다. 실제로는 이 책이 《만들어진 신》보다 먼저 출간되었지만 오히려 《만들어진 신》을 읽은 다음에 읽으면 훨씬 더 여러 복잡한 문제들이 가닥을 잡는 경험을 하게 해 준다. 나는 이 책이 어쩌면 가장 도킨스다운 책인 것 같다는 느낌을 받는다. 《만들어진 신》을 읽으며 마음 상한 독자가 있다면, 이 책으로 어수선해진 마음을 다스리기 바란다.

도킨스가 설명하는 과학과 비과학 혹은 미신의 차이는 한 마디로 확률의 문제다. 한 방에 있는 두 사람의 생일이 같을 확률이 50퍼센트를 넘는 데 겨우 23명이 필요하다는 설명은 압권이다. 텔레비전 프로그램 아이디어들도 기발하다. 이 책이 출간되면 우리 방송국 PD들의 머리가 상당히 바빠질 것이다. 이 책이 방송국에서 가장 인기 있는 책이 된다 해도 나는 그리 놀라지 않을 것이다.

내게는 도킨스가 들려주는 4167이라는 숫자에 얽힌 얘기가 특별히 신비롭다. 내게도 그런 숫자가 하나 있다. 1339. 중학교 입학시험 때 내 수험번호다. 라디오에서 중학교와 고등학교 입학생 명단을 읽어 주던 시절이 있었다. 지금 생각하면 상상하기 어려운 일이지만 그런 시절이 있었다. 나는 지금도 온 집안 식구들이 라디오 앞에 모여 앉아 그 많은 숫자들을 듣다가 드디어 "1339"가 불렸던 그 순간을 생생히 기억하고 있다. 동생은 내게 그때 내가 책상다리를 한 채 공중으로 1미터 이상 그대로 뛰어올랐다고 증언한다. 그랬던 신성한(?) 나만의 숫자가 얼마 전부터 설과 추석 귀경길에 건강상의 문제가 생기면 국번 없이 전화하라는 얘기와 함께 텔레비전이나 신문에 대문짝만하게 큰 글씨로 등장했다. 하필이면 내게 그리도 중요한 그 숫자가 전 국민이 다 알아야 할 숫자가 된단 말인가? 참으로 오묘한 신의 조화가 아니고 무엇이란 말인가? 하지만 도킨스는 이런 나의 환상을 아주 간단히 무참하게 깨 버린다.

도킨스는 이 책의 맨 마지막을 다음과 같은 문장으로 맺는다. "지금 이 순간에도 살아 있는 키츠와 뉴턴은 서로에게 귀 기울이며 우주의 노래를 듣는다." 도킨스는 과학이 환상의 속살을 풀어헤쳐 보인다고 해서 시와 과학이 절대로 어울릴 수 없는 존재들일 필요는 없다고 설명한다. 아폴로 우주선이 달에 내려앉아 달나라의 진면목을 우리에게 보여 준 후에도 여전히 '계수나무 아래서 방아 찧는 토끼'의 존재를 믿을 수는 없을 것이다. 그렇다고 해서 계수나무와 토끼에 대한 상상 자체를 지울 수는 없다. 보다 합리적인 상상력을 노래하면 된다. 도킨스에 버금가는 멋진 문장력을 과시하는 미국 스탠포드 대학 생물과학과 교수이자 저술가인 로버트 사폴스키Robert Sapolsky는 1994년에 출간한 그의 책 《얼룩말은 왜 위궤양에 걸리지 않는가》에서 다음과 같이 말한다.

"나는 과학을 사랑한다. 그리고 너무나 많은 사람들이 과학을 두려워하거나 과학을 택하면 열정, 예술, 또는 자연의 경이를 느낄 수 없을 것이라고 생각한다는 사실이 무척이나 내 마음을 아프게 한다. 과학은 우리를 환상으로부터 멀리 떼어내는 게 아니라 새로운 환상을 창조하고 더 큰 활력을 불어넣는다."

도킨스는 시적 영감이 과학을 풍요롭게 한다고 반복하여 주장한다. 나 역시 '통섭統攝'을 말하면서 이 점을 특별히 강조해 왔다. 비록 에드워드 윌슨의 'consilience'가 과학 제국주의적 색채를 띠고 있는 것은 사실이지만, 나의 '통섭'은 진정한 의미의 인문학과 자연과학의 쌍방소통을 궁극적인 목표로 삼는다. 나는 사실 원래 시인이 되고 싶었던 사람이다. 이 책에 나오는 인물들에 빗댄다면 도킨스보다는 키츠가 되고 싶었다. 도킨스를 읽으며 자꾸만 키츠로부터 멀어지는 내 자신이 한없이 미웠던 시절도 있었다. 그러나 이제 나는 큰 원을 그리며 다시 원점으로 돌아오고 있는 나 자신을 발견한다.

얼마 전부터인가 우리 사회에서 가장 자주 듣는 표현 중의 하나가 바로 '인문학적 상상력'이라는 말이다. 나는 개인적으로 '인문학적 상상력'이라는 표현을 썩 달가워하지 않는다. 언뜻 '인문학적'이란 수식어로 범위를 한정시키는 것처럼 들리지만, 사실 모든 상상력은 모름지기 인문학적이어야 한다는 것을 못 박는 표현처럼 들려 자못 불편하다. 나는 상상력이란 속성이 예술을 포함하는 넓은 의미의 인문학자들만의 전유물인 것처럼 이해되는 구도에 찬성할 수 없다. 자연과학자들도 늘 상상의 나래를 펄럭이며 사는 사람들이다. 과학도 시 못지않게 아름다워야 한다. 이 책을 읽으며 도킨스의 아름다운 문장들에 매료되지 않는 사람은 시를 읽어도 그 맛을 알지 못할 사람이라고 생각한다. '아름답다'라는 말이 원래 '안다'라는 말에서 파생되어 나왔다는 사실이 의미하는 바가 무엇이겠는가. 알아야 아름다움도 느낄 수 있는 법이다.

나와 이 책을 함께 번역한 김산하 선생은 예술적 감성과 인문학적 소양을 두루 갖춘 귀한 과학자다. 동생 김한민과 함께 그리고 쓴 동물동화책《Stop!》(전 5권) 시리즈에는 과학과 예술이 신명나게 어우러져 있다. 그는 지금 인도네시아 열대우림 속에서 자바 긴팔원숭이를 연구하고 있다. 그의 야외연구가 성공적으로 마무리되면 그는 우리나라 최초의 영장류학자가 된다. 영장류를 연구하는 일은 연필로 푸는 수학도 아니고 시험관 속에서 물질을 섞는 화학도 아니다. 감성과 이성을 모두 동원하여 그들의 삶을 들여다보며 때론 계산하고, 때론 분석하고, 때론 실험하지만, 또 때론 그저 음미해야 할 때도 있는 게 영장류학이다. 무지개의 속살을 들여다보려는 과학자의 노력을 이해하고 전달하는 작업에 그만한 동료를 찾기 어렵다. 그와 함께 일하게 된 것은 내게 큰 행운이었다.

몇 년 전에 펴낸 책《열대예찬》의 맨 마지막 장에서 나는 '언젠가 과학을 시로 쓰리라'고 고백한 바 있다. 그 점에서 이 책은 내게 더할 수 없이 훌륭한 지침서가 되었다. 21세기의 과학은 도킨스의 표현대로 '시적 과학'이 될 것이다. 여러분에게도 이 책이 21세기를 풀어 펼쳐 보이는 좋은 길잡이가 되길 바란다.

2008년 3월 통섭원에서
최재천

참고문헌

1 Alvarez, W. (1997) *T. rex and the Crater of Doom*. Princeton, NJ: Princeton University Press.
2 Appleyard, B. (1992) *Understanding the Present*. London: Picador.
3 Asimov, I. (1979) *The Book of Facts, Volume 2*. London: Hodder & Stoughton.
4 Atkins, P. W. (1984) *The Second Law*. New York: Scientific American.
5 Atkins, P. W. (1992) *Creation Revisited*. Oxford: W. H. Freeman.
6 Attneave, F. (1954) Informational aspects of visual perception. *Psychological Reviews*, 61, 183-93.
7 Barkow, J. H., Cosmides, L., & Tooby, J. (1992) *The Adapted Mind*. New York: Oxford University Press.
8 Barlow, H. B. (1963) The coding of sensory messages. In W. H. Thorpe & O. L. Zangwill (eds.), *Current Problems in Animal Behaviour*. Cambridge: Cambridge University Press, 331-60.
9 Barrow, J. D. (1998) *Impossibility: The Limits of Science and the Science of Limits*. Oxford: Oxford University Press.
10 Blackmore, S. (1999) *The Meme Machine*. Oxford: Oxford University Press.
11 Bodmer, W., & McKie, R. (1994) *The Book of Man: The Quest to Discover Our Genetic Heritage*. London: Little, Brown.
12 Bragg, M. (1998) *On Giants' Shoulders*. London: Hodder & Stoughton.
13 Brockman, J. (1995) *The Third Culture*. New York: Simon & Schuster.
14 Brockman, J., & Matson, K. (eds.) (1996) *How Things Are: A Science Toolkit for the Mind*. London: Phoenix. SELECTED BIBLIOGRAPHY
15 Cairns-Smith, A. G. (1996) *Evolving the Mind*. Cambridge: Cambridge

University Press.
16 Calvin, W. H. (1989) *The Cerebral Symphony.* New York: Bantam Books.
17 Calvin, W. H. (1996) *How Brains Think*. London: Weidenfeld & Nicolson.
18 Carey, J. (1995) The Faber Book of Science. London: Faber & Faber.
19 Cartmill, M. (1998) Oppressed by evolution. *Discover*, March, 78-83.
20 Clarke, A. C. (1982) *Profiles of the Future*. London: Victor Gollancz.
31 Conway Morris, S. (1998) *The Crucible of Creation*. Oxford: Oxford University Press.
22 Cook, E. (1990) *John Keats*. Oxford: Oxford University Press.
23 Craik, K. J. W. (1943) *The Nature of Explanation*. London: Cambridge University Press.
24 Crick, F. (1994) *The Astonishing Hypothesis*. New York: Scribners.
25 Cronin, H. (1991) *The Ant and the Peacock*. Cambridge: Cambridge University Press.
26 Darwin, C. (1859) *On tne Origin of Species*. London (1968): Penguin Books.
27 Davies, N. B. (1992) *Dunnock Behaviour and Social Evolution*. Oxford: Oxford University Press.
28 Dawkins, M. S. (1993) *Through Our Eyes Only?* Oxford: W. H. Freeman.
29 Dawkins, R. (1982) *The Extended Phenotype*. Oxford: Oxford University Press.
30 Dawkins, R. (1986) *The Blind Watchmaker*. London: Penguin Books.
31 Dawkins, R. (1989) *The Selfish Gene*. Second Edition. Oxford: Oxford University Press.
32 Dawkins, R. (1995) *River Out of Eden*. London: Weidenfeld & Nicolson.
33 Dawkins, R. (1996) *Climbing Mount Improbable*. New York: Norton.
34 Dawkins, R. (1998) The values of science and the science of values. In J. Ree & C. W. C. Williams (eds.), *The Values of Science: The Oxford Amnesty Lectures 1997*. Boulder, Colo.: Westview Press.
35 de Waal, F. (1996) *Good Natured*. Cambridge, Mass.: Harvard University Press.
36 Deacon, T. (1997) *The Symbolic Species*. London: Allen Lane.

37 Dean, G., Mather, A., & Kelly, I. W. (1996) Astrology. In G. Stein (ed.), *The Encyclopedia of the Paranormal*. Amherst, NY: Prometheus Books, 47-99.

38 Dennett, D. C. (1991) *Consciousness Explained*. Boston: Little, Brown.

39 Dennett, D. C. (1995) *Darwin's Dangerous Idea*. New York: Simon & Schuster.

40 Deutsch, D. (1997) *The Fabric of Reality*. London: Allen Lane.

41 Dunbar, R. (1995) *The Trouble with Science*. London: Faber & Faber.

42 Durham, W. H. (1991) *Coevolution- Genes, Culture and Human Diversity*. Stanford: Stanford University Press.

43 Dyson, F. (1997) *Imagined Worlds*. Cambridge, Mass.: Harvard University Press.

44 Eddington, A. (1928) *The Nature of the Physical World*. Cambridge: Cambridge University Press.

45 Ehrenreich, B., & McIntosh, J. (1997) The new creationism. *The Nation*, 9 June.

46 Einstein, A. (1961) *Relativity: The Special and the General Theory*. New York: Bonanza Books.

47 Eiseley, L. (1982) *The Firmament of Time*. London: Victor Gollancz.

48 Evans, C. (1979) *The Mighty Micro*. London: Victor Gollancz.

49 Feller, W. (1957) *An Introduction to Probability Theory and Its Applications*. New York: Wiley International Edition.

50 Feynman, R. P. (1965) *The Character of Physical Law*. London: Penguin.

51 Feynman, R. P. (1998) *The Meaning of It All*. London: Penguin Books.

52 Fisher, J., & Hinde, R. A. (1949) The opening of milk bottles by birds. *British Birds*, 42, 347-57.

53 Ford, E. B. (1975) *Ecological Genetics*. London: Chapman & Hall.

54 Frazer, J. G. (1922) *The Golden Bough*. London: Macmillan.

55 Freeman, D. (1998) *The Fateful Hoaxing of Margaret Mead: An Historical Analysis of HerSamoan Researches*. Boulder, Colo.: West view Press.

56 Fruman, N. (1971) *Coleridge, the Damaged Archangel*. London: Allen & Unwin.

57 Good, I. J. (1995) When batterer turns murderer. *Nature*, 375, 541.
58 Gould, S. J. (1977) Eternal metaphors of paleontology. In A. Hallam (ed.), *Patterns of Evolution, As Illustrated by the Fossil Record*. Amsterdam: Elsevier, 1-26.
59 Gould, S. J. (1989) *Wonderful Life: The Burgess Shale and the Nature of History*. London: Hutchinson Radius.
60 Gregory, R. L. (1981) *Mind in Science: A History of Explanations in Psychology and Physics*. London: Weidenfeld & Nicolson,
61 Gregory, R. L. (1998) *Eye and Brain*. Fifth Edition. Oxford: Oxford University Press.
62 Gribbin, J., & Cherfas, J. (1982) *The Monkey Puzzle*. London: The Bodley Head.
63 Gross, P. R., & Levitt, N. (1994) *Higher Superstition: The Academic Left and Its Quarrels with Science*. Baltimore: Johns Hopkins University Press.
64 Hamilton, W. D. (1996) *Narrow Roads of Gene Land: The Collected Papers of W. D. Hamilton. Vol. 1. Evolution of Social Behaviour*. Oxford: W. H. Freeman/Spektrum.
65 Hardin, C. L. (1988) *Color for Philosophers: Unweaving the Rainbow*. Indianapolis: Hackett.
66 Heath-Stubbs, J., & Salman, P. (eds.) (1984) *Poems of Science*. London: Penguin Books.
67 Hoffmann, B. (1973) *Einstein*. London: Paladin.
68 Holldobler, B., & Wilson, E. O. (1990) *The Ants*. Berlin: Springer-Verlag.
69 Hoyle, F. (1966) *Man in the Universe*. New York: Columbia University Press.
70 Hume, D. (1748) *An Enquiry Concerning Human Understanding*. 'Of Miracles'. Oxford: Oxford University Press (ed. L. A. Selby-Bigge, 1902).
71 Humphrey, N. (1995) *Soul Searching*. London: Chatto & Windus.
72 Humphrey, N. (1998) What shall we tell the children? In J. Ree & C. W. C. Williams (eds.), *The Values of Science: The Oxford Amnesty Lectures 1997*.

Boulder, Colo.: Westview Press.
73 Huxley, T. H. (1894) *Collected Essays*. London: Macmillan.
74 Jerison, H. (1973) *Evolution of the Brain and Intelligence*. New York: Academic Press.
75 Jones, S. (1993) *The Language of the Genes*. London: Harper Collins.
76 Jones, S., Martin, R., Pilbeam, D., & Bunney, S. (eds.) (1992) *The Cambridge Encyclopedia of Human Evolution*. Cambridge: Cambridge University Press.
77 Julesz, B. (1995) *Dialogues on Perception*. Cambridge, Mass.: MIT Press.
78 Jung, C. G. (1969) *Memories, Dreams, Reflections*. London: Fontana.
79 Kauffman, S. (1993) *The Origins of Order*. New York: Oxford University Press.
80 Kauffman, S. (1995) *At Home in the Universe*. New York: Oxford University Press.
81 Keller, H. (1902) *The Story of My Life*. New York: Double-day.
82 Kelly, I. W. (1997) Modern astrology: a critique. *Psychological Reports*, 81, 1035-66.
83 Kendrew, S. J. (ed.) (1994) *The Encyclopedia of Molecular Biology*. Oxford: Blackwell.
84 Kingdon, J. (1993) *Self-made Man and His Undoing*. London: Simon & Schuster.
85 Koertge, N. (1995) How feminism is now alienating women from science. *Skeptical Inquirer*, 19, 42-3.
86 Koestler, A. (1972) *The Roots of Coincidence*. New York: Random House.
87 Krawczak, M., & Schmidtke, J. (1994) *DNA Fingerprinting*. Oxford: Bios Scientific Publishers.
88 Kurtz, P., & Madigan, T. J. (eds.) (1994) *Challenges to the Enlightenment*. Buffalo, NY: Prometheus Books.
89 Lamb, T., & Bourriau, J. (1995) *Colour: Art & Science*. Cambridge: Cambridge University Press.
90 Leakey, R. (1994) *The Origin of Humankind*. London: Weidenfeld & Nicolson.

91 Leakey, R., & Lewin, R. (1992) *Origins Reconsidered*. London: Little, Brown.
92 Leakey, R., & Lewin, R. (1996) *The Sixth Extinction*. London: Weidenfeld & Nicolson.
93 Lettvin, J. Y., Maturana, H. R, Pitts, W. H., & McCulloch, W. S. (1961) Two remarks on the visual system of the frog. In W. A. Rosenblith (ed.), *Sensory Communication*. Cambridge, Mass: MIT Press.
94 Lewis, C. S. (1939) Bluspels and Flalansferes. Chapter 7 of C. S. Lewis, *Rehabilitations and other Essays*. Oxford: Oxford University Press.
95 Lieberman, P. (1991) *Uniquely Human: The Evolution of Speech, Thought, and Selfless Behavior*. Cambridge, Mass: Harvard University Press.
96 Lofting, H. (1929) *Doctor Dolittle in the Moon*. London: Jonathan Cape.
97 Lovelock, J. E. (1979) *Gaia*. Oxford: Oxford University Press.
98 Margulis, L. (1981) *Symbiosis in Cell Evolution*. San Francisco: W. H. Freeman.
99 Margulis, L., & Sagan, D. (1987) *Microcosmos: Four Billion Years of Microbial Evolution*. London: Allen & Unwin.
100 Maynard Smith, J. (1972) The importance of the nervous system in the evolution of animal flight. In *On Evolution*. Edinburgh: Edinburgh University Press.
101 Maynard Smith, J. (1993) *The Theory of Evolution*. Cambridge: Cambridge University Press.
102 Maynard Smith, J. (1995) Genes, Memes, and Minds. *The New York Review of Books*, 30 November 1995, 46-8.
103 Medawar, P. B. (1982) *Pluto's Republic*. Oxford: Oxford University Press.
104 Medawar, P. B., & J. S. (1977) *The Life Science*. London: Wildwood House.
105 Medawar, P. B., & J. S. (1984) *Aristotle to Zoos*. London: Weidenfeld & Nicolson.
106 Miller, G. F. (1996) Political Peacocks. *Demos*, 10, 9-11.
107 Minsky, M. (1985) *The Society of Mind*. New York: Simon & Schuster.
108 Mollon, J. (1995) Seeing colour. In T. Lamb & J. Bourriau(eds.), *Colour: Art*

and Science. Cambridge: Cambridge University Press, 127-50.

109 Monod, J. (1970) *Chance and Necessity: An Essay on the National [sic] Philosophy of Modern Biology*. Glasgow: Fontana.

110 Morris, D. (1979) *Animal Days*. New York: William Morrow &Co.

111 Muller, R. (1988) *Nemesis: The Death Star*. London: William Heinemann.

112 Myhrvold, N. (1998) Nathan's Law (interview with Lance Knobel). *Worldlink*, World Economic Forum, 17-20.

113 Nesse, R., & Williams, G. C. (1994) *Evolution and Healing: The New Science of Darwinian Medicine*. London: Weidenfeld & Nicolson.

114 Partington, A. (ed.) (1992) *The Oxford Dictionary of Quotations*. Oxford: Oxford University Press.

115 Peierls, R. E. (1956) *The Laws of Nature*. New York: Scribners.

116 Penrose, A. P. D. (ed.) (1927) *The Autobiography and Memoirs of Benjamin Robert Haydon, 1786-1846*. London: G. Bell.

117 Penrose, R. (1990) *The Emperor's New Mind*. London: Vintage.

118 Pinker, S. (1994) *The Language Instinct*. London: Viking.

119 Pinker, S. (1997) *How the Mind Works*. London: Allen Lane.

120 Polkinghorne, J. C. (1984) *The Quantum World*. Harlow: Longman.

121 Randi, J. (1982) *Flim-Flam*. Buffalo, NY: Prometheus Books.

122 Rees, M. (1997) *Before the Beginning*. London: Simon & Schuster.

123 Rheingold, H. (1991) *Virtual Reality*. London: Seeker & Warburg.

124 Ridley, M. (1996) *Evolution*. Oxford: Blackwell.

125 Ridley, M. (1996) *The Origins of Virtue*. London: Viking.

126 Rothschild, M., & Clay, T. (1952) *Fleas, Flukes and Cuckoos*. London: Collins.

127 Sagan, C. (1980) *Cosmos*. London: Macdonald.

128 Sagan, C. (1995) *Pale Blue Dot*. London: Headline.

129 Sagan, C. (1996) *The Demon-Haunted World*. New York: Random House.

130 Sagan, C, & Druyan, A. (1992) *Shadows of Forgotten Ancestors*. New York: Random House.

131 Scott, A. (1991) *Basic Nature*. Oxford: Basil Blackwell.
132 Shermer, M. (1997) *Why People Believe Weird Things*. New York: Freeman.
133 Singer, C. (1931) *A Short History of Biology*. Oxford: Clarendon Press.
134 Smith, D. C. (1979) From extracellular to intracellular: the establishment of a symbiosis. In M. H. Richmond & D. C. Smith (eds.), *The Cell as a Habitat*. London: The Royal Society of London.
135 Smolin, L. (1997) *The Life of the Cosmos*. London: Weidenfeld & Nicolson.
136 Snow, C. P. (1959) *The Two Cultures and A Second Look*. Cambridge: Cambridge University Press.
137 Sokal, A., & Bricmont, J. (1998) *Intellectual Impostures*. London: Profile Books. Published in USA as *Fashionable Nonsense*.
138 Stannard, R. (1989) *The Time and Space of Uncle Albert*. London: Faber & Faber.
139 Stenger, V. J. (1990) *Physics and Psychics*. Buffalo, NY: Prometheus Books.
140 Storr, A. (1996) *Feet of Clay: A Study of Gurus*. London: HarperCollins.
141 Sutherland, S. (1992) *Irrationality: The Enemy Within*. London: Constable.
142 Thomas, J. M. (1991) *Michael Faraday and the Royal Institution*. Bristol: Adam Hilger.
143 Tiger, L. (1979) *Optimism: The Biology of Hope*. New York: Simon & Schuster.
144 Twain, M. (1876) *A literary nightmare*. Atlantic, January.
145 Ulenberg, S. A. (1985) *The Systematics of the Fig Wasp Para sites of the Genus Aprocrypta Coquerel*. Royal Netherlands Academy of Arts and Sciences with North Holland.
146 Vermeij, G. J. (1987) *Evolution and Escalation: An Ecological History of Life*. Princeton: Princeton University Press.
147 von Hoist, E. (1973) *The Behavioural Physiology of Animals and Man The Selected Papers of Erich von Holst*. London: Methuen.
148 Vyse, S. A. (1997) *Believing in Magic: The Psychology of Superstition*. New York: Oxford University Press.

149 Watson, J. D. (1968) *The Double Helix*. New York: Atheneum.
150 Weinberg, S. (1993) *Dreams of a Final Theory*. London: Vintage.
151 Whelan, R. (1997) *The Book of Rainbows: Art, Literature, Science, and Mythology*. Cobb, Calif.: First Glance Books.
152 White, ML, & Gribbin, J. (1993) *Einstein: A Life in Science*. London: Simon & Schuster.
153 Williams, G. C. (1996) *Plan and Purpose in Nature*. London: Weidenfeld & Nicolson.
154 Wills, C. (1993) *The Runaway Brain*. New York: Basic Books.
155 Wilson, E. O. (1998) *Consilience*. New York: Alfred A. Knopf.
156 Wolpert, L. (1992) *The Unnatural Nature of Science*. London: Faber & Faber.
157 Yeats, W. B. (1950) *Collected Poems*. London: Macmillan.

찾아보기

괄호 안의 숫자는 앞에 실린 해당 참고문헌의 번호이다.

DNA
   'DNA를 믿습니까?' 289(45)
   고대 세계의 반영 356, 376~377
   기생충의 DNA 338(29)
   나선 구조 279, 284
   다른 종의 총량 159
   상징적 의미 279
   쓰레기 DNA 160~161(87)
   이기적/초이기적 DNA 161(31)
   직렬반복 161~165(83, 87)
   DNA 프로브 163(83, 87)
   DNA와 로절린 프랭클린 289(148)
DNA 지문분석 141~153, 180~181(87)
   국가 DNA 데이터베이스 175~180
   기술 164~168
   기술적 배경 156~164
   단-좌위 지문분석 166~167
   증거 사용의 반대 153~175
   DNA 지문분석과 통계 150~175
   DNA 지문분석에 필요한 편차 156~161
   p값 261~268

《X-파일X-Files》 60~62, 202
가면 환각hollow mask illusion 393~395
가상의 배관공 401
가상의 외과의사 399~400
가상현실virtual reality 397~401(123)
   머릿속의 가상현실 모델 385~387, 392, 402~415
가이아 가설Gaia hypothesis 332~333(29, 97)
가지 분화 폭발 가설 303~304, 312
갈매기의 비행 402
감각기관의 변화 385(8, 93)
감정과 시성 133
개구리의 벌레 감지기 388~389(93)
개미핥기anteater 360~362
개미ant 373(68)
개체 수준의 이타성 320(31, 125)
개체의 모방 373
《거인의 어깨 위에서On Giants Shoulders》 66(12)
《고상한 미신Higher Superstition》 48(63)
고생물학의 영원한 비유 293(58)

곤충insect
　곤충과 가상현실 409~410
　귀 120~122
　사회 373~375
골드슈미트, 리처드Goldschmidt, Richard 296
공상과학science fiction 59~61
공생symbiosis 341~344(98, 134)
공중 부양하는 고모 209
공진화co-evolution 345~346, 451(42)
　공적응co-adaptation 345~346, 424
　인간 뇌의 자급적 공진화 424~432, 439~449, 452(153)
과학science(40, 41, 51, 60, 88, 103, 129, 149, 154)
　과학 대 본능 270~272(155)
　과학과 문화 45~49, 50(136, 154)
　과학과 잠재적 배심원 142
　과학에 대한 사회의 인식 61~73(34, 41, 155)
　과학의 유용성 25~26
　과학의 천박한 대중화 50~53
　교육을 받은 배심원 142~143
　나쁜 시적 과학 275, 284(58, 59)
　시적 과학과 경이로움에 대한 감정 41~73, 80~81, 111~112(128, 129)
《과학의 부자연스러운 본성The Unnatural Nature of Science》271(155)
광우병mad cow disease 100, 180
교수대crucifixion 278(54)
군비경쟁arms race 345~346(30, 145)

굴드, 스티븐 제이Gould, Stephen Jay 293~312(58, 59)
굿, I. J. Good, I. J. 174(57)
귀ear 118, 119~121
그래픽 사용자 인터페이스GUI 428(112)
그랜드캐니언Grand Canyon 37
그레고리, 리처드Gregory, Richard 53, 404(61, 62)
그로스, 폴Gross, Paul 48, 290(63)
글씨체와 성의 관계 255~260
글씨체handwriting 148, 197
긍정오류와 부정오류(오류 유형 1과 2) 155, 167, 262~269
기무라, 모투Kimura, Motoo 157(124)
기생충parasite 331, 346, 359, 450(29, 113)
기억memory 381~384
기우제rainmaking 249~253, 277, 282(54)
기적miracle 24, 203~205, 210~214(71, 129)
길, A. A.Gill, A. A. 71
깡충거미fly mimicking spider 424
꿈 245, 411
나비butterfly 364
나쁜 시적 과학bad poetry in science 275, 284(58, 59)
나이테tree ring 137
나이테 연대학dendrochronology 137
나이팅게일nightingale 134~136
난쟁이homunculus 412(38)

남아프리카의 유전병 168~169(11)
내시경 검사endoscopy 399~401
냄새로 사람을 구별한다 147
네루, 자와할랄Nehru, Jawaharlal 63
네메시스(가상의 항성)Nemesis 130(111)
네커의 정육면체Necker cube 404~405(61)
노르만 인과 케너윅 인 47
노젓기 비유 324~325(31)
뇌brain
　잉여 정보로부터의 보호 383~391(6, 8)
　진화 419~453(74, 153)
　탑재형 컴퓨터 419~420
눈 근육 마취 실험 410~411(146)
《눈과 뇌Eye and Brain》 404(61)
《눈먼 시계공The Blind Watchmaker》 109, 122, 426~428(30)
《뉴욕 리뷰 오브 북스New York Review of Books》 310(102)
뉴컴, 사이먼Newcomb, Simon 207(20)
뉴턴, 아이작 경Newton Isaac 290, 454
뉴턴의 프리즘 77~80, 82~84(89)
다 빈치, 레오나르도da Vinci, Leonardo 90
《다시 찾은 창조Creation Revisited》 86(5)
다윈, 에라스무스Darwin, Erasmus 45
다윈, 찰스Darwin, Charles 42(26)
《다윈의 위험한 생각Darwin's Dangerous Idea》 311, 440(39)
다이아몬드, 매리언Diamond, Marian 418
다이애나 왕세자비Daiana, Princess of Wales 187, 200
단백질protein(83)
　불특정 형태 158
　프리온 100~101
달moon 95
　달의 주기적 영향 128
대멸종mass extinction 128~131, 298~300
대중 문화와 카오스 이론 285
대폭발 이론Big Bang theory 107(122, 135)
댈림플, 시어도어Dalrymple, Theodore 174
던지기와 인간 뇌의 진화 437~439(16)
데닛, 대니얼Dennett, D. C. 15, 310~311, 440~448(38, 39)
데이비, 험프리 경Davy, Sir Humphry 79(142)
데이비스, N.Davies, N. 365, 368, 370~373(27)
《데일리 메일》점성술사 187
《데일리 메일Daily Mail》 187
도이치, 데이비드Deutsch, David 94(40)
도일, 아서 코넌 경Doyle, Sir Arthur Conan 215(121)
도플러 효과Doppler shift 106, 110
도플러, 크리스티안Doppler, Christian 106
동물의 시각적 보호 장치camouflage 357
동전 던지기 속임수 230~231
동전 도둑 169~170
두더지mole 330, 358~362
두리틀 박사Doctor Dolittle 98, 103(96)

드 발, 프랑스de Waal, Frans 318~320(35)
드루얀, 앤Druyan, Ann 185(130)
듣기hearing 117~125
디컨, 테렌스Deacon, Terrence 449~450 (36)
디킨슨, 에밀리Dickinson, Emily 116
딘, G.Dean, G. 196(37)
랜디, 제임스Randi, James 197, 204, 205 (121)
램, 찰스Lamb, Charles 77, 184(116)
러니어, 자론Lanier, Jaron 399
러브록, 제임스Lovelock, Konrad 333~336, 344(97)
러스킨, 존Ruskin, John 92
레빈, 마거리타Levin, Margarita 290(63)
레빈, 버나드Levin, Bernard 64~68
레빗, 노먼Levitt, Narman 48, 290(63)
레인, 캐슬린Raine, Katherleen 26
레트빈, J. Y.Lettvin, J. Y. 382(93)
레트빈의 할머니 얼굴 381
로렌스, D. H.Lawrence, D. H. 55, 56, 95
로렌츠, 콘라트Lorenz, Konrad 64
로마노프 가家Romanov family 152
로스차일드, 미리엄Rothschild, Mirium 359(126)
로열 인스티튜션 크리스마스 강연Royal Institution Christmas Lecture 14(142)
롤런드, 이언Rowland, Ian 204~205
루시Lucy 34, 421(90, 91)
루이스, C. S.Lewis, C. S. 283, 450(94)
르윈, 로저Lewin, Roger 307, 308, 310 (91, 92)

리키, 리처드Leaky, Richard 307~310, 360(90, 91, 92)
마굴리스, 린Margulis, Lynn 335~344(98, 99)
마술적 풍습 275~278(54)
마음속에서 반복되는 멜로디 440(39)
《마음은 어떻게 작동하는가How the Mind Works》 272, 280, 290, 407(119)
《마음의 사회The Society of Mind》 449(107)
망막세포retinal cell 382, 386
매직 아이의 원리 406(119)
매킨토시, 제닛McIntoch, Janet 49, 288(45)
메더워, P. B.Medawar, P. B. 66, 280~282, 297, 453(103, 104, 105)
메이너드 스미스, 존Maynard, Smith, John 310~311, 333, 403(100, 101, 102)
메탄methane 333~336
모노, 자크Mono, Jaques 284(109)
모리스, 데스먼드Morris, Desmond 20~21 (110)
모방자meme 439~449(10, 31, 38, 39)
모방자 음모론conspiracy theory meme 442~443(39)
모음vowel 131~132
목성Jupiter 110, 111, 129
목소리를 통한 사람 식별 147
몰론, 존Molon, John 105(108)
몽고메리, 필드 마샬Montgomery, Field

Marshal 325
무어의 법칙moore's law 422~429(112)
《무지개에 관한 책Book of Rainbows》 90(150)
무지개rainbow 87~92(150)
문화(42)
    과학과의 관계 45~49, 50(63)
    문화적 고정관념 192~193
물갈퀴 달린 발 359~363
물고기fish
    물고기와 발광 박테리아 341
    아귀 266~267, 364
《물리학과 초현실주의자Physics and Psychics》 286(139)
미드, 마거릿Mead, Margaret 318~319(55)
미신superstition 250, 252~255(28, 71, 129, 147)
미토콘드리아mitochondria 30, 48, 336~346, 447, 450(98, 134)
믹소트리카mixotricha 342~343(98)
민스키, 마빈Minsky, Marvin 448(107)
《밈The Meme Machine》 448(10)
밈플렉스memeplex 445(10)
바위종다리 365~373
《바위종다리의 행동과 사회적 진화 Dunnock Behaviour and Social Evolution》 365(27)
바코드barcodes 9~10, 93, 124, 136~137, 166
박쥐와 소리 120, 125
박테리아bacteria 30(99)

발광체 341
세포 기관 337
스피로헤타 340~342
가이아 가설 332~333(97)
편모bacteria flagella 340, 342
반문상 포르피리아porphyria variegata 168(11)
발로, 호르에이스Barlow, Horace 381~385, 390(8)
발자국 해독 433~435
뱀을 통한 위험 학습 224
버넬, 조슬린 벨Burnell, Jocelyn 69
벌레 감지기 388(93)
법law
    목격에 의한 증거 144~145
    법과 DNA 증거 141~181
베스트셀러 목록 426(30)
벨라미, 데이비드Bellamy, David 199
변이와 DNA 지문분석 156~161
변이mutation 295~299, 308~309, 352
별star
    분광기를 이용한 연구 96
    생일별 189~190
    쌍둥이 별 130
별자리constellation 188
보노보bonobo 318~319
보어만, 마틴Bormann, Martin 152
보험회사 178~179
분광기spectroscopy 96(89)
분자 시계molecular clock 312(62, 83)
불의 발견 33~34, 433

찾아보기 **479**

브라운, 토머스 경Browne, Sir Thomas 37
브래그, 멜빈Bragg, Melvyn 66(12)
브록먼, 존Brockman, John 13(13, 14)
브룩, 마이클.Brooke, Michael 365, 368~371(27)
브리크몽, 장Bricmont, Jean 81(137)
블랙모어, 수전Blackmore, Susan 447~448(10)
블레이크, 윌리엄Blake, William 43~44, 58
비드, 가경자Bede, the Venerable 21
비합리적인 도박꾼 254~255(141)
비행 접시flying saucer 216~217
비행기에 대한 회의주의 207~208(20)
빈도의존적 선택frequency dependent selection 158
빛light
  분기성과 무지개 78, 80, 82~93
  빛과 전자기적 스펙트럼 105
  빛의 굴절 85~86
  빛의 속도 86
  적/청 편이 106~107, 111
  파동 이론 117
뻐꾸기cuckoo 365~373(27)
사이언톨로지Scientology 59
사인파sine wave 121~133
산타클로스 219~222
상상력imagination 275, 347, 419
《상식을 넘어Beyond Belief》 202
《상징적 종The Symbolic Species》 449(36)
상징주의symbolism 280~281, 357(54)

새bird
  노래 133~135
  비행 조절 능력 402(100)
  성 염색체 353
  스키너 상자 속의 비둘기 251~254
  시각적 세계를 유지하는 방식 409
  우유병 따기 444(52)
생명life
  과학과 생명의 경이로움 26~31
  생명과 개인의 정체성 19~26
  생명과 지질학적 시간 31~37
  외계 생명 108~111, 150, 190~191, 216~217
《생명, 그 경이로움에 대하여Wonderful Life》 301, 305, 310, 311(59)
생일이 같은 우연의 일치 238~240
생존의 행운 21~23
샤르댕, 테야르 드Chardin, Teilhard de 281, 282, 291(103)
서던 블롯southern blot 165(83, 87)
《선데이 스포츠Sunday Sports》 199
선한 다윈주의의 신good Darwinian God 326
섬모cilia 340, 342, 343(98)
성 염색체 353
성과 성칭sex and gender 364~365(118)
성과 유전자 353, 364~365
성선택sexual selection 427, 449(25)
세계의 모델로서의 동물 358~359
《세계의 전쟁The War of the Worlds》 216
세이건, 도리언Sagan, Dorion 335(99)

세이건, 칼Sagan, Carl 8, 111, 185, 217(127, 128, 129, 130)
셔머, 마이클Chermer, Michael 10~11, 285~286(132)
셰익스피어, 윌리엄Shakespeare, William 274
셰퍼드, P. M.Sheppard, P. M. 375(53)
소리sound 117~126
    발음 131
    새들의 소리 133~136
소리굽쇠tuning fork 119~121
소칼, 앨런Sokal, Alan 81(137)
소행성과 대멸종 129~130(1)
속어slang 451
수영에 적응하기 359~361
수정(임신) 19~20
수중 포유류water-dwelling mammal 362~363
스노, C. P.Snow, C. P. 186(136)
스미스, 애덤Smith, Adam 316
스키너 상자 속의 비둘기 251~254
스키너의 상자Skinner's Box 250~254, 263
스텐저, 빅터Stenger, Victor 286(139)
스펜서, 허버트Spencer, Herbert 291(103)
스피로헤타spirochaete 340~343
시poetry
    나쁜 시적 과학 275, 284
    시와 감성 133
    시와 과학 41~45, 54~59
시각vision(61)

색깔 98~105
시각과 선 감지 388
시각과 잉여 정보 385~389
시간time(40, 122, 135)
    과거의 시간을 보다 188~189
    시간과 주관성 22(15, 69)
    시간의 시작 107
    지질학적 시간의 거대함 31~37
시계watch
    시계가 초능력에 의해 멈춘다 231~232, 234~237
    시계가 초능력에 의해 움직인다 237~238
시모니, 찰스Simony, Charles 12~13, 95
시트웰, 서셰버럴Sitwell, Sacheverell 36
식별 행렬identity parade 145~146, 156, 169~173
신비주의paranimalism 11, 44, 181(37, 71, 121, 129, 139)
신비주의와 믿기 쉬움 217~225(141, 147)
신빙성 시험reliability test 196(27)
신학theology 249, 279
실제와 가상의 경향 248~250
《실체의 구성Fabric of Reality》 94(40)
실험 설계experimental design 255~256
심리학의 진화 270, 271(7, 125)
싱어, 찰스Singer, Charles 149(133)
아귀Angler fish 266~267, 364
아름다움beauty 112
아메리카 원주민과 케너윅 인 46~47

찾아보기 **481**

아브라함Abraham 326
아사트루 민속협회Asatru Folk Assembly 47
아스텍Aztecs 276(54)
아시모프, 아이작Asimov, Isaac 59, 191, 222(3)
아인슈타인, 알베르트Einstein, Albert 9, 82~83, 85(46, 138)
아침마다 일어나는 이유 26
아프리카너Afrikaner 168(11)
암호첩codebook 391
애덤스, 더글러스Adams, Douglas 61
애트니브, 프레드Attneave, Fred 383(6, 8)
애플야드, 브라이언Appleyard, Bryan 73(2)
앳킨스, 피터Atkins, Peter 7, 45, 63, 86(4)
양자론quantum theory 286(15, 40, 117, 120, 131, 149)
양자론의 오용 286
양자와 빛 84
어린아이의 믿기 쉬운 성격 219~225(147)
언어language 430~432, 449~452(36, 95, 118, 119)
얼굴face
  얼굴 인식 146~147, 382~383, 392
  얼굴을 구성하려는 뇌의 경향 392~395
에든버러의 공작 필립 왕자Edinburgh, Prince Philip Duke of 152
에딩턴, 아서 경Eddington, Sir Arthur 82, 178, 214(44)
에런라이크, 바버라Ehrenreich, Barbara 288(45)
에반스, 크리스토퍼Evans, Christopher 422(48)
에이컨사이드, 마크Akenside, Mark 76
엑소시스트의 사기 행각 195
엑스선X-ray 97, 289
엘드리지, 나일스Eldredge, Niles 295, 297
엘즈워스, 피비Ellsworth, Phoebe 289(45)
엘턴, 찰스Elton, Charles 127
열대우림 지역과 유전자의 생존 331, 332
열역학 제2법칙thermodynamic second law 214(4, 136)
염색체chromosome(11)
  성 염색체 353
  직렬반복 이유 160~167(87)
엽록체Chloroplasts 339~340(98)
영구 작동 기계perpetual motion 204, 214~215
《영혼을 찾아서The Soul Searching》 237 (107)
예방접종 계획 425
예수회Jesuit 225
예이츠, W. B.Yeats, W. B. 56~58, 350, 436, 452(156)
오든 W. H.Auden, W. H. 41~42, 300

오라일리, 존 보일O' Reilly, John Boyle 40
《오르지 못할 산을 오르며Climbing Mount Improbable》 296(33)
오르트 성운Oort cloud 130(111)
오스트랄로피테쿠스Australopithecus 421~423(90)
오징어의 색 변화 27~29
왓슨, 제임스Watson, James 149~150, 289(148)
왓슨, 토머스Watson, Thomas 208
《왜 사람들은 이상한 것을 믿는가Why People Believe Weird Thing》 285(132)
외투에 비친 예수의 얼굴 392
우라늄 연쇄 반응chain reaction 425
우성 서열dominance hierarchy 353~355
우연모집단PETWHAC 236~244, 270
우연의 일치coincidence 229~247, 268~270
우연의 일치가 일어날 확률 229~247, 268~270
우유병 마개를 여는 박새 444(52)
워, 에벌린Waugh, Evelyn 209
워드, 랄라Ward, Lalla 15, 191
워즈워스, 윌리엄Wordswerth, William 77~78, 89~92
원자폭탄 424
월러스턴, 윌리엄Wollaston, William 93
월퍼트, 루이스Wolpert, Lewis 63(155)
위성사진에 대한 착각 103
윈스턴, 로버트Winston, Robert 229
유사요법homeopathic magic 276~277, 279(54)

유전자gene
　가상 세계에서의 생존 414~415
　고대 세계의 설명 356, 376~377
　기후 322, 328
　분리 149
　분리 왜곡 유전자 327
　스위치 유전자 324
　유전자 변이 156~157
　이기적 유전자는 협조적이다 317~347(31)
　풀gene pull 324~327
　협력 321
　유전자의 연합 320~346, 355
융, C. G.Jung, C. G. 241(78)
은유와 인간 뇌의 진화 450~452
음악music 72, 121~125
《의식을 설명하다 Consciousness Explained》 446(38)
《이기적 유전자The Selfish Gene》 287, 320, 324, 347(31)
이상한 현상에 대한 해명 229~232, 234~238(71, 129, 139)
익룡의 비행 403(100)
인간 게놈 프로젝트Human Geneme Project 150(11)
인간human
　뇌의 진화 419~453(153)
　우연의 일치에 놀라다 269~271
인도의 핵 실험 63
《인디펜던트Independent》 14, 173

임계질량critical mass 425, 427
입천장에 눈이 달린 두꺼비 296~297(33)
잉여의 감각정보 383~391(6, 8)
자급적 과정self-feeding process 424, 426~427
자기공명영상법MRI 105
자연선택natural selection 99, 134, 158, 161(30, 33, 101, 124)
자연선택과 유전자 323~326, 331, 346
자외선ultraviolet ray 97
자음 131~132
작은노랑밑날개나방Lesser Yellow Underwing Moth 323(53)
재미fun 50
저급적 과정과 인간 뇌의 진화 427
적외선infrared ray 97
전기영동 젤electrophoresis gel 165(87)
전자기적 스펙트럼electromagnetic spectrum 105
점성술astrology 187~199, 282~283(37)
점진주의gradualism 299(30, 32, 33)
정보의 기술적 의미 383
정체성과 점성술 191~192
《제6의 멸종The Sixth Extinction》307(92)
제록스 사의 PARC 428
제임스, 윌리엄James, William 267
제프리스, 알렉Jeffreys, Alec 162
제한효소restriction enzyme 164(83, 87)
젠킨스, 사이먼Jenkins, Simon 72~73

종교 관습religious custom 275~279(54)
《종의 기원On the Origin of Species》 43, 318(26)
줄레즈 효과Julesz Effect 406(77, 119)
지구earth
　지구에 살게 된 행운 21~23
　지구와 가이아 가설 332~335
　지구에 부딪히는 혜성 129~130(1, 111)
지도와 인간 뇌의 진화 433~435
《지식의 원전The Faber Book of Science》 70(18)
《지적 사기Intellectual Imposture》 81(137)
지질학적 시간의 거대함 31~37
진드기mite 331, 359
진화evolution(101, 124)
　'위에서 아래로' 이론 304~306
　인간 뇌의 진화 419~454(153)
　일반 진화론 291~293
　점진적 진화론과 급진적 진화론 294~302
　진화론에 대한 반대 49~50
　진화와 나쁜 시적 과학 291~313
　진화와 대재앙 298
　진화의 다양성 301~303(101, 124)
　진화의 중립론neutral theory of evolution 157, 295(124)
짚프의 법칙zipf's Law 390
《창백한 푸른 점Pale Blue Dot》 186(128)
찬드라세카르, 수브라마니안Chandrasekhar, Subrahmanyan 112(122)

천국의 대문 컬트Heaven's Gate Cult 59
천문학astronomy 187~191(122, 127, 128)
천왕성Uranus 108~109
체서 고양이Cheshire cat 339, 447(134)
초기 인류의 의사소통 431, 432~436
초단파microwave 97
초서, 제프리Chaucer, Geoffrey 371~373
초식동물herbivore 332, 356
최소작용의 원리Principal of Least Action 86(5)
최음제, 새를 자극하는 134~135
최적섭식 이론Optimal Foraging Theory 252
침팬지chimpanzee 421, 427, 434(35)
  피그미침팬지(보노보) 318~319
카우프만, 스튜어트Kauffman, Stuart 304~310(79, 80)
카트밀, 매트Cartmill, Matt 48~49(19)
캄브리아기 폭발Cambrian explosion 303~306
캄브리아기의 진화 302~307, 309, 311(21, 59)
캐리, 존Carey, John 70~71(18)
캐머러, 폴Kammerer, Paul 243~244(86)
캘빈, 윌리엄Calvin, William 29, 436(16, 17)
컴퓨터computer
  마우스 428~429
  뇌와의 비교 419~420
  컴퓨터의 발전 428~429(48, 112)

케너윅 인Kennewick Man 46, ~49
켈러, 헬렌Keller, Helen 380(81)
코끼리의 성기 126
코어트지, 노레타Koertge, Noretta 288(85)
코트렐, 앨런 경Cottrell, Sir Alan 65
콘웨이 모리스, 사이먼Conway Morris, Simon 311(21)
콜리지, 새뮤얼 테일러Celeridge, Samuel Taylor 79~81, 90(56)
콧수염 146~147, 156
콧수염을 기른 독재자 147
콩트, 오귀스트Comte, Auguste 95
쾨슬러, 아서Koestler, Arthur 241~244(86)
쿼크와 버나드 레빈 65
크랩스 회로krebs cycle 30
크로포트킨, 페테르Kropotkin, Peter 318
크롬웰의 방광 271
크롬웰의 사마귀 395
크리켓 437~349
크릭, 프랜시스Crick, Francis 149, 150, 289, 396(24, 148)
클라크 제3법칙Third Law 206, 209, 210(20)
클라크, 아서Clarke, Arthur 59, 205, 206
키츠, 존Keats, John 9, 13, 19, 42, 57~59, 72, 77, 78, 81, 91, 112, 135, 228, 454(22)
킹던, 조너선Kingdun, Jonathan 445(84)
태양계 바깥의 행성 110~111
태양sun
  태양의 등급 96

태양의 자매별 130(111)
태양의 흑점 127
텔레파시telepathy 202, 204(71, 121, 139)
톰슨, 윌리엄 켈빈 경Tompson, William, Lord Kelvin 206(20)
톰슨, 제임스Tompson, James 112
통계statistic 255~269
　통계와 미신적 습관 254~255(28)
　통계와 우연의 일치 229~247, 268~270(141)
　통계와 자연의 경향 248~252
　통계적 의미 260~262
　통계학자로서의 동물 248, 251~254, 266(28)
트웨인, 마크Twain, Mark 441~442(144)
파리fly
　깡충거미 흉내 424
　시각 실험 410
〈파슨스타운의 리바이어선Leviathan of Parsonstown〉 57
파인먼, 리처드Feynman, Richard 81, 82, 94, 235~236(50, 51)
파장이 긴 주기 127~129
파티마의 성모Our Lady of Fatima 212~213
패러데이, 마이클Faraday, Michael 25, 53, 283(142)
펄사pulsar 69(122)
페미니즘과 나쁜 시적 과학 287~289 (63, 85)
포드, E. B. Fird, E. B. 323, 324(53)

포먼트formant 131, 166
포스트모더니즘post-modernism 81(63, 137)
포유동물mammal
　물 속 서식처 361~364
　DNA가 보여 주는 고대 세계 356, 376~377
폴리머레이즈 연쇄반응PCR 153~154 (87)
푸리에 해석Fourier analysis 125, 126, 129
프라운호퍼의 선Fraunhofer line 9, 93~96, 166
프랭클린, 로절린Franklin Rosalind 289
프레슬리, 엘비스Presley, Elvis 200, 206, 208
프레이저, 제임스 경Frazer, Sir James 276~279(54)
프로소파그노지아prosopagnosia 395~369(24)
프로스트, 데이비드 경Frist, Sir David 202~203
프리온prion 100~101
프리즘prism 83~85
플레스 부인Ples, Mrs. 421
피커링, 윌리엄 헨리Pickering, Willia Henry 2007~208(20)
피크, 머빈Peake, Mervyn 18
핑커, 스티븐Pinker, Steven 272, 280, 290, 407(118, 119)
하딩, 샌드라Harding, Sandra 290~291(63)

해왕성 발견 108(122)
해이던, 벤저민Haydon, Benjamin 77~78(116)
핵심 실험experimentum crucis 83
행성의 발견 108
허블, 에드윈Hubble, Edwin 9, 107
허블의 법칙Hubble's Law 107
헉슬리, T. H.Huxley, T. H. 271, 291, 318(73)
험프리, 니콜라스Humphrey, Nicholas 237(71, 72)
혈액과 고대 바닷물의 유사성 377
혈통과 DNA 지문분석 152, 179~181
호모 사피엔스Homo Spp. 35, 421, 423
　　뇌 크기의 증가 421, 423
　　언어와 의사소통 421
《혼돈의 가장자리 At Home in the Universe》 303~304, 309~310(80)
홀데인, J. B. S.Haldane, J. B. S. 292
홀스트, 에리히 폰Holst, Erich von 410~411(146)
홉스, 토머스Hobbes, Thomas 283, 318
화석 시대age of fossil 31
《확장된 표현형The Extended Phenotype》 448(29)
확장하는 우주expanding universe 107(122, 135)
《황금 가지The Golden Bough》 276(54)
회의주의scepticism 208, 223(71, 121, 129, 139, 147)
회전과 현기증 408

효소enzyme 99, 100
　　제한효소restriction enzyme 164(87)
흄, 데이비드Hume, David 211~217(71, 139)
희생양scapegoat 278, 300(54)
흰개미termite 341~343
히틀러, 아돌프Hitler, Adolf 35, 147, 152

무지개를 풀며

초판 1쇄 발행 2008년 4월 18일
개정판 3쇄 발행 2023년 8월 24일

지은이	리처드 도킨스
옮긴이	최재천, 김산하
책임편집	정일웅
디자인	최선영

펴낸곳	(주)바다출판사
주소	서울시 종로구 자하문로 287
전화	02-322-3885(편집), 02-322-3575(마케팅)
팩스	02-322-3858
이메일	badabooks@daum.net
홈페이지	www.badabooks.co.kr

ISBN 978-89-5561-783-2 03400